訂 正 版

輻射の量子論 上

ハイトラー 著
沢田克郎 訳

物理学叢書

5

吉 岡 書 店

物理学叢書

THE QUANTUM THEORY OF RADIATION

BY

W. HEITLER
PROFESSOR OF THEORETICAL PHYSICS
IN THE UNIVERSITY OF ZÜRICH

THIRD EDITION

OXFORD
AT THE CLARENDON PRESS
1954

Preface for the Japanese Translation.

The third edition of this book differs from the previous editions chiefly by the inclusion of the further development of the Theory of Radiation or Quantum-Electrodynamics which took place in the years 1947-51. As a glance at the list of references will show, Japanese authors have made some of the most essential contributions to this phase of development. An unforgettable visit to Japan in 1953 has shown me the great power of Japanese theoretical physics. It is therefore with great pleasure that I see this book translated into Japanese and I wish to add my best wishes to the younger Japanese physicists for their further scientific progress.

W. Heitler

W. Heitler

Zürich, 1957

第三版への緒言

この書物の第二版になじんだ読者はまず第一に第三版が随分部厚くなっていることに気がつくだろう．実際，第二版を出してから以後，この書物の厚くなった分量だけ，いやもっと沢山輻射の量子論が進歩したのである．書物の厚さを矢たらに増やさないために電子と陽電子の電気力学だけに内容を限定した．中間子，核子の電気力学，および超微細構造も含めてすべての核物理学は省くことにした．

この書物がある部分では，前の版より〝難しく〟なることは避けられないことであった．しかし，比較的初歩的な節（それより高級な理論の基礎になる部分）ではなるべく第一版のスタイルを残すように努めた．これらの節は第Ⅴ章および第Ⅶ章で取り上げた応用例の大部分の理解のための十分な理論的基礎づけとなるものである．この目的のためにまた特別に初歩的摂動論一節をつけ加えた．主として理論の応用面に関心のある読者は序文のおわりについている図表を参照すれば理論上の込み入った問題に煩わされずにすむだろう．

一般的な推理の道すじが途中であまり中断されないために，理論的な問題点の細いことをいくらか附録にまわすことにした．数学的な方法を展開する際には厳密さと判り易さのためにその方が読者のためになると思った場合には綺麗さを犠牲にした．

実験の引用は理論の真偽を決めるような点をしらべるのが目的であったのでかなり思いつきでえらばれている．この点では決して完全さを主張できないものである．

数多くの助力者に負うところが大きい：J. McConnell 教授には新しい理論の節の大部分を批判的に読んでもらった；H. Wäffler 教授には実験の文献を集めてもらいそれに関する批判的な助言をしてもらった；K. Bluler 博士には第10節および第16節で助力といくつかの簡潔化をしてもらった；E. Arnous 博士および S. Zienau 君には第15，第16および第34節で助力と助言をしてもらった；私の妻には多くの文体の改良をしてもらった；最後に，多数の同僚達に第二版の一寸した辻つまのあわぬ個所をいくつか指摘してもらったり，改良についての示唆をうけたりした．いちいちこれらの人達の名を挙げなかったことをお謝りする．

1953年8月

Zürich にて

W. H.

序

ハイトラー教授の名著 Quantum Theory of Radiation の日本語訳ができて，この有益な本を字引ひく手間なしでよめるようになったことは，日本の学生や研究者にとって何よりのことにちがいない．著者ハイトラー教授は現在スイスのチューリッヒ大学で教べんをとっておられる先生であって，その輻射の理論におけるお仕事は有名なものであるが，この方面の仕事をはじめられるずっと前から，分子物理学のパイオニヤとして世に知られた先生である．それはいわゆるロンドン・ハイトラーの理論といわれるものであって，この理論によって化学結合の本性が量子力学的に明かにされ，いわば，この理論の出現で化学が物理学の一つの分野に含まれることになったという劃期的なものであった．

その後，物理学が原子核や宇宙線の方に発展していくにつれて，輻射と物質の間の相互作用の問題が物理学の一つの中心となってきた．ハイトラー教授はこの分野でいろいろ重要な仕事をされた．ベーテとの有名な研究はその一つであつて，高エネルギーの電子が原子にあたったときに光子を出す断面積についてとか，また高エネルギーの光子が原子にあたったときに陰陽電子の一対を作る現象についてとかの理論的考察がこれである．当時われわれも仁科先生のもとで同じような仕事をしようとしていて，ハイトラー教授の論文が出るごとに大いに興奮したものである．

ハイトラー教授は更にこれらの理論を宇宙線のシャワーの理論にまで発展させ，宇宙線のいわゆる軟成分の本質にあます所なく明かにされ，当時の物理学の大きな謎の一つが解かれることになった．

教授は更に中間子論について，わが湯川先生の考えを詳細に発展させ，またそれを宇宙線中の硬成分の問題に適用さして，いろいろと重要な結果を発表された．

これらの業績につづいて知られているのは，いわゆる減衰理論である．これは，輻射と物質との相互作用において減衰効果が大切であることを強調された仕事である．

この理論は，後にくりこみ理論の発展によって，少し補なわれねばならぬことになっていたが，しかし減衰効果の重要性は少しも減衰することはない．

ここに訳文ができ上ったこの本は，教授のこれらの研究の総まとめであり，それは初学者にもわかるように書き綴られた教科書である．何しろずっと引きつづいて教授みずからが心血をそそいで研究してこられた問題であるから，すみのすみまで手にとるような見通しの上にたってこの本はできている．

この本の特徴はいろいろある．一つは理論の本であっても，実験との関連にも大いに重点がおかれていることである．もう一つは，高度の理論でありながら，初学者にも入りこめるように行きとどいた注意が払われていることである．そのために，古典的な電磁気の理論から入り，次に量子力学の極めて要を得た説明があって，次第次第に本題に入るという行かたになっている．あまり予備知識のない読者も，大きな抵抗なしに，だんだんと宇宙線現象の分析や，くりこみ理論にまでたどりつけるように，大変うまく路がつけられている．そして，おまけに，本のはじめには親切な路しるべが用意してあって，いろいろな読者の異なる要求にかなった読みかたが描写してある．

わが国ではとかく理論家は実験を知らず，実験家は理論を敬遠するという悪いくせがあるが，この本は，上にのべたような著者の配慮によって，理論家にも実験家にも読まれるように出来ているので，理論家といわず実験家といわず，この本によって，物理学の最近の大きな中心問題「輻射の量子論」を学びとって，更にこれからの発展に寄与されることを期待したい。

1957年9月

朝 永 振 一 郎

目　　次

第Ⅱ章　純輻射場の量子理論

第V章　第1近似の輻射過程

（　）は訳者註

脚　註

*，† は原著者註

1)，2) は訳者註

補　図

訳註に対する訳者補足図

序　　　　論

物理学の理論というものは立派な理論であっても，最初に成功をおさめたのちその中に含まれているいろいろな困難や適用の限界が次第に明かになってくるという運命をたどるのが常である．そして，遂にはその理論が，それぞれの場合によって事情がちがうが，いくつかの困難が除かれているか，或いはまたもっと広い適用範囲をもつような進んだ理論にとって代わられる．しかし，輻射の量子論，すなわち量子電気力学はこれと正反対の傾向を示すいちじるしい例外である．時がたつにつれてこの理論は次第に正確さを増して来ている．

量子電気力学が Dirac，Heisenberg，Pauli によってたてられたのは非相対論的量子力学が完成されて間もなくであったが，その途端にすでに重大な困難が現われており，一体これが正しい理論であろうかとさえうたがわれていた．この理論には昔からあった点電荷の自己エネルギー発散の問題が残っている上に，今度は横波による自己エネルギーの問題がつけ加わって来たばかりでなく，物理的な殆んどすべての問題に対して，もしその問題に正確な，単なる第一近似でない答を出そうとすると，いつも〝発散積分〟になってしまうということがわかった．しかしながら，この理論の発展の第一の段階として，もし計算が第一近似に限定され，電子と輻射との相互作用を弱いものとして取りあつかえば，この理論は良い結果を出すということが明かになった．この第一近似は古典理論と緊密な対応をもっていることも示された．同じ時期に陽電子が発見され，この発見は輻射理論と不可分の関係にある相対論的量子力学にしっかりした基礎を与えた．

更に，Bohr と Rosenfeld によってなされた場の強さの測定の問題に関する洞察の深い分析の結果，少くとも真空の量子電気力学は正しいにちがいないということがわかってきた．この真空の量子電気力学は，質点の力学と一緒になって完全な自己矛盾のない全体を形成するのである．その全体からは二つの理論のどちらの一方も省くことができない．

一時は，輻射の量子論は，たとえ第一近似でとどめても，関与する粒子や光子のエネルギーが非常に高いところではだめになるように思われた．しかし，カスケード・シャワーの現象が発見されて，実際はそうでないことがはっきりして，高エネルギーによる理論の適用限界の制約というものは本質的にないことがわかった.

理論の発展の第二の段階として，輻射の量子論では輻射線幅の問題，さらに後には他のすべての減衰現象の問題の矛盾ない取りあつかいができるという有用性もわかってきた.これらの問題は〝第一近似〟を超えたものであるが，古典理論と密接な関係がありローレンツの減衰力による効果に対応するものである.

次の段階，最終の解決に近接してきた理論の発展における多分最後と思われる大きい発展段階が現在進行している．高次近似の合理的なとり扱いが次のような場合には可能であることがわかった．すなわち，理論にでてくるすべての無限大が二，三の観測にかからない発散量，つまり電荷と量子化された場との相互作用による荷電粒子の質量と電荷というような発散量に原因していることを示すことができる場合には合理的な取扱いが可能である．これらの発散量は質量や電荷の有限な観測値に背負わすべきものである．もし問題の量が相互作用によって無限大になってしまい，従って数学的な異議なしにはやれないことに気付かぬ風をしていれば，すべての筋の通った物理学上の問題に疑義のない答を与えることに何等の支障も起らない．理論のこの最近の局面における顕著な成功は原子スペクトルの輻射反作用によるずれや電子の附加的磁気能率を定量的に説明できたことである.

それ故に，輻射の量子論は現状から見て最終の解決に奇妙に近づいているにちがいないらしく思われる．もちろん，これらの結果を出すために用いた数学的手段は明かに承認しがたいものであるから，この理論は終局的に正しいものであり得ないが，そこでさらに理論を発展させるためには二つの全くちがった道を頭にうかべることができる：（i）現在の理論は正しい解をもつことおよび現在の困難な単に許されない数学上の展開の結果として出ているということが今後わかってくるだろう．あるいは（ii）現在の理論は数学的な意味では全然解をもたないものであって物理学概念の根本的な変革が必要とされる．これらの変革によって要素的な電荷 e ――この e は他の普辺的な恒数 h および c と微細構造恒数によって結びつけられている――の意味の理解およびいわゆる素粒子の質量のもつ意味の理解を深めることになると期待してよいかも知れない．（i）の方の立場が正しかったとしても（ii）の線にそって更に発展させることを期待しなければならない．然しながら，そうであったとしても現在の理論――いくらか疑わしい数学的手段を未だに使っているが――はある意味で弁護され，最後には極く僅かな修正ですむような正確さをもつすぐれた近似であるということがわかることは全く疑えないところであろう.

各節間の論理的関係

図は各節が，理論的展開の立場から見て論理的に前のどの節とつながっているかを示すものである．例えば，第12節を理解しようと思えば読者は第Ⅰ章第7，8，10節および第11節をよく知っていなければならない．Ⅴ（－20）は第Ⅴ章で第20節だけ除くことを意味している．左側の筋は〝初等的な筋で〟あって，第Ⅴ章および第Ⅶ章に到達する．右側の筋は第Ⅵ章に到るものであるが，これは高級な理論への筋である．中央の筋は特に輻射線幅の現象に関係している．図はある程度の指導を与えるものであって，余り文字通りにとるべきではない．

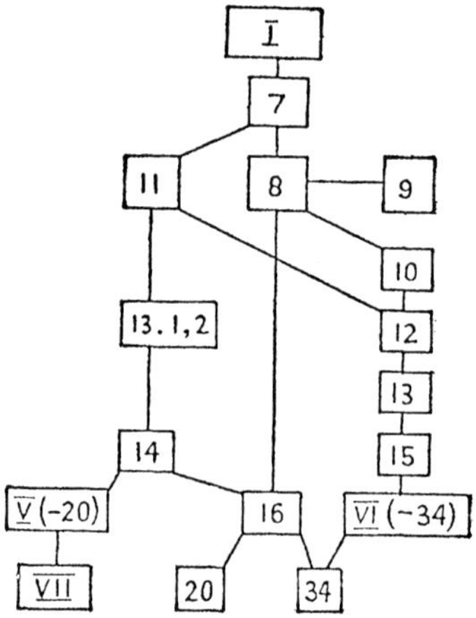

第一章　輻射場の古典理論

1. Maxwell-Lorentz の一般理論

1　場の方程式　輻射場の古典理論は Maxwell の電磁場の理論に基づいている．電磁場を表わす2つの基本的な量は，時間，空間の函数である電場，磁場の強さ **E** と **H** である．物質が電気的にどういう状態にあるかを表わすには，電場の外に電荷密度ρと電流密度 **i** が必要である．空間のある点である時刻に電荷の速さが **v** であれば，電流密度は

$$\mathbf{i}=\rho\mathbf{v} \tag{1}$$

で与えられる．

あるきまった電荷，電流の分布に対して，場の強さは次の Maxwell-Lorentz の方程式で定まる．

$$\mathrm{curl}\,\mathbf{E}+\frac{1}{c}\dot{\mathbf{H}}=0, \tag{2a}$$

$$\mathrm{div}\,\mathbf{H}=0, \tag{2b}$$

$$\mathrm{curl}\,\mathbf{H}-\frac{1}{c}\dot{\mathbf{E}}=\frac{4\pi}{c}\rho\mathbf{v}, \tag{2c}$$

$$\mathrm{div}\,\mathbf{E}=4\pi\rho. \tag{2d}$$

ここで・は時間微分を示す．これらの方程式から電荷（密度）と電流（密度）が連続の方程式を満たす事が容易にわかる．（電荷の保存）

$$\mathrm{div}(\rho\mathbf{v})+\dot{\rho}=0. \tag{3}$$

一方ある与えられた電磁場の中での電荷の運動は Lorentz の方程式

$$\mathbf{K}=\rho\left(\mathbf{E}+\frac{1}{c}[\mathbf{vH}]\right) \tag{4}$$

で決定される．ここで **K** は電荷密度 ρ に働く力(の密度)である．この電磁場による力 **K** は電荷の質量分布によつて決まる慣性力とつり合いにある．

素粒子と考えられる点電荷 e の場合には方程式(2)及び(4)に於て，電荷密度 ρ が無

限に小さい空間でのみ零でないとしなければならない．Lorentz の方程式(4)はこの場合にはこの ρ が零でない空間について積分する事ができ，粒子に働く全体の力として

$$\mathbf{K}=e\left(\mathbf{E}+\frac{1}{c}[\mathbf{vH}]\right). \tag{5}$$

(この場合，$\rho\neq0$ のはんいは十分小さくてそのはんいでは $\mathbf{E}$, $\mathbf{H}$ は余り変わらないとする．点の極限ではこれは正しい.) これで電荷 e に働く力がわかつたので，これは丁度，慣性力と等しいとおくべきである.《つり合つている.》慣性力は非相対論的力学で

$$\mathbf{K}=\frac{d}{dt}(m\mathbf{v}). \tag{6}$$

ここで m は粒子（電荷）の慣性質量である．

Lorentz の方程式(4)又は(5)に代入すべき場 $\mathbf{E}$, $\mathbf{H}$ は考えている電荷以外の電荷による外場（コンデンサー又は磁石等）のみでなく，考えている点電荷自身の作つた場をも含む．この自分自身の作つた場は(外場と同じ様に)，点電荷の運動に反作用をするであろう．しかしこの反作用は一般に小さいので，第一近似として（5）の場には外場のみを入れてよい．場の反作用の理論はこの本で詳しく述べるが，勿論まだ解決されていない問題，たとえば粒子の慣性質量といつた問題に関係している．

2 ポテンシャル 場の方程式(2)は $\mathbf{E}$, $\mathbf{H}$ という2つのベクトルの間の関係式ではなく，1つのベクトルと1つのスカラー函数のみの間の簡単な関係式に変形できる．まず(2b)から，$\mathbf{H}$ はいつも他のあるベクトル $\mathbf{A}$ の curl として表わせる．$\mathbf{A}$ をベクトル・ポテンシャルと呼ぼう．

$$\mathbf{H}=\mathrm{curl}\,\mathbf{A}. \tag{7a}$$

すると(2a)は $\mathrm{curl}\left(\mathbf{E}+\frac{1}{c}\dot{\mathbf{A}}\right)=0$ あるいは

$$\mathbf{E}+\frac{1}{c}\dot{\mathbf{A}}=-\mathrm{grad}\,\phi. \tag{7b}$$

ϕ はスカラー・ポテンシャルと呼ぶあるスカラー函数である．(2c, d) の式は $\mathbf{A}$ と ϕ の2つのポテンシャルに対する微分方程式になる．一般のベクトル関係式

$$\mathrm{curl}\ \mathrm{curl}=\mathrm{grad}\ \mathrm{div}-\nabla^2$$

を使えば (2c,d) は

$$\frac{1}{c^2}\ddot{\mathbf{A}}-\nabla^2\mathbf{A}+\mathrm{grad}\left(\mathrm{div}\mathbf{A}+\frac{1}{c}\dot{\phi}\right)=\frac{4\pi}{c}\rho\mathbf{v}, \tag{8a}$$

$$-\nabla^2\phi-\frac{1}{c}\mathrm{div}\dot{\mathbf{A}}=4\pi\rho \tag{8b}$$

p.2
となる．ここで，**A** は **H** のみによつては決まらなくて，**A** から任意のスカラー函数 χ の grad を引いても curl grad$\chi=0$ ゆえ (7a) を満たす**A**の代わりに使つてもよい．しかし，(7b) から，この様にするときには ϕ を $\phi+\frac{1}{c}\dot{\chi}$ にせねばならない《$\mathbf{A}\to\mathbf{A}-\mathrm{grad}\chi$; **E**, **H**の値を変えないために》．このポテンシァルの任意性は場の方程式(8)を簡単化するのに役立つ．今**A**，ϕ をあるとり方をしてこれを $\mathbf{A}_0$, ϕ_0 とし，これらから χ を

$$\nabla^2\chi-\frac{1}{c^2}\ddot{\chi}=\mathrm{div}\,\mathbf{A}_0+\frac{1}{c}\dot{\phi}_0 \tag{9}$$

により決めるとする．すると

$$\mathbf{A}=\mathbf{A}_0-\mathrm{grad}\chi,$$

$$\phi=\phi_0+\frac{1}{c}\dot{\chi}$$

と **A**，ϕ をとると，(9)より

$$\mathrm{div}\,\mathbf{A}+\frac{1}{c}\dot{\phi}=0 \tag{10}$$

となる．これはポテンシァル**A**と ϕ の間の関係式で Lorentz の関係式と言われる．すると(8)は簡単に次の様に書ける．

$$-\Box\mathbf{A}\equiv\frac{1}{c^2}\ddot{\mathbf{A}}-\nabla^2\mathbf{A}=\frac{4\pi}{c}\rho\,\mathbf{v}, \tag{11a}$$

$$-\Box\phi\equiv\frac{1}{c^2}\ddot{\phi}-\nabla^2\phi=4\pi\rho. \tag{11b}$$

A，ϕ は従つて非斉次の波動方程式を満たす．そしてお互にLorentz の条件 (10) で関係している．

この様にとつてもまだ **E**, **H** のみでは **A**, ϕ は決まらない．χ は (9) を満たせばどんなものでもよいから，斉次方程式

$$\nabla^2\chi-\frac{1}{c^2}\ddot{\chi}=0 \tag{12}$$

の解の任意の χ を使つて，更に $\mathbf{A}\to\mathbf{A}-\mathrm{grad}\chi$, $\phi\to\phi+\frac{1}{c}\dot{\chi}$ を行つても場の強さ及びローレンツ条件 (10) は不変である．

この様に **E** と **H** を変えない **A**，ϕのとり方の色々な可能な組を "ゲージ"Gauge と

いい，E，H がこれらの変換に対して不変な事はゲージ不変性と呼ばれる．特に，関係(10) を満たすゲージは Lorentz gauge と呼ばれる．量子論で特に便利な重要なゲージに"クーロン" Coulomb gauge と呼ばれる

$$\mathrm{div}\mathbf{A}=0 \tag{13a}$$

p.3

で決められるものがある《(13a) の時間微分も 0》．この時は（8）より場の方程式は

$$-\Box\mathbf{A}+\frac{1}{c}\mathrm{grad}\dot{\phi}=\frac{4\pi}{c}\rho\mathbf{v}, \tag{13b}$$

$$\nabla^2\phi=-4\pi\rho \tag{13c}$$

となり，(13c) は"ポアッソン" Poisson の方程式と呼ばれる．スカラー・ポテンシァル ϕ は (13c) より電荷があたかも静止している様にして計算できる．（これが Coulomb gauge と呼ばれる理由)．この gauge は第6節及びそれ以後でもつと詳しく述べられよう．

3　遅滞ポテンシァル Retarded Potentials　波動方程式 (11) の一般解は容易に求められる．よく知られている様に，ポアッソンの方程式 $\nabla^2\phi=(-)4\pi\rho$ の特解は次の"ニウトン・ポテンシァル" Newtonian potential と呼ばれるものである．

$$\phi(P)=\int\frac{\rho(P')}{r_{PP'}}d\tau'.$$

ここで積分は全空間に行う．$r_{PP'}$ は電荷分布 $\rho(P')$ の点 P' と，ϕを計算しようとする点 P の間の距離である．この解をもとにして，時間微分をも含んだポアッソンの式 (11 b) の特解は直ちに

$$\phi(P,t)=\int\frac{\rho(P',t-r_{PP'}/c)}{r_{PP'}}d\tau' \tag{14a}$$

と求まる．この式は次の様な意味をもつている．時刻 t のある点Pのポテンシァルを知るためには，空間の各点P' において，より以前の$t-r_{PP'}/c$ の時刻における電荷の分布を考えねばならない．従つて積分する空間 (P') の各点で異なつた時刻の電荷密度をとらねばならない．$t-r_{PP'}/c$ というのは，丁度P'から，ポテンシァルを知ろうとしているP迄光が伝わつてくる事を示している．従つて (14 a) は電磁場が有限の速度 c で伝わる事を表わしている．

同様にして (11a) の特解は

$$\mathbf{A}(P,t)=\frac{1}{c}\int\frac{(\rho\mathbf{v})(P',t-r_{PP'}/c)}{r_{PP'}}d\tau'. \tag{14 b}$$

これら (14a, b) のポテンシャルは “遅滞ポテンシャル” Retarded potential と呼ばれる．(14) の解がローレンツの条件 (10) を満たしている事は電荷の保存則 (3) を使えば，容易に証明できる．

解 (14) は考えている電荷密度 ρ よりくる場のみを表わすから，場の方程式の特解である．p.4 一般解を得るためには斉次波動方程式

$$\left.\begin{aligned}&\nabla^2\mathbf{A}-\frac{1}{c^2}\ddot{\mathbf{A}}=0,\\&\nabla^2\phi-\frac{1}{c^2}\ddot{\phi}=0,\\&\mathrm{div}\mathbf{A}+\frac{1}{c}\dot{\phi}=0\end{aligned}\right\} \tag{15}$$

の一般解を (14) に加える必要がある．(15) の解は電荷のない空間の場を表わしている．この斉次方程式に従つている解に関しては，(12) によつて χ としてローレンツ・ゲージの範囲内でスカラー・ポテンシャル ϕ を零にする様にとつてよい．こうとると，電荷分布に無関係な場は簡単に

$$\left.\begin{aligned}&\nabla^2\mathbf{A}-\frac{1}{c^2}\ddot{\mathbf{A}}=0,\quad \mathrm{div}\,\mathbf{A}=0\\&\mathbf{E}=-\frac{1}{c}\dot{\mathbf{A}},\qquad \mathbf{H}=\mathrm{curl}\,\mathbf{A}\end{aligned}\right\} \tag{15'}$$

で与えられる．(15′) の一般解は “横波” transverse wave を重畳することにより得られる (6節参照)．

(14) 式の遅滞ポテンシャルは第3節で点電荷について計算され，光の放出等に応用される．

4　エネルギー・運動量の平衡　Maxwell の理論では場が零ではない空間は，ある運動量とエネルギーを含んでいると仮定している．そのエネルギーは

$$U=\frac{1}{8\pi}\int(\mathbf{E}^2+\mathbf{H}^2)\,d\tau=\int u\,d\tau \tag{16}$$

である．《u はエネルギー密度》．運動量の密度は単位時間に単位面積を通して流れるエネルギーの $1/c^2$ 倍であつて，“ポインティング” Poynting のベクトル $\mathbf{S}$ で与えられる．

高エネルギーの輻射を論ずる場合には，c（光速度）×運動量，すなわちディメンジョンがエネルギー，の量を考えるのが便利であるので，この量を以下では“運動量”と呼ぼう（粒子，輻射共に）．この定義を使うと，ある空間中に含まれる場の運動量は

$$\mathbf{G}=\int \mathbf{g}\,d\tau=\frac{1}{c}\int \mathbf{S}\,d\tau=\frac{1}{4\pi}\int [\mathbf{E}\mathbf{H}]\,d\tau \qquad (16')$$ p.5

となる．(16) と (16′) の仮定は，場の中にある電荷分布のエネルギーと運動量のバランスの考察から得られたものである．特に，運動量はエネルギーの流れであるという事はこの考察から出てくる．実際 (16) と (16′) の仮定により，エルギーと運動量の保存を簡単に証明できる．まず，空間に含まれた電荷に働く力は，

$$\mathbf{K}=\int \mathbf{k}\,d\tau=\int \rho\left(\mathbf{E}+\frac{1}{c}[\mathbf{v}\mathbf{H}]\right)d\tau$$

であり，$\mathbf{K}$ は丁度慣性力とつり合つているから，$\mathbf{K}$ は電荷の（機械的な）運動量 $\mathbf{u}$ の単位時間あたりの変化を表わす．

$$\mathbf{K}=\frac{1}{c}\frac{d\mathbf{u}}{dt}. \qquad (17)$$

又一方，電荷の（機械的な）運動エネルギー T の変化は

$$dT/dt=\int (\mathbf{k}\mathbf{v})\,d\tau, \qquad (18)$$

で与えられる（$\mathbf{k}$ は力の密度（4））．Maxwell の方程式（2c, d）から ρ と $\rho\mathbf{v}$ を使つて (17)，(18) に代入すると：

$$\frac{1}{c}\frac{d\mathbf{u}}{dt}=\frac{1}{4\pi}\int\left(\mathbf{E}\,\mathrm{div}\,\mathbf{E}-[\mathbf{H}\,\mathrm{curl}\,\mathbf{H}]-\frac{1}{c}[\dot{\mathbf{E}}\mathbf{H}]\right)d\tau, \qquad (19\,\mathrm{a})$$

$$\frac{dT}{dt}=\frac{c}{4\pi}\int \mathbf{E}\left(\mathrm{curl}\,\mathbf{H}-\frac{1}{c}\dot{\mathbf{E}}\right)d\tau; \qquad (19\,\mathrm{b})$$

ここで (2a) を使うと，(19a, b) の最後の項はそれぞれ

$$-\frac{1}{c}[\dot{\mathbf{E}}\mathbf{H}]=-[\mathbf{E}\,\mathrm{curl}\,\mathbf{E}]-\frac{1}{c}\frac{d}{dt}[\mathbf{E}\mathbf{H}],$$

$$-(\mathbf{E}\dot{\mathbf{E}})=-\frac{1}{2}\frac{d}{dt}(\mathbf{E}^2+\mathbf{H}^2)-c(\mathbf{H}\,\mathrm{curl}\,\mathbf{E})$$

とかける．ここで定義 (16)，(16′) を使うと (19) は

$$\frac{d\mathbf{u}}{dt}=-\frac{d\mathbf{G}}{dt}+\frac{c}{4\pi}\int(\mathbf{E}\,\mathrm{div}\,\mathbf{E}-[\mathbf{H}\,\mathrm{curl}\,\mathbf{H}]-[\mathbf{E}\,\mathrm{curl}\,\mathbf{E}])\,d\tau, \qquad (20\,\mathrm{a})$$

$$\frac{dT}{dt}=-\frac{dU}{dt}+\frac{c}{4\pi}\int(\mathbf{E}\,\mathrm{curl}\mathbf{H}-\mathbf{H}\mathrm{curl}\mathbf{E})d\tau \tag{20 b}$$

となる．これらの右辺の積分は表面積分に直せる．(20 b) では簡単に Gauss の式で

$$\frac{c}{4\pi}\int(\mathbf{E}\mathrm{curl}\mathbf{H}-\mathbf{H}\mathrm{curl}\mathbf{E})d\tau=-\int\mathrm{div}\,\mathbf{S}d\tau=-\oint S_n d\sigma.$$

p.6

ここで，n は考えている空間の表面に垂直の方向の成分である．(20 a) に対しては場の量の2次からなる Maxwell のテンソルと呼ばれるものを考える．

$$\left.\begin{aligned}4\pi T_{xx}&=\frac{1}{2}\left(E_x^2-E_y^2-E_z^2+H_x^2-H_y^2-H_z^2\right),\\4\pi T_{xy}&=4\pi T_{yx}=E_xE_y+H_xH_y,\\&\cdots\cdots\cdots\cdots\cdots\cdots\cdots\cdots.\end{aligned}\right\} \tag{21}$$

このテンソルの発散の x- 成分は

$$\begin{aligned}\mathrm{Div}_xT&\equiv\frac{\partial T_{xx}}{\partial x}+\frac{\partial T_{xy}}{\partial y}+\frac{\partial T_{xz}}{\partial z}\\&=\frac{1}{4\pi}(E_x\mathrm{div}\mathbf{E}+H_x\mathrm{div}\mathbf{H}-[\mathbf{H}\mathrm{curl}\mathbf{H}]_x-[\mathbf{E}\mathrm{curl}\mathbf{E}]_x)\end{aligned}$$

であり，この右辺2項目は (2b) により0である．これより (20a) の右辺の積分は，たとえば，x- 成分に対して (Gaussの式はテンソルの発散に対しても成り立つ)

$$\int\mathrm{Div}_x T\ d\tau=\oint T_{xn}d\sigma$$

と表面積分になる．

この様にして方程式 (20) は

$$\frac{d(u_x+G_x)}{dt}=c\oint T_{xn}d\sigma, \tag{22 a}$$

$$\frac{d(T+U)}{dt}=-\oint S_n\,d\sigma \tag{22 b}$$

と変形できる．この式で，左辺はある空間内の場と荷電体のエネルギー，運動量の時間的変化を表わしている．右辺には空間の表面に垂直な成分の表面積分が表われているから，S_n と $-T_{xn}$ は次の様に意味をつけられる．すなわち，S_n は単位時間，単位面積を通して表面から外へ流れ出る場のエネルギー，$-T_{xn}c$ はやはり単位時間，単位面積を通して表面から外へ流れ出る場の運動量の x - 方向の成分を表わしている．この様にして方程式 (22) は場の中にあるエネルギーと運動量の保存することを完全に示している。

2. ローレンツ不変性，場の運動量とエネルギー

1　ローレンツ変換　古典電磁力学の式はローレンツ変換に対して不変である．ローレンツ変換とは，空間，時間の4つの座標

$$x_1,\ x_2,\ x_3,\ x_4=ict$$

p.7

の間の直交変換である．ギリシヤ字の添字は1→4を表わし，ラテン字のは1→3（（空間のみ））を表わすとする．ローレンツ変換は

$$x'_\mu=\sum_\nu a_{\mu\nu}x_\nu \quad 又は \quad x_\nu=\sum_\mu a_{\mu\nu}x'_\mu \tag{1}$$

で，$a_{\mu\nu}$ は4元の直交マトリックス

$$\sum_\mu a_{\mu\nu}a_{\mu\lambda}=\sum_\mu a_{\nu\mu}a_{\lambda\mu}=\delta_{\nu\lambda}=\begin{cases}1 & (\nu=\lambda)\\ 0 & (\nu\neq\lambda)\end{cases} \tag{2}$$

であつて，その要素には複素数も含んでいる．そしてもし，空間反転（（右手系⇆左手系））を含まない変換のみにかぎれば，その行列の値は

$$|a_{\mu\nu}|=1 \tag{2$'$}$$

である．変換（1）は一般に（（4元空間の））回転と一様な並進を示す．

x の方向への速度 $v=\beta c$ での並進を示す x_1 と x_4 のみの間の特別の変換は

$$x_1'=\frac{x_1+i\beta x_4}{\sqrt{1-\beta^2}}=\frac{x_1-vt}{\sqrt{1-\beta^2}},\qquad x_4'=ict'=\frac{x_4-i\beta x_1}{\sqrt{1-\beta^2}}=\frac{i}{c}\frac{c^2t-vx_1}{\sqrt{1-\beta^2}} \tag{3}$$

であつて，$v\ll c$（$\beta\ll1$）ではGallileo（ガリレー）変換　$x_1'=x_1-vt,\ t'=t$ になる．

4元ベクトル A_μ（$\mu=1\cdots4$）はx_μ と同じ様に変換する4つの量の組である．

$$A_\mu'=\sum_\nu a_{\mu\nu}A_\nu. \tag{4}$$

同様にテンソル $A_{\mu\nu}$ は次の様に変換する量である．

$$A'_{\mu\nu}=\sum_{\rho,\sigma}a_{\mu\rho}a_{\nu\sigma}A_{\rho\sigma}. \tag{5}$$

（4）式と直交性（2）から，2つの（4元）ベクトルのスカラー積はローレンツ変換に対して不変であり，叉，ベクトルとテンソルのスカラー積はベクトルである事もわかる．すなわち，

$$\sum_\mu A_\mu B_\mu=不変\quad,\quad \sum_\nu A_{\mu\nu}B_\nu=C_\mu. \tag{6}$$

従つて，ベクトルの長さも不変である．

$$\sum_\mu A_\mu^2=不変. \tag{6$'$}$$

又，ϕ が $x_1 \cdots x_4$ のローレンツ不変な函数とすると，（1）より

$$\text{もし}\ \frac{\partial\phi}{\partial x_\mu}=B_\mu \quad \text{とすると} \quad B'_\mu=\sum_\nu \frac{\partial\phi}{\partial x_\nu}\frac{\partial x_\nu}{\partial x'_\mu}=\sum_\nu a_{\mu\nu}B_\nu \tag{7}$$

となるゆえ B_μ は4元ベクトルになる．又，4元ベクトルの微分はテンソルになる．

p.8

$$\frac{\partial A_\mu}{\partial x_\nu}=B_{\mu\nu} \tag{8}$$

従って $\partial/\partial x_\mu$ という記号は4元ベクトルの μ- 方向の成分と考えられる．更に又記号

$$\nabla^2-\frac{1}{c^2}\frac{\partial^2}{\partial t^2}=\sum_\mu \frac{\partial^2}{\partial {x_\mu}^2} \tag{9}$$

は不変である．（6）で $A_\mu=\partial/\partial x_\mu$ とおくと，ベクトルの4元発散は不変量でありテンソルの4元発散はベクトルとなる．

$$\sum_\mu \frac{\partial A_\mu}{\partial x_\mu}=\text{不変}. \qquad \sum_\nu \frac{\partial A_{\mu\nu}}{\partial x_\nu}=C_\mu. \tag{10}$$

又，4次元空間の体積素

$$dx_1\,dx_2\,dx_3\,dx_4=\text{不変} \tag{11}$$

ということが，変換のヤコビアンが（2）によつて1であるから，証明できる．勿論3次元的な体積素は不変ではない．

（6′）によれば粒子の変位を示すと考えられる無限小ベクトル dx_μ の長さは不変量になる．

$$\sum_\mu d{x_\mu}^2=-ds^2=\text{不変}.$$

これを dt^2 で割ると

$$\left(\frac{ds}{dt}\right)^2=-\sum_{i=1}^{3}\left(\frac{dx_i}{dt}\right)^2+c^2=c^2-v^2=c^2(1-\beta^2)$$

となるから，不変な時間要素 ds を

$$ds=c\,dt\sqrt{1-\beta^2} \tag{12}$$

で定義できる．これは“固有な” Proper 時間と呼ばれる．あるベクトルの s についての微分はやはりベクトルになる．

2　マックスウエル方程式の不変性　Maxwell-Lorentz の方程式を書き直して，4元ベクトルとテンソルの形の関係式にする事ができれば，これらの4元ベクトル・テンソルの関係はローレンツ不変な関係式である事は上に述べた通り故，この方程式がローレンツ変換に対して不変である事が示される．これらの式を4次元的に見直す鍵は次の様な考

察の中に含まれている.

経験から，電荷は不変な量である．ある体積素 $dx_1\,dx_2\,dx_3$ の中にある電荷は

$$de=\rho dx_1\,dx_2\,dx_3=\text{不変}. \tag{13}$$

(11) に示される様に，4元的体積素は不変ゆえ，電荷密度 ρ は4元ベクトルの第4成分として変換する事が (13) からわかる．ゆえに

$$ic\rho=i_4$$

とおく．更に電流の x-成分は　　p.9

$$i_x=\rho\,v_x=\rho\frac{dx_1}{dt}=i_4\frac{dx_1}{dx_4}$$

であり，i_4 は上述の様に dx_4 と同様の変換をするから，i_x は dx_1 と同じ変換をうけ，従つて4元ベクトルの第一成分である． この様にして電荷と電流の密度は4元ベクトルになる．

$$\rho v_x=i_1,\quad ic\rho=i_4. \tag{14}$$

そこで第1節の方程式 (11) を考えてみよう．(*a*), (*b*) 両方共左辺には演算 $\frac{1}{c^2}\frac{\partial^2}{\partial t^2}-\nabla^2$ を含んでいるがこれは (9) により不変である．第1節 (11) の右辺は夫々第1，2，3方向及び第4方向の電荷電流密度 (14) の成分である．従つて，スカラー，ベクトル・ポテンシァルがやはり4元ベクトルである．《であれば第6節(11)は不変形になる.》

$$A_x=A_1\quad;\quad A_4=i\phi \tag{15}$$

そうすると，ローレンツ・ゲージに対する条件 $\operatorname{div}\mathbf{A}+\frac{1}{c}\dot{\phi}=0$ は4次元発散の形

$$\sum_\mu\frac{\partial A_\mu}{\partial x_\mu}=0 \tag{16}$$

とかける．《不変形．(10) と (15) より》．又，第1節 (11) の場の方程式（ローレンツ・ゲージにおけるもの）は

$$\Box A_\mu=-\frac{4\pi}{c}i_\mu \tag{16'}$$

となる．ローレンツ・ゲージは上の様に条件，方程式共に変換に対してそのままの形を保つ様に《共変的に》なるが，クーロン・ゲージの条件 ($\operatorname{div}\mathbf{A}=0$) は共変形ではないし，又このゲージでの場の方程式第1節 (13 b, c) も共変形ではない．クーロン・ゲージは，従つて，ローレンツ変換毎にポテンシァルを調節し直してはじめて同形になる．

場の強さはポテンシァルを微分して得られる．(15) の4元的記号を使えば，第1節の (7a) と (7b) より

$$\left.\begin{aligned} iE_x &= -\frac{i}{c}\dot{A}_x - i\frac{\partial\phi}{\partial x} = \frac{\partial A_1}{\partial x_4} - \frac{\partial A_4}{\partial x_1}, \\ H_x &= \mathrm{curl}_x\mathbf{A} = \frac{\partial A_3}{\partial x_2} - \frac{\partial A_2}{\partial x_3}. \end{aligned}\right\} \qquad (17)$$

（8）により，$\partial A_\nu/\partial x_\mu$ 及び

$$\frac{\partial A_\nu}{\partial x_\mu} - \frac{\partial A_\mu}{\partial x_\nu} = f_{\mu\nu} = -f_{\nu\mu}$$

はテンソルである．p.10 $f_{\nu\mu}$ は反対称《μ,νにつき》である．従つて（17）より，場の強さ，**E** と **H** は反対称４次元テンソル

$$H_x = f_{23},\ H_y = f_{31},\ H_z = f_{12}\ ;\ iE_x = f_{41},\ \cdots\cdots \qquad (18)$$

を形成する．一般変換公式（3）によつて座標形を動かす場合に場の強さがどの様に変換されるかわかる．たとえば，x-方向への一様な並進《新座標系がもとのに対して x 方向に速度 v でうごく》を考えると，（3），（5），（18）によつて

$$\left.\begin{aligned} E'_x &= E_x, & H'_x &= H_x, \\ E'_y &= (E_y - \beta H_z)\gamma, & H'_y &= (H_y + \beta E_z)\gamma, \\ E_z' &= (E_z + \beta H_y)\gamma, & H'_z &= (H_z - \beta E_y)\gamma, \\ \gamma &= 1/\sqrt{1-\beta^2}. \end{aligned}\right\} \qquad (19)$$

（19）では，**E** と **H** は x_μ の函数で，**E′** と **H′** は x_μ' の函数である．x_μ' の値は，（3）によつて変換された値である．$(x_\mu' = \sum_\nu a_{\mu\nu} x_\nu)$

これだけの準備をすると，Maxwell·Lorentz の式はベクトル・テンソル間の関係式に書き直す事ができる．まず第１節（2c），（2d）の非斉次方程式を考えよう．

$$\mathrm{div}\mathbf{E} = 4\pi\rho\ ,\quad \mathrm{curl}\mathbf{H} - \frac{1}{c}\dot{\mathbf{E}} = \frac{4\pi}{c}\rho\mathbf{v}.$$

４次元的記号（14）と（18）を使うと，これら２つの式は次の形

$$\sum_\nu \frac{\partial f_{\mu\nu}}{\partial x_\nu} = \frac{4\pi}{c} i_\mu \qquad (\mu = 1\cdots\cdots 4)\ . \qquad (20\,\mathrm{a})$$

と一つにまとめられる．次に第１節（2a,b）の斉次方程式

$$\mathrm{div}\mathbf{H} = 0, \qquad \mathrm{curl}\mathbf{E} + \frac{1}{c}\dot{\mathbf{H}} = 0$$

は４次元的にすると，（18）によつて夫々

及び

$$\left.\begin{aligned}\frac{\partial f_{23}}{\partial x_1}+\frac{\partial f_{31}}{\partial x_2}+\frac{\partial f_{12}}{\partial x_3}=0\\ \frac{\partial f_{43}}{\partial x_2}+\frac{\partial f_{24}}{\partial x_3}+\frac{\partial f_{32}}{\partial x_4}=0\end{aligned}\right\}\qquad(21)$$

の形になる．$\partial f_{\lambda\mu}/\partial x_\nu = t_{\lambda\mu\nu}$ は階数3のテンソルである．変換（1）を行つてみると $t_{\lambda\mu\nu}+t_{\mu\nu\lambda}+t_{\nu\lambda\mu}$ もやはり3階のテンソルでp.11ある．従つて (21) の4つの《書いてない式も入れて》式は次の1つのテンソル方程式になる．

$$t_{\lambda\mu\nu}+t_{\mu\nu\lambda}+t_{\nu\lambda\mu}=0\quad,\quad t_{\lambda\mu\nu}=-t_{\mu\lambda\nu}=\frac{\partial f_{\lambda\mu}}{\partial x_\nu}. \qquad (20\text{ b})$$

これで，マックスウエル・ローレンツの方程式がローレンツ変換に対して共変形である事が証明できた．

3　ローレンツの力，粒子の運動量とエネルギー　古典電気力学の方程式がすべてローレンツ不変である事を示すには，次に，ローレンツの力の式を4次元的に書き表わせる事を示さねばならない．問題の式は第1節の（4）で，

$$c\mathbf{k}=c\rho\mathbf{E}+\rho[\mathbf{vH}]. \qquad (22)$$

ここで $\mathbf{k}$ は力の密度である．《力の密度とは，電荷密度 ρ に働く力》．右辺は簡単にベクトルとテンソルのスカラー積であつて，$\sum_\mu f_{i\mu}i_\mu$ $(i=1,2,3)$ とかける．従つて，力の密度は4元ベクトルの空間部分でなければならない．(22) は

$$k_i=\frac{1}{c}\sum_\mu f_{i\mu}i_\mu \qquad (23)$$

$(i=1,2,3)$ とかける．これは4元ベクトルの 1, 2, 3 成分である．第4成分も (23) で定義されるとすると，

$$k_4=\frac{1}{c}\sum_\mu f_{4\mu}\,i_\mu=\frac{i}{c}\rho(\mathbf{Ev}) \qquad (24)$$

であり，これは単位時間単位体積あたりに場が電荷に働きかける仕事である．

電荷電流密度(i_μ)としてマックスウエルの式よりくる (20a) を使うと，(23)，(24)は

$$k_\mu=\frac{1}{4\pi}\sum_{\nu,\lambda}f_{\mu\nu}\frac{\partial f_{\nu\lambda}}{\partial x_\lambda} \qquad (25)$$

となる．この右辺はテンソルの4元発散でかける．そのために次の対称テンソルを考える．

$$T_{\mu\nu}=\frac{1}{4\pi}\left[\sum_\lambda f_{\mu\lambda}f_{\lambda\nu}+\frac{1}{4}\delta_{\mu\nu}\sum_{\lambda,\rho}f_{\lambda\rho}{}^2\right]. \qquad (26)$$

ここで

$$\delta_{\mu\nu}=\begin{cases}0 & (\mu\neq\nu)\\ 1 & (\mu=\nu)\ .\end{cases}$$

（$\delta_{\mu\nu}$ はローレンツ変換の直交性よりテンソルである．式（２））（25）の右辺は簡単に（（20b）を使つて）

$$k_\mu=\sum_\nu\frac{\partial T_{\mu\nu}}{\partial x_\nu} \tag{27}$$

p.12

となる．このテンソルの物理的意味は，これを３次元的な記号でかくと明らかになるであろう．$f_{\mu\nu}$ として（18）を代入すると，

$$T_{\mu\nu}=\begin{pmatrix} T_{xx} & T_{xy} & T_{xz} & -(i/c)S_x \\ T_{yx} & T_{yy} & T_{yz} & -(i/c)S_y \\ T_{zx} & T_{zy} & T_{zz} & -(i/c)S_z \\ -(i/c)S_x & -(i/c)S_y & -(i/c)S_z & u \end{pmatrix} \tag{28}$$

となる．空間・時間部分（41,14）はエネルギーの流れ **S** を示し，時間部分はエネルギー密度 u を示している．そして空間部分は Maxwell のテンソルと同じである．すなわち，運動量の流れを表わすものとして第１節の（21）式で導入したものである．（28）をエネルギー・運動量テンソルと呼ぼう．その跡（対角要素の和）は（26）より０である．

$$\sum_\mu T_{\mu\mu}=0. \tag{28'}$$

方程式（27）は第１節の（22）と同じで，エネルギー，運動量の平衡を表わしている．これを見るためには，時間，空間微分を別々に書いてみればよい．たとえば

$$k_x=\frac{\partial T_{xx}}{\partial x}+\frac{\partial T_{xy}}{\partial y}+\frac{\partial T_{xz}}{\partial z}+\frac{1}{ic}\ \frac{\partial T_{x4}}{\partial t}=\mathrm{Div}_x\,T-\frac{1}{c}\ \frac{\partial g_x}{\partial t}\ .$$

これを全空間に積分すると

$$\int k_x d\tau=-\frac{1}{c}\ \frac{\partial G_x}{\partial t}+\oint T_{xn}d\sigma=K_x \tag{29 a}$$

となり，これは第１節の（22a）と同じである．同様にして，(27) の第４成分 k_4 は (24) により

$$\frac{c}{i}\int k_4\,d\tau=\int\rho(\mathbf{Ev})d\tau=-\oint S_n d\sigma-\frac{\partial U}{\partial t} \tag{29 b}$$

となり，これはエネルギーの平衡を示す第１節の（22b）と同じである．《$\rho(\mathbf{E\,v})=\mathbf{kv}$》.

(27) を，(ローレンツ不変である) 4次元体積について積分すると，非常に重要な4元ベクトル，すなわち全電荷の運動量，エネルギー u_μ を得る．若し電荷分布が，小さい空間でのみ零でなく，この電荷が0でない空間全体に積分を行つたとすると，積分した電荷は“粒子”と考えることができ，従つて u_μ は簡単に粒子の運動量，エネルギーと呼んでよい．(27) の左辺は《右辺については次の第2.4節を参照》

$$\left.\begin{aligned} c\int k_x\,d\tau\,dt &= c\int K_x\,dt = u_x = u_1, \\ c\int k_4\,d\tau\,dt &= i\int \rho(\mathbf{E}\,\mathbf{v})\,d\tau\,dt = iT \end{aligned}\right\}. \tag{30}$$

p.13

すなわち，粒子の運動量 $\mathbf{u}$ と，運動エネルギー T (の i 倍) である．これらは従つて，4元ベクトルを成す．ゆえに，粒子の運動量と運動エネルギーのローレンツ変換に対する変換性は

$$\left.\begin{aligned} u'_x &= (u_x - \beta T)\gamma, & u_{y'} &= u_y, \\ T' &= (T - \beta u_x)\gamma, & \gamma &= 1/\sqrt{1-\beta^2} \end{aligned}\right\} \tag{31}$$

であり，u_μ という4元ベクトルの長さは不変である．

$$-\sum_\mu u_\mu{}^2 = T^2 - (u_x{}^2 + u_y{}^2 + u_z{}^2) = \mu^2. \tag{32}$$

ここに表われる不変量 μ は明らかに静止している粒子のエネルギーである．($u_x = u_y = u_z = 0$)

(32) より，運動量とエネルギーを速度の函数として表わす事ができる．はじめの座標系で粒子はとまつているとすると，((31) で $\beta \to -\beta$) (x 方向に v でうごく)

$$u_x = \frac{\mu\beta}{\sqrt{1-\beta^2}}, \qquad T = \frac{\mu}{\sqrt{1-\beta^2}}, \qquad \beta = v/c. \tag{33}$$

これは有名な動いている粒子に対するエネルギー，運動量についての“アインシュタイン”Einstein の式である．$v \ll c$ のときには運動量 u_x は古典的な(ニュートン力学の) mv_xc に等しいはずゆえ，静止エネルギー μ は

$$\mu = mc^2 \tag{34}$$

となる．

最後に，与えられた外場の中における荷電粒子の相対論的運動方程式を考えよう．粒子に働く力は

$$\mathbf{K} = e\left(\mathbf{E} + \frac{1}{c}[\mathbf{vH}]\right)$$

《座標は粒子の位置》で与えられる．非相対論的理論では $\mathbf{K}$ は粒子の運動量の時間微分に等しいとおくべきであつた．((30) からもすぐわかる様に) 相対論的力学では，$\mathbf{K}$ は 4 元ベクトル u_μ の時間微分とおくべきである．従つて運動方程式は

$$K_x=\frac{1}{c}\frac{du_x}{dt}=\frac{d}{dt}\frac{mv_x}{\sqrt{1-\beta^2}}=e\left(E_x+\frac{1}{c}[\mathbf{vH}]_x\right) \tag{35}$$

となる．この式は $\sqrt{1-\beta^2}$ で割つてみると右辺は (18) と (33) によつて

$$\frac{e}{\mu}\sum_\nu f_{1\nu}u_\nu$$

となり，左辺は，固有時 s (12) についての微分になるから，次の 4 元ベクトルの関係式になる．

$$\frac{du_\mu}{ds}=\frac{e}{\mu}\sum_\nu f_{\mu\nu}u_\nu. \tag{36}$$ p.14

この式が外場 ($f_{\mu\nu}$) の中における粒子の相対論的運動方程式である．

4 元ベクトル u_μ の第 4 成分は運動エネルギー T である《の i 倍》．外場の中で動いている粒子に対しては，(運動エネルギー) ＋ (ポテンシァル・エネルギー) である全エネルギー E を考えることもできる．ポテンシァル・エネルギーは簡単にスカラー・ポテンシァル ϕ の e 倍である．所で，ϕ は 4 元ベクトルの第 4 成分であるから《の $(-i)$ 倍》全エネルギー $T+e\phi$ はやはりある 4 元ベクトル p_μ の第 4 成分と考えられる．

$$\left.\begin{aligned} p_\mu&=u_\mu+eA_\mu, \\ p_1=u_x+eA_x,\cdots\cdots,\quad p_4&=iE=i(T+e\phi)\ . \end{aligned}\right\} \tag{37}$$

従つて，ベクトル・ポテンシァル $\mathbf{A}$ の外場では，4 元ベクトル u_μ の空間部分は，粒子の全運動量を表わさず，丁度 T が運動エネルギーであつた様に，“機械的” kinetic 運動量と呼ぶべきものである．この $u_i (i=1,2,3)$ は，丁度運動エネルギーが，全エネルギーに対するのと同じ関係式 (37) で，ふつうの運動量とむすびついている．本によつては $u_x=p_x-eA_x$ を (あるいはこれを mc でわつて) 4 元速度と呼んでいる．

p_μ の空間部分 p_i は機械的運動量 u_i とはベクトル・ポテンシァルだけ異なり，全運動量を表わしている．それは丁度全エネルギー E が T と $e\phi$ というポテンシァル・エネルギーの和であると同様である．$\mathbf{A}$ が 0 なら $\mathbf{u}$ は $\mathbf{p}$ にひとしい．

(32) によれば，運動量・エネルギーベクトル p_μ (37) は次の重要な関係を満たしている．

$$\sum_\mu u_\mu{}^2=\sum_\mu(p_\mu-eA_\mu)^2=-\mu^2. \tag{38}$$

4 慣性質量は電磁気的なものではない事 (27) の右辺もこれを4次元体積（ローレンツ不変）で積分するとやはり1つの4元ベクトルになる．

$$\int\sum_\nu\frac{\partial T_{\mu\nu}}{\partial x_\nu}dx_1\cdots\cdots dx_4. \tag{39}$$

この量は《(27) の左辺の積分が粒子の機械的エネルギー，運動量であつた様に》場のエネルギー・運動量ベクトルと呼んでよいかというとそういうわけにはゆかない．(39) は2つの部分より成つている．時間微分と空間微分を別々にして，x-成分については (28) より，時間成分については (29) より

$$\int\sum_\nu\frac{\partial T_{1\nu}}{\partial x_\nu}dx_1dx_2dx_3\,dt=-G_x+c\int dt\oint T_{xn}d\sigma, \tag{40 a}$$

p.15

$$ic\int\sum_\nu\frac{\partial T_{4\nu}}{\partial x_\nu}dx_1\,dx_2\,dx_3\,dt=U+\int dt\oint S_nd\sigma \tag{40 b}$$

となる．U と $\mathbf{G}$ は場のエネルギーと運動量を表わすが，二項目は表面を通つてのエネルギー・運動量の流れの時間積分である．この後者はある時刻 t においてもその時刻の場のみならず，それ以前の時刻の場がどうであつたかによつてきまる．しかしその系の過去の経緯によつてきまる様な量は場のエネルギー又は運動量と呼ぶことはできない．他方，色々ないみから場のエネルギー・運動量と考えられた U 及び $\mathbf{G}$ は4元ベクトルではなくて4元テンソルの一部分である．《(16)，(16′) と (28)》．従つて，場のエネルギー・運動量 U，$\mathbf{G}$ は粒子のそれとは全く異なる変換性をもつている．この様に，一般に場はエネルギー・運動量のローレンツ変換性からみれば全然粒子とは異なつた性質をもつている．

以上の事情によつて，電子の慣性質量を純粋に電磁場的に考えようとする古い理論はうまくゆかなかつた．これ等の理論――主に Abraham* によるものであるが――の考え方は次の様なものである．電子は（機械的 mechanical）な慣性質量をもつていないとする．しかし，電子はまわりにあるエネルギー・運動量をもつた電磁場を伴つているから，これによつてある慣性を生じる．そして，我々が電子を加速した時に観ることのできる慣性はすべてこのまわりにくつついている電磁場によるものであると考える．この考えは相対論的な考察から正しくない事が明らかとなつた．すなわち，多くの実験から電子の $\mathbf{u}$ と

---

* M Abraham, Theorie der Elektrizität, II. 5th ed. Leipzig 1923, 及び 6th ed. R. Becher, Leipzig. 1933.

T は4次元ベクトルである事が，電子の慣性質量の速度に関係する仕方を測つてたしかめられている．ところが，電子によつてそのまわりに作られた電磁場は4元ベクトルとは全然別のローレンツ変換性をもち，又速度に関係する仕方もちがつている．古典的な電子論では，仕方なしに，まず電子に mechanical な慣性質量をもたせた上で，更に，その作る電磁場の変換性が4元ベクトルでない事を何かで打ち消して4元ベクトルの変換性をもつ様に別のものを考えねばならない（内部の機械的なストレスの様なもの）．量子論でも同様な問題にぶつかるけれども，多少形が異なつており（(第29節と補遺 7)），量子論では電子の作る場はある意味で4元ベクトルの性格をもつている．

5　電磁波の粒子的性質　以上の様に，電磁場は一般には4元ベクトルの様なエネギー・運動量をもたないけれども，特別な場合には4元ベクトルになる事がある．その例は，任意の形で有限なひろがりの光の波の場合である．ここで一般に次の事を証明しよう．今，場がある与えられた空間 V の中のみで零ではないとし，且つこの空間内に電荷 p.16 が存在しなければ，場の全エネルギー・運動量は4元ベクトルを作る.* この場合，力の密度も0であるから，(27) により

$$\sum_\nu \frac{\partial T_{\mu\nu}}{\partial x_\nu}=0 \quad , \quad T_{\mu\nu}=0 \quad (\text{境界で}), \tag{41}$$

証明のために，(41) と同じ条件を満たす任意のベクトル A_μ を考える．

$$\sum_\nu \frac{\partial A_\nu}{\partial x_\nu}=0 \quad , \quad A_\nu=0 \quad (\text{境界で}).$$

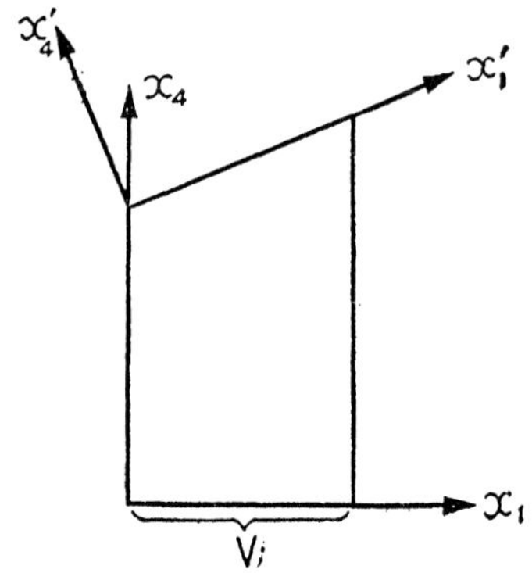

第 1 図

この式の4次元積分を，Gauss の定理で表面積分にすると，A_ν の（4次元空間の）表面に垂直な成分の表面積分は0になる．この4次元体積としては，x_4- 軸に平行な円柱を考えよう．そしてその切口としては，今上に考えた3次元体積 V であるとしよう．円柱は切口は $x_4=\text{const}$ と $x_4'=\text{const}$ であるとする．(x_4' はある動いている座標系での時刻)（1図，x_2, x_3 はかいてない．）これらの切口では A_ν の垂直成分は $-A_4$ と $+A_4'$ である．そして，

** Abraham-Becker，前掲書，308頁

円柱の壁では 0 であるので Gauss 式から

$$-\int A_4 d\tau + \int A_4{}' d\tau' = 0 \tag{42}$$

である．従つて (42) より A_4 を体積 V について（3 次元）積分したものは不変量となる．そこで

$$A_\mu = \sum_\nu T_{\mu\nu} b_\nu$$

（b_μ は任意の常数のベクトル）とおくと，$\int A_4 d_\nu =$ 不変　より

$$\int T_{4\mu} d\tau = 4 \text{ 元ベクトルの } \mu \text{-成分}. \tag{43}$$

(43) が成り立つ条件 (41) は有限のひろがりの光，たとえばある時間前に光源から出た光により満たされている．この場合には，運動量 **G** とエネルギー U はその変換性から，粒子の運動量，エネルギー（4 元ベクトル）と同じ様に変換する 4 元ベクトルとなる．特に動いている系への変換性は

$$G'_x = (G_x - \beta U)\gamma, \quad G_y{}' = G_y, \quad U' = (U - \beta G_x)\gamma$$
$$1/\gamma = \sqrt{1-\beta^2}, \quad \beta = v/c \tag{44}$$

p.17

である．平面波の場合には，$E_y = a\ \sin\nu\left(\frac{x}{c} - t\right) = H_z$ であつて，4 元ベクトル G_μ の長さは 0 である．というのは，空間 V の中に含まれている運動量，エネルギーはこの場合

$$G_x = \frac{V}{8\pi} a^2, \quad U = \frac{V}{8\pi} a^2,$$

ゆえに

$$\sum_\mu G_\mu{}^2 = G_x{}^2 - U^2 = 0 \tag{45}$$

が得られる．これは又，粒子の時の言葉でいうと，平面波の静止エネルギーは 0 であるということになり，平面波は変換によつて静止させられない事を示している．

しかし，(45) は必ずしも常に成り立つとは限らない．たとえば点源から放出された球面波（放出後源を除いたとする）は運動量はもつていないが，有限のエネルギーをもつている．

後に第 6 節で任意の場は次の 2 つに分解できる事を示す．1 つは光波を重ね合わせて得られるもので，この部分に対してはエネルギー・運動量は 4 元ベクトルをなし，もう一つは静電磁場を含んだもので，この部分の運動量，エネルギーは 4 元ベクトルにはならない．量子論においては，このはじめの部分のみが量子化され，光子の存在と結びつく（光子はやはり粒子の様に振舞う）．しかし，後の方は量子化されない．

3．点電荷による場と光の放出

第1節の一般的な Lorentz-Maxwell の理論を使うと，ある与えられた電荷分布により作られる場をすぐに計算できる．原子物理への応用には場を作る電荷が点電荷の場合が最も重要である．そこでまず，任意に運動している点電荷による場を計算しよう．その上で得られた結果を簡単な光源の模型に適用してみよう．

1　ヴィヘルト (Wiechert) のポテンシアァル　　電荷分布 ρ による場は一般に第1節の (14) で求められる（遅滞ポテンシァル，ローレンツ・ゲージ）．

$$\phi(P)=\int\frac{\rho(P',t')}{r_{PP'}}d\tau' \qquad (t'=t-r_{PP'}/c) \tag{1a}$$

$$\mathbf{A}(P)=\frac{1}{c}\int\frac{\rho\mathbf{v}(P',t')}{r_{PP'}}d\tau'. \tag{1b}$$

t' は点 P' の“遅滞時刻” retarded time である．電荷が運動している場合には点電荷にうつすには注意が要る．たとえば (1a) として簡単に

$$\left.\frac{e}{r}\right|_{t-r/c}$$

p.18

とかいてはいけない．というのは，（1）では各点 P' 毎に異なつた時刻 $(t'=t-r_{PP'}/c)$ を使わねばならないから，$\int\rho(P',t')d\tau'$ は全電荷 e とはならない．従つて，点電荷にうつる前に，（1）の積分を電荷要素 de に対するものに変えておいた方が便利である．これは次の様にしてできる．電荷要素はお互に固く結合しているとする．そしてある時刻 t' には同じ速度 $\mathbf{v}(t')$ をもつているとしよう．そこで P から距離 r の所に厚さ dr の殻を考えよう．この殻の体積素は $d\tau=d\sigma dr$ である．(1a) の積分には，t に点 P に収斂する球面波を考えた時に，この波が出会う電荷密度 ρ を r でわつたものが寄与する．従つて，この波は時刻 t' $(=t-r_{PP'}/c)$ に殻の外側にいきあたる．波が殻を通りぬける時間 $dt=dr/c$ の間に，殻の中の電荷は（動いているから）殻の内側へある程度逃げている．その逃げる分は（単位表面積あたり），$\mathbf{r}$ として $\overrightarrow{PP'}$ をとると，

$$-\rho\frac{(\mathbf{vr})}{r}dt=-\rho\frac{(\mathbf{vr})}{r}\frac{dr}{c}$$

である．従つて，殻を通りぬける間 (dt) に波の出会う電荷 de は《勿論，波が出会うすべての電荷 $\int de$ は電子の電荷 e である.》

$$de=\rho\Big(1+\frac{(\mathbf{vr})}{rc}\Big)d\tau$$

となる．従つて（1）の積分の中は

$$\rho d\tau=\frac{de}{1+(\mathbf{vr})/rc} \tag{2}$$

となる．これを（1）に代入すると$\Big(\Big(\int de=e$　より$\Big)\Big)$

$$\phi(P,t)=\frac{e}{r+(\mathbf{vr})/c}\Big|_{t-r/c}, \tag{3a}$$

$$\mathbf{A}(P,t)=\frac{1}{c}\;\frac{e\mathbf{v}}{r+(\mathbf{vr})/c}\Big|_{t-r/c}. \tag{3b}$$

（3）の中のすべての量は時刻 $t-r/c$ の量であり，勿論 r もこの遅滞時刻 t' における距離である．従つて（3）は時刻 t を大分複雑に(しかも表にでない形で)含んでいる.（3）が第1節（10）のローレンツ条件を満たすことは容易に示せる． これらは Lienard と Wiechertによつてはじめて導かれた． p. 19

2　任意の運動をしている点電荷の作る場の強さ　場の強さ **E** と **H** は（3）から微分によつて得られる．

$$\mathbf{E}=-\mathrm{grad}\,\phi-\frac{1}{c}\dot{\mathbf{A}}\quad;\quad \mathbf{H}=\mathrm{curl}\mathbf{A}.$$

微分は時刻 t 及び点 P についてである．しかし（3）では，粒子が運動しているから，$\mathbf{r}$，$\mathbf{v}$ としては遅滞時刻 $t'=t-r/c$ における $\mathbf{r}(t')$，$\mathbf{v}(t')=\partial\mathbf{r}(t')/\partial t'$ をとる．従つて t についての微分をまず t' についての微分に書き直しておく．遅滞時刻 t' は t' における（(t' の）電荷と P の）距離 r で

$$r(t')=c(t-t') \tag{4}$$

で定義されているから，t で微分すると

$$\frac{\partial r}{\partial t}=\frac{\partial r}{\partial t'}\frac{\partial t'}{\partial t}=-\frac{(\mathbf{rv})}{r}\frac{\partial t'}{\partial t}=c\Big(1-\frac{\partial t'}{\partial t}\Big).\qquad (\mathbf{r},\mathbf{v},r \text{ は } t' \text{ のもの})$$

ゆえに
$$\frac{\partial t'}{\partial t}=\frac{1}{1+(\mathbf{vr})/rc}=\frac{r}{s}, \tag{5}$$

但し
$$s=r+\frac{(\mathbf{vr})}{c}. \tag{6}$$

又，（4）により（$r(t')$ は t' の電荷の位置と P の距離であるから）t' は点 P の函数でもあるから，《$\mathbf{r}$ が $\overrightarrow{PP'}$ であることに注意して，P' は t' における電子の位置》

$$\mathrm{grad}t'=-\frac{1}{c}\mathrm{grad}r(t')=-\frac{1}{c}\Big(\frac{\partial r}{\partial t'}\mathrm{grad}t'-\frac{\mathbf{r}}{r}\Big).$$

ここで（6）を使うと

$$\mathrm{grad}\,t'=\frac{\mathbf{r}}{cs}. \qquad (7)$$

又，（5）と（7）より s の微分は

$$\left.\begin{aligned}\frac{\partial s}{\partial t}&=\frac{\partial s}{\partial t'}\frac{\partial t'}{\partial t}=\frac{r}{s}\left(\frac{(\mathbf{r}\mathbf{v})}{r}+\frac{v^2}{c}+\frac{(\mathbf{r}\dot{\mathbf{v}})}{c}\right),\\ \mathrm{grad}\,s&=-\frac{\mathbf{r}}{r}-\frac{\mathbf{v}}{c}+\frac{\mathbf{r}}{cs}\left(\frac{(\mathbf{r}\mathbf{v})}{r}+\frac{v^2}{c}+\frac{(\mathbf{r}\dot{\mathbf{v}})}{c}\right).\end{aligned}\right\} \qquad (8)$$

これらの式で r, $\mathbf{v}$, $\mathbf{r}$ と同様 $\dot{\mathbf{v}}$ は $\mathbf{v}$ の t' にかんする微分である．$\mathbf{v}$ は t' のみに関係するから

p.20

$$\frac{\partial\mathbf{v}}{\partial t}=\dot{\mathbf{v}}\frac{r}{s},\quad \mathrm{curl}\,\mathbf{v}=-[\dot{\mathbf{v}},\mathrm{grad}\,t']=\frac{[\mathbf{r}\dot{\mathbf{v}}]}{cs}. \qquad (9)$$

（3）より，場の強さは

$$\frac{\mathbf{E}}{e}=-\mathrm{grad}\frac{1}{s}-\frac{1}{c^2}\frac{\partial}{\partial t}\frac{\mathbf{v}}{s}=\frac{1}{s^2}\mathrm{grad}\,s-\frac{1}{c^2s}\frac{\partial\mathbf{v}}{\partial t}+\frac{\mathbf{v}}{c^2s^2}\frac{\partial s}{\partial t},$$

$$\frac{\mathbf{H}}{e}=\frac{1}{c}\,\mathrm{curl}\frac{\mathbf{v}}{s}=\frac{1}{sc}\,\mathrm{curl}\,\mathbf{v}+\frac{1}{cs^2}[\mathbf{v},\mathrm{grad}\,s].$$

これに（8），（9），（6）を代入すると

$$\frac{\mathbf{E}}{e}=-\frac{1-\beta^2}{s^3}\left(\mathbf{r}+\frac{\mathbf{v}}{c}r\right)+\frac{1}{s^3c^2}\left[\mathbf{r}\left[\mathbf{r}+\frac{\mathbf{v}}{c}r,\ \dot{\mathbf{v}}\right]\right], \qquad (10a)$$

$$\frac{\mathbf{H}}{e}=\frac{[\mathbf{E}\mathbf{r}]}{r},\qquad \beta=\frac{v}{c}. \qquad (10b)$$

磁場の強さは $\mathbf{E}$ と $\mathbf{r}$ に常に垂直である．一方電場の方は，$\mathbf{r}$ に垂直の成分の他に $\mathbf{r}$ の方向の成分ももつている．勿論，以上の式がすべてそうであつた様に（10）でも，すべての量（r, $\mathbf{r}$, $\mathbf{v}$, v $\dot{\mathbf{v}}$）は $t'=t-r/c$ 時刻の量で《r も $r(t')$ で》ある．

式（10）は全く一般的であつて，任意の速度の粒子の任意の運動にかんする限り正しいが，粒子が点電荷と考えうる場合にのみ成り立つ．電子があるひろがりをもつているとするとこのひろがり程度の近い距離の場の強さには適用できない．

場の強さ（10 a）は全然性質の違う 2 つの部分から成り立つている．第一の部分は粒子から十分離れると r^{-2} で減少し，速度にのみ関係する．これは静電場（クーロン場）の部分で，$\mathbf{v}=0$ ならば簡単に $-\mathbf{r}/r^3$ となる．$\mathbf{v}\fallingdotseq 0$ の式はこの $\mathbf{v}=0$ のクーロン場からローレンツ変換で求められる《補遺 6 の応用を見よ》．第二の部分は，加速度 $\dot{\mathbf{v}}$ に比例し，粒

子から十分離れると r^{-1} で減少する．この部分は，場の強さがベクトル $\mathbf{r}$ に垂直ゆえ，transverse な部分と呼ばれる．後でこの部分が光の放出に関係する事を示す．第2の部分が第1の部分にくらべて十分大きい空間的領域を，“波動域” Wave zone と呼ぶ．しかし，これら2つの部分に場を分けることは，時間 r/c（電子の放出した光が P に到着する時間）の間に電子が運動する距離が r にくらべて十分小さい時である．（半週期的運動，又は $v/c \ll 1$ の場合，《この場合でないと，点 P が電子から十分離れた所と考えて r^{-1}, r^{-2} の減り方という事がいみがなくなる.》

3 電荷によるヘルツ・ベクトルと二重，四重極能率 最初に応用として点電荷の集まりによる光の放出を考えよう．あるきまつた点 Q の近くに電荷 e_k をもつた数個の粒子があるとする． Q と我々が場を考えている点 P の距離を $\mathbf{R}$ とする ($\mathbf{R}=\overrightarrow{PQ}$) そして $\overrightarrow{Pe_k}$ を $\mathbf{r}_k$ とする．電荷 e_k の位置は Q と e_k の面のベクトル

$$\mathbf{x}_k=\mathbf{r}_k-\mathbf{R}. \tag{11}$$

で表わせる．そこですべての $|\mathbf{x}_k|$ は R にくらべて小さいとし，さらにすべての粒子の速度は光速にくらべて小さいとする．

$$|\mathbf{x}_k| \ll R \quad , \quad v_k \ll c. \tag{12}$$

これらの電荷による場は，各々の電荷による場の重畳である．

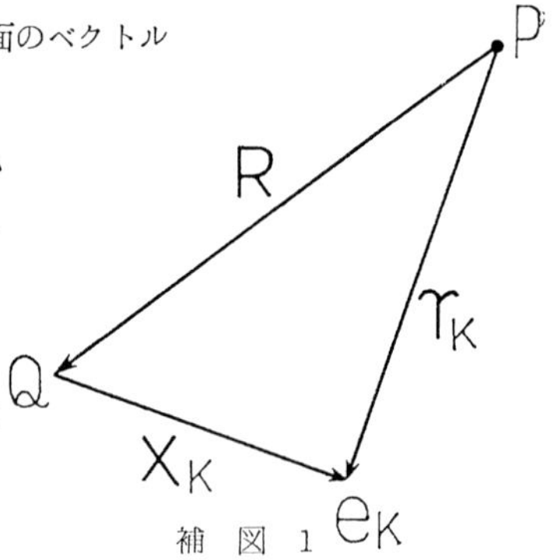

補 図 1

(10) では各々の粒子に対して別々の遅滞時刻 $t_k'=t-r_k/c$ を入れねばならない．しかし，すべての変位 x_k は小さいとしたので，新しい時刻 T として Q の遅滞時刻

$$T=t-\frac{R}{c} \tag{13}$$

を考え，場の強さは T の函数とする．

$\mathbf{x}_k$ が小さいから共通の時刻 T と t'_k の差はやはり小さい．まず $\mathbf{v}$ と $\dot{\mathbf{v}}$ を t' の微分でなく T の微分で表わそう．そのためには

$$c(t_k'-T)=R-r_k(t_k') \tag{14}$$

の関係を使って，電場の強さ $\mathbf{E}$ を t'_k の函数ではなく T の函数として表わそう．これは (12) の近似を使わないでできる．$\mathbf{E}$ については，r^{-2} で減る部分は光の放出には関係が

ないので，その“波動域”の部分すなわち r^{-1} で減る部分のみに注目すればよい．

各々の k に対して，(14) を t' で微分して (6) を使うと

$$\frac{\partial T}{\partial t'}=1+\frac{(\mathbf{r}\mathbf{v})}{rc}=\frac{s}{r}. \tag{15}$$

従つて速度は

$$\mathbf{v}\equiv\frac{\partial \mathbf{r}}{\partial t'}=\frac{\partial \mathbf{r}}{\partial T}\frac{\partial T}{\partial t'}=\mathbf{r}'\frac{s}{r}=\mathbf{x}'\frac{s}{r}. \tag{16}$$

T についての微分はダッシュで示してある．r^{-1} の項を省略して（この項は波動域では寄与しない），$\dot{\mathbf{v}}$ は

$$\dot{\mathbf{v}}=\mathbf{x}''\frac{s^2}{r^2}+\mathbf{x}'\frac{\partial}{\partial t'}\frac{s}{r}=\mathbf{x}''\frac{s^2}{r^2}+\mathbf{x}'\frac{(\mathbf{r}\dot{\mathbf{v}})}{rc}; \tag{16'}$$

p.22

(16′) に $\mathbf{r}$ をかけて，(6) とくらべると

$$\frac{r}{s}=1-\frac{(\mathbf{r}\mathbf{x}')}{rc}; \qquad \mathbf{v}=\frac{\mathbf{x}'}{1-(\mathbf{r}\mathbf{x}')/rc}. \tag{17}$$

(16′) に $\mathbf{r}$ をかけたのを使って (16′) から $(\mathbf{r}\dot{\mathbf{v}})$ を消去すると

$$\dot{\mathbf{v}}=\frac{s^3}{r^3}\left[\mathbf{x}''\left(1-\frac{(\mathbf{r}\mathbf{x}')}{rc}\right)+\frac{\mathbf{x}'(\mathbf{r}\mathbf{x}'')}{rc}\right]. \tag{18}$$

そこで (17) と (18) を (10a) の波動域の部分（2項目）に代入すると，k- 番目の粒子からの $\mathbf{E}$ への寄与は

$$\mathbf{E}_k=\frac{e_k}{r_k{}^3c^2}\Big[\mathbf{r}_k\,[\mathbf{r}_k\ \mathbf{x}_k'']\Big]. \tag{19}$$

若し，$|\mathbf{R}|\gg|\mathbf{x}_k|$ ならば (19) の $\mathbf{r}_k$ を $\mathbf{R}$ でおきかえてよい．（差は $\frac{1}{R}$ のていどで，波動域には影響しない．）そこで，“ヘルツ・ベクトル” Hertzian vector と呼ばれる全部の変位 $\mathbf{x}_k$ の和を定義しよう．

$$\mathbf{Z}(T)=\sum_k e_k\mathbf{x}_k(t'_k). \tag{20}$$

(20) の中で $\mathbf{x}_k$ はもともと t_k' の函数であるが，(14) で T の函数として表わせているとする．このいみで T についての微分 $\mathbf{Z}''(T)$ 等を行うこととときめておく．この様にして，波動域で $\mathbf{E}$ と $\mathbf{H}$ は

$$\begin{aligned}\mathbf{E}&=\frac{1}{R^3c^2}\Big[\mathbf{R}[\mathbf{R}\mathbf{Z}'']\Big]\Big|_{T-R/c},\\ \mathbf{H}&=\frac{1}{R^2C^2}[\mathbf{R}\mathbf{Z}'']\Big|_{T-R/c}.\end{aligned} \tag{21}$$

そこで，$\mathbf{x}_k(t_k')$ を T の函数としてかいてみよう．t_k' と T の差は小さいから，(14)，(15)，(17) を使つて

$$\mathbf{x}_k(t'_k)=\mathbf{x}_k(T)+\mathbf{x}_k'\frac{(\mathbf{x}_k\mathbf{R})}{Rc}+\cdots\cdots\cdots \tag{22}$$

と展開できる．条件 (12) が満たされるとこの級数は収斂するだろう．従って，

$$\mathbf{Z}=\mathbf{Z}_1+\mathbf{Z}_2+\cdots\cdots\quad ,$$

$$\mathbf{Z}_1=\sum_k e_k\,\mathbf{x}_k(T)\quad ,\quad \mathbf{Z}_2=\sum_k e_k\mathbf{x}'_k(T)\frac{(\mathbf{R}\mathbf{x}_k(T))}{Rc}. \tag{22'}$$

この第一項 Z_1 は電荷系の二重極能率を表わしている．2項目は $(\mathbf{x}_k\mathbf{R})/Rc$ というのは k 番目の粒子と中心 Q の遅滞時間の差ゆえ，遅滞の効果であつて，電気的4重極と，磁気的2重極を含んでいる*．この項は，電荷の分布が殆んど対称で $Z_1\approx0$ の時にのみ大きい役割をする．$\mathbf{Z}_2$ を電気4重極，磁気2重極にわけるのは次の様にしてできる：　p.23

まず，電荷系の四重極能率のテンソルを定義する．

$$q_{ij}=\sum e_k\,x_i^k\,x_j^k\qquad (i,j=1,2,3)\ . \tag{23a}$$

又，磁気2重極は

$$\mathbf{m}=\frac{1}{2c}\sum_k[\mathbf{x}^k\mathbf{i}^k]=\frac{1}{2c}\sum_k\ e_k[\mathbf{x}^k\mathbf{x}'^k]\qquad (\mathbf{i}^k=e\mathbf{x}'^k), \tag{23b}$$

とすると，

$$\mathbf{Z}_2=\mathbf{Z}_q+\mathbf{Z}_{md}, \tag{24a}$$

$$\mathbf{Z}_{qi}=\frac{1}{2Rc}\sum_j q'_{ij}R_j, \tag{24b}$$

$$\mathbf{Z}_{md}=\frac{1}{R}[\mathbf{mR}] \tag{24c}$$

となる．($\mathbf{x}$, $\mathbf{x}'$ は全部時刻 T (中心の遅滞時刻) のものである．)

4　光の放出　　(21) で与えられる場は R^{-1} で減少する (波動域)．従つて場の強さの2次の量，たとえばエネルギーの流れのポインティング・ベクトルは R^{-2} で減少するから，球 (3次元) の表面積分は R には無関係な有限な量になる．従つて (21) の式で与えられる場はどんな遠くの点でもその点を通る球面をとおつて有限のエネルギーの流れをあたえる．すなわち光の放出になる．この輻射は transverse ($\mathbf{R}$ と直角の成分しかない) であつて $\mathbf{E}$ と $\mathbf{H}$ はお互にも直角である《式 (10)》．面積 $Rd\Omega$ を通じて単位時間に流

---

* H.C, Brinkmann, Zur Quantenmechanik der Multipolstrhalung, Proefschrift, Utrecht, 1932. 参照

れるエネルギーは

$$\mathbf{S}R^2 d\Omega = \frac{c}{4\pi}[\mathbf{E}\,\mathbf{H}]R^2 d\Omega$$

$$= \frac{d\Omega}{4\pi c^3}\frac{\mathbf{R}}{R}Z''^2 \sin^2\theta. \qquad (25)$$

θ はヘルツ・ベクトル $\mathbf{Z}''$ と方向 $d\Omega$ の間の角である $(\mathbf{Z}''\mathbf{R})$. (25) は《$\mathbf{R}$があるから》球面に直角でヘルツ・ベクトルの2階の時間微分の自乗に比例している．そして $\mathbf{Z}''$ に直角の方向で最大であり，$\mathbf{Z}''$ の方向では0である．輻射の偏りの方向（$\mathbf{E}$ の方向）は，((21) より）$\mathbf{Z}''$ を $\mathbf{R}$ に直角な平面上に射影 p.24 した方向である．(25) を全角度について積分すると，単位時間に放出される全エネルギー S を得る．

$$S = \frac{2}{3}\frac{Z''^2}{c^3}. \qquad (26)$$

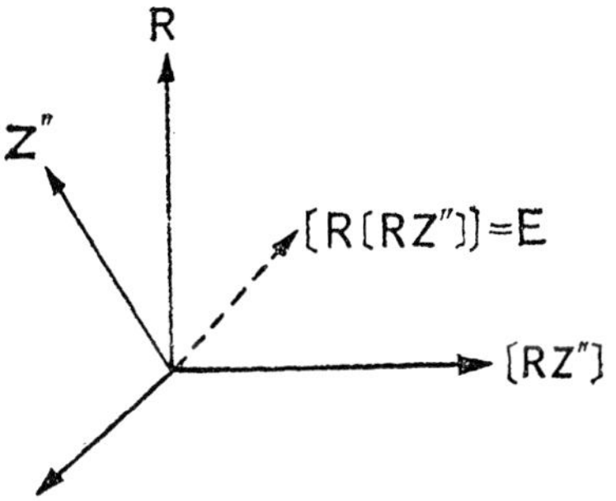

補 圖 II

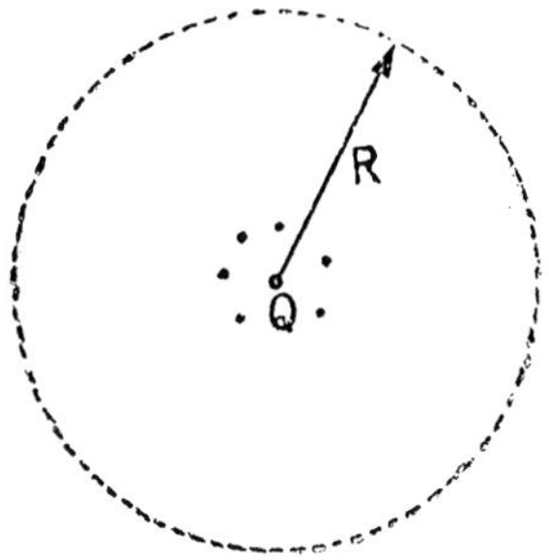

補 圖 III

最も簡単な光源の模型は調和振動子であつて，これは一個の電荷が力の中心に弾性的に引つぱられていて振動数 ν の調和振動を x-軸にそつて行つている時である．この場合

$$\mathbf{Z} = e\mathbf{x} = e\mathbf{x}_0 \cos \nu t, \quad \mathbf{Z}'' = -e\nu^2\mathbf{x}$$

となり，放出される光は同じ振動数 ν の単色光となる $(\mathbf{E}(t) \backsim \cos\nu t)$. (26) を時間的に平均すると，$\left(\left(\frac{1}{2\pi/\nu}\int_0^{\frac{2\pi}{\nu}} \cos^2 \nu t\, dt = \frac{1}{2}\right)\right)$

$$S = \frac{2}{3}\frac{e^2}{c^3}\nu^4\overline{x^2} = \frac{1}{3}\frac{e^2}{c^3}\nu^4 x_0^2 \qquad (27)$$

となり，単位時間に放出されるエネルギーは ν^4 に比例する．

4. 場の反作用とスペクトル線の幅

第3節で動いている点電荷は一般に輻射場を放出する事を知つた．ゆつくりと動いている粒子により輻射される単位時間あたりのエネルギーは第3節の（26）で与えられる．第1節の（22）のエネルギー・バランスの式によれば，このエネルギーは電荷を動かしている力から得られねばならないから粒子の運動エネルギーは減少する筈である．従つて，粒子の運動をそれに働いている外力（たとえば，振動子の中心にひつぱる力）のみによつて決定するのは誤りで，輻射場を放出する事によつても影響をうける筈である．エネルギーの保存を正しく考に入れるには，粒子によつて作られた場が，それ自身に及ぼす反作用を考えに入れねばならない事になる．

しかしながら，一般に輻射の反作用の力は外の力にくらべて小さいことがわかるから，反作用を小さな補正と考える事が許されるので，第一近似としては反作用を無視した外力のみで粒子の運動が決定されると考えてよい．

ここでは，この反作用を2つの異なつた方法で求めてみよう．最初は純然と現象論的に，第一近似では粒子の運動は放出される輻射によつて影響されないとし，放出されるエネルギーは第3節（26）であたえられるとする．そして，次の近似として粒子の運動方程式に小さな力（減衰力）を加えて，丁度エネルギー・バランスが成り立つ様にこの力を決 p.25 める．次の方法は，もつと正確で，一般論からも見通しのよいもので，直接に電荷によつて作られた場が，電荷それ自身に及ぼす反作用の力を計算する．この様にして得た反作用の力は，エネルギー・バランスから得たのと同じであるが，しかし，この方法は輻射場の理論自体にとつて最も重要な他の結論をも導く事ができる．

1 第1の方法：エネルギー・バランス 簡単のために，非相対論的なゆつくり動いている電子の場合を考える．第3節の（26）と（20）によれば，加速されている粒子による輻射のエネルギーは単位時間に

$$S=\frac{2}{3}e^2\dot{\mathbf{v}}^2/c^3 \tag{1}$$

であつて，第一近似（輻射場の反作用を無視した）で，粒子の運動方程式は

$$\mathbf{K}=m\dot{\mathbf{v}} \tag{2}$$

である．$\mathbf{K}$ は外力を表わす．この式にエネルギーの減少を考えに入れたもう一つの力 $\mathbf{K}_s$

(“自己力”) を加えると

$$\mathbf{K}+\mathbf{K}_s=m\dot{\mathbf{v}}. \qquad (3)$$

第1節の (22) のエネルギー・バランスを簡単にするために2つの時刻 t_1 と t_2 において粒子の運動は同じであるとする (準周期的). すると場のエネルギー U も t_2 と t_1 で等しい. すると, $\mathbf{K}_s$ によつてなされた仕事は丁度輻射されたエネルギーになる筈である. (第1節 (22*b*) の $t_1\to t_2$ の時間積分をとる.)

$$\int_{t_1}^{t_2}(\mathbf{K}_s\mathbf{v})\,dt=-\frac{2}{3}\frac{e^2}{c^3}\int_{t_1}^{t_2}\dot{\mathbf{v}}^2dt. \qquad (4)$$

上の仮定の下ではこの $\mathbf{K}_s$ の式は解くことができる. まず (4) を部分積分して

$$\int_{t_1}^{t_2}(\mathbf{K}_s\mathbf{v})\,dt=\frac{2}{3}\frac{e^2}{c^3}\int_{t_1}^{t_2}\mathbf{v}\ddot{\mathbf{v}}dt \qquad (5)$$

となり, この式は各時刻で

$$\mathbf{K}_s=\frac{2}{3}\frac{e^2}{c^3}\ddot{\mathbf{v}} \qquad (6)$$

とおけば満たされる. この様にして, エネルギー・バランスを満たす様に $\mathbf{K}_s$ を決定できる. それは加速度の時間微分に比例する. 第一近似で《$\mathbf{K}_s$ の右辺の $\mathbf{v}$ としては反作用を無視したものを使つて》調和振動している粒子では $\ddot{\mathbf{v}}$ は $-\nu^2\mathbf{v}$ である.

(6) が運動量及び角運動量の保存をも成立させるに十分である事は容易に證明できる. この方法は反作用力(6)が他の力にくらべて小さい限り正しい. 調和振動子に対してはその振動数が余り高くない限り反作用力は中心にひつぱる力にくらべて十分小さい. すなわち $\mathbf{x}=\mathbf{x}_0 cos\nu_0 t$ とおくと, 中心に引く力は $\nu_0{}^2m\mathbf{x}$ であり, 我々の方法の正しい条件は p.26

$$m\nu_0{}^2\gg\frac{e^2}{c^3}\nu_0{}^3. \qquad (7)$$

又は, 波長 λ を使つてかくと

$$\lambda=\frac{c}{\nu_0}\gg\frac{e_2}{mc^2}\equiv r_0. \qquad (7')$$

r_0 は, この節の3項でわかる様に古典電子半径で $10^{-13}cm$ 位の長さである. 従つて, (7) は r_0 にくらべて大きい波長の光では満足されることになる. (7) は普通の光学に使われる波長の光及び核物理にでてくる γ-線に対しては満足されている. けれども, 宇宙線中の γ-線によつては満されない. しかし, 宇宙線の様にエネルギーの高い所は量子論を考えに入れねばならない領域である．

2　第2の方法：自已力*　次に，電荷によつて作られた場が，電荷自身に及ぼす力を直接に計算してみよう．電荷の分布が ρ で与えられ，その電荷により作られた電磁場を $\mathbf{E}_s$, $\mathbf{H}_s$ とすると，自己力は第1節の方程式（4）で与えられる．

$$\mathbf{K}^s=\int\rho d\tau\left(\mathbf{E}_s+\frac{1}{c}[\mathbf{v}\mathbf{H}_s]\right). \qquad (8)$$

（ここで $\mathbf{K}^s$ と添字 s を上にあげたのはこれが（6）の $\mathbf{K}_s$ と全く同じものというわけでないから区別するため）．場としては点電荷の場を使うわけではない．というのは我々の問題にしているのは粒子の中の場であるから．《(8）の ρ が零でないところの $\mathbf{E}_s$, $\mathbf{H}_s$》．そこで最初ある電荷分布を仮定して最後の結果で点電荷に移行しよう．

（8）は次の様にして計算できる．距離 $\mathbf{r}$ だけ離れている電荷要素 de と de' を考え de によつて作られた場が de' に及ぼす力を計算する．この場としては第3節で計算した荷電 de の点電荷の場をとる．すると全自己力は de と de' について積分して得られる．磁場は自己力には影響しないから以下では考に入れない事にする．

計算を容易にするために，以下の仮定をしよう．

（1）　電荷分布は相対的に固定している（これは速度のおそい時．速い時はローレンツ収縮を考に入れる．）とする．従つてある瞬間には電荷要素はすべて同じ速度と加速度をもつている．

p.27

（2）　電荷分布は球対称で，半径 $\bar{r}_0$（電子半径）位の有限のひろがりをもつている．この節の3項ではどういう条件の下で $\bar{r}_0\longrightarrow 0$ が可能かを調べることにする．

まず，第3節の（10）を使う際に注意が必要である．すなわち，これらの式は，固点した点 P における《$\mathbf{v}$ でうごいている点電荷による》場の強さを与えている．しかし我々の必要な場合には de による場が作用する de' は de と相対的に固定しているので，各時刻で de'（場を計算する点の荷電要素）は de（場を作る荷電要素）と同じ速度でうごいている．従つて，第3節の（10）は場を作る点電荷の速度 $\mathbf{v}(t)$ が0である場合にのみ我々の計算に使える．（t は自己力を計算する時刻）すなわち，時刻 t に場を作る点電荷（de）もその場の働く点電荷（de'）も静止している時には第3節（10）で

$$\mathbf{v}(t)=0 \qquad (9)$$

---

* H.A. Lorentz, Theory of the Electron (Leipzig, 1916). 参照

とおいた式が使える．この式は何も（de）の速度が遅滞時刻 $t'=t-r/c$ で 0 になるということではない．（9）の下で自己力を計算しても，うごいている場合の自己力（de と de' が同じ速度で）はローレンツ・変換で求まるから，（9）は本質的な制限ではない．

荷電 de によつて生じた電場の荷電 de' の位置での値は，第3節の（10a）によつて時刻 t で

$$d\mathbf{E}_s(t)=\frac{de}{s^3}\left\{\frac{1}{c^2}\left[\mathbf{r}\left[\mathbf{r}+\frac{\mathbf{v}(t')}{c}r,\dot{\mathbf{v}}(t')\right]\right]-\left(1-\frac{v^2(t')}{c^2}\right)\left(\mathbf{r}+\frac{\mathbf{v}(t')}{c}r\right)\right\}, \tag{10}$$

$$s=r+\left(\frac{\mathbf{v}(t')}{c}\mathbf{r}\right),\quad \mathbf{v}(t)=0,\quad t'=t-\frac{r(t')}{c}.$$

$\mathbf{r}\equiv\mathbf{r}(t')$，$r\equiv r(t')$ 等すべて遅滞時刻 t' のものである． 次にもう一つの仮定；（3）粒子の運動はゆつくり変わる．その程度は，粒子の加速度の変化は光が電荷の分布している領域を通りぬける時間位の間では加速度自身に比して小さい．すなわち

$$\frac{\overline{r}_0}{c}\ddot{\mathbf{v}}\ll\dot{\mathbf{v}} \tag{11}$$

をおく．$\overline{r}_0>0$ ならば（11）は外力の満たすべき条件であるのみならず，自己力自身に対する制限にもなるけれども，$\overline{r}_0\to0$ では（11）は無条件で成り立つ式になる．

（11）の条件の下では（10）の中で遅滞の効果は小さな補正になり，$\mathbf{r}(t')$，$\mathbf{v}(t')$ の様な t' の函数を $t-t'=r(t')/c$ で展開できる．その際 $\mathbf{v}(t)=0$（9）を使うと，たとえば

$$\mathbf{r}(t')=\mathbf{r}(t)+\frac{1}{2}\frac{r^2(t')}{c^2}\dot{\mathbf{v}}(t)-\frac{1}{6}\frac{r^3(t')}{c^3}\ddot{\mathbf{v}}(t)+\cdots\cdots. \tag{12}$$

p.28

この式の右辺の展開係数はまだ $r(t')$ である．この遅滞した距離 $r(t')$ は静止している de と $de'(t)$ の距離ではない．t で $\mathbf{v}(t)=0$ であつても遅滞時刻 t' では de は動いてもいるし，又加速されている．(12) の展開係数を $r(t')$ で表わすために，(12) の自乗をとつて $r^2(t')$ を $\mathbf{r}(t)$ の函数で表わしてもう一度この式を(12)に代入しよう．自乗を平方根でひらいて

$$r(t')=r+\frac{r}{2c^2}(\mathbf{r}\dot{\mathbf{v}})+\frac{r}{8c^4}(r^2\dot{\mathbf{v}}^2+3(\mathbf{r}\dot{\mathbf{v}})^2)-\frac{r^2}{6c^3}(\mathbf{r}\ddot{\mathbf{v}})+\cdots. \tag{13a}$$

r, $\mathbf{r}$ は $r(t)$, $\mathbf{r}(t)$ である．これを（12）に入れると

$$\mathbf{r}(t')=\mathbf{r}+\frac{r^2}{2c^2}\dot{\mathbf{v}}+\frac{r^2}{2c^4}(\mathbf{r}\dot{\mathbf{v}})\dot{\mathbf{v}}-\frac{r^3}{6c^3}\ddot{\mathbf{v}}+\cdots\cdots. \tag{13b}$$

同様に $\mathbf{v}$ と $\dot{\mathbf{v}}$ も展開できる

$$\mathbf{v}(t')=-\frac{r}{c}\dot{\mathbf{v}}-\frac{r}{2c^3}(\mathbf{r}\dot{\mathbf{v}})\dot{\mathbf{v}}+\frac{r_2}{2c_2}\ddot{\mathbf{v}}+\cdots\cdots, \tag{13c}$$

$$\dot{\mathbf{v}}(t')=\dot{\mathbf{v}}-\frac{r}{c}\ddot{\mathbf{v}}+\cdots\cdots. \tag{13d}$$

又，(10) にでてくる s は

$$s\equiv r(t')+\frac{1}{c}(\mathbf{r}(t')\,\mathbf{v}(t'))=r-\frac{r}{2c^2}(\mathbf{r}\,\dot{\mathbf{v}})-\frac{r}{8c^4}\Big((\mathbf{r}\,\dot{\mathbf{v}})^2+3r^2\dot{\mathbf{v}}^2\Big)+\frac{r^2}{3c^3}(\mathbf{r}\,\ddot{\mathbf{v}})+\cdots.$$

これらのすべての展開は $r(r(t))$ について行われている．(10) の $d\mathbf{E}_s(t)$ を（これは展開すると $0\left(\frac{1}{r}\right)+0(1)+0(r)+\cdots$ となる.）r に無関係になる項迄展開しよう．それより高次の項は後に $\overline{r_0}\to 0$ を行うと 0 になるから考えないでおく．更にあとで球対称な電荷分布について積分する事を考えるとベクトル $\mathbf{r}$ について奇数次のものは 0 とおいてしまつてもかまわない．（この平均は勿論時刻 t の量についてのみであるから，$\mathbf{r}(t')$ に対しては行えない.）そこで $\mathbf{r}(\mathbf{r}(t))$ の奇数次の項を省略して

$$d\mathbf{E}_s(t)=de'\left[-\frac{\mathbf{r}(\mathbf{r}\dot{\mathbf{v}})}{2r^3c^2}-\frac{\dot{\mathbf{v}}}{2c^2r}+\frac{2\ddot{\mathbf{v}}}{3c^3}\right]. \tag{14}$$

(14) を荷電要素 de, de' について積分すると，自己力

$$\mathbf{K}^s=\mathbf{K}_o+\mathbf{K}_s \tag{15}$$

を得る．ここで $\mathbf{K}_o=-\frac{2}{3}\frac{\dot{\mathbf{v}}}{c^2}\int\frac{dede'}{r}=-\frac{4}{3}\frac{\dot{\mathbf{v}}}{c^2}\mu_0,$ (16a)

$$\mathbf{K}_s=\frac{2}{3}\frac{\ddot{\mathbf{v}}}{c^3}\int dede'=\frac{2}{3}\frac{e^2}{c^3}\ddot{\mathbf{v}}. \tag{16b}$$

p.29

まず，$\mathbf{K}_s$ のいみを考えてみよう．これは電荷の分布には無関係であつて，第 4・1 節の（6）のエネルギー・バランスから得られた式と同じである．従つて，ただエネルギー・バランスのみを考えに入れて導いた減衰力（6）は，粒子の中での光の遅滞の自己力に対する影響の 2 次の近似である．《これは $0\left(\frac{1}{r}\right)$, $0(1)$, $0(r)\cdots\cdots$ と自己力(又は dE_s)を展開したときの 0（1）の項というい み.》

(16b) を粒子の運動に対して計算する上で課した条件(11)とくらべると，この条件は

$$\mathbf{K}_s\ll\frac{2}{3}\frac{e^2}{\overline{r_0}c^2}\dot{\mathbf{v}}=\frac{2}{3}m\dot{\mathbf{v}}\frac{r_0}{\overline{r_0}}. \tag{17}$$

$\left(r_0\right.$ は古典電子半径 $\left.\frac{e^2}{mc^2}\right)$. 後で $\overline{r}\to 0$ 行うと (11), (17) の条件は常に満足される事になる．従つて前の方法（エネルギー・バランス）で $\mathbf{K}_s$ をだす時に用いた条件（7）は，ただ反作用力が小さい効果であると考えられる場合にのみ必要で本質的には条件にはなら

ない事になる（実際の応用の場合には（７）の満たされる場合が殆んどであるが）.

展開（12）を更に $0(r)$ 迄とると，$\mathbf{K}_s$ に更に次の項が加わる.

$$\mathbf{K}' \sim \frac{\dddot{\mathbf{v}}}{c^4}\int r\, dede' \sim \frac{e^2\dddot{\mathbf{v}}}{c^4}\overline{r_0}.$$

この項は（及び高次の項は）$\overline{r_0}$ を含むから，電子の構造に関係している．しかし $\overline{r_0}$ に比例するから $\overline{r_0}\to 0$ で（点電子模型）０になる.

ゆつくり動いている電子に対しては $\mathbf{K}_s$ のみが（$\mathbf{K}_0$ を別にすると）電子の場による反作用であるが，量子論ではこれに更に重要な反作用が附け加わる．これについては第Ⅵ章でのべる.

相対論的な速さ（$v/c\sim 1$）で動いている電子の場合に $\mathbf{K}_s$ を一般化する事はそう難しい事ではない．結果のみを記すると，

$$\begin{aligned}\mathbf{K}_s &= \frac{2}{3}\frac{e^2}{c^3}\frac{1}{1-\beta^2}\left\{\ddot{\mathbf{v}} + \frac{\dot{\mathbf{v}}(\mathbf{v}\ddot{\mathbf{v}})}{c^2(1-\beta^2)} + \frac{3\dot{\mathbf{v}}(\mathbf{v}\dot{\mathbf{v}})}{c^2(1-\beta^2)} + \frac{3\mathbf{v}(\mathbf{v}\dot{\mathbf{v}})^2}{c^4(1-\beta^2)^2}\right\} \\ &= \frac{2}{3}\frac{e^2}{\mu c^4}\sqrt{1-\beta^2}\left\{\frac{d^2\mathbf{u}}{ds^2} - \frac{1}{\mu^2}\mathbf{u}\sum_{\nu=1}^{4}\left(\frac{du_\nu}{ds}\right)^2\right\}.\end{aligned} \tag{18}$$

但し $ds=c\sqrt{1-\beta^2}\,dt$ は“固有時間” proper time の微分要素で $\mathbf{u}$ は“機械的” kinetic 運動量（第２節）である．粒子の運動方程式は，$\mathbf{K}^e$ が外場による力とすると

$$\frac{1}{c}\frac{d\mathbf{u}}{dt} = \mathbf{K}_s + \mathbf{K}^e \tag{18'}$$

p.30

である．実際に（18）はこの本では使わない．というのは早く走つている粒子に対しては量子効果をいつも考えに入れねばならぬからである.

3　自己エネルギー　　自己力（16a）は，加速度に比例する．従つてこれは慣性力 $m\dot{\mathbf{v}}$ と同じ形をもつている．$\frac{1}{2}\int dede'/r = \mu_0$ という因子は静電的自己エネルギーすなわち粒子の作る静電場の保つているエネルギーである．これは粒子の構造（電荷分布の形）に関係し，点電荷では無限大になる．$\overline{r_0}$ 程度に拡がつた電荷に対しては

$$\mu_0 = \frac{e^2}{\overline{r_0}} \tag{19}$$

の程度である．この項は，慣性力 $m\dot{\mathbf{v}}$ の項と，いかなる方法によつても区別できない．勿論我々は慣性質量 m がどんなものか（なぜ，又はどうしてこれがあるか）は全然しらないから，$\mathbf{K}_0$ と慣性力は一しよにして，自己力 $\mathbf{K}_0$ は m の定義の中に含ませることができ

る．Abraham の理論では，電磁的な性質(μ_0のような)以外の質量はないと考え（第2・4節），$\mathbf{K}_0$ は我々が観測する電子の慣性力 $m\dot{\mathbf{v}}$ と等しいとおく《符号は逆》．すると μ_0 は $\mu(=mc^2)$ 位にとる必要があり，

$$\overline{r_0}\sim r_0\equiv e_2/mc^2 \tag{20}$$

となる．この理由から普遍常数 r_0 は古典電子半径と呼ばれ

$$r_0=2.818\times10^{-13}\text{cm}. \tag{21}$$

このAbrahamの考え方は重要な困難に導く．すなわち動いている粒子は自己運動量をもつことになるから，これも粒子の運動量の一部と考えねばならない．しかし，第2節で見たように粒子の作つた場のエネルギー・運動量は4元ベクトルを成さず，粒子としての相対論的な変換性をもつていないからこの様に考えることは不可能である．この困難は，電磁的でない（機械的な）内部歪を考えて，これで粒子の作つた場の変換性のベクトルでない事を補つてベクトルになる様にすれば救われるが，これは，粒子の質量が全部電磁的なもの（その作つた場によるもの）とする考えをやめる事になる．* 有限のひろがりをもつた荷電粒子の構造に電磁的な力以外の力が必要なのは，有限にひろがつた荷電分布は電磁的な力のみでは安定でない（クーロン力で拡がる）事から明らかである．

更に点電荷に対しては，自己エネルギー μ_0 が発散するというもう一つ困難がある．以上の2つの困難（変換性と発散）は現在もなお解決されていない，しかし後でみる様に量子論では事情は大分楽になつている（第29節と補遺7）． p.31 すなわち，計算に使う数学的な方法にまだ問題は残つているが，自己場の変換性がベクトルになるという事は保証されそうである．更に発散が$\dfrac{1}{r_0}$よりももつとゆるい $\log\overline{r_0}$ 位になり，更に $\overline{r_0}$ として相対論的不変な長さもとりうる．従つて$\overline{r_0}$が十分小さくても自己エネルギーは機械的な静止エネルギー mc^2 にくらべて十分小さくなる可能性がある．

現在の理論の段階では自己エネルギーは次の様に処理する．実験的に電子はは有限の質量をもつており， そのエネルギーと運動量は4元ベクトルを形成している事を知つている．この4元ベクトルは，自己場の寄与も含んでいる筈である．従つて，観測された質量を式の中で使う場合には，自己場からの寄与は計算から除かねばならない．この処法を今後この本では行うことにする．この様にすると困難は観測されない事になり，理論を現象

* H.Poincaré, *Rend. di. Palermo*, **21** (1906), 129.

に応用する時のさまたげにならない.

4 スペクトル線の幅 反作用力 (16b) が粒子の運動に及ぼす影響を考えよう. この力で粒子の運動が変われば, それにつれて放出される輻射も変わる.

光源として単調和振動子をとろう. もし反作用力を省略すれば, 振動子は無限に長い時間振動し続ける. しかし, 反作用の力を考えに入れると, 《これはエネルギーが輻射として出る事を考えに入れた事であるから》振動子の振幅は時間とともに減少する. 運動方程式は

$$m\ddot{x} = -m\nu_0{}^2 x + \frac{2}{3}\frac{e^2}{c^3}\dddot{x}. \tag{22}$$

まず, 条件 (7) が満たされるとしよう. すると反作用力は小さいということになるから, $\dddot{x}$ の第一近似として減衰しない運動を代入して $-\nu_0{}^2\dot{x}$ としよう. すると (22) は

$$\ddot{x} = -\nu_0{}^2 x - \gamma\dot{x}, \tag{23}$$

$$\gamma = +\frac{2}{3}\frac{e^2\nu_0{}^2}{mc^3} = \frac{2}{3}\frac{\nu_0{}^2}{c}r_0 \ll \nu_0. \tag{24}$$

条件 (7) より $\gamma \ll \nu_0$ であるから, (23) は近似的に*

$$x = x_0 e^{-\gamma t/2} e^{-i\nu_0 t} \tag{25}$$

で与えられる. 一週期に平均した振動子のエネルギーは

p.32

$$W = \frac{1}{2}m(\dot{x}^2 + \nu_0{}^2 x^2) = W_0 e^{-\gamma t}. \quad 《W = \int_t^{t+\frac{2\pi}{\nu_0}} \frac{1}{2}m(\dot{x}^2 + \nu_0{}^2 x^2)\,dt》 \tag{26}$$

従つて, エネルギーは指数函数的に減少する. $1/\gamma$ 秒たてばエネルギーは $\frac{1}{e}$ (e: 自然対数の底) 倍になる. ゆえに $1/\gamma$ を振動子の "寿命" life-time と呼ぶ. 条件 (24) $\gamma \ll \nu_0$ は, 寿命が一週期にくらべて十分に長くて, 振動が近似的に週期的であるということである. γ は振動数の函数であつて振動子の振幅には無関係である.

この様な振動子によつて放出される光は, 振幅は $\ddot{x}$ すなわち $-\nu_0{}^2 x$ に比例する. これは振動子の振幅と同じ割で減少するから ($t>0$ に対して)

$$\mathbf{E} = \mathbf{E}_0\, e^{-\gamma t/2 - i\nu_0 t}. \tag{27}$$

この (27) はもはや単色波を表わさず, ある強度分布 $I(\nu)$ をもつた光である. この強度分布を求めるために (27) をフーリェ分解する.

---

* 古典的振動を exp でかいた時にはいつも実部のみがいみがある.

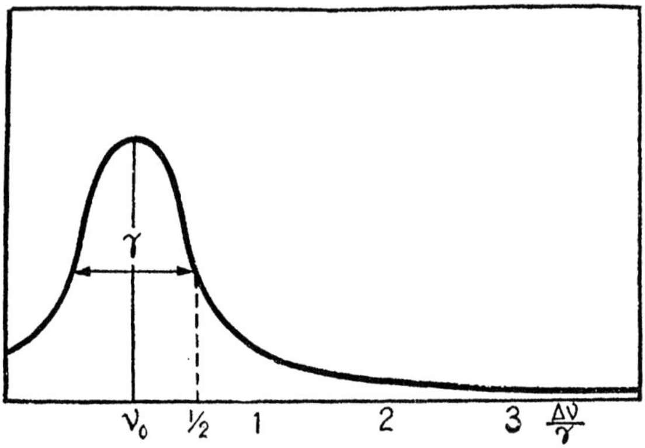

第2図　自　然　線　幅

$$\mathbf{E}(t)=\int_{-\infty}^{\infty}\mathbf{E}(\nu)e^{-i\nu t}\,d\nu,\quad \mathbf{E}(\nu)=\frac{1}{2\pi}\mathbf{E}_0\int_0^{\infty}e^{-i(\nu_0-\nu)t}\;e^{-\gamma t/2}\,dt.$$

すなわち

$$\mathbf{E}(\nu)=\frac{1}{2\pi}\mathbf{E}_0\quad\frac{1}{i(\nu_0-\nu)+\gamma/2}.$$

従つて，強度分布は

$$I(\nu)\simeq|\mathbf{E}(\nu)|^2=I_0\frac{\gamma}{2\pi}\frac{1}{(\nu-\nu_0)^2+\gamma^2/4} \tag{28}$$

となり，I_0は$\int I(\nu)d\nu$(全強度)がI_0になる様にとつた．(28)で示されるスペクトルは，ν_0で最大である，すなわち減衰しないもとの振動子の振動数で極大になる.* $\nu_0-\nu=\gamma/2$のところでは極大の半分の強度である．従つてγを“半極大の幅 ”breadth at half maximum p.33（図2を見よ.）と呼ぶ．ゆえに幅は“寿命” lifetime の逆数に等しくなる．幅を波長を単位にして表わすと (24) により**

$$\Delta(2\pi\lambda)=2\pi c\frac{\Delta\nu}{{\nu_0}^2}=2\pi\frac{c\gamma}{{\nu_0}^2}=\frac{4\pi}{3}r_0=1.18\times10^{-4}\mathring{A}.U.\quad(\gamma\ll\nu_0) \tag{29}$$

《$2\pi c/\nu=\lambda$　$\lambda-\lambda_0=2\pi c\left(\frac{1}{\nu_0-\Delta\nu}-\frac{1}{\nu_0}\right)\fallingdotseq2\pi c\frac{\Delta\nu}{{\nu_0}^2}$；　$\Delta\nu=\gamma$》となり，線の幅は振動

*　(22) の正確な解を使うと極大が ν_0 から γ^2/ν_0 の程度ずれる.

**　波長を $2\pi\lambda$ と示す.

数とは無関係で，因子を除けば普遍常数である．電子半径 r_0 にひとしい．

第18節で量子論における線の幅を議論しよう．

5. 散 乱 と 吸 収

1　自由電子による散乱　振動数 ν で場の強さが

$$\mathbf{E}=\mathbf{E}_0\, e^{-i\nu t}$$

の光が自由電子にあたるとしよう．電子は振動するがその平均位置は静止しているとする．相対論的な効果（磁場の影響も含めて）を省略すると，運動方程式は

$$m\ddot{\mathbf{x}}=e\mathbf{E}_0\, e^{-i\nu t}+\frac{2}{3}\frac{e^2}{c^3}\dddot{\mathbf{x}} \tag{1}$$

であつて，この解は

$$\mathbf{x}=-\frac{e\mathbf{E}_0}{m\nu^2}e^{-i\nu t}\frac{1}{1+i\kappa},\quad \kappa=\frac{2}{3}\frac{e^2}{mc^3}\nu \tag{2}$$

である．すなわち電子は光と同じ振動数で振動する．（実際の運動はこれの実数部，$\mathbf{E}$ についても同じ．前頁脚註）．するとやはり同じ振動数の２次波が放出される．第３節の（25）により，電子から距離Rの強度の時間的平均は（$\ddot{\mathbf{x}}$は（２）の実部）

$$\left\langle\!\left\langle \frac{1}{2\pi/\nu}\int_0^{\frac{2\pi}{\nu}}\cos^2\nu t\,dt=\frac{1}{2}\right\rangle\!\right\rangle$$

$$I=|\mathrm{S}|=\frac{e^2\overline{\ddot{x}^2}\sin^2\Theta}{4\pi\mathrm{R}^2c^3}=\frac{e_4\sin^2\Theta\, E_0{}^2}{8\pi\mathrm{R}^2m^2c^3}\frac{1}{1+\kappa^2}. \tag{3}$$

但し，Θ は観測方向$\mathbf{R}$ と入射波の偏り $\mathbf{E}_0$ の方向の間の角である．《第３節（25）で $\mathbf{Z}''$は$\mathbf{Z}$ の方向で，$\mathbf{Z}$ は第３節(20)より $\mathbf{x}$ の方向，$\mathbf{x}$ は（２）より $\mathbf{E}_0$ の方向である.》入射波の強度を考えると，これは $I_0=\dfrac{cE_0{}^2}{8\pi}$ であるから，

$$I=\phi\,(\Theta)\frac{I_0}{R^2},\quad \phi\,(\Theta)\ =r_0{}^2\sin^2\Theta\frac{1}{1+\kappa^2}. \tag{4}$$

p.34

ここで r_0 は古典電子半径（e^2/mc^2）で $\phi\,(\Theta)$ は cm^2 の次元をもつ量で，これを散乱の“断面積”cross section と呼ぶ．入射波が偏つていない時にはΘについて平均して

$$\overline{\sin^2\Theta}=\frac{1}{2}(1+\cos^2\theta)$$

$$I=\frac{I_0}{R^2}\frac{1}{2}r_0{}^2(1+\cos^2\theta)\frac{1}{1+\kappa^2},\qquad \phi(\theta)=\frac{1}{2}\frac{r_0{}^2(1+\cos^2\theta)}{1+\kappa^2} \tag{4'}$$

が得られ，θ は散乱の角である．

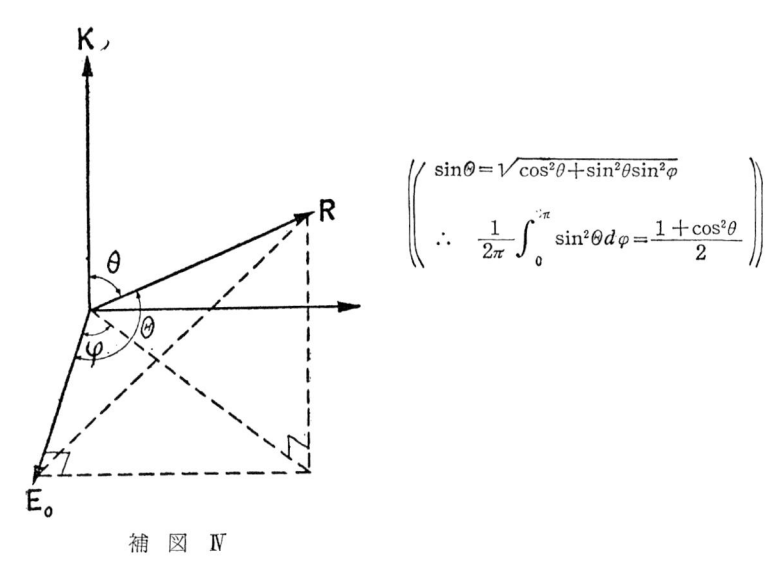

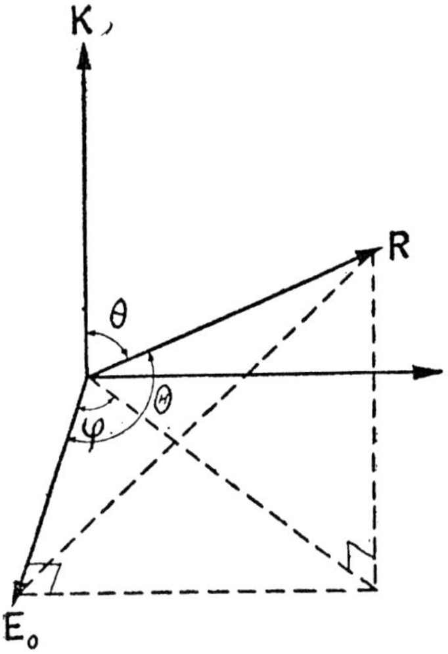

$$\left(\begin{aligned}&\sin\Theta=\sqrt{\cos^2\theta+\sin^2\theta\sin^2\varphi}\\&\therefore\quad \frac{1}{2\pi}\int_0^{2\pi}\sin^2\Theta d\varphi=\frac{1+\cos^2\theta}{2}\end{aligned}\right)$$

補　図　Ⅳ

減衰の効果はκの中に含まれている．κはr_0/λ位であつて，核物理で問題になるγ線位のものに至る迄のすべての波長で非常に小さい．κ は宇宙線中のγ線の波長位になると，1と殆ど等しいか又は1より大きくなり得る．従つてこの領域では，断面積に対して減衰が本質的な役割をもつと考えられる．しかし，そこでは相対論的及び量子論的な効果が重要であつて，減衰を量子論的且つ相対論的に取り扱う必要があるが，この様に取り扱つてみると，減衰はすべての波長に対して小さい事が第33節で示される．

（4′)をすべての散乱角について積分すると，全散乱断面積が得られる．(κを省略して)

$$\phi=\frac{8\pi}{3}r_0{}^2=6.65\times10^{-25}\,\mathrm{cm}^2. \qquad (5)$$

従つて，自由電子による散乱の断面積は普遍常数で入射波の振動数には無関係である．

式（4）と（5）は J.J. Thomson によりはじめて導かれた．後でこれらの式は量子論においても相対論的効果が無視できる限り成立する事を示す．

2　振動子による散乱　次に，振動数 ν_0 で弾性的に中心に引かれている電子により振動数 ν の光が散乱される場合を考える．この場合にもやはり減衰力を考える事が重要である．もし，電子が光による強制振動をうけないとすれば，自由に振動するだけでその振動数は ν_0 である．従つて減衰力は《$\gamma \ll \nu_0$》

$$\frac{2}{3}\frac{e^2}{c^3}\dddot{\mathbf{x}} = -m\gamma\dot{\mathbf{x}} \quad , \qquad \gamma = \frac{2}{3}\frac{e^2\nu_0^2}{mc^3} = \frac{2}{3}r_0\frac{\nu_0^2}{c} \tag{6}$$

と書け，運動方程式は

$$\ddot{\mathbf{x}} + \gamma\dot{\mathbf{x}} + \nu_0^2\,\mathbf{x} = \frac{e}{m}\mathbf{E}_0 e^{-i\nu t} \tag{7}$$

となる．この解は

p.35

$$\mathbf{x} = \mathbf{x}_0 e^{-i\nu t} \quad , \qquad \mathbf{x}_0 = \frac{\mathbf{E}_0 e/m}{\nu^2{}_0 - \nu^2 - i\nu\gamma}. \tag{8}$$

単位時間に単位表面積を通じて散乱される光の強さは，振動子から距離Rで（$\ddot{\mathbf{x}}$ は(8)の実部）

$$\left.\begin{aligned} I &= \frac{e^2\sin^2\theta}{4\pi R^2 c^3}\ddot{x}^2 = \frac{c}{4\pi R^2}E_0^2 r_0^2 \frac{\nu^4\sin^2\theta}{(\nu_0^2-\nu^2)^2+\nu^2\gamma^2}\cos^2(\nu t-\delta), \\ \tan\delta &= \frac{\gamma\nu}{\nu_0^2-\nu^2} \qquad\qquad (\theta \text{ は } \widehat{\mathbf{E}_0\mathbf{R}}) \end{aligned}\right\} \tag{9}$$

となる《$I=|\mathrm{S}|$，時間平均はとつてない》．散乱波は（9）の δ で示されるだけ位相がずれるが，$\nu \approx \nu_0$ の近くのみでそのずれが大きい．一週期で平均して，入射波の強度 $I_0 = c\dfrac{E_0^2}{8\pi}$ を使うと$\left(\left(\dfrac{1}{2\pi/\nu}\displaystyle\int_0^{2\pi/\nu}\cos^2(\nu t-\delta)\,dt = \dfrac{1}{2}\right)\right)$

$$I = \frac{I_0}{R^2}\phi(\theta) \quad , \quad \phi(\theta) = r_0^2\frac{\nu^4\sin^2\theta}{(\nu_0^2-\nu^2)^2+\nu^2\gamma^2}. \tag{10}$$

全散乱断面積 ϕ は（10）をすべての角について積分すれば得られ

$$\phi = \frac{8\pi}{3}r_0^2\frac{\nu^4}{(\nu_0^2-\nu^2)^2+\nu^2\gamma^2}. \tag{11}$$

（11）はよく知られた分散式である． $\nu_0 \to 0$ 及び $\gamma \ll \nu$ とすると再び自由電子による散乱（5）を得る． ν が ν_0 からずつと《巾以上に》離れているときには $\gamma^2\nu^2$ は省略してもよい． $\nu \fallingdotseq \nu_0$ では（11）は非常に大きくなり，共鳴散乱の場合になる．この時は $\nu \sim \nu_0$ と式の中でおいてよく《$\nu+\nu_0 \approx 2\nu_0$》

$$\phi = \frac{2\pi}{3}r_0^2\frac{\nu^2}{(\nu_0-\nu)^2+\gamma^2/4} \tag{12}$$

となる．量子論においても（11）と（12）の一般化した式が現われる（第19節と第20節）．

3 吸　収　最後に入射波から振動子へのエネルギーの移り変りを調べよう．共鳴のある場合には，(この場合が特に興味深いけれども) 入射波が ν_0(共鳴振動数)の近くに連続的な強度分布 $I_0(\nu)d\nu$，従つて連続的なエネルギー分布 (/cm²•sec) をもつている時にのみはつきりした形で答が得られる．量子論のところでは吸収線の形 (巾) を論ずるつもりであるから，ここでは“全吸収” total absorption のみを求めよう．この場合には減衰 γ は省略してよい．

光の個々のフーリエ成分 ν に対して振動子の運動方程式は

$$\ddot{\mathbf{x}}+\nu^2{}_0\,\mathbf{x}=\frac{e}{m}\mathbf{E}(\nu)\cos(\nu t+\delta_\nu), \tag{13}$$

但し δ_ν は単色光 ν の位相である．これらの位相は勝手な値をとると仮定する．　p.36

一つの数動数 ν の光からどれだけエネルギーが振動子に移るかには振動子と光の位相の差が本質的に関係するから，振動子の自由振動も考えに入れねばならない．(13)の解として $t=0$ で自由振動しか存在しないものをとろう．すると解は

$$\mathbf{x}=\frac{e}{m}\mathbf{E}(\nu)\frac{1}{\nu_0{}^2-\nu^2}\Big[\cos(\nu t+\delta_\nu)-\cos(\nu_0 t+\delta_\nu)\Big]+\mathbf{b}\sin(\nu_0 t+\theta)\ . \tag{14}$$

$\mathbf{b}$ と θ はそれぞれ振動子の自由振動の振幅及び $t=0$ の位相である．単位時間あたり単色波 ν から振動子に移るエネルギーは，ν の光波によつてなされた仕事に等しいから

$$\varepsilon_\nu=e(\dot{\mathbf{x}}\mathbf{E}(\nu))\cos(\nu t+\delta_\nu). \tag{15}$$

(15) を $2\pi/\nu$ (週期) の整数倍の時刻 τ 迄積分すると，(14) の中 $\cos(\nu t+\delta_\nu)$ の項は (15) に寄与せず $\left(\left(\int_0^{n\frac{2\pi}{\nu}}\sin(\nu t+\delta_\nu)\cos(\nu t+\delta_\nu)\,dt=\frac{1}{2}\Big[\sin\big(2\cdot(\nu t+\delta_\nu)\big)\Big]_0^{n\frac{2\pi}{\nu}}\frac{1}{2\nu}=0\right)\right)$

$$\int_0^\tau\varepsilon_\nu dt=\frac{e^2E^2(\nu)}{m}\frac{\nu_0}{\nu_0{}^2-\nu^2}\int_0^\tau dt\ \sin(\nu_0 t+\delta_\nu)\cos(\nu t+\delta_\nu)+$$

$$+e(\mathbf{E}(\nu)\mathbf{b})\nu_0\int_0^\tau dt\ \cos(\nu_0 t+\theta)\cos(\nu t+\delta_\nu)\ . \tag{16}$$

この積分は位相 δ_ν, θ に関係し，負の値をもとり得る．つまり，ある位相関係のところは振動子が光にエネルギーを与えることもある(“誘導輻射” induced emission)．しかし位相 δ_ν は勝手な値をとると仮定すると，δ_ν について平均をとつてよく，この時(16)の最後の項は消えて $\left(\left(\sin(\nu_0 t+\delta_\nu)\cos(\nu t+\delta_\nu)=\frac{1}{2}\Big[\sin(\nu_0-\nu)t+\sin((\nu_0+\nu)t+2\delta_\nu)\ \Big]\right)\right)$

$$\int_0^\tau\overline{\varepsilon}_\nu\,dt=\frac{e^2E^2(\nu)}{2m}\frac{\nu_0}{\nu_0{}^2-\nu^2}\frac{1-\cos\,(\nu_0-\nu)\tau}{\nu_0-\nu}. \tag{17}$$

これから，エネルギーの移り変りは $\nu=\nu_0$ の共鳴の近くのみで大きいことがわかる．従っ

て $\nu\sim\nu_0$ とおいてよい．$(\nu_0+\nu\approx2\nu_0)$ (17) は一つの振動数 ν の光の寄与であるから，入射光の強度分布が

$$I_0(\nu)d\nu=\frac{c}{4\pi}E^2(\nu)\overline{\cos^2(\nu t+\delta_\nu)}d\nu=\frac{c}{8\pi}E^2(\nu)\,d\nu$$

を考えに入れ，これをかけて ν で積分せねばならない．

(17) が大きい値をとる所は $\nu\sim\nu_0$ であるから積分の中の $I_0(\nu)$ は常数 $(I_0(\nu_0))$ として，ν の積分は $0\sim\infty$ ととつてよい．(これも (17) が $\nu=\nu_0$ に強い極大をもつから．) p.37 $\nu_0\tau\gg1$ ならば (17) の積分は $x=(\nu_0-\nu)\tau$ として

$$\int_{-\infty}^{\infty}\frac{1-\cos x}{x^2}dx=\pi \tag{18}$$

の形である．従つて単位時間に吸収されるエネルギーは，積分を τ で割り

$$S=\frac{1}{\tau}\int_0^{\infty}\int_0^{\tau}\overline{\varepsilon_\nu}\,dt\,d\nu=\frac{2\pi^2e^2}{mc}I_0(\nu_0). \tag{19}$$

振動子に移る光のエネルギーはこの様にして平均として時間に比例し，そして入射波の強さ I_0 の共鳴の位置での強さ $I_0(\nu_0)$ に比例する．量子論に移つても同様な結果が得られる (第17節).

6. 平面波の重畳で場を表わす事と場の方程式のハミルトン形式

量子現象をとり入れられる様に理論を拡張するためには，理論を別の形式で書いておく方が便利なので，この節ではそれを行う．粒子の量子論は古典力学の正準形式をもとにしているので，光を量子化するためには古典電磁理論を正準形式で書いておくのがよい．実際，第1節 (2)，(5) の場の方程式はすべて，粒子の座標と場を表わす他の変数により作つたハミルトニアンを使つて導かれるハミルトンの正準方程式で表わせる．

1　純輻射場 (自由場)　　まず光の場を考えよう．第 1・3 節によると，光の場はベクトル・ポテンシァル $\mathbf{A}$ のみから得られる ($\phi=0$ となる様にとつて)．$\mathbf{A}$ の満たす式は

$$\nabla^2\mathbf{A}-\frac{1}{c^2}\ddot{\mathbf{A}}=0, \tag{1a}$$

$$\mathrm{div}\mathbf{A}=0 \tag{1b}$$

であり，$\mathbf{A}$ は時間，空間のすべての点の函数である．従つて，$\mathbf{A}$ を正準変数で表わそうとすると，その変数の数は必然的に無限個必要である．しかし，可附番個に限る事はできる．そのために全輻射場をある (3次元) 空間内に閉じこめたとしよう．(たとえば L^3 の

p.38

体積の立方体）そして，この空間の表面である境界条件を満たすとする．定常波のみでなく，進行波をも表わせる様にこの境界条件として**A**とその（空間）微分が立方体の相対する面の上の点では同じ値をもつとする．

$$\mathbf{A}\text{は表面で週期的である．} \tag{2}$$

箱の長さ L は考えている物質系の大きさにくらべて十分大きいとすると，この系の物理的な性質はLには無関係の筈である．以下便宜上$L=1(\mathrm{cm})$ととることにする．

境界条件（2）の下で，（1）の一般解は直交する固有解で展開できる．

$$\mathbf{A}(\mathbf{r},t)=\sum_\lambda q_\lambda(t)\ \mathbf{A}_\lambda(\mathbf{r}). \tag{3}$$

ここで$\mathbf{A}_\lambda$は空間座標にのみ関係し，q_λは時間のみに関係する．$\mathbf{A}_\lambda(\mathbf{r})$は境界条件（2）を満足せねばならない．$\mathbf{A}_\lambda$ の方程式は，次の形である．

$$\nabla^2\mathbf{A}_\lambda+\frac{\nu_\lambda{}^2}{c^2}\mathbf{A}_\lambda=0, \tag{4a}$$

$$\mathrm{div}\,\mathbf{A}_\lambda=0, \tag{4b}$$

$$\mathbf{A}_\lambda\text{は}L\text{について週期的.} \tag{4c}$$

q_λ は次の調和振動子の方程式を満たす．

$$\ddot{q}_\lambda+\nu_\lambda{}^2\,q_\lambda=0. \tag{5}$$

方程式（4）は無限個（可附番）の直交函数をあたえる．これを

$$\int(\mathbf{A}_\lambda\mathbf{A}_\mu)\,d\tau=4\pi c^2\,\delta_{\lambda\mu}. \tag{6}$$

となる様に規格化する*．例えば，$\mathbf{A}_\lambda$ としては

$$\sqrt{8\pi c^2}\,\mathbf{e}_\lambda\cos(\boldsymbol{\kappa}_\lambda\mathbf{r})\quad,\quad\sqrt{8\pi c^2}\,\mathbf{e}_\lambda\sin(\boldsymbol{\kappa}_\lambda\mathbf{r})\quad,\quad|\boldsymbol{\kappa}_\lambda|=\nu_\lambda/c$$

ととってよい．$\boldsymbol{\kappa}_\lambda$ は波の伝わる方向を表わし，$\mathbf{e}_\lambda$ は偏りの方向であり，(4*b*) によりいつも $\boldsymbol{\kappa}_\lambda$ と直交する．$\boldsymbol{\kappa}_\lambda$ は (4*c*) により次のとびとびの値をとる．

$$\kappa_{\lambda x}=\frac{2\pi}{L}n_{\lambda y}\,,\quad\kappa_{\lambda y}=\frac{2\pi}{L}n_{\lambda y},\quad\kappa_{\lambda z}=\frac{2\pi}{L}n_{\lambda z}. \tag{7}$$

ここで，$n_{\lambda x}$, $n_{\lambda y}$, $n_{\lambda z}$ は正の整数である．$\boldsymbol{\kappa}_\lambda$ の符号をかえても新らしい $\mathbf{A}_\lambda$ はでてこない．（従つて n_λ は正の整数のみ）．ある与えられた $\boldsymbol{\kappa}$ の波に対して任意に２つの独立な偏りがとれる．直線偏光でなくあるいは円偏光をもとりうるし，又cos，sinの代わりに

---

* あとで何故こうするかわかる．

これの適当な線型結合をとつてもよい．(3)−(6) 式で，一つの添字 λ で偏りとsin, cosの区別を表わした．

p.39

$\mathbf{A}_\lambda$ は以上の様に空間のあるきまつた函数であるから，場は q_λ で表わされることになり，場の方程式は (5) の形の式に代わる事になる．この形の式は簡単にハミルトン形式にかける．振動子に対するハミルトニアンは

$$H_\lambda=\frac{1}{2}(p_\lambda{}^2+\nu_\lambda{}^2q_\lambda{}^2) \tag{8a}$$

であり，ハミルトンの正準方程式は

$$\frac{\partial H_\lambda}{\partial q_\lambda}=-\dot{p}_\lambda \quad , \quad \frac{\partial H_\lambda}{\partial p_\lambda}=\dot{q}_\lambda=p_\lambda \tag{8b}$$

であつて，これは (5) と同じである．

全輻射場は無限個の変数 p_λ, q_λ と全ハミルトニアン

$$H=\sum_\lambda H_\lambda \tag{9}$$

で記述される．この様にして，場は独立な振動子の集まりで表わされる．古典力学では H_λ は振動子のエネルギーである．同じことが今の場合にもいえる．場の全エネルギーはのすべて振動子のエネルギーの和

$$U=\frac{1}{8\pi}\int(E^2+H^2)(d\tau)=\sum_\lambda H_\lambda. \tag{10}$$

であることを以下で示してみよう．

まず，場の強さは

$$\mathbf{E}=-\frac{1}{c}\dot{\mathbf{A}}=-\frac{1}{c}\sum_\lambda \dot{q}_\lambda \mathbf{A}_\lambda=-\frac{1}{c}\sum_\lambda p_\lambda \mathbf{A}_\lambda$$
$$\mathbf{H}=\mathrm{curl}\,\mathbf{A}=\sum_\lambda q_\lambda\,\mathrm{curl}\,\mathbf{A}_\lambda \tag{11}$$

で与えられる．これらを U の式に代入する．すると $\int(\mathbf{A}_\lambda\mathbf{A}_\mu)d\tau$, $\int(\mathrm{curl}\mathbf{A}_\lambda,\mathrm{curl}\mathbf{A}_\mu)d\tau$ の型の積分を行わねばならない．最初の積分には (直交) 規格条件 (6) を使える．第二の積分は次の様に変形する．

$$\int(\mathrm{curl}\mathbf{A}_\lambda\,\mathrm{curl}\,\mathbf{A}_\mu)d\tau=\oint d\sigma[\mathbf{A}_\lambda\mathrm{curl}\mathbf{A}_\mu]_n+\int(\mathbf{A}_\lambda\,\mathrm{curl}\mathrm{curl}\,\mathbf{A}_\mu)\,d\tau.$$

表面積分は境界条件 (4c) で0になる．又，curlcurl＝grad div$-\nabla^2$ であるから，(4a). (4b) より

$$\int(\mathrm{curl}\mathbf{A}_\lambda\cdot\mathrm{curl}\mathbf{A}_\mu)\mathrm{d}\tau=\frac{\nu_\lambda{}^2}{c^2}\int(\mathbf{A}_\lambda\mathbf{A}_\mu)d\tau \tag{12}$$

となる．そこで直交規格条件（6）を使つて場のエネルギー U は

$$U=\frac{1}{2}\sum_\lambda(\dot{q}_\lambda{}^2+\nu_\lambda{}^2 q_\lambda{}^2)=\sum H_\lambda, \tag{13}$$

p.40

すなわち，場のエネルギーはすべての振動子のエネルギーの和になる．《(6）の規格化はこうなる様にとってある》

量子論に応用するには，cos, sin の波の代わりに(複素数の)指数函数を使う方が便利である．$\mathbf{A}$ というポテンシァルは実数であるから，これは

$$\mathbf{A}=\sum_\lambda(q_\lambda(t)\mathbf{A}_\lambda+q_\lambda{}^*(t)\mathbf{A}_\lambda{}^*) \tag{14}$$

と表わせる．（$\mathbf{A}_\lambda$, q_ν は複素数)．

（4），（5）の解は

$$\mathbf{A}_\lambda=\mathbf{e}_\lambda\sqrt{4\pi c^2}\ e^{i\boldsymbol{\kappa}_\lambda\mathbf{r}}\quad;\qquad |\boldsymbol{\kappa}_\lambda|=\nu_\lambda/c, \tag{15a}$$

$$q_\lambda=|q_\lambda|e^{-i\nu_\lambda t}, \tag{15b}$$

と書け，$q_\lambda\mathbf{A}_\lambda$ は $\boldsymbol{\kappa}_\lambda$ の方向に進む波を表わす．$\boldsymbol{\kappa}_\lambda$ はやはり（7）のとびとびの値をとるが，こんどは $\boldsymbol{\kappa}_\lambda$ と $-\boldsymbol{\kappa}_\lambda$ とは進む向きが逆の別の波をあらわす函数になるから，$n_{\lambda x}$, $n_{\lambda y}$, $n_{\lambda z}$ は正及び負の整数をとる．そしてこの進行方向のちがう波は異なつた λ で表わされる．$\mathbf{A}_\lambda$ は次のいみで直交函数である．

$$\int(\mathbf{A}_\lambda\mathbf{A}_\mu{}^*)d\tau=\int(\mathbf{A}_\lambda\mathbf{A}_{-\mu})d\tau=4\pi c^2\delta_{\lambda\mu}. \tag{16}$$

$\mathbf{A}_{-\mu}$ は進む方向が $-\boldsymbol{\kappa}_\mu$ の波である．（$\mathbf{e}_{-\lambda}=\mathbf{e}_\lambda$ 偏りは不変)．

この表現では q_λ と $q_\lambda{}^*$ は正準変数ではないが，新らしく正準変数（これは実数)

$$Q_\lambda=q_\lambda+q_\lambda{}^*,$$

$$P_\lambda=-i\nu_\lambda(q_\lambda-q_\lambda{}^*)=\dot{Q}_\lambda \tag{17}$$

を考えると，q_λ, $q_\lambda{}^*$ に対して成り立つ場の方程式（5）は次のハミルトニアンから導かれる．

$$H_\lambda=2\nu_\lambda{}^2 q_\lambda q_\lambda{}^*=\frac{1}{2}(P_\lambda{}^2+\nu_\lambda{}^2 Q_\lambda{}^2). \tag{18}$$

ハミルトンの正準方程式は

$$\frac{\partial H_\lambda}{\partial Q_\lambda}=-\dot{P}_\lambda\quad,\quad\frac{\partial H_\lambda}{\partial P_\lambda}=\dot{Q}_\lambda \tag{19}$$

である．前と同様にして，$\sum_\lambda H_\lambda$ が場のエネルギーUを表わす事を示せる*.

最後に，L^3 の立方体の中にあり，一定の偏りをもち，立体角 $d\Omega$ の一定の方向に進行する振動数 $\nu\sim\nu+d\nu$ の間の輻射場の振動子の数を計算しておこう．（7）によればこの数は，波長 c/ν が立方体の稜 L に比べて小さいとする限り，n-空間（$n_{\lambda x}\cdots$は整数）の体積に比例する．ν は p.41

$$\nu^2{}_\lambda=\left(\frac{2\pi c}{L}\right)^2(n_{\lambda x}{}^2+n_{\lambda y}{}^2+n_{\lambda z}{}^2) \tag{20}$$

で与えられるから，n-空間の体積は

$$(\rho_\nu d\nu d\Omega L^3=)n^2dnd\Omega=\nu^2d\nu d\Omega L^3/(2\pi c)^3$$

となる．この式は箱の体積 L^3 に比例するが実際には形には無関係であるから，単位体積中の振動子の数を求めれば

$$\rho_\lambda d\nu d\Omega=\frac{\nu^2d\nu d\Omega}{(2\pi c)^3}=\frac{1}{(2\pi)^3}d\kappa_x d\kappa_y d\kappa_z\equiv\frac{1}{(2\pi)^3}d^3\kappa \tag{21}$$

となる．ρ_ν を光の波の密度函数と呼ぶ．

2　粒子のハミルトニアン　　次に，与えられたた場の中における荷電粒子の相対論的運動方程式を考える．（第2節（35））この式をハミルトンの正準方程式の形に書くためには，ただハルミトニアンが粒子の全エネルギーEを表わすということを使えばよい．第2節の（37）からEは4元ベクトル p_μ の第4成分である事をしつている．そこで，このEを正準座標と運動量で書かねばならない．直角座標系では正準運動量は普通の運動量と同じであるから，第2節の（38）は $p_4=iE$ と運動量 $p_1=p_x$，$p_2=p_y$，$p_3=p_z$ との関係を与えてくれる．この式は次の様にかける

$$H\equiv E=e\phi+\sqrt{\mu^2+(\mathbf{p}-e\mathbf{A})^2}\quad;\quad\mu=mc^2. \tag{22}$$

そこで，このHが正しいハミルトニアンであるかどうかをみるために，正準方程式を作つてみると（運動量はエネルギー単位即ち普通の運動量 $\times c$）

---

* Q_λ，P_λと（8）のq_λ，p_λは次の様に関係している．cos と sin の係数（同じ $\boldsymbol{\kappa}_\lambda$ の）を $q_{1\lambda}$，$q_{2\lambda}$ と示すと，

$$\sqrt{2}\,q_{1\lambda}=Q_\lambda+Q_{-\lambda}\quad;\quad\sqrt{2}\,q_{2\lambda}=-(P_\lambda-P_{-\lambda})/\nu_\lambda$$

$$\sqrt{2}\,p_{1\lambda}=P_\lambda+P_{-\lambda}\quad;\quad\sqrt{2}\,p_{2\lambda}=\nu_\lambda(Q_\lambda-Q_{-\lambda})$$

であつて，これは $q_{1\lambda}\cdots$，$p_{2\lambda}$ から $Q_\lambda\cdots P_{-\lambda}$（$Q_{-\lambda}$ は波数が$-\boldsymbol{\kappa}_\lambda$，偏り$\mathbf{e}_\lambda$の係数）の正準変換である．

$$\frac{\partial H}{\partial p_x}=\frac{1}{c}\dot{q}_x=\frac{v_x}{c}=\frac{p_x-eA_x}{\sqrt{\mu^2+(\mathbf{p}-\mathbf{eA})^2}}, \tag{23a}$$

$$\frac{\partial H}{\partial x}=-\frac{\dot{p}_x}{c}=e\frac{\partial\phi}{\partial x}-\frac{e}{c}\left(v_x\frac{\partial A_x}{\partial x}+v_y\frac{\partial A_y}{\partial x}+v_z\frac{\partial A_z}{\partial x}\right). \tag{23b}$$

他方，A_x の時間についての全微分は

p.42

$$\frac{dA_x}{dt}=\frac{\partial A_x}{\partial t}+v_x\frac{\partial A_x}{\partial x}+v_y\frac{\partial A_x}{\partial y}+v_z\frac{\partial A_x}{\partial z} \tag{24}$$

であるから，(24) と (23b) を加えて

$$\frac{1}{c}\frac{d}{dt}(p_x-eA_x)=e\left(E_x+\frac{1}{c}[\mathbf{vH}]_x\right). \tag{25}$$

となり，これは第2節 (35) の運動方程式に外ならない.

$p_\mu-eA_\mu=u_\mu$ は“機械的運動量” kinetic momentum の4元ベクトルであるから，(23a) は u_1 と v_x との間の正しい関係式になる.

$$u_1=\frac{mcv_x}{\sqrt{1-\beta^2}}, \quad \beta=\frac{v}{c}.$$

この様にして，(22) が粒子の正しいハミルトニアンである事が示される．このハミルトニアンには粒子と場の相互作用もとり入れられている．ローレンツの力の式の場合と同じく，(22) の式に入れる場は磁石とか蓄電器とか光源による外場のみでなく，電子自身の作つた場をも入れねばならない．電子自身の作つた場からは，第4節でみた様に運動している粒子に対して反作用を生じる.

静止エネルギー$\mu(=mc^2)$ にくらべて運動量が小さいときには，(22) に非相対論的近似を行うことができる（常数μを除いて）

$$H=e\phi+\frac{(\mathbf{p}-e\mathbf{A})^2}{2\mu}. \qquad \text{N. R.} \tag{26}$$

これは普通の非相対論的近似の粒子のエネルギーと同じである．純粋に静的な電場($\mathbf{A}=0$)の時には第2項目は運動エネルギー $p^2/2\mu$ となる.

3 粒子と場の共存する一般の系* 以上で場の中における粒子の運動方程式と光の場の両方の場合をハミルトン形式で書いた．最後に，粒子と場のある一般の系を考えよう.

---

* E. Fermi *Rev. Mod. Phys.* 4(1932)131; H. Weyl, Gruppentheorie und Quantenmechanik, 2nd ed. Leipzig 1933 ; H. A Kramers, *Hand-und Jabrb. Chem. Phys.* Leipzig 1938, **1** Chap. 8.

二個の粒子が相互作用している時の相対論的理論をも含めるために，荷電 e_k の数個の粒子のある時を考える．各々の粒子は共軛な座標と運動量 q_k, p_k によつて次のハミルトニアンで表わされる．

$$H_k = e_k\phi(k) + \sqrt{\mu_k{}^2 + (\mathbf{p}_k - e_k\mathbf{A}(k))^2}. \tag{27}$$

$\phi(k)$, $\mathbf{A}(k)$ は k 番目の粒子の位置における場を表わす．　p.43

全粒子のハミルトニアンは

$$H = \sum_k H_k, \tag{28a}$$

$$\frac{1}{c}\dot{p}_k = -\frac{\partial H}{\partial q_k},\quad \frac{1}{c}\dot{q}_k = \frac{\partial H}{\partial p_k}. \tag{28b}$$

(28a) では粒子の間の相互作用はまだ仮定されていないが，粒子間の相互作用は場のハミルトニアンの中にはいつている事を以下で示す．

(27) の中に代入すべき場は，系の外にある電荷により作られた場の外に，系の中のすべての粒子によつて作られた場（k 自身の作つたものも含めて）である．しかし，外場 ϕ^e, $\mathbf{A}^e$ は別に扱う方が便利である．というのは外場は (27) の中でただポテンシァル・エネルギー ($e\phi^e(k)$, これに対応して $e\mathbf{A}^e(k)$ はポテンシァル・運動量といえよう.) として存在するだけであるから，以下では $\phi^e(k)$ と $\mathbf{A}^e(k)$ は H_k と $\mathbf{p}_k$ と一しよにして，$H_k - e_k\phi^e(k)$ の代わりに H_k, $\mathbf{p}_k - e_k\mathbf{A}^e(k)$ の代わりに $\mathbf{p}_k$ と書くことにする．最後の結果の式でこのおきかえを逆にやれば直ちに外場の中での式を得られる．

まず最初ローレンツ・ゲージを使う（4頁）．すると場の方程式は

$$\nabla^2\mathbf{A} - \frac{1}{c^2}\ddot{\mathbf{A}} = -\frac{4\pi}{c}\rho\mathbf{v}, \tag{29a}$$

$$\nabla^2\phi - \frac{1}{c^2}\ddot{\phi} = -4\pi\rho, \tag{29b}$$

$$\mathrm{div}\,\mathbf{A} + \frac{1}{c}\dot{\phi} = 0. \tag{29c}$$

そこで，これらの式を正準形式に書こう．このために，第6・1節でやつた様に場を L^3 の立方体中にとじこめ，すべてのポテンシァル（及びその空間微分）は境界条件

$$\mathbf{A},\ \phi \text{ は } L^3 \text{ の相対する表面上で周期的である} \tag{30}$$

を満たすとして，前と同様に $\mathbf{A}$, ϕ をフーリエ級数に展開する．

前の第6・1節で，$\mathrm{div}\,\mathbf{A} = \phi = 0$ の光の場（横波）は取り扱つてある．一般の $\mathrm{div}\,\mathbf{A} \neq 0$ の場合に，$\mathbf{A}$ は2つの部分にわけられ，その1つの発散 (div) が0で，もう1つはある

スカラー場の grad になる事を使うと

$$\mathbf{A}=\mathbf{A}_1+\mathbf{A}_2,\quad \mathrm{div}\mathbf{A}_1=0,\quad \mathbf{A}_2\sim\mathrm{grad}\psi \tag{31}$$

と分けられる．$\mathbf{A}_1$ は横波と同じで，第 6・1 節と同じく（(3) 式）

$$\mathbf{A}_1=\sum_\lambda q_\lambda \mathbf{A}_\lambda$$

となり，$\mathbf{A}_2$ の方も同様に p. 44

$$\mathbf{A}_2=\sum_\sigma q_\sigma(t)\mathbf{A}_\sigma \tag{32}$$

と展開できる．$\mathbf{A}_\sigma$ は

$$\nabla^2\mathbf{A}_\sigma+\frac{\nu_\sigma{}^2}{c_2}\mathbf{A}_\sigma=0,\quad \mathbf{A}_\sigma：\text{周期的} \tag{33a}$$

を満たす直交函数系である．所で (31) によれば $\mathbf{A}_\sigma$ はあるスカラー函数 ψ の grad で表わせる

$$\mathbf{A}_\sigma=\frac{c}{\nu_\sigma}\mathrm{grad}\,\psi_\sigma,\quad \mathrm{curl}\ \mathbf{A}_\sigma=0. \tag{33b}$$

明らかに ψ_σ は (33 a) と同じ式と条件を満たす．c/ν_σ という因子は grad $\psi_\sigma \backsim \frac{\nu_\sigma}{c}\psi_\sigma$ の形ゆえ，これを1にするためにつけてある．$\mathbf{A}_\sigma$ も直交函数系であるが，横波の時の函数系$\mathbf{A}_\lambda$ (4) と直交する事を示そう．このために，ベクトル解析の一般的な公式を使う．

$$\int d\tau\Big[(\mathrm{curl}\,\mathbf{a}\,\mathrm{curl}\mathbf{b})+\mathrm{div}\,\mathbf{a}\,\mathrm{div}\mathbf{b}+(\mathbf{a}\nabla^2\mathbf{b})\Big]=\oint d\sigma\Big\{[\mathbf{a}\,\mathrm{curl}\,\mathbf{b}]_n+\mathrm{a}_n\,\mathrm{div}\,\mathbf{b}\Big\}.$$

(n=表面に垂直の成分)．$\mathbf{b}=\mathbf{A}_\lambda$，$\mathbf{a}=\mathbf{A}_\sigma$ とすると，境界条件により表面積分は 0 であり，(4 b) と (33b) により左辺の一，二項目は共に 0 である．ゆえに

$$\int(\mathbf{A}_\sigma\nabla^2\mathbf{A}_\lambda)d\tau=-\frac{\nu_\lambda{}^2}{c^2}\int(\mathbf{A}_\sigma\mathbf{A}_\lambda)d\tau=0 \tag{34}$$

である．従つて $\mathbf{A}_\lambda$, $\mathbf{A}_\sigma$ は境界条件と波動方程式を満たす完全直交系である．(この時 div$\mathbf{A}$ は 0 ではない．) $\mathbf{A}_\lambda$ は横波であつたが，$\mathbf{A}_\sigma$ は縦波を示す．

同様にスカラー・ポテンシァルも展開できて，

$$\phi=\sum_\sigma q_{0\sigma}(t)\phi_\sigma, \tag{35a}$$

$$\nabla^2\phi_\sigma+\frac{\nu_\sigma{}^2}{c^2}\phi_\sigma=0,\quad \phi_\sigma\text{週期的}. \tag{35b}$$

この ϕ_σ は (33b) で考えた ψ_σ と同じ筈である．というのは同じ方程式と境界条件を満たすから．従つて

p. 45

$$\mathbf{A}_\sigma=\frac{c}{\nu_\sigma}\mathrm{grad}\,\phi_\sigma \tag{36}$$

とかける．すると《c/ν_σ という因子のおかげで》 $\mathbf{A}_\sigma$ と ϕ_σ は同様に規格化される．

$$\int \phi_\sigma \phi_\rho \, d\tau = \int (\mathbf{A}_\sigma \mathbf{A}_\rho) d\tau = 4\pi c^2 \delta_{\sigma\rho}. \tag{37}$$

《$4\pi c^2$ は（16）と同じ理由.》又，（35a），(32) の係数の $q_{0\sigma}(t)$ と $q_\sigma(t)$ はローレンツ条件（29 c）が満たされねばならぬから独立ではない．（32）と（35）を（29 c）に代入すると

$$\nu_q q_\sigma(t) = \dot{q}_{0\sigma}(t) \tag{38}$$

というすべての時刻に満たされるべき重要な関係式を得る．

フーリェ係数 q_λ, q_σ, $q_{0\sigma}$ の満たすべき微分方程式は容易に導き得る．これらの式は調和振動子の方程式と同じではない．というのは場は非斉次方程式（29）を満たすためである（第 6・1 節では（1 a）で方程式が斉次であつたので（5）となつた).（3),(32), （35 a）を（29）に代入し，$\mathbf{A}_\lambda$, $\mathbf{A}_\sigma$, ϕ_σ をかけて空間について積分しよう．《規格直交性を使う.（6）と（37)》すべての電荷は点電荷であるとすれば，

$$\ddot{q}_\lambda + \nu_\lambda^2 q_\lambda = \frac{1}{c} \sum_k e_k (\mathbf{v}_k \mathbf{A}_\lambda(k)), \tag{39 a}$$

$$\ddot{q}_\sigma + \nu_\sigma^2 q_\sigma = \frac{1}{c} \sum_k e_k (\mathbf{v}_k \mathbf{A}_\sigma(k)), \tag{39 b}$$

$$\ddot{q}_{0\sigma} + \nu_\sigma^2 q_{0\sigma} = \sum_k e_k \phi_\sigma(k). \tag{39 c}$$

$\mathbf{A}_\lambda(k)$ 等は k-番目の粒子の位置での $\mathbf{A}_\lambda$ の値である．（39）は荷電粒子の存在により強制振動をうけている振動子の方程式である．

関係式（38）は方程式（39）に対する初期条件として表現する事ができる．（39 c）を時間微分すると，(36) によつて

$$\dddot{q}_{0\sigma} + \nu_\sigma^2 \dot{q}_{0\sigma} = \frac{d}{dt} \sum_k e_k \phi_\sigma(k) = \sum_k e_k (\mathbf{v}_k \operatorname{grad} \phi_\sigma(k))$$

$$= \frac{\nu_\sigma}{c} \sum_k e_k (\mathbf{v}_k \mathbf{A}_\sigma(k)).$$

この式に（39 b）を代入すると

$$\left(\frac{d_2}{dt^2} + \nu_\sigma^2\right)\left(q_\sigma \nu_\sigma - \dot{q}_{0\sigma}\right) = 0. \tag{40}$$

従つて，(38) は，$t=0$ で次の式が満たされているといつも満たされる事になる．《(40) は 2 階の微分方程式故 2 つの初期条件で解がきまる．》

p. 46

$$\nu_\sigma q_\sigma = \dot{q}_{0\sigma} \quad , \quad \nu_\sigma \dot{q}_\sigma = \ddot{q}_{0\sigma}. \quad : \quad t=0. \tag{41}$$

この条件をもとの $\mathbf{A}, \phi$ でかくと，その際 $\ddot{q}_{0\sigma}$ として (39 c) を使うと，初期条件は

$$\mathrm{div}\,\mathbf{A} + \frac{1}{c}\dot{\phi} = 0 \quad ((38)\ \text{より}), \qquad \mathrm{div}\mathbf{E} = 4\pi\rho \quad : \quad t=0 \tag{41'}$$

となる．若しこの2つが $t=0$ で満たされていると，ローレンツ条件 (29 c) はいつも満たされる事になる．

そこで，初期条件 (41) を満たす解のみを考える事にすれば，q_σ, $q_{0\sigma}$ はすべて独立に扱つてもよい事になる．

微分方程式 (39) は容易に正準方程式で書ける．これらの式の右辺の力は粒子によるものであつて粒子の変数に関係したハミルトニアンより得られる筈である．このハミルトニアンは (27) であたえられる粒子のハミルトニアン $\sum_k H_k$ だろうと考えられる．というのはこのハミルトニアンは場の変数も含んでいるから，変分すると場の方程式に寄与するからである．従つて，(27) は粒子と場の相互作用は含んでいる．

(39) を満足する各々の振動子に対するハミルトニアンとしては，$\frac{1}{2}(p^2+\nu^2 q^2)$ の形のものを得る．（第 6・1 節と同様，(39) の左辺にかんして）．縦波とスカラー場は2つの種類の振動子 q_σ, $q_{0\sigma}$ で表わされる．しかし粒子のハミルトニアン (27) の中でスカラー・ポテンシァル ϕ はベクトル・ポテンシァル A と反対符号で表われている．従つて，$q_{0\sigma}$ に対するハミルトニアンは q_σ に対するものとは逆符号にとらねばならない．この符号は重要な役目をする事が以下わかるだろう．従つて縦波とスカラー場に対してハミルトニアンとして

$$H_\sigma = \frac{1}{2}(p_\sigma{}^2 + \nu_\sigma{}^2 q_\sigma{}^2) - \frac{1}{2}(p_{0\sigma}{}^2 + \nu_\sigma{}^2 q_{0\sigma}{}^2) \tag{42}$$

をとる．$p_{0\sigma}$ は $q_{0\sigma}$ に対する正準共軛運動量である．

以下で場と粒子の共存系のハミルトニアンとして

$$H = \underset{(\text{粒子})}{\sum_k H_k} + \underset{(\text{横波})}{\sum_\lambda H_\lambda} + \underset{(\text{縦波，スカラー場})}{\sum_\sigma H_\sigma} \tag{43}$$

をとつてみると，運動方程式は

$$\frac{\partial H}{\partial q_k} = -\frac{1}{c}\dot{p}_k \quad , \quad \frac{\partial H}{\partial p_k} = \frac{1}{c}\dot{q}_k, \qquad (\text{粒子}) \tag{44 a}$$

$$\frac{\partial H}{\partial q_\lambda} = -\dot{p}_\lambda \quad , \quad \frac{\partial H}{\partial p_\lambda} = \dot{q}_\lambda \quad , \qquad (\text{横波}) \tag{44 b}$$

$$\frac{\partial H}{\partial q_\sigma}=-\dot{p}_\sigma \quad , \quad \frac{\partial H}{\partial p_\sigma}=\dot{q}_\sigma, \qquad \text{（縦波）} \tag{44 c}$$

p. 47

$$\frac{\partial H}{\partial q_{0\sigma}}=-\dot{p}_{0\sigma} \quad , \quad \frac{\partial H}{\partial p_{0\sigma}}=\dot{q}_{0\sigma}. \qquad \text{（スカラー場）} \tag{44 d}$$

(39) と (25) の粒子の運動方程式は (44) から導き出せるから，(43) は正しいハミルトニアンである．たとえば (39 c) が (44 d) と同じである事を証明しよう．$q_{0\sigma}$, $p_{0\sigma}$ は H_k と H_σ の中にある．(27)，(35 a)，(42) より

$$\frac{\partial H_k}{\partial q_{0\sigma}}=e_k\phi_\sigma(k) \quad , \quad \frac{\partial H_\sigma}{\partial q_{0\sigma}}=-\nu_\sigma{}^2 q_{0\sigma},$$

$$\frac{\partial H_k}{\partial p_{0\sigma}}=0 \quad , \quad \frac{\partial H_\sigma}{\partial p_{0\sigma}}=-p_{0\sigma}$$

を得るから，(44 d) は

$$-\dot{p}_{0\sigma}=\ddot{q}_{0\sigma}=-\nu_\sigma{}^2 q_{0\sigma}+\sum_k e_k\phi_\sigma(k)$$

となり，これは (39 c) と同じである．又ローレンツ条件 (41) は，正準変数で（初期条件として）次の様になる．

$$p_{0\sigma}=-\nu_\sigma q_\sigma, \quad \nu_\sigma p_\sigma=-\nu^2 q_{0\sigma}+\sum_k e_k\phi_\sigma(k). \tag{44 e}$$

以上で場の方程式はすべて正準形式で書き直されたことになる．全ハミルトニアンの 2 項目（(43) 式）は光の波のエネルギー（第 6・1 節を見よ），3 項目は縦波とスカラー波のエネルギーを意味している．勿論，この縦波とスカラー波は粒子の存在する時にのみ存在し，後で示す様にこれは粒子の間のクーロンの相互作用を生ずる．

以上では粒子の運動方程式及びマックスウエルの方程式を正準変数で書くのに場をフーリエ展開する方法を使つているが，各空間点の $\mathbf{A}(\mathbf{r},t)$，$\phi(\mathbf{r},t)$ を正準変数と見て，フーリエ展開を行わないで正準形式を作る事もできる．この方法は第13節で量子論の時にのべよう．

4　クーロン・ゲージ　前小節でのべたローレンツ・ゲージの代わりに，クーロン・ゲージを使えばどうなるかを調べよう．それは

$$\mathrm{div}\mathbf{A}=0 \tag{45}$$

で表わされ，（第1節 (13 a)）場の方程式は第1節 (13) より

$$-\Box\mathbf{A}+\frac{1}{c}\mathrm{grad}\,\dot{\phi}=\frac{4\pi}{c}\rho\mathbf{v}, \tag{46 a}$$

$$\nabla^2\phi=-4\pi\rho \tag{46 b}$$

で与えられる．(46b) の解は，静ポテンシァルで，点電荷に対して

p. 48

$$\phi(\mathbf{x})=\sum_k\frac{e_k}{r_{kx}} \tag{47}$$

である．r_{kx} は点電荷 e_k と ϕ を考えている点 $\mathbf{x}$ の距離である．このゲージでは縦波はでてこないし，又スカラー場は静的な（あたかも電荷が静止している時と同じ）場となる．

$\mathbf{A}$, ϕ は前小節同様に展開する事ができる．勿論 (45) より $\mathbf{A}$ の展開は横波のみであるから $\sum_\lambda q_\lambda \mathbf{A}_\lambda$ であり，q_σ（縦波の展開係数）は現われない．ローレンツ・ゲージの場合と区別するために，クーロン・ゲージでの正準変数には（粒子も含めて）ダッシュをつけよう．

(46) を前と同様に展開して，(46 a) からは $\mathbf{A}_\lambda$, $\mathbf{A}_\sigma$ をかけて積分すると (36) を使つて

$$\ddot{q}_\lambda'+\nu_\lambda^2 q_\lambda'=\frac{1}{c}\sum_k e_k(\mathbf{v}_k\mathbf{A}_\lambda(k)), \tag{48 a}$$

$$\nu_\sigma\,\dot{q}'_{0\sigma}=\frac{1}{c}\sum_k e_k(\mathbf{v}_k\mathbf{A}_\sigma(k)) \tag{48 b}$$

を得，(46 b) からは ϕ_σ をかけて (35 b) を使つて

$$\nu_\sigma^2 q_0'{}_\sigma=\sum_k e_k\phi_\sigma(k) \tag{48 c}$$

を得る．所が

$$\dot{\phi}_\sigma(k)=(\mathbf{v}_k\mathrm{grad}\phi_\sigma)=\frac{\nu_\sigma}{c}(\mathbf{v}_k\mathbf{A}_\sigma(k))$$

を用いると．(48 b) は (48 c) を時間微分したものである事が直ちにわかる．だから (48 b) は (48 c) で代用でき，以下必要はない．更にスカラー場 $\phi(\mathbf{x},t)$ は，時刻 t では (47) によつて同じ時刻の粒子の座標と点 x で正確にきまつてしまう量である*．(48 c) をみると，$q'_{0\sigma}$ は粒子の位置にのみ関係し，従つて $q'_{0\sigma}$ は時刻 t では粒子の時刻 t における座標 q'_k で正確にきまつてしまうから，独立変数ではない．そこで ϕ を q'_k（粒子の座標）のある函数の定義とみる事ができる．すると，(48) をハミルトン形式に書く場合の正準変数は q'_k, p'_k（粒子）と q'_λ, p'_λ（横波）のみになる．ハミルトニアンは《従つて粒子のハミルトニアンで ϕ として (47) を使い，横波を加えて》

---

* 遅滞ポテンシァルは非常に複雑にある時刻前の粒子の座標にかんけいする．（時刻にも座標がはいる　$t'=t-\frac{1}{c}|\mathbf{x}-\mathbf{x}(t')|$）

$$H'=\sum_k H'_k+\sum_\lambda H'_\lambda+\frac{1}{2}\sum_{i,k}\frac{e_i e_k}{r_{ik}},\quad r_{ik}=|\mathbf{q}'_i-\mathbf{q}'_k|, \tag{49}$$

$$H'_\lambda=\frac{1}{2}(p'^2_\lambda+\nu^2_\lambda q'^2_\lambda). \tag{49 a}$$

$$H'_k=\{\mu_k{}^2+(\mathbf{p}'_k-e_k\sum_\lambda q'_\lambda \mathbf{A}_\lambda(k))^2\}^{1/2}. \tag{49 b}$$

スカラー場の部分は，すべての粒子の間のクーロン力を与える．H'_k と H_k(27)とには本質的な差がある．というのは $p,q\to p',q'$ のみではなく，含まれている $\mathbf{A}$ が H'_k p. 49 では横波のみで H_k(27) では縦と横両方はいつている．正準方程式

$$\frac{\partial H'}{\partial q'_k}=-\frac{1}{c}\dot{p}'_k\ ,\quad \frac{\partial H'}{\partial p'_k}=\frac{1}{c}\dot{q}'_k\ ;\quad \frac{\partial H'}{\partial q_\lambda{}'}=-\dot{p}_\lambda{}'\ ,\quad \frac{\partial H'}{\partial p_\lambda{}'}=\dot{q}'_\lambda \tag{50}$$

を作ると，(48 a)及び粒子の運動方程式 (25) が導かれる．ここに $\mathbf{E}=-\mathrm{grad}\phi-(1/c)\dot{\mathbf{A}}$ で，ϕ は (47) で定義された粒子座標 q'_k の，運動を考えている粒子の位置での値の函数である（$\mathbf{A}$ は勿論横波のみ)．

このクーロン・ゲージで計算すると，2個の粒子の間の相互作用は“同時的” instantaneous なクーロン力のみで遅滞相互作用は現われないかにみえるけれども，横波に関係した（ハミルトニアン中の）部分からそれがでてくる．すなわち，2個の粒子の間で光波を放出，吸収する事によつて生じる（第24節の例を見よ）（すなわち，2個の粒子の相互作用が各々の過去の位置，速度等に関係してくる.)．

(49) のハミルトニアン中のクーロンエネルギーの部分には $e_k{}^2/r_{kk}$ という項もはいつていて，これは点電荷の無限大の自己エネルギーを表わしている．これは第4節ででてきた困難と同じ発散量であるが，第4節でのべた如くすでに静止エネルギー μ_k の中に含まれていると考えるので，(49) の中のクーロン・エネルギーは

$$H'_s=\frac{1}{2}\sum_{i,\neq k}\frac{e_i e_k}{r_{ik}} \tag{49'}$$

と解釈しておく．

ローレンツ・ゲージとクーロン・ゲージの関係は，第1節によればゲージ変換でつけられるが，これは又，変数 q_k, p_k ; $q_\sigma p_\sigma$; $q_\lambda p_\lambda$; $q_{0\sigma}$, $p_{0\sigma}$ から $q_k{}'$, $p_k{}'$; $q_\lambda{}'$, $p_\lambda{}'$ への（変数が減つているが）正準変換としても表わされる．これは次の様にして示せる．

正準変換は変換前の座標 q と変換後の運動量 p' に関係した母函数 $\Omega(q,p')$ を使つて表わせる《q,p' としては今の変換では数がちがうがかまわない》．これを使うと，変換前の運

動量と変換後の座標は

$$p=\frac{\partial\Omega}{\partial q}\quad,\qquad q'=\frac{\partial\Omega}{\partial p'} \tag{51}$$

で定義される．この関係式を使うと q, p を q', p' で表わせて（(51)を q,p につき解く）

$$q=q(q',p'),\qquad p=p(q',p')$$

p. 50

となる．Ω が時間を陽に (explicit) 含んでいないときには，変換されたハミルトニアンは

$$H'(q',p')=H(q(q',p'),p(q',p'))$$

であつて q', p' は H' をハミルトニアンとして正準方程式を満たす《様になつている》.

われわれの場合は，正準共軛な座標•運動量の数が減り，ある変数 p', q' は新らしいハミルトニアンの中にでてこない様な一寸特異な型のものであるが，これはローレンツ条件が存在するからである．Ω として次のものをとる．

$$\Omega=\sum_\sigma q_\sigma\left(\sum_k\frac{e_k\phi_\sigma(k)}{\nu_\sigma}-q_{0\sigma}\,\nu_\sigma\right)+\frac{1}{c}\sum_k q_k p'_k+\sum_\lambda q_\lambda p'_\lambda. \tag{52}$$

この式には p'_σ, $p'_{0\sigma}$ はでてこない．(51) を作ると，まず

$$p_\lambda=\frac{\partial\Omega}{\partial q_\lambda}=p'_\lambda\quad;\qquad q'_\lambda=\frac{\partial\Omega}{\partial p'_\lambda}=q_\lambda \tag{53 a}$$

となるから，横波の変数は不変である．次に

$$p_\sigma=\frac{\partial\Omega}{\partial q_\sigma}=\sum_k\frac{e_k\phi_\sigma(k)}{\nu_\sigma}-q_{0\sigma}\nu_\sigma,\quad q'_\sigma=\frac{\partial\Omega}{\partial p'_\sigma}=0 \tag{53 b}$$

が得られるから，この最初のものはローレンツ条件 (44 e) の第2番目と同じで，第二式 $q'_\sigma=0$ は変換後には変数 q'_σ が表われないことを示している．更に

$$p_{0\sigma}=\frac{\partial\Omega}{\partial q_{0\sigma}}=-q_\sigma\nu_\sigma\ ,\quad q'_{0\sigma}=\frac{\partial\Omega}{\partial p'_{0\sigma}}=0 \tag{53 c}$$

では，最初の式はローレンツ・条件 (44 e) の第1番目の式であり，$q'_{0\sigma}=0$ はスカラー場は変換後存在しないことを示す．最後に粒子について

$$\frac{1}{c}\mathbf{p}_k=\frac{\partial\Omega}{\partial\mathbf{q}_k}=\frac{1}{c}\mathbf{p}'_k+e_k\sum_\sigma q_\sigma\frac{1}{\nu_\sigma}\mathrm{grad}\,\phi_\sigma(k)=\frac{1}{c}(\mathbf{p}'_k+e_k\mathbf{A}_{\mathrm{long}}(k)),$$

$$\mathbf{q}'_k=c\frac{\partial\Omega}{\partial\mathbf{p}'_k}=\mathbf{q}_k \tag{53 d}$$

が得られ，粒子の座標は不変であるが，運動量は変わり，$\mathbf{p}'_k$ は縦波 $\mathbf{A}_{\mathrm{long}}$ の中で粒子

の動いている時の“機械的” kinetic 運動量である．これは $H_k \to H'_k$ にうつるとき（50～51頁の境でのべた所参照）$\mathbf{A} \to \mathbf{A}_{trans}$ となるのに必要なことである．

そこで，H の中の q, p を q', p' で表わすと新らしいハミルトニアンが得られるが，変数が減つたりしているので（すなわち変換が特異なので）(53) のみでは q_σ, p_σ, $q_{0\sigma}$, $p_{0\sigma}$ をダッシュでついたものでは表わせないので，q, p を $q'. p'$ で表わすことは不可能のように見える．所が(53)中には変換前の変数の間（ダッシュなし）の関係式がはいつている．p. 51 すなわち，ローレンツ条件である．そしてこの条件を使うと，新らしいハミトニアン H' を q'_k, p_k', q_λ', p_λ' のみで表わせる．変換前のハミルトニアンは

$$H = \sum_k \overline{H}_k + H_s + \sum_\lambda H_\lambda, \quad \overline{H}_k = H_k - e\phi(k) = \sqrt{\mu_k{}^2 + (\mathbf{p}_k - e\mathbf{A}_k)^2}\ , \tag{54 a}$$

$$H_s = \sum_{k,\sigma} e_k q_{0\sigma} \phi_\sigma(k) + \frac{1}{2} \sum_\sigma (p_\sigma{}^2 + \nu_\sigma{}^2 q_\sigma{}^2) - \frac{1}{2} \sum_\sigma (p_{0\sigma}{}^2 + \nu_\sigma{}^2 q_{0\sigma}{}^2) \tag{54 b}$$

であつて，(53 a) により H_λ（横波）の部分は不変である．$\overline{H}_k$ は (53 d) により $\mathbf{A}$ の横波部分 $\mathbf{A}_{tr.}$ を使つて $\mathbf{p}_k - e_k \mathbf{A}(k) = \mathbf{p}'_k - e_k \mathbf{A}_{tr.}(k)$ となり（(49 b) と同じで）$\overline{H}_k$ はクーロン・ゲージのハミルトニアンと同じになる．

$$\overline{H}_k(q_k, p_k) = H'_k(q_k', p'_k). \tag{55}$$

そこで，H_s を (53 b, c) を使つて書き直してみよう．殆どすべての項は消えて，

$$H_s = \frac{1}{2} \sum_{i,k,\sigma} e_i e_k \frac{\phi_\sigma(i)\phi_\sigma(k)}{\nu_\sigma{}^2}$$

が残るがこれは粒子の座標のみの函数である．H_s は q_i の函数としてポアッソンの方程式

$$\Delta_i{}^2 H_s = -\frac{1}{c^2} \sum_{\sigma,k} e_i\, e_k\, \phi_\sigma(i)\phi_\sigma(k) = -4\pi \sum_k e_i\, e_k\, \delta(\mathbf{q}_i - \mathbf{q}_k) \tag{56}$$

を満たす．$\sum_\sigma \phi_\sigma(i)\phi_\sigma(k) = 4\pi c^2 \delta(\mathbf{q}_i - \mathbf{q}_k)$ は直交系の性質（と規格化 (37)）からでてくる間係である（δ・函数の定義は第 8 節を見よ）．故に，このポアッソン式の解より

$$H_s = \frac{1}{2} \sum_{i,k} \frac{e_i e_k}{r_{ik}} \tag{57}$$

となり，新しい全ハミルトニアンは結局

$$H' = \sum_k H'_k + \sum_\lambda H_\lambda' + H_s \tag{58}$$

で (55)，(57) により (49) と同じである．

粒子の運動は $\mathbf{A}_{tr.}$ という横波と，H_s にはいつてくる他の粒子の座標のみによつてきまる事になる．以上でクーロン・ゲージのハミルトニアンはローレンツ・ゲージのものから

正準変換を行つて移れる事がわかつた．p. 52

どちらのゲージも，有利な点と不利な点をもつている．クーロン・ゲージは簡単であつて，物理的に実際にいみをもつ変数のみでかかれ，異なつた種類の変数間の関係を与える様な条件が存在しない．その代わり相対論的に不変な形には書き得ない不便さがある．勿論，全体の理論は不変であるが，クーロン・ゲージは不変なとり方はできなくて，ローレンツ変換を行つて座標系を変えるごとにゲージのとり方を調節しないとクーロン．ゲージは保たれない．これに対してローレンツ・ゲージは相対論的不変な形にかかれているし，又ローレンツ変換を行つてもゲージをとり直す必要はないという利点があるが，附加条件で関係し合う変数が余分にはいつてきて変数の数が多いから複雑である．特に余分な変数は量子論にもちこむと複雑さを増す．その上，スカラー場のハミルトニアンの符号が負である事も事情を複雑にする一因となる．しかし，一目この様な複雑さを処理してしまえば（第10節），ローレンツ不変性をあからさまに表現せねばならない様な問題に対してはローレンツ・ゲージは大変便利である．それで簡単な問題に対してはクーロン・ゲージを使うことにする．以下の章で量子論においてもこの2つのゲージを使い分けて理論を進めてゆこう．p. 53

第二章　純輻射場の量子理論

7　輻射場の量子化

1　緒論　第1章で述べた古典論は，Planck の常数 h が有限であるということによつて生じるすべての効果が無視できる位小さい場合にのみ正しいと考えられるが，この新らしい常数を理論の中にもちこむ前に，場の量子化《h を考に入れる事》が必要である事を明らかに示している実験及び理論的事実をのべておこう．歴史的には，古典理論ではどうにもならない事実がでてきたのは輻射場の理論自身であつた．黒体と熱平衡にある輻射場の問題で，古典理論からは有名な“紫外部の困難”，すなわち短い（紫外）波長の光の形で平衡になつている場のエネルギー密度が波長と共にどんどん大きくなり，全スペクトルで積分すると無限大になるという困難を含む式しか得られない．この困難をさけるために，Planck（と後に Einstein）は振動数が ν である単色光のエネルギーは，その振動数に比例したある量の整数倍しかとれないと仮定した．

$$E=n\hbar\nu. \qquad (1)$$

n は整数で光の量子の数を表わし，$2\pi\hbar=h$ は planck の普遍常数である．この仮定(1)を使うと黒体からの輻射として正しい理論式《実験を説明できる》が得られる．勿論，この事は，古典理論では許されないから，古典理論は大いに改めるべきものを含んでいる事を示している．

単色波の量子化（1）とエネルギー保存則を使つて，Bohr は有名な“振動数条件”を導いた．この条件は，光波が光粒子の性質ももつている事とともに，極めて多くの原子，核物理の実験とよく一致する．

（1）によれば光のビームは（X 線又は γ 線)，非常に多くの光子から成つているが，一方では古典的な波として特徴的な回析をもする．

この，時によつて波の性質を示したり又は粒子の性質を示したりする光の二重性こそが光の量子化を要求するのである．

輻射場の量子化の必要なことは，もつと理論的な考えからも示される．すなわち，粒子に対して量子力学が正しいものとすれば，場の量子化は，粒子の量子化の結果として論理的にでてくる．粒子の量子としての性質はその位置と運動量の不確定関係の中に含まれている．p 54

$$\Delta q \Delta p \sim \hbar c \tag{2}$$

（運動量はエネルギー単位，普通の運動量× c）．この関係式は観測に使うビームに古典論を適用したのでは成り立たない．もし，古典論が正しいとすると，光の運動量はいくらでも小さくできるから，収斂する光束により（Heisenberg の γ-線顕微鏡）粒子に殆んど運動量を与える事なく《$\Delta p \sim 0$》粒子の位置をいくらでも正確に《$\Delta q \sim 0$》測る事ができる．従つて，p を前に測つておけば，その p を殆んどかえることとなく《$\Delta p \sim 0$》q が（2）の制限を超えていくらでも正しくわかる事になる．この実験が実現できるできないにかかわらず（2）の式が成り立つためには，光のビームに対しても（2）と同じ様な不確定関係が必要になる．光の波を量子化すると，この様な不確定さが光束に対しても生じることを第 7・4 節で示す．すると，光束は粒子の位置を Δq のはんいにわたつて決めるのに十分使える位細いと，Δp 位の極小の運動量をもつている．そしてこの運動量は実験の間に必然的に粒子に移り，実験後は（2）の様な式が粒子の位置の運動量の間にでる．*

量子電磁気学を作る場合には，第6節で示された古典力学と古典電磁気学の間の類似をもとにするのが最も楽である．第6節では場を数種の正準変数で表わし，場の方程式をハミルトンの正準方程式の形に書き直した．この様にしておくと，作用量子 h を普通の量子力学の場合と同様に導入する事ができる．

2　純輻射場の量子化**　横波のみの重ね合せで作りうる純輻射場《自由場》のみを考え

---

* この実験についてもつとくわしくは，N.Bohr, Atomtheorie und Naturbeschreibung, Berlin, 1931, 又は W.Heisenberg, Die physikalischen Prinzipien der Quantentheorie, Leipzig, 1930. をみよ．

** 純輻射場の量子論は P. A. M. Dirac, *Proc. Roy. Soc.* A, **114** (1927), 243, 710 及び P.Jordan and W. Pauli, *Zs. f. Phys.* **47** (1928), 151 で行われた．量子電気力学の一般論は W. Heisenberg and W. Pauli, 前掲誌 **56** (1929) 1 ; **59** (1930) 169 で行われている．縦波，スカラー場の量子化及びクーロン・ゲージへの変換は E. Fermi, *Rev. Mod. Phys.* 4 (1931), 131 におる．又一般的な説明は W.Pauli, Handb. d. Phys. XXIV. 1 ; G.Wentzel, Quantentheorie der Wellenfelder, Edwards Bros 1949, H.A. Kramers, *Hand-und Jahrb. d. chem. Phys.* Vol.1, Leipzig, 1938を参照．

よう．クーロン・ゲージをとれば外の場は存在しない．p. 55

この場は，ベクトル・ポテンシァル $\mathbf{A}$ より得られ，$\mathbf{A}$ は第6節，(14) によれば平面波の重ね合わせとして表わせる．(ここで複素量での表示をとる)

$$\left.\begin{aligned}&\mathbf{A}=\sum_\lambda(q_\lambda\mathbf{A}_\lambda+q_\lambda{}^*\mathbf{A}_\lambda{}^*),\quad \mathrm{div}\mathbf{A}_\lambda=0,\\&\mathbf{A}_\lambda=\sqrt{4\pi c^2}\,\mathbf{e}_\lambda e^{i(\boldsymbol{\kappa}_\lambda.\mathbf{r})},\end{aligned}\right\}\quad(3)$$

そこで正準変数を導入する．(第6節 (17))

$$Q_\lambda=q_\lambda+q_\lambda{}^*\quad,\quad P_\lambda=-i\nu_\lambda(q_\lambda-q_\lambda{}^*).\quad(4)$$

一つの調和振動子に対するエネルギーは

$$H_\lambda=\frac{1}{2}(P_\lambda{}^2+\nu_\lambda{}^2Q_\lambda{}^2)\quad(5)$$

である．輻射場の理論をこの形に書いておくと，作用量子 h を導入するのは，普通の粒子の量子力学と同じく，各々の (λ ごとに) 輻射場の正準変数を次の交換関係を満たす非可換な量とみればよい．

$$\left.\begin{aligned}&[P_\lambda Q_\lambda]\equiv P_\lambda Q_\lambda-Q_\lambda P_\lambda=-i\hbar,\\&[P_\lambda Q_\mu]\equiv[P_\lambda P_\mu]=[Q_\lambda Q_\mu]=0.\end{aligned}\right\}\quad(6)$$

ハミルトニアン (5) にこの量子化を施した結果は，よく知られた調和振動子の波動力学的取扱と同じになる．調和振動子のエネルギーの固有値は

$$E_\lambda=\left(n_\lambda+\frac{1}{2}\right)\hbar\nu_\lambda\quad(7)$$

となり，n_λ は正整数となる．振幅 Q_λ は調和振動子の時間因子を含まない波動函数から作つたエルミット・マトリックスで表わされる．(各々の λ に対して)

$$\left.\begin{aligned}&Q_{n,n+1}=Q^*_{n+1,n}=\sqrt{\frac{\hbar(n+1)}{2\nu}},\\&Q_{n,n'}=0\qquad;\quad n'\neq n\pm1.\end{aligned}\right\}\quad(8)$$

従つて Q_λ は λ 番目の振子の量子数 n_λ が1つ増え又は減る様な転移に対してのみマトリックス要素をもつている．(4) によつて，エルミットでない q, q^* のマトリックス要素は

$$\left.\begin{aligned}&q_{n,n+1}=\sqrt{\frac{\hbar(n+1)}{2\nu}},\\&q^*_{n+1,n}=\sqrt{\frac{\hbar(n+1)}{2\nu}},\\&q_{n+1,n}=q^*_{n,n+1}\doteq 0\end{aligned}\right\}\quad(9)$$

となる．ここで書いた q^* は q にエルミット・共軛なマトリックスであり，q^* とかくことにする．上の式では $L^3=1$ とおいたが，こうしない時には q,q^* に $L^{-3/2}$ をかけておかねばならない． p. 56

（4），（6），（9）によつて q は次の交換関係を満たす．

$$q_\lambda q_\mu{}^* - q_\mu{}^* q_\lambda = \frac{\hbar}{2\nu_\lambda}\delta_{\lambda\mu}. \tag{10}$$

（$\delta_{\lambda\mu}$ は振動子 λ と μ が等しい時1で，異なる時0である）

この様にして，各々の振動子は Planck の仮定（1）と同じく $\hbar\nu_\lambda$ の整数倍のエネルギーをもつことになる．しかし，すぐわかる様に，各々の振動子はエネルギー最低の状態でも零点エネルギー $\frac{1}{2}\hbar\nu_\lambda$ をもつている．振動子の数は（可附番）無限個であるから，結局真空は無限大の零点エネルギーをもつことになる．しかし，この困難は形式的なものにすぎない．というのは，古典論から量子論へ移る移り方が q と q^* が交換しない量であるから一義的ではない．ハミルトニアン（5）は q でもかけて

$$H_\lambda = \nu_\lambda{}^2(q_\lambda q_\lambda{}^* + q_\lambda{}^* q_\lambda). \tag{11}$$

しかし，この式で qq^* の順序を入れ換えても古典理論との対応を失わない．それは，H_λ （11）と常数だけしか違わないからである．そこで（11）の代わりに

$$H_\lambda = 2\nu_\lambda{}^2 q_\lambda{}^* q_\lambda = \frac{1}{2}(P_\lambda{}^2 + \nu_\lambda{}^2 Q_\lambda{}^2) - \frac{1}{2}\hbar\nu_\lambda \tag{12}$$

ととると，このハミルトニアンは

$$E_\lambda = n_\lambda \hbar\nu_\lambda \quad , \quad \frac{\hbar}{2\nu_\lambda} n_\lambda = q_\lambda{}^* q_\lambda \tag{13}$$

という固有値をもち，零点エネルギーは現われない．

こうして量子化をした結果，輻射場の状態は輻射場のすべての振動子の量子数 n_λ で表わされる事になる．

古典理論では，振幅 $Q_\lambda, q_\lambda, q_\lambda{}^*$ は時間に関係したが，量子論はこれを時間に無関係な演算子におきかえる． これは丁度 Schrödinger 方程式で $p_x(t) \to -i\hbar\frac{\partial}{\partial x}$ と行つたのに対応する． すべての現象の時間的変化は波動函数の時間的変化で表わされる． 古典論では，$\dot{Q}_\lambda = P_\lambda$, $\dot{P}_\lambda = -\nu_\lambda{}^2 Q_\lambda$ であるので，q_λ, $q_\lambda{}^*$ の時間微分は（4）によつて次の演算子になる．

p. 57

$$\dot{q}_\lambda \to -i\nu_\lambda q_\lambda \quad ; \quad \dot{q}_\lambda{}^* \to i\nu_\lambda q^*{}_\lambda. \tag{14}$$

すると，場の強さは（3）を使つて次の演算子となる．《クーロン・ゲージ，自由場》

$$\left.\begin{aligned}\mathbf{E}&=-\frac{1}{c}\dot{\mathbf{A}}=\frac{i}{c}\sum_\lambda \nu_\lambda(q_\lambda\mathbf{A}_\lambda-q_\lambda{}^*\mathbf{A}_\lambda{}^*),\\ \mathbf{H}&=\mathrm{curl}\mathbf{A}=i\sum_\lambda(q_\lambda[\boldsymbol{\kappa}_\lambda\mathbf{A}_\lambda]-q_\lambda{}^*[\boldsymbol{\kappa}_\lambda\mathbf{A}_\lambda{}^*]).\end{aligned}\right\} \quad (15)$$

ハミルトニアンは

$$H=\frac{1}{8\pi}\int(E^2+H^2)d\tau=\sum_\lambda H_\lambda=\sum_\lambda n_\lambda \hbar\nu_\lambda \quad (15')$$

となる．

振幅が時間に無関係な演算子で表わされる‘表わし方’ representation を，以下でのべる別の表わし方から区別するために Schrödinger 表示と呼ぼう．

次に，場の運動量を考えてみよう．古典的には（第1節4）

$$\mathbf{G}=\frac{1}{4\pi}\int[\mathbf{EH}]d\tau$$

である．G も又各振動子の和でかける．

$$\mathbf{G}=\sum_\lambda\mathbf{G}_\lambda\quad,\quad \mathbf{G}_\lambda=\frac{1}{4\pi}\int[\mathbf{E}_\lambda\mathbf{H}_\lambda]d\nu. \quad (16)$$

$\mathbf{G}_\lambda$は平面波の運動量である． $\mathbf{A}_\lambda$ の規格化（第6節（16））と$(\boldsymbol{\kappa}_\lambda\mathbf{e}_\lambda)=0$（横波）を使うと

$$\mathbf{G}_\lambda=2\nu_\lambda c\boldsymbol{\kappa}_\lambda q_\lambda{}^*q_\lambda\quad,\quad |\boldsymbol{\kappa}_\lambda|=\nu_\lambda/c. \quad (17)$$

$\boldsymbol{\kappa}_\lambda$ は波の進行方向のベクトルで，波長の逆数の大きさの量である．（17）でも零点運動量があらわれないようにqとq^*を入れ換えてある．（17）は（数係数をのぞいて）形はエネルギー（12）と同じである．従つて運動量はエネルギーと可換であり，その固有値は

$$\mathbf{G}_\lambda=c\boldsymbol{\kappa}_\lambda n_\lambda\hbar=n_\lambda\mathbf{k}_\lambda\quad,\quad |\mathbf{k}_\lambda|=\hbar\nu_\lambda. \quad (18)$$

$\mathbf{k}_\lambda$ は進行方 向をむいた大きさ $\hbar\nu_\lambda$ のベクトルである．従つて光の波のエネルギーと運動量は $\mathbf{k}_\lambda$ の整数倍であることになる．第2節でこれらはローレンツ変換に際して4元ベクトルとして変換する事を知つた．従つて，エネルギーと運動量の性質にかんしては，平面波はエネルギー$\hbar\nu$をもち運動量$\mathbf{k}(k=\hbar\nu)$をもつたn個の自由粒子のビームと同じ様に振舞う．この粒子の事を光量子又は光子と呼ぶ．光量子の静止エネルギーは（13）と（18）により0である．

p. 58

$$G_\lambda{}^2-E_\lambda{}^2=0. \quad (19)$$

後で，たとえば自由電子と光子の相互作用では，エネルギー，運動量は保存される事がわ

かる．又，一方，量子化された光でも，干渉，回折現象を示す古典的な波の性質をもつている事がわかる．

光量子のローレンツ変換に対しての変換性は，第2節で粒子の全運動量，エネルギーに対して導いたのと同じである．第2節 (44) から，x 方向に動いているローレンツ系に対して

$$\left.\begin{aligned} k'_x=(k_x-\beta k)\gamma,\quad k'_y=k_y,\quad k'=(k-\beta k_x)\gamma,\\ \gamma=1/\sqrt{1-\beta^2}. \end{aligned}\right\} \tag{20}$$

k と x の間の角を θ とし (20) を振動数で書けば

$$\nu'=\nu\frac{1-\beta\cos\theta}{\sqrt{1-\beta^2}}\quad,\qquad \cos\theta'=\frac{\cos\theta-\beta}{1-\beta\cos\theta}. \tag{21}$$

この最初の式はよく知られた Doppler 効果の式であり，次の式は，動いている系の光の方向は静止している系のとは異なる事を示し“光行差” aberration を表わす．この両方の効果は勿論（相対論的）古典的なもので，第2節の変換式からでてくるものである．

各平面波λに対して，偏りの方向 $\mathbf{e}_\lambda$ を考えたので，光量子も偏りをもつている事になる《第6節1・(6) の下》．前にとつた直線偏光のかわりに，左・右廻りの円偏光で展開する事もでき，こうすると円偏光している光子が得られる．ある独立な偏光 (q_1, q_2)から別の独立な偏光に移るのは，この2つの q_1,q_2 に線型変換（同じ$\boldsymbol{\kappa}$で)を行えばよい．これは簡単に演算子 q_1, q_2 に対する正準変換で表わせる．

我々は前には場を平面波に展開した．しかし，たとえば，球面波又は円筒波に展開もできるから，光子をその様な波で表わす事もできる．この表示は光の角運動量の議論をする時に便利である．平面波から球面波に移るのは方向の異なつた $\boldsymbol{\kappa}$ の波の線型変換で，やはり正準変換である．角運動量については補遺1で述べる．

この節で述べた横波の量子論の物理的な内容は planck の仮定（1）に本質的には含まれている．上の理論はただ Planck のもとの仮定（1）の上にたつたむじゆんのない理論にすぎない． p. 59

波として，又粒子としての光の二重性は，丁度自由電子のビームが粒子としての性質と de Broglie 波の性質をもつていたのと全く似ている． この類似は量子論を発展させる上によく役に立つものであるが，余りこの点は強調できない．光量子がとびとびの組として存在するということは量子化の結果であつて，これに対応する古典論は本質的に場の理論である．というのは $\hbar\to0$ では光量子は存在しなくなるからである．ところが，電子のビ

ームに対しては波動的な性質は量子化の結果あらわれたものであり，古典論は本質的に粒子の力学である．光量子の粒子的性格は前にのべたエネルギーと運動量の関係からいえることであつて，たとえば光子の位置とか，この位置を光子が占めている確率とかいつた概念が簡単な物理的意味をもつということは証明できない．

古典理論に移つた場合に量子電気力学が場の理論に移るというためには，光量子がBose-Einsteinの統計に従うことが本質的である．光量子がこの統計に従うということは，光量子は振動子の量子数としてのみあらわれ，2つの光子が区別できないことおよび各振動子に対して量子数に制限がないことから明らかである．輻射場の振動子を“量子化の細胞” quantum cells とみると，全輻射場の状態は各細胞の中の区別できない粒子の数で表わされる．これは，正に統計力学で Einstein-Boseの集団の微視的な状態を定義する変数である．従つて普通の統計力学を適用すれば，プランクの分布が得られる．

もし光量子が Fermi-Dirac の統計に従つて，各振動子は1つより多くの量子を含み得ないとすると，古典理論に移つても場の理論は得られない．もしこれが可能だとすると，《すなわち場の理論がでてくるとすると》ラヂオ波の強さでさえ $\hbar\nu$ を超える事はできなくなり，波長が長くなるにつれもつと小さくなる．従つて長い波長の電磁波は存在できなくなる．その上古典的場の理論の特性の重ね合わせの原理が成り立たなくなる．というのは，われわれは同じ波長と位相の2つの波を重ね合わせると，同じ波で強度の強いものを得ることを知つているが，Fermi 統計ではこの事は不可能である．　p. 60

この様に，Fermi-Dirac 集団に対しては古典的な場の理論は存在しなくて，古典的には粒子としてのみ振舞うことになる（第12節の，3小節の終りの注意と比較）．

3　輻射場の状態函数　量子化をすると，場の量**A**（従つて**E**，**H**）は波動函数又は状態函数 Ψ に作用する演算子となる．* この状態函数は一般の Schrödinger 方程式に従う．

$$i\hbar\dot{\Psi}=H\Psi. \tag{22}$$

H は系の全ハミルトニアンである．純輻射場に対してはこれは (15′)$H=\sum_\lambda H_\lambda$ である．輻射場の各振動子はすべて独立で1つの自由度をもつから，《全体としては》自由度が無限

* Ψ に対しては Dirac 方程式を満たす粒子の波動函数 ψ と区別するために，状態函数と呼んでおく．ψ は第12節で第2量子化を行う．一般に Ψ は任意の個数の光子，電子のある系の状態をあらわす．

大の系を扱うことになる．ハミルトニアンが（15′）の時は，輻射振動子の間には相互作用がなく，固有状態 Ψ は積 $\Psi^{(1)}\Psi^{(2)}\cdots\Psi^{(\lambda)}\cdots$ で表わされ，$\Psi^{(\lambda)}$ は H_λ の規格化された固有函数である．H_λの固有値は$E_\lambda=n_\lambda\hbar\nu_\lambda$ であるから，状態函数 $\Psi^{(\lambda)}$ を光の個数n_λで区別することができる，$\Psi^{(\lambda)}=\Psi_{n\lambda}$，$n_\lambda=0, 1, 2\cdots\cdots$

$$H_\lambda\Psi_{n\lambda}=n_\lambda\hbar\nu_\lambda\Psi_{n\lambda}. \tag{23}$$

（22）の一般の解は，重ね合せで

$$\Psi(t)=\sum_{n_1\cdots n_\lambda\cdots}C_{n_1\cdots n_\lambda\cdots}(t)\Psi_{n_1}\Psi_{n_2}\cdots\Psi_{n_\lambda}\cdots \tag{24}$$

と表わされ，$|C_{n_1\cdots n_\lambda\cdots}(t)|^2$ は，1の光を n_1 個，λ の光を n_λ 個… 見出す確率である．（22）の固有解でエネルギー $E=\sum_\lambda E_\lambda$ のものは

$$\Psi(t)=\Pi_\lambda\Psi_{n\lambda}(t)=\Pi_\lambda e^{-iE_\lambda t/\hbar}\Psi_{n_\lambda}=e^{-iEt/\hbar}\,\Pi_\lambda\Psi_{n_\lambda} \tag{25}$$

である．$\Psi_{n_\lambda}(t)$は時間因子をつけた固有函数を示す．

場が粒子と相互作用をする場合には，H は相互作用を表わす項を含んでいる．（第3章）．この場合にも，クーロン・ゲージを使つて場が横波のみであれば，（24）の展開は可能であるが，係数の時間的な変化はもっと複雑になる．

以上，我々は Ψ_{n_λ} がどういう変数の函数かには一言もふれなかつた．これは別に何であつてもさしつかえない．たとえば振幅Q_λを変数とするとΨ_{n_λ}は量子数n_λのよくしられたエルミットの直交函数である．しかし乍らQは観測できる量とはいい難いし，そう重要な量ではない．たとえどの様な変数をとつたにせよ，Ψ_nは直交し$(\Psi_n{}^*\Psi_{n'})=\delta_{nn'}$（各$\lambda$について）で規格化されている．（　）の記号は Ψ の変数についての積分（和）を表わす．Ψ_{n_λ}によつて作つた演算子 q，q^* のマトリックス要素は各λについて（9）により与えられる．p. 61

$$\left.\begin{aligned} q_{n,n+1}&\equiv(\Psi_n{}^*q_{\rm op}\Psi_{n+1})=\sqrt{\frac{\hbar}{2\nu}}\sqrt{n+1}\,,\\ q^*_{n+1,n}&\equiv(\Psi^*_{n+1}q_{\rm op}\Psi_n)=\sqrt{\frac{\hbar}{2\nu}}\sqrt{n+1}\,.\end{aligned}\right\} \tag{26}$$

添字opはこれがΨに作用する“演算子”operatorである事を強調するためにつけてある．時間因子を含んだ固有函数 $\Psi_{n_\lambda}(t)$ で作つたマトリクックス要素は，明らかに

$$(\Psi_n{}^*(t)q_{\rm op}\Psi_{n+1}(t))=q_{n,n+1}e^{-i\nu t}\,;\ (\Psi^*_{n+1}(t)q^*_{\rm op}\Psi_n(t))=q^*_{n+1,n}e^{i\nu t} \tag{26′}$$

である．

$q_{\rm op}$ が Ψ に作用する仕方は，（26）と Ψ の直交性からΨの変数を x として（xとしては何をとつてもよい）

$$\begin{aligned} \sqrt{\frac{2\nu}{\hbar}}\, q_{\rm op}\, \Psi_n(x) &= \sqrt{n}\, \Psi_{n-1}(x), \\ \sqrt{\frac{2\nu}{\hbar}}\, q^*{}_{\rm op}\, \Psi_n(x) &= \sqrt{n+1}\, \Psi_{n+1}(x) \end{aligned} \tag{27}$$

となるから，両辺に同じ変数があらわれる．

だから，$q_{\rm op}$, $q^*{}_{\rm op}$ が Ψ_n に作用すると同じ変数(x)の Ψ_{n-1}, Ψ_{n+1} になる．Ψ_{n-1} で表わされる状態は（$q_{\rm op}$ が $q_{\lambda \rm op}$ だとするとこの λ の光子について）Ψ_n より1個光子の少ない状態である．従つて q_λ は光の吸収を表わし，$q_\lambda{}^*$ は放出を表わす演算子である．q, q^* は夫々1個の光を吸収，放出するマトリックス要素だけをもつていて，それ以外のマトリックス要素は0である．（添字 n は右から左へ見る.）

演算子が時間的に変化しなく（時間を含まない）て，状態函数 Ψ が時間的に変化する Schrödinger の表示以外に，演算子が時間的に変化して状態函数が変化しない表示を使うこともできる．これは Born-Heisenberg の表示と呼ばれ，彼等が量子力学をマトリックスで書き表わす時に使つた．後で光と粒子の相互作用を考える時に，この2つの中間の表示，相互作用表示と呼ばれるものを使う．これは時間因子は1部分は演算子がもち，又一部は状態函数がもっている．純輻射場（相互作用のない時）では Born-Heisenberg の表示と相互作用表示は同じになる． Born-Heisenberg の表示はこの本では使わないことにするから，以下では相互作用表示と呼んでおく． p. 62

相互作用表示へ移るのは，簡単な正準変換でできる．新らしい表示でのすべての量をダッシュをつけて示すと

$$\Psi' = e^{iHt/\hbar}\,\Psi, \quad \text{又は} \quad \Psi'_{n_\lambda} = e^{in_\lambda \nu_\lambda t}\,\Psi_{n_\lambda}(t). \tag{28}$$

Ψ' は時間的に変化しない．(22) によつて

$$i\hbar\dot{\Psi}' = i\hbar\, e^{iHt/\hbar}\,\dot{\Psi} - e^{iHt/\hbar}\, H\Psi = 0 \tag{29}$$

である．一つの振動子の固有函数 Ψ'_{n_λ} は時間因子を除いた固有函数 Ψ_{n_λ} と同じである．

新らしい演算子 $q'_{\rm op}$, $q'^*{}_{\rm op}$ は時間に関係していて， そのマトリックス要素は時間を陽には含まない新しい状態函数 Ψ'でつくった q', q'^* のマトリックス要素であって， (26′) であたえられる時間に関係した状態函数で q, q^* をはさんでつくつたマトリックス要素と同じである.

$$
\left.\begin{aligned}
&(\Psi'_n{}^* q'_{\rm op}\Psi'_{n+1}) = (\Psi_n{}^*(t)\, q_{\rm op}\Psi_{n+1}(t)),\\
\text{あるいは}\quad &q' = e^{iHt/\hbar}\, q\, e^{-iHt/\hbar},\quad q'^* = e^{iHt/\hbar}\, q^* e^{-iHt/\hbar},\\
&q'_{n,n+1} = q_{n,n+1}\, e^{-i\nu t},\quad q'^*_{n+1,n} = q^*_{n+1,n} e^{i\nu t}.
\end{aligned}\right\}\qquad (30)
$$

（各々のλに対して）．q'，q^* の交換関係は変わらない．

$$[q'_\lambda{}^* q'_\lambda] = -\frac{\hbar}{2\nu_\lambda}.$$

q'，q'^* は時間に関係し，微分は

$$\dot{q}'_{\rm op} = -i\nu q'_{\rm op}\ ,\quad \dot{q}^*_{\rm op}{}' = i\nu q_{\rm op}'^* \qquad (31)$$

であつて，同じ関係は古典的な場合にも成り立つ．しかし，(31) は勿論演算子の方程式である．従つて，ベクトル・ポテンシァルは次の様にかける．

$$\mathbf{A}'(t) = \sqrt{4\pi c^2}\sum_\lambda (q'_\lambda \mathbf{A}_\lambda + q'^*_\lambda \mathbf{A}_\lambda{}^*) = \sqrt{4\pi c^2}\sum_\lambda (q_\lambda e^{-i\nu_\lambda t}\ \mathbf{A}_\lambda + q_\lambda{}^* e^{i\nu_\lambda t}\mathbf{A}_\lambda{}^*). \qquad (32)$$

$\mathbf{A}'(t)$ は時間に陽に関係していて，電場の強さは演算子の関係（クーロン・ゲージ）$\mathbf{E} = -(1/c)\dot{\mathbf{A}}$ で得られ，(15)の式で q, q^* を q'，q'^* でおきかえたものになる．Born-Heisenberg 表示では演算子は丁度古典理論の満たす微分方程式と同じ方程式を満たす．

相互作用表示に移るのは全く簡単であるが，次の様な利益がある．粒子との相互作用を後に考えるときにはHの中に相互作用がはいつている．(30) のHとして自由場（と相互作用のない粒子）のハミルトニアンをとつてこの表示を使うと Ψ' はやはり時間に関係するが，それは相互作用のみによる変化であり，自由場の exp の時間的変化は除かれている．これは相互作用を摂動と考えるのに適当である．p. 63

4　光量子，その位相，その他の問題　輻射場を表わす場の強さとか光子の数とかいつた量は数値的にはきまつた値をもつとは限らず，一般には可換でない量子力学的な量である．これらの量の任意の2つはある交換関係を満たし，この交換関係でそれらの量の性質がきまる．場の強さの交換関係は第9節でくわしく述べることにし，ここでは光子の数の関係した交換関係を簡単にのべておく．

λ という輻射振動子の光子の個数はマトリックスで示される．

$$n_\lambda = \frac{2\nu_\lambda}{\hbar} q_\lambda{}^* q_\lambda. \qquad (33)$$

量子力学的な交換関係があると，それから必ず不確定関係が得られる．今，A, B という

2つの物理量が方程式

$$AB-BA=C \tag{34}$$

（Cは数）を満たすと，AとBは不確定関係

$$\Delta A\Delta B\geqq|C| \tag{35}$$

を満たす．この式は次の意味をもつている．AとBが近似的に決定されたとし，AがΔAの範囲できまつたとすると，B は $C/\Delta A$ の範囲より正しくは決まらない．(35) できまる範囲を超えて正確に測ろうとする実験は，（たとえばまずAを測つて後にBを測る）測定装置と系の相互作用でだめになる．n_λ は (15) の $\mathbf{E}, \mathbf{H}$ とは明らかに可換ではない．従つて，n が一定の値をもつている時には電場の強さは一定の値はとれなくて，ある平均値のまわりにゆらいでいる．これは $n=0$ で光の存在しない時にも$\mathbf{E}$は0でなく平均値($=0$)のまわりにゆらいでいる事を示す*．この電場の零点揺動はたとえば真空の中に電子を入れたときの電子の自己エネルギーの一部に寄与する．（第29節）　p.64

電場の強さの代わりに，位相 ϕ を考え（λ の各々に対して）

$$q=\sqrt{\frac{\hbar}{2\nu}}\,e^{i\phi}\sqrt{n}\quad ;\quad q^*=\sqrt{\frac{\hbar}{2\nu}}\sqrt{n}\,e^{-i\phi}$$

とおくと，(10) より

$$e^{i\phi}n-ne^{i\phi}=e^{i\phi} \tag{36}$$

を得る．これは ϕ と n が次の交換関係**

$$\phi n-n\phi=-i \tag{37}$$

を満たせば成り立つから，不確定さの関係

$$\Delta n\Delta\phi\geqq 1 \tag{37'}$$

が得られる．だから，光子の数 n と（$\hbar$ 倍した）位相 ϕ とは正準共軛量である．《(37) より》．(37′) よりある波の光子の数がわかつていると，この波の位相は全然わからないし，又逆に位相がわかつていると数はわからない．又，2つの波に対して位相差がわかつている（各々の絶対的な位相はわからない）時には光子の数はわかるけれども，それがど

---

* $\mathbf{E}$ の零点揺動は，小節2でのべた零点エネルギーとは関係がない．後者は純然たる形式上のものである．

** これは次の様にして示せる．(37) をくりかえして使うと，

$$\phi^k n-n\phi^k=-ik\phi^{k-1}$$

という式を得る．そこで $\exp(i\phi)=\sum i\phi^k/k!$ と展開すると (36) が証明される．

ちらの波にあるのかは不明になる.

そこで，小節1では仮定として現われた不確定関係（2）を量子化した光の波に対して証明する事ができる．しかしながら，光子に対してはその位置という概念がいみがないから，この不確定関係は光量子の位置と運動量に関するものではない．（2）は次の事を表わしている．光のビームを点（電子）の像を x の方向に Δx の正確さで作る様にあてると，その光のビームの運動量の x 方向の成分は $\Delta G_x \simeq c\hbar/\Delta x$ だけ不確定となる.

古典的な光学によると，点の像は波長 λ の単色収斂波束を開口角 θ（立体角）で粒子にあてて得られるけれども，回折によつて，焦点は x の方向に次の式で表わされるだけのひろがりをもつ.

$$\Delta x = \frac{\lambda}{\sin\theta}. \tag{38}$$

これは像のひろがり，すなわち電子の位置測定の不確定さにもなる.

p. 65

光の収斂するビームは同じ波長の色々な方向の平面波を重ね合わせて得られる．この様に重ね合わせで作つたビームが一定の焦点をもつためには，定まった位相差で重ね合わせねばならない．すると（37′）によつて，光子の数ははつきりわかるけれども，どの平面波に何個の光子を割りあてるかは全然きまらない．ビームの運動量 **G** は各平面波に属する粒子の個数によつてきまるから，**G** はきまらないことになる.

この様に収斂する波束を量子力学的に正確に取扱うのは大分複雑である．しかし，**G**の不確定さのみなら，次の様な考え方から得られる．光子の数は1個であるとすると，この量子がどの平面波に属しているのか不明である，すなわち，光子の方向はわからず収斂する開口角 θ の範囲ならばどの方向をとつてもよい． 従つて x-方向の運動量の不確定さは

$$\Delta G_x \simeq k\sin\theta = \hbar\nu\sin\theta. \tag{39}$$

故に（38）と（39）より

$$\Delta G_x \Delta x \simeq \hbar c \tag{40}$$

が得られ，これは小節1で仮定したものである.

（40）の不確定関係は運動量が $\hbar\nu$ より小さくはなれない《光子の数は1より小さい数はないこと》ことから直接導かれることである.

8. δ,Δ及びこれに関係した函数

量子力学，特に量子電磁気学では，Dirac によつて導入された δ- 函数が数学的に重要な役目をし，多くの推論及び計算を楽にする．輻射場の量子理論及び電子の相対論的理論では，δ-函数を相対論的に一般化した函数が特に重要になる．この節ではこれらの特異函数を必要と考えられる程度に数学的にしらべておこう*.

1 $\delta(x)$, $\delta(\mathbf{r})$, $\mathcal{P}/x$, $\zeta(x)$ **函数**　δ-函数は積分の中にあらわれた時にのみ意味のある演算子的な量である．δ-函数を直接含んでいる式があつたとすると，これらの式は積分という演算をしたときに意味があると考えておく．それは次の様に定義される．

$$\delta(x)=\frac{1}{2\pi}\lim_{K\to\infty}\int_{-K}^{+K}e^{i\kappa x}d\kappa=\frac{1}{\pi}\lim_{K\to+\infty}\int_0^K\cos\kappa x\,d\kappa=\frac{1}{\pi}\lim_{K\to+\infty}\frac{\sin Kx}{x} \qquad (1)$$

勿論，この式自身では $K\to\infty$ の極限は存在しない．しかし，$x=0$ で正則な函数を（1）にかけて，x について $x=0$ を含む任意の範囲で積分をすると，極限は積分後に行つてもよく，極限値は存在する．この様にして p. 66

$$\int_{-a}^{+b}\delta(x)f(x)dx=\frac{1}{\pi}\lim_{K\to\infty}\int_{-aK}^{bK}f\left(\frac{y}{K}\right)\frac{\sin y}{y}dy=f(0). \qquad (2)$$

これから，$\delta(x)$ としては $x\neq0$ では 0 であるが，$x=0$ で強い特異性をもつていて，

$$\int_{-a}^{+b}\delta(x)\,dx=1 \qquad (2')$$

となる様な函数と考えてもよい．（$f(x)=1$ と置いておく，（2）で）．（1）の式はいつもこの様に考えておく．$\delta(x)$ は $x=0$ で特異性がある $f(x)$ にかけるときは意味がない．$\delta(x)/x$ といつた様な式は本質的に不確定で，何か他に規定を設けてはじめて一定の意味をもつ．

$\delta(x)$ は色々な方法で表わすことができる．直交する波動函数の完全系 $u_n(x)$の完全性の定理（規格も使つて）

$$\sum_n u_n^*(x)u_n(x')=\delta(x-x') \qquad (3)$$

によつ表わされる．ここで n は離散的又は連続的或はその両方の添字である．（1）か

---

* δ-函数を数学的に正しく取扱うには，L. Schwartz, Théorie des distributions, Paris (1951) を見ればよい，

ら $\delta(x)$ は x の偶函数である．

$$\delta(-x)=\delta(x). \tag{4}$$

又，（2）のいみでは，$x\delta(x)=0$ とおいてよい．さらに，（1）より

$$\delta(cx)=\frac{1}{|c|}\delta(x), \tag{5}$$

$$\delta((x-x_1)(x-x_2))=\frac{\delta(x-x_1)+\delta(x-x_2)}{|x_1-x_2|}. \tag{6}$$

δ- 函数の積分（2）への寄与は変数が 0 になる所からのみ生ずる事と，（5）を使えば簡単に（6）が得られる．同様に

$$\delta(x-x_1)\delta(x-x_2)=\delta(x-x_1)\delta(x_1-x_2)=\delta(x-x_2)\delta(x_1-x_2). \tag{6$'$}$$

$\delta(x)$ を複素平面内で閉積分で表わすこともできる．今 C が点 $x=0$ を含む閉じた積分路で，$f(x)$ の特異点を含まないとすると

$$f(0)=\frac{1}{2\pi i}\oint_C\frac{f(x)}{x}dx$$

p. 67

であるから，

$$\delta(x)=\frac{1}{2\pi i}\frac{1}{x}\bigg|_C \tag{7}$$

と書くことができる．C は x についての積分をする時には，C にそつて積分すべきであることを示す．C としては $x=0$ を囲む非常に小さい円をとつてもよい．

微分 $\delta'(x)$ も定義でき

$$\delta'(x)=\frac{1}{\pi}\lim_{K\to\infty}\left(\frac{K\cos Kx}{x}-\frac{\sin Kx}{x^2}\right), \tag{8}$$

（2）と同様の意味で意味をもつていると考える．$\delta'(x)$ に $f(x)$ をかけて積分すると，部分積分及び $x\neq0$ で $\delta(x)=0$ ということから

$$\int\delta'(x)f(x)dx=-f'(0) \tag{9}$$

の簡単な性質をもっている $\delta'(x)$ は x の奇函数である．

$\delta(x)$ は x の偶函数であるから，$x=0$ から積分すると，$-a$ から b 迄積分した値の半分になる（（2）から直接証明できる）．すなわち

$$\int_0^x\delta(\xi)\,d\xi=\frac{1}{2}\varepsilon(x)\quad,\quad \varepsilon(x)=\begin{cases}+1 & (x>0)\\ -1 & (x<0)\end{cases} \tag{10}$$

$$\varepsilon'(x)=2\delta(x) \quad , \quad \varepsilon^2(x)=1. \tag{10'}$$

3次元の δ-函数は

$$\delta(\mathbf{r})\equiv\delta(x)\delta(y)\delta(z)=\frac{1}{(2\pi)^3}\int e^{i(\kappa\mathbf{r})}d^3\kappa \tag{11}$$

となる．$d^3\kappa\equiv d\kappa_x d\kappa_y d\kappa_z$ で κ の積分は全 κ 空間でおこなう．$\delta(\mathbf{r})$ は次の性質をもっている．

$$\int\delta(\mathbf{r})f(\mathbf{r})d\tau=f(0). \tag{11'}$$

ここで積分は $\mathbf{r}=0$ を含む任意の体積についておこなわれる．$\mathbf{r}=0$ で $f(\mathbf{r})$ が連続ならば

$$\delta(\mathbf{r})=\frac{1}{2\pi}\frac{\delta(r)}{r^2}=-\frac{1}{2\pi}\frac{\delta'(r)}{r} \tag{12}$$

と書く事もできる．(12) のどちらを使つても空間積分をした結果は $\delta(\mathbf{r})$ と同じ答になる．この式で r^2 で割るのは $d\tau$ が r^2 を含むからで，$\frac{1}{2\pi}$ がでて $\frac{1}{4\pi}$ がでないのは，積分が $|\mathbf{r}|=0$ からであるからである．　p. 68

（1）で定義される δ-函数の外に，次の函数*

$$\zeta(x)=-i\lim_{K\to\infty}\int_0^K e^{i\kappa x}d\kappa=\lim_{K\leftarrow\infty}\frac{1-e^{iKx}}{x}$$

$$=\lim_{K\to\infty}\left(\frac{1-\cos Kx}{x}-i\frac{\sin Kx}{x}\right)\equiv\frac{\mathcal{P}}{x}-i\pi\delta(x) \tag{13}$$

が以下で重要になる．

$$\frac{\mathcal{P}}{x}\equiv\lim_{K\to\infty}\frac{1-\cos Kx}{x}=\lim_{K\to\infty}\int_0^K\sin\kappa x\,d\kappa=\frac{1}{2i}\int_{-\infty}^{\infty}e^{i\kappa x}\varepsilon(\kappa)d\kappa \tag{14}$$

は $1/x$ の“主値” principal valueと呼ばれる．$x\neq0$ の所では $\mathcal{P}/x$ と同じであるが（早く振動する $\cos Kx$ は $x=0$ には寄与しない），$x=0$ では $\mathcal{P}/x$ は 0 になる．$f(x)$ をかけて積分する時には丁度 $x=0$ を含む $-\varepsilon$ から $+\varepsilon$（$x=0$ に対して対称）の積分を除外したのと同じである．

$$\int_{-a}^{+b}f(x)\frac{\mathcal{P}}{x}dx=\int_{-a}^{-\varepsilon}f(x)\frac{dx}{x}+\int_{+\varepsilon}^{+b}f(x)\frac{dx}{x} \quad (\varepsilon\to0). \tag{15}$$

$-\varepsilon\to\varepsilon$ が $x=0$ に対称である事は $\mathcal{P}/x$ が x の奇函数である事からでる．$\zeta(x)$ の複素共

---

* 普通 $-\frac{1}{2\pi i}\zeta(x)$ は $\delta_-(x)$，$\frac{1}{2\pi i}\zeta^*(x)$ は $\delta_+(x)$ とがとれる．この本では $2\pi i\delta_+$ が δ_+ より多く使われるので，$\zeta(x)$，$\zeta^*(x)$ という記号を考えた．

輒は

$$\zeta^*(x) = +i\lim_{K\to\infty}\int_0^K e^{-i\kappa x}d\kappa = \frac{\mathcal{P}}{x} + i\pi\delta(x) = -\zeta(-x). \qquad (16)$$

$\delta(x)$, $\zeta(x)$, $\zeta^*(x)$ はもつとほかの多くの表わし方がある．複素平面での積分で書くと，これらはすべて $1/x$ の積分で積分路がいろいろ異ってとられるだけである．$\mathcal{P}/x$ は実軸にそつた積分で，$-\varepsilon \sim +\varepsilon$ を除外したものになる．$\zeta(x)$, $\zeta^*(x)$ に対しては，$x=0$ を小さい半円で上半面にまわつた（時計と逆に）$\frac{1}{x}$ の積分は $i\pi$ になる事を使う．すると (13) と (16) により，$\mathcal{P}/x$, $\zeta(x)$, $\zeta^*(x)$, $\delta(x)$ は第3図の積分路で定義される．全積分路を実軸から少し上又は下にずれた直線でおきかえて変数を $x \pm i\sigma$ とおきかえると（σ は上，下へのずらしの絶対値）

p. 69

$$\zeta(x) = \lim_{\sigma\to 0}\frac{1}{x+i\sigma}, \quad \zeta^*(x) = \lim_{\sigma\to 0}\frac{1}{x-i\sigma}, \qquad (17\,\mathrm{a})$$

$$\frac{\mathcal{P}}{x} = \lim_{\sigma\to 0}\frac{x}{x^2+\sigma^2}, \quad \delta(x) = \frac{1}{\pi}\lim_{\sigma\to 0}\frac{\sigma}{x^2+\sigma^2} \qquad (17\,\mathrm{b})$$

となり，微分すると

$$\delta'(x) = -\frac{2}{\pi}\lim_{\sigma\to 0}\frac{\sigma x}{(x^2+\sigma^2)^2} \qquad (17\,\mathrm{c})$$

となる．そのうえで積分は実軸にそつて行えばよい．勿論，積分の後には $\sigma\to 0$ とする．

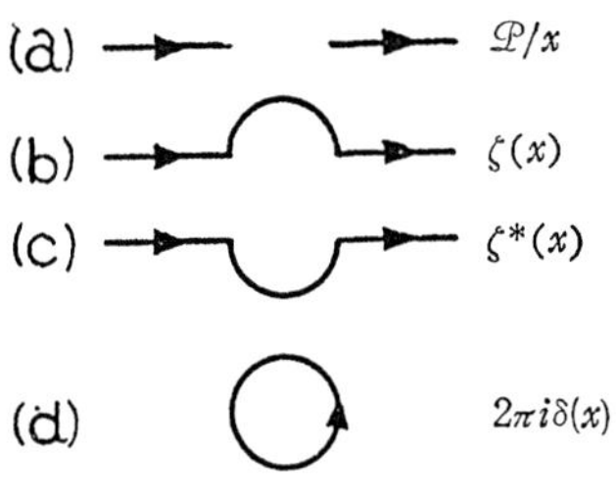

第3図　夫々の函数になる $1/x$ の積分路．

明らかに

$$x\zeta(x) = x\zeta^*(x) = 1 \qquad (17')$$

である．更に (40) 及び第16節の (4′) で $\zeta(x)$, $\zeta^*(x)$ の性質が与えられる．次の積

$$\frac{\mathcal{P}}{x}\delta(x) = \frac{1}{\pi}\lim_{\sigma,\sigma'\to 0}\frac{\sigma x}{(x^2+\sigma^2)(x^2+\sigma'^2)}$$

は σ, σ' の極限をどちらを先にするかで異なり，不定性がある．しかし $\sigma=\sigma'$ として同時に極限にもつてゆく事にすると，

$$\frac{\mathcal{P}}{x}\delta(x) = -\frac{1}{2}\delta'(x) \qquad (18)$$

となる．

以下の節ででてくる $\delta(x)$ のもう一つの定義は

$$\delta(x)=\frac{1}{\pi}\lim_{K\to\infty}\frac{1}{K}\frac{1-\cos Kx}{x^2} \tag{19}$$

であり，これがδ-函数の性質をもつている事は（２）と同様に，次の式を使って証明される．

p. 70

$$\int_{-\infty}^{\infty}\frac{1-\cos y}{y^2}dy=\pi.$$

(19) は (17) による次の形からも予想される．

$$\delta(x)=\frac{1}{\pi}\sigma|\zeta_\sigma(x)|^2.$$

ζ-の添字 σ は"σ 表示"(17) を使つたという事を示す．"K-表示"(13) を使うなら，σ を，$1/K$ にかえると同様な式がでる．すなわち (13) と (19) より

$$\delta(x)=\lim_{K\to\infty}\frac{1}{\pi}\frac{1}{2K}|\zeta_K|^2.$$

3次元の δ-函数を4次元に一般化すると，それは

$$\delta^4(x)\equiv\delta^4(x_\mu)\equiv\delta(\mathbf{r})\delta(x_0)\ ,\ x_0=ct\quad (x_4=ix_0). \tag{20}$$

であつて，$\delta^4(x)$ は

$$\int f(x_\mu)\delta^4(x_\mu-x_\mu')d^4x=f(x_\mu'),\quad d^4x\equiv d\tau dx_0$$

を満たし，

$$\left.\begin{aligned}&\delta^4(x)=\frac{1}{(2\pi)^4}\iiiint e^{i\kappa_\mu x_\mu}\,d^4\kappa\\&d^4\kappa=d^3\kappa d\kappa_0\ ,\ \kappa_4=i\kappa_0\end{aligned}\right\}\text{(相対論的不変)} \tag{21}$$

で表わされる．κ_μ は4元ベクトルである．積分は $\kappa_\alpha\cdots\kappa_0$ のすべての値にわたる．以下，相対論的な添字《$x_\mu\kappa_\mu$ の μ の様なもの》が2度表われる時には和を（1…4迄の）意味するとする．

2　相対論的 Δ-函数　(21) の様な簡単な一般化のほかに，もつと重要な相対論的にδ-函数を一般化する方法がある．(21) では積分を4つの量 $\boldsymbol{\kappa}$, κ_0 に対して独立に行つているが，$\hbar c$ という因子を除外して，κ_μ が粒子や光子のエネルギー・運動量の4元ベクトルを表わすとすると，$\boldsymbol{\kappa}$ と κ_0 の間には

$$\kappa_\mu^2=\boldsymbol{\kappa}^2-\kappa_0^2=-\eta^2,\quad \eta=\frac{mc}{\hbar} \tag{22}$$

という関係がある．ここで m は粒子の質量（静止）である．そこで (21) の積分を独立に κ, κ_0 について行わないで (22) を満たす κ_μ について行うと別の函数がでてくる．やつてみると，κ_0 が $\pm\sqrt{\kappa^2+\eta^2}$ に応じて 2 つの函数が得られる．κ_0 の符号は相対論的不変であるから*，2 つの相対論的不変の函数を得る．$\kappa_0 \lesseqgtr 0$ の 2 つの函数の和，差を作る方が以下では便利である．積分を制限するのは，積分の中に $\delta(\kappa_\mu{}^2+\eta^2)$ をかけておくと相対論的に具合よくできる．（6）によつて $\delta(\kappa_\mu{}^2+\eta^2)$ は p. 71

$$\delta(\kappa_\mu{}^2+\eta^2)=\frac{1}{2E}\left\{\delta(E-\kappa_0)+\delta(E+\kappa_0)\right\},\ E=+\sqrt{\kappa^2+\eta^2} \tag{23}$$

と分ける事ができる．更にこれに $\varepsilon(\kappa_0)$（(10) で定義される）という相対論不変の函数をかけてもよい*．すると，$\delta(E+\kappa_0)$ は $\kappa_0=-E(<0)$ で 0 でない事より

$$\varepsilon(\kappa_0)\delta(\kappa_\mu{}^2+\eta^2)=\frac{1}{2E}\left\{\delta(E-\kappa_0)-\delta(E+\kappa_0)\right\} \tag{24}$$

となる．

まず κ_μ が 0 ベクトル，$\eta=0, E=|\boldsymbol{\kappa}|$ の時，すなわち光子の時を扱う．(21) の積分を (23)，(24) で制限した 2 つの函数は，電磁場の交換関係を論ずる時重要な役目をする．次の小節では $\eta\neq 0$ の時を考えるが，これは有限の質量をもつた粒子の交換関係を論ずる時重要になる．これら 2 つの函数は

$$\Delta(\mathbf{r},t)=\frac{i}{(2\pi)^3}\iiiint d^4\kappa e^{i\kappa_\mu x_\mu}\varepsilon(\kappa_0)\delta(\kappa_\mu{}^2), \tag{25 a}$$

$$\Delta_1(\mathbf{r},t)=\frac{1}{(2\pi)^3}\iiiint d^4\kappa e^{i\kappa_\mu x_\mu}\delta(\kappa_\mu{}^2). \tag{25 b}$$

$1/2\pi$ の因子を (21) にくらべてとりさつたのは，4 つの積分の間に 1 つ関係式を入れたので，実際の積分は 3 次元的だからである．Δ には実数にするため i を入れてある．積分はすぐにできて，

$$\Delta(\mathbf{r},t)=\frac{1}{(2\pi)^3}\int d^3\kappa\, e^{i(\kappa\mathbf{r})}\ \frac{\sin\kappa x_0}{\kappa}=\frac{1}{2\pi^2 r}\int_0^\infty d\kappa \sin\kappa r\cdot\sin\kappa x_0, \tag{26 a}$$

$$\Delta_1(\mathbf{r},t)=\frac{1}{(2\pi)^3}\int d^3\kappa\, e^{i(\kappa\mathbf{r})}\ \frac{\cos\kappa x_0}{\kappa}=\frac{1}{2\pi^2 r}\int_0^\infty d\kappa \sin\kappa r\cdot\cos\kappa x_0. \tag{26 b}$$

---

* 本義ローレンツ変換 ($Det=1$ の) ではベクトルの第 4 成分の符号は不変である．これは第 1 節の（3）で $ct=x_0$ とおいて得られる $x'_0=\frac{x_0-\beta x_1}{\sqrt{1-\beta^2}}$, $\beta<1$ よりわかる．

ここで再び sin, cos を $\exp(\pm i\kappa(r\pm x_0))$ で書くと，（1）と (14) により

$$\Delta(\mathbf{r},t)=-\frac{1}{4\pi r}\left\{\delta(r-x_0)-\delta(r+x_0)\right\}=\frac{1}{2\pi}\varepsilon(x_0)\delta(x_\mu{}^2), \tag{27 a}$$

p. 72

$$\Delta_1(\mathbf{r},t)=\frac{1}{4\pi^2 r}\left\{\frac{\mathcal{P}}{r-x_0}+\frac{\mathcal{P}}{r+x_0}\right\}=\frac{1}{2\pi^2}\frac{\mathcal{P}}{x_\mu{}^2}. \tag{27 b}$$

Δは Δ_1 ともに $x_0=\pm r$ で特異点をもつ．すなわち Δ は δ-函数的，Δ_1 は $\mathcal{P}/x$ と同じ特異性をもっている．

$\Delta(\mathbf{r},t)$ は光円錐 ($x_\mu{}^2\fallingdotseq 0$) の外では 0 であるが，$\Delta_1$ はそうはならず，光円錐の外でも 0 ではない．この区別は電磁場の強さの測定可能性を論ずる時重要になる．

(26) と (11) より直ちに

$$\left.\begin{aligned}&\Delta(\mathbf{r},t=0)=0\ ,\quad \left.\frac{\partial\Delta(\mathbf{r},t)}{\partial t}\right|_{t=0}=c\delta(\mathbf{r}),\\&\Delta_1(\mathbf{r},t=0)=\frac{1}{2\pi^2}\frac{\mathcal{P}}{r^2}\ ,\quad \left.\frac{\partial\Delta_1}{\partial t}\right|_{t=0}=0.\end{aligned}\right\} \tag{28}$$

定義の式 (25) より Δ,Δ_1 はそれぞれ $\varepsilon(\kappa_0)\delta(\kappa_\mu{}^2)$, $\delta(x_\mu{}^2)$ のフーリエ係数である．特にΔは (27a) より $\frac{1}{2\pi}\varepsilon(x_0)\delta(x_\mu{}^2)=\frac{i}{(2\pi)^3}\iiiint d^4\kappa e^{i\kappa_\mu x_\mu}\varepsilon(\kappa_0)\delta(\kappa_\mu{}^2)$ となり，それ自身のフーリエ係数となつているが，Δ_1 はこういう性質をもつていない．Δ と Δ_1 はともに波動方程式 $\Box\Delta=0, \Box\Delta_1=0$ を満たしている．これは (25) より $\kappa_\mu{}^2\delta(\kappa_\mu{}^2)=0$ ですぐわかる．又Δは t の奇函数で，Δ_1 は偶函数である．

3 D, D_1-函数 κ_μ が有限の質量をもつた粒子の4元運動量ベクトルとすると $\kappa_\mu{}^2=-\eta^2$ である．すると，(25) で $\delta(\kappa_\mu{}^2)$ を $\delta(\kappa_\mu{}^2+\eta^2)$ でかえると質量のある場合への一般化が得られる．そこで次の量を定義する*.

$$D(\mathbf{r},t)=\frac{i}{(2\pi)^3}\iiiint d^4\kappa e^{i\kappa_\mu x_\mu}\varepsilon(\kappa_0)\delta(\kappa_\mu{}^2+\eta^2), \tag{29 a}$$

$$D_1(\mathbf{r},t)=\frac{1}{(2\pi)^3}\iiiint d^4\kappa e^{i\kappa_\mu x_\mu}\delta(\kappa_\mu{}^2+\eta^2). \tag{29 b}$$

κ_0 は $\pm\sqrt{\kappa^2+\eta^2}$ の値をとり，

$$D(\mathbf{r},t)=\frac{1}{(2\pi)^3}\int d^3\kappa\, e^{i(\kappa\mathbf{r})}\ \frac{\sin\sqrt{\kappa^2+\eta^2}x_0}{\sqrt{\kappa^2+\eta^2}}, \tag{30 a}$$

---

* 最近の論文ではΔとDの記号がΔが質量 η，D が 0 のものになつているのがある。

$$D_1(\mathbf{r},t)=\frac{1}{(2\pi)^3}\int d^3{}_k e^{i(\boldsymbol{k}\mathbf{r})}\quad\frac{\cos\sqrt{\kappa^2+\eta^2}\,x_0}{\sqrt{\kappa^2+\eta^2}}\tag{30 b}$$

となる．ここで平方根はいつも正にとる．

D，D_1 は明らかに

$$\Box D-\eta^2 D=0,\qquad \Box D_1-\eta^2 D_1=0\tag{31}$$

を満たし，又 (30) より

$$D(\mathbf{r},t=0)=0,\quad \left.\frac{\partial D}{\partial t}\right|_{t=0}=c\delta(\mathbf{r}),\quad \left.\frac{\partial D_1}{\partial t}\right|_{t=0}=0\tag{32}$$

となり，これらは Δ，Δ_1 の場合と同じである． p. 73

D, D_1 の特異性は κ の無限大の所から生じる．しかしκの大きい所では《有限の》η は省略できるので，D, D_1 の最も強い特異性は，ΔとΔ_1 の場合と同じであつて，次の様にかくことできる．

$$D(\mathbf{r},t)=\frac{1}{2\pi}\varepsilon(x_0)\,\delta(x_\mu{}^2)+\tilde{D}(\mathbf{r},t),\tag{33 a}$$

$$D_1(\mathbf{r},t)=\frac{1}{2\pi^2}\frac{\mathcal{P}}{x_\mu{}^2}+\tilde{D}_1(\mathbf{r}t).\tag{33 b}$$

$\tilde{D},\tilde{D}_1$ はすべての $\mathbf{r}$, t に対して特異性は初項にくらべて小さく，勿論実数である．$\tilde{D}$ は有限（又は 0）で，$\tilde{D}_1$ にはまだ対数的な (log) 特異性を光円錐の上で生じる事が以下でわかる．特に注意すべきは (33) の特異な部分が η には無関係な事である．

(33) を積分するのは困難ではなく，よく知られた“ハンケル” Hankel 函数の積分表示と同じになる．

$$\tilde{D}(\mathbf{r},t)=-\frac{\eta}{4\pi}\varepsilon(x_0)R\left\{\frac{H_1{}^{(1)}(i\eta\sqrt{r^2-x_0{}^2})}{i\sqrt{r^2-x_0{}^2}}\right\},\tag{34 a}$$

$$\tilde{D}_1(\mathbf{r},t)=-\frac{\eta}{4\pi}R\left\{\frac{H_1{}^{(1)}(i\eta\sqrt{r^2-x_0{}^2})}{\sqrt{r^2-x_0{}^2}}\right\}-\frac{1}{2\pi^2}\frac{\mathcal{P}}{x_\mu{}^2}.\tag{34 b}$$

但し，Rは実数部を示す．$H_1{}^{(1)}(iy)$（y：実数）は実数であり，$H_1{}^{(1)}(y)$（y：実数）は実部と虚部をもつているで，次の性質が得られる．

（i）　光円錐の外　$r>x_0$ では，$\tilde{D}(\mathbf{r},t)=0$, 従つて$D(\mathbf{r},t)=0$ である．この時 $D_1(\mathbf{r}_1 t)$ は 0 ではなく，これはΔ_1の時と同じ．$|\eta\sqrt{r^2-x_0{}^2}|\gg 1$ では D_1 は指数函数的に減少する．

（ii）　光円錐の中 $r<x_0$ では，$H_1{}^{(1)}$ の変数は実数になるからD も D_1 も 0 にはならな

い．Dに対しては，Δが $r<x_0$ で0になるのと対照的である．$|\eta\sqrt{r^2-x_0^2}|\gg 1$ では，$\tilde{D}$ も D_1 も $1/(x_0^2-r^2)$ の形で0になる．これは $H_1^{(1)}$ の漸近形よりでてくる．

(iii) 光円錐の近く．この時は y^2 の項を省略して $H_1^{(1)}(y)$ を展開する．

$$H_1^{(1}(y)=-\frac{2i}{\pi}\left(\frac{1}{y}-\frac{y}{2}\log\frac{\gamma y}{2i}+\frac{y}{4}\right)\quad(\gamma=0.577\cdots),$$

こうして，

$$\tilde{D}=\begin{cases}0\ , & r>|x_0|\\ -\frac{\eta^2}{8\pi}\varepsilon(x_0), & r<|x_0|\end{cases}\tag{35 a}$$

p. 74

$$\tilde{D}_1=\frac{\eta^2}{4\pi^2}\log\frac{\eta\gamma}{2}\sqrt{|r^2x_0^2|}+\text{有限項}.\tag{35 b}$$

これから，D_1 には対数的特異性が，又 D には光円錐でジャンプが起ることがわかる．これらの特異性は $\eta=0$ では消える．

4　D_2-函数　D, D_1 のほかに次の線型結合が重要である*．

$$D_2\equiv D_1-i\varepsilon(x_0)D.\tag{36}$$

$\varepsilon(x_0)D$ をフーリェ成分で表わしていないので，D_2 を直ちにフーリェ積分で表わすことはできない．$\varepsilon(x_0)D$ のフーリェ係数は，x_0 の積分に (14) を使つて

$$\int d^4x\varepsilon(x_0)D\,e^{-i\kappa'_\mu x_\mu}=\frac{i}{(2\pi)^3}\int d^4x\int d^4\kappa\, e^{i(\kappa_\mu-\kappa_\mu')x_\mu}\varepsilon(x_0)\varepsilon(\kappa_0)\delta(\kappa_\mu^2+\eta^2)$$

$$=2\int d^4\kappa\,\varepsilon(\kappa_0)\delta(\kappa_\mu^2+\eta^2)\delta(\boldsymbol{\kappa}-\boldsymbol{\kappa}')\frac{\mathcal{P}}{\kappa_0-\kappa_0'}=2\frac{\mathcal{P}}{\kappa_\mu'^2+\eta^2}.$$

そこでこれを逆変換して

$$\varepsilon(x_0)D(\mathbf{r},t)=\frac{1}{(2\pi)^3\pi}\int d^4\kappa\, e^{i\kappa_\mu x_\mu}\frac{\mathcal{P}}{\kappa_\mu^2+\eta^2}.\tag{37}$$

これと (29 b) を結び合わせると

$$D_2(\mathbf{r},t)=-\frac{i}{(2\pi)^3\pi}\int e^{i\kappa_\mu x_\mu}\zeta^*(\kappa_\mu^2+\eta^2)\,d^4\kappa.\tag{38}$$

D_2 の複素共軛 $D_2^*=D_1+i\varepsilon(x_0)D$ は $\zeta(\kappa_\mu^2+\eta^2)$ で表わされ，$\varepsilon(x_0)D_1$ のフーリェ成分も容易に求められるけれども，必要ではない．

(38) を微分すると，(17′) と (21) によつて

---

* この函数はヨーロッパの論文では D_C，アメリカでは D_F とよくかかれる．

$$\Box D_2-\eta^2 D_2=2i\delta^4(x) \tag{38'}$$

となる．$\eta=0$ の時には D_2 は $\Delta_2=\Delta_1-i\varepsilon\Delta$ となり，これは (13) の定義を使うと，

$$\Delta_2(\mathbf{r},t)=\frac{1}{2\pi^2}\zeta(x_\mu{}^2) \tag{39}$$

となる．従つて，(38) で $\eta=0$ とおいたものとくらべて，$\zeta(x_\mu{}^2)$はその複素共軛な$\zeta(\kappa_\mu{}^2)$をフーリェ変換したものである事になる．$\eta=0$ の場合の色々なフーリェ変換を表にしておくと便利で，$\eta\neq0$ の時は x-空間でせいぜい対数的な特異性が附加されるだけである．(勿論，逆変換の時は κ-空間で特異なものが附け加わる．) 共通の因子 $1/(2\pi)^3$ が κ-空間で表われるからこれは別にしておく．

p. 75

x- 空　間	κ- 空　間$(\times(2\pi)^3)$
$\Delta=\frac{1}{2\pi}\varepsilon(x_0)\delta(x_\mu{}^2)$	$i\varepsilon(\kappa_0)\delta(\kappa_\mu{}^2)$
$\Delta_1=\frac{1}{2\pi^2}\frac{\mathcal{P}}{x_\mu{}^2}$	$\delta(\kappa_\mu{}^2)$
$\pi\varepsilon(x_0)\Delta=\frac{1}{2}\delta(x_\mu{}^2)$	$\frac{\mathcal{P}}{\kappa_\mu{}^2}$
$\pi\Delta_2=\frac{1}{2\pi}\zeta(x_\mu{}^2)$	$-i\zeta^*(\kappa_\mu{}^2)$
$\pi\Delta_2{}^*=\frac{1}{2\pi}\zeta^*(x_\mu{}^2)$	$+i\zeta(\kappa_\mu{}^2)$

ここで数学的に論じたすべての函数は夫々十分な物理的意味をもつている．たとえば，Δ- 函数の初項 $\delta(r-x_0)/r$ は $t=0$ で原点においた瞬間的に光る光源により，時刻 $t=x_0/$ に r で生ずる遅滞ポテシァルである．すなわち節1節 (14 a) に

$$\rho(P',t')=\delta(\mathbf{r}')\delta(t'),\quad t'=t-r_{PP'}c$$

とおいたものである．同様に $\delta(r+x_0)/r$ は"前進" advancedポテンシァル，すなわち源とポテンシァルを測る点を遅滞ポテンシアルで逆にしたものである．従つて$\Delta\equiv\Delta\mathrm{ret}-\Delta\mathrm{adv}$とかける．

ζ と Δ_2 の函数は*，お互に引続いておこり因果的につながつた一連の現象にでてくる．

* ζ- 函数は P.A.M.Dirac (The Principles of Quantum Mechanics, Oxford Univ. Press, 1935) によつて衝突問題ではじめて使われた．Δ_2- 函数が量子電磁気学で如何な役目をするかについては，E.C.G. Stückelberg and D. Rivier, *Helv, Phys. Acta*, **23** (1950) 215; R. Feynman, *Phys. Rev.* **76** (1949) 769; M. Fierz, *Helv. Phys. Acta*, **23** (1950) 731 等にくわしい．

これは ζ- 函数が，ある時間の方向だけを解析的に選び出す性質をもつている事による．たとえば

$$\int_{-\infty}^{+\infty} dx\, \zeta(x) e^{-ixt} = \begin{cases} -2\pi i\ ; & t>0 \\ 0\ ; & t<0 \end{cases} \tag{40}$$

は，$t>0$ でのみ 0 ではない．この式は積分を上又は下半面の大きい半円で閉じてみると直ちに証明できる．転移の確率とか衝突問題ではこの函数がよくでてくる．（第16，28節）

9. 場の強さの交換関係と不確定関係

1 座標空間における場の強さの交換関係 第7節でベクトル・ポテンシァル $\mathbf{A}$ をフーリエ分解して，その展開係数が交換可能でない演算子であるとした．今，$\mathbf{A}$ を座標の函数と考えると，各空間点（3次元）の $\mathbf{A}$ は演算子で，他の点の $\mathbf{A}$ と一般には交換不能である．この場合，座標はパラメーターの役目をして，粒子の座標の様なそれ自身演算子といつた意味はない．相互作用表示（第 7・3 節）の $\mathbf{A}$ を用いると，$\mathbf{A}$ は時刻 t の函数でもあり，異なった時刻の $\mathbf{A}$ は別々の物理量で一般には可換でない．

p. 76

ポテンシァルの間の交換関係は，ポテンシァルがゲージに関係して変わるから，直接の物理的意味はないけれども，計算する上には非常に重要である．これ等は，クーロン・ゲージの場合に対して補遺2に，ローレンツ・ゲージに対しては第10節で導かれる．この節では，ゲージに直接関係しない，従つて直接物理的意味をもつている場の強さの交換関係を考える．

相互作用表示では場の強さは第7節（15）と（32）より

$$\mathbf{E} = i\sqrt{4\pi} \sum\nolimits_\lambda \nu_\lambda \mathbf{e}_\lambda \left\{ q_\lambda e^{\nu(\boldsymbol{\kappa}_\lambda \mathbf{r} - \nu_\lambda t)} - q_\lambda{}^* e^{-i(\boldsymbol{\kappa}_\lambda \mathbf{r} - \nu_\lambda t)} \right\}, \tag{1}$$

$$\mathbf{H} = i\sqrt{4\pi c^2} \sum\nolimits_\lambda [\boldsymbol{k}_\lambda e_\lambda] \left\{ q_\lambda e^{i(\boldsymbol{k}_\lambda \mathbf{r} - \nu_\lambda t)} - q_\lambda{}^* e^{-i(\boldsymbol{\kappa}_\lambda \mathbf{r} - e\nu_\lambda t)} \right\} \tag{2}$$

で与えられ，

$$[q_\lambda,\ q_\lambda{}^*] = \frac{\hbar}{2\nu_\lambda}\ ,\qquad [q_\lambda,\ q_\mu{}^*] = 0. \tag{3}$$

たとえば，空間の別々の点における $\mathbf{H}$ の2つの成分 H_l, H_k の交換関係を考えよう．$\mathbf{r}$，t という点を P で示すと，交換関係は

$[H_l(P_1),\ H_k(P_2)] =$

$$=-i4\pi c^2\hbar\sum_\lambda[\boldsymbol{\kappa}_\lambda\mathbf{e}_\lambda]_i[\boldsymbol{\kappa}_\lambda\mathbf{e}_\lambda]_k\frac{1}{\nu_\lambda}\sin[(\kappa_\lambda,\mathbf{r}_2-\mathbf{r}_1)-\nu_\lambda(t_2-t_1)]. \quad (4)$$

ここで，偏りの方向 $\mathbf{e}_\lambda$ についての和をとり，$(\mathbf{e}_\lambda\perp k_\lambda)$, $\mathbf{r}_2-\mathbf{r}_1=\mathbf{r}$, $t_2-t_1=t$ とおくと

$$[Hi(P_1),H_k(P_2)]=-4\pi i\hbar c\sum(\kappa^2\delta_{ik}-\kappa_i\kappa_k)\frac{\sin[(\kappa\mathbf{r})-\kappa ct]}{\kappa} \quad (\nu=\kappa c)$$

$$=-4\pi i\hbar c\left(\frac{1}{c^2}\frac{\partial^2}{\partial t_1\partial t_2}\delta_{ik}-\frac{\partial_2}{\partial x_{i1}\partial x_{k2}}\right)\sum\frac{\sin[(\kappa\mathbf{r})-\kappa ct]}{\kappa}. \quad (5)^*$$

$\sum$ は $\boldsymbol{\kappa}$ のすべての方向及びすべての値に対してとる．第6節の (21) によると単位体積あたりに $d\kappa_x d\kappa_y d\kappa_z$ の中にある波の数は $d^3\kappa/(2\pi)^3$ であるから，積分に直せる． p. 77

さて，こうして積分にすると

$$\frac{1}{(2\pi)^3}\int d^3\kappa\frac{\sin[(\mathbf{Kr})-\kappa ct]}{\kappa}=-\frac{1}{(2\pi)^3}\int\frac{e^{i(\mathbf{Kr})}\sin\kappa ct}{\kappa}d^3\kappa=-\Delta(\mathbf{r},t) \quad (6)$$

であつて，これは第8節のΔ-函数となる．第8節の (27 a) により，

$$\Delta=\frac{\delta(r-ct)-\delta(r+ct)}{4\pi r} \quad (7)$$

で与えられる． Δ が 0 でない点は4元空間の二つの円錐となる． これ等の点は，$r=0$ $t=0$ から放出された光の到達する点 $(r=ct)$ 及び逆に $\mathbf{r}, t$ から放出された光が $t=0$ に $r=0$ に到達する様な点 $(r=-ct)$ である．

(6) に表われる Δ-函数は

$$|\mathbf{r}_2-\mathbf{r}_1|-c(t^2-t_1) \quad 及び \quad |\mathbf{r}_2-\mathbf{r}_1|+c(t_2-t_1) \quad (7')$$

の両方を含んでいるから，場の強さを考えている2点が光の信号で結ばれる時には 0 でない．いゝかえれば，光信号でお互に連絡できない2つの点の場の強さは可換である．

(5) を書直すと

$$[H_i(P_1),H_k(P_2)]=4\pi i\hbar c\left(\frac{1}{c^2}\frac{\partial^2}{\partial t_1\partial t_2}\delta_{ik}-\frac{\partial_2}{\partial x_{i1}\partial x_{k2}}\right)\Delta \quad (8\,\mathrm{a})$$

となる．同様に他の場の強さの間の交換関係も得られる．

$$[E_i(P_1),E_k(P_2)]=[H_i(P_1),H_k(P_2)], \quad (8\,\mathrm{b})$$

$$[E_iP_1),\ H_i(P_2)]=0 \quad (8\,\mathrm{c})$$

---

* i, k 方向の単位ベクトルを $\mathbf{e}_i$ $\mathbf{e}_k$ とすると $k_\lambda[k_\lambda\mathbf{e}_\lambda]_i[k_\lambda\mathbf{e}_\lambda]_k=k_\lambda(\mathbf{e}_i[k_\lambda\mathbf{e}_\lambda])$ $(\mathbf{e}_k[k_\lambda\mathbf{e}_\lambda])-k_\lambda(\mathbf{e}_\lambda[\mathbf{c}_ik_\lambda])$ $(\mathbf{e}_\lambda[\mathbf{e}_kk_\lambda])=([\mathbf{e}_ik_\lambda][\mathbf{e}_kk_\lambda])-(k[\mathbf{e}_ik_\lambda])(k_\lambda[\mathbf{e}_kk_\lambda)=([\mathbf{e}_ik_\lambda]$ $[\mathbf{e}_kk_\lambda])=(\mathbf{e}_i\mathbf{e}_k)$ $(k_\lambda k_\lambda)-(\mathbf{e}_ik_\lambda)$ $(\mathbf{e}_kk_\lambda)$,

$$[E_l(P_1),\ H_k(P_2)] = -4\pi i\hbar \frac{\partial^2}{\partial x_{l2}\partial t_1}\Delta \tag{8 d}$$

($i \neq k, i, k, l,$ は x, y, z の偶置換).

(8) の関係式は Jordan と Pauli* とによつてはじめて導かれた．交換関係(8)にでてくる普遍常数は c と $\hbar$ であつて，物質の原子的構造に関係した m, e は表われない．従つて現在の量子電磁気学の特質と考え得る場の強さの非可換性は，量子論と古典電磁気学を結びつけた事により生じた効果で，素粒子《物質の構造》の問題とは無関係である．p. 78

2 場の強さに対する不確定関係 量子力学的交換関係 (8) より，これに対応した不確定関係を得る事ができる．2つの物理量 A と B が

$$AB - BA = C$$

(C は普通の数) を満たすと，A と B は不確定関係

$$\Delta A \Delta B \sim |C|$$

を満たす．

この関係を使つて (8) から不確定関係を導く事もできるが，余り物理的とはいえない．というのは，(8) からでてくる直接の不確定さは，時空間の定められた二点の場の強さに対するものであるが，直接測れる量は時空間のある領域での場の強さの平均値である．これ等の平均値の間の交換関係を得るために，(8) を，中にでてくる2つの場の強さについて $L_1^3T_1, L_2^3T_2$ という時空間について積分する．この積分する領域を I_1, I_2，そしてこの領域での平均の場の強さを Ex_{I_1} 又は $E_{xL_1T_1}$ といつた様に書くことにする．(8) の左辺の場の強さをこの様に平均すると，右辺は，これ等の2つの領域の相対的位置，すなわち I_2 から光信号をだすと I_1 のどの部分につくか，又その逆，に関係してくる．以下，二，三の特徴的な場合のみを考えよう．

(a) 両方の時間領域がひとしい時：$T_1 = T_2$. (7) と (7′) によれば，Δ は t_1 と t_2 について反対称である，又 (8 a) は両方の時刻の微分について対称である．従つて，(8 a) の右辺は時刻について反対称であるから，これを $T_1 = T_2$ という同じ領域につい積分すると 0 になる．故に

$$\Delta E_{lL_1T}\,\Delta E_{kL_2T} = \Delta H_{lL_1T}\,\Delta H_{kL_2T} = 0. \tag{9}$$

電場又は磁場の強さの2つの成分を同じ時間領域で異なる空間領域について平均したもの

---

* P. Jordan and W. Pauli, *Zs. f. Phys.* **47** (1928), 151.

は可換であり，従つて同時に測定できる*.

（b） 両方の空間領域がひとしい時：この時，（8 d）の右辺は《$\frac{\partial}{\partial x_{l2}}\Delta = -\frac{1}{2}\left(\frac{\partial}{\partial x_{l2}} - \frac{\partial}{\partial x_{l1}}\right)\Delta$，Δ は空間点につき対称》積分すると0になり

$$\Delta E_{lLT_1}\ \Delta H_{kLT_2}=0. \tag{10}$$

電場及び磁場の強さの空間的に同じ領域で，異なつた時間についての平均をとると，可換になり従つて同時に測定できる.

（9）と（10）から，場の強さの任意の2つの成分を同じ時空間で平均したものは，同時に測定でることになる.

p. 79

（c） I_1 と I_2 が，I_1 のどこかから出た光信号は I_2 に到達するが，I_2 から出た光信号は T_1 の時間では L_1^3 には到着しない様になつている時：（第4圖）この場合，（7）の第2項目からの寄与はない.《$\delta(r+ct)$の項で $t=t_2-t_1$ は t_1 が I_1 に t_2 が I_2 にあるかぎり >0》

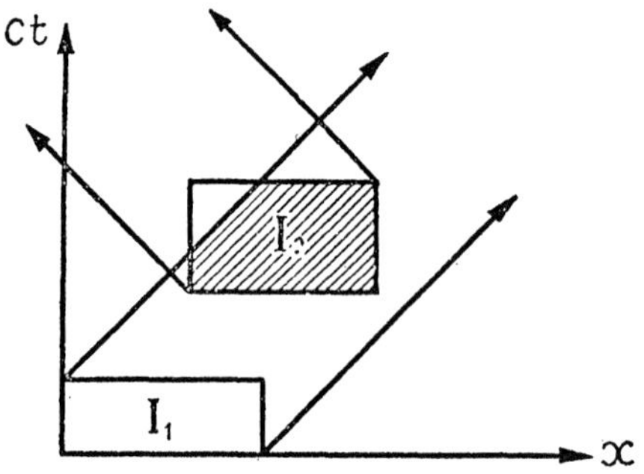

第4圖 2つの時空の領域. I_1 からの光は I_2 に到着するが，I_2 からの光は I_1 に到差しない.

電場の強さ E_x を I_1 と I_2 で測る場合と，E_x を I_1 で測り H_y を I_2 で測る場合の2つを考えよう.（8）から直ちに不確定関係：

$$\Delta E_{xI_1}\Delta E_{xI_2}=\frac{\hbar c}{L_1^3 L_2^3 T_1 T_2}\int_{L_1L_2T_1T_2}\left(\frac{1}{c^2}\frac{\partial^2}{\partial t_1\partial t_2}-\frac{\partial^2}{\partial x_1\partial x_2}\right)\frac{\delta(|\mathbf{r}_2-\mathbf{r}_1|-c(t_2-t_1))}{|\mathbf{r}_2-\mathbf{r}_1|} \tag{11}$$

* “同時に測定できる”という言葉は“同時刻に測定できる”ことをいみしない．その2つの測定はお互の及ぼす影響を考えに入れても確定値をもつことをいみする.

及び

$$\Delta E_{xI_1}\Delta H_{yI_2}=\frac{\hbar}{L_1^3L_2^3T_1T_2}\int_{L_1L_2T_2}\frac{\partial}{\partial z_2}\frac{\delta(|\mathbf{r}_2-\mathbf{r}_1|-c(t_2-t_1))}{|\mathbf{r}_2-\mathbf{r}_1|}\Bigg|_{t_{10}}^{t'_1}. \tag{12}$$

(12) では T_1 の積分は行つてあり，t_{10}，t'_1 は T_1 という時間領域のはじめと終の時刻である．

(11) と (12) の右辺は物理的に簡単に理解できる．これは 3，4 小節で行うことにする．ここではまずその積分の大体の大きさをしらべてみよう．$L_1\sim L_2$，$T_1\sim T_2$（積分領域の大きさがほぼひとしい）とし，L_1 と L_2 の空間的へだたりを大体 r としよう．更に，I_1 からの光信号は殆ど I_2 のどこえでも到着するとしよう《第 4 図で斜線の部分が I_2 の大部分を占める事》．たとえば，(12) の右辺の大きさは $L\lessgtr cT$ により異なるが，容易に

$$\Delta E_{xI_2},\ \Delta H_{yI_2}\sim\hbar/r^2LT\quad(L\gg cT),$$
$$\sim\hbar/r^2cT^2\quad(L\ll cT) \tag{13}$$

となり，(11) に対しても同様の式を得る．従つて，2 つの領域が空間的に十分はなれる程 2 つの場の強さは正確に測れる事になり，当然の結果を得る．

p. 80

(13) は，場の量子論的性質が本質的な役割をするか又は古典論で話がすむかという事を判別する条件にもなる．古典論が成り立つのは，(13) の右辺であたえられる場の非可換性の効果にくらべて場の強さ自身が十分強い時である．場の強さを E として，I_1 と I_2 の I_2 のへだたりを L 位とすると，

$$E^2L^3cT\gg\hbar c\qquad(L>cT) \tag{14}$$

が古典論の成り立つ条件になる．

従つて，典型的な量子論的効果が重要なのは場の強さの弱い時である．振動数 ν の光に対しては，(14) は L^3 の中に含まれる光の個数が十分大きい事をあらわしている．つまり $E^2L^3=n\hbar\nu$ であるから，E の時間平均が 0 でないためには T は $1/\nu$ より小さくなければならず (14) から $n\gg1$ がでてくる．

3　場の強さの平均値の測定　　量子力学の理論体系を十分よく理解するためには，不確定関係が測定により得られる最もよい確定度とむじゆんしない事をたしかめる必要がある．たとえば，よく知られた電子の位置と運動量の不確定さの議論は，運動量がさきに知られている時，電子の位置を直接測つたとすると，不確定関係 $\Delta p\Delta q\sim\hbar$ を超える程正確には測定ができない事を示している．この思考実験の一環として，われわれの上に得た

不確定関係 (11)，(12) も 2 つの場の強さを同時に測定する時の正確度とむじゆんしない事を示そう*．このためには，まず，ある場の強さをどの様にして測るかを考える．量子論を作るにあたつては，一つの物理量，たとえば場の強さの x-方向の成分の平均値 E_{xI} の様な量は正確に測定できる事を仮定している．勿論，この仮定をまず吟味して，正しいかどうか知つてから，2 つの場の強さの不確定関係を考えねばならない．

E_{xI} を測定する最も簡単な方法は質量 M，体積 L^3 で，一様に分布した電荷 ε をもつた荷電試験体を使う方法である．この試験体の t_0 と t' という T の両端での運動量# p_x を知ると，E_x の平均値は§

$$E_{xI}=\frac{p_{x0}-p'_x}{\varepsilon T} \tag{15}$$

p. 81

できまる．

(11) と (12) の右辺は普遍常数 $\hbar$ と c と，L と T の幾何学的な配置にのみ関係して，素粒子に関係した量 (e, m) は表われないから，場の強さの測定の問題は物質の原子構造とは関係がない筈である．従つて試験体は大きさ，荷電は任意でよい筈である．実際，最も精度をあげるためには，十分重い，十分多くの荷電を含んだ試験体を使えばよい事が (以下で)わかる．従つて，素粒子に関連した困難（たとえば自己エネルギーの無限大になる事）は観測の問題では何等差支えがない．

しかしながら，いくら重い試験体も，量子力学の一般法則に従わねばならず，特にその位置と運動量には不確定関係

$$\Delta x \Delta p_x=\hbar \tag{16}$$

が存在する．従つて，試験体の運動量を T のはじまり t_0 に Δp_x の精度で測つたとするとその試験体の位置は時間 T の間はずつと $\hbar/\Delta p_x$ の精度でしかわからないことになる．

更に，t_0 に運動量を Δt_0 ($\Delta t_0 \ll T$) という小さい時間内に測つたとすると，ある速度 v_{x0} が試験体に加わりエネルギーが不確定になる．この関係は次のよく知られた式である．(E_0 = エネルギー)

$$\Delta E_0 \Delta t_0 = v_{x0} \Delta P_{x0} \Delta t_0 = \hbar \tag{17}$$

---

* これ等の考察は N.Bohr and L. Rosenfeld, *Det. Kgl. dansk. Vid. Selskab.* XII (1933), 8 にもとづく．

この節では運動量は普通のをとる．(gm•cm•sec^{-1})

§ 試験体は剛体であるとしてある．Bohr と Rosenfeld の論文 (loc. cit) に，その様な剛体が，この場合存在する事が証明してある．

そこで，試験体は p_{x0} を測る前は正確に L_3 という空間を示めしていたとしよう．すると，測定後は Δx だけ位置が不確定になるのだから，v_{x0} は丁度 Δt_0 の間に試験体を Δx だけずらすに要する速度となる．

$$v_{x0}=\frac{\hbar}{\Delta p_{x0}\,\Delta t_0}=\frac{\Delta x}{\Delta t_0}. \tag{18}$$

x, p_x の不確定さとちがつて v_{x0} は正しくわかつている量である．というのは Δx と Δt_0 は任意に選べるから*．（この時試験体の質量が大きいと，v_{x0} の不確定さ Δv_{x0} は小さいので無視する．）同様にして，時間 T の終りの t' においても $\Delta t'$ の間に運動量を測つて，再び試験体がもとの位置にもどつて L^3 を占める様にする．

(16)，(17) の不確定さは，次の 4 小節でみる様に，2 つの場の強さを同時に測定する時の制限にはなるけれども，一つの場の強さを測る時の制限にはならないで，この時にはすべての不確定さは打ち消されてしまう．　p. 82

E_{xI} の測定の精度は次の事によつて制限をうける．

（a）p_x を時間 T のはじめ及び終りに測る時の不確定さ Δp_x；

（b）試験体が，次の様な理由で時間 T の間は L^3 の体積を正しく占めないでずれている；

（α）場によつて及ぼされる加速度；

（β）t_0 以後で試験体のもつ速度 v_{x0}．これは Δt と Δp_x が小さくなると大きくなる．（(18) より）

（γ）p_x の精度によりきまる不定さ Δx だけの試験体の移動．

しかし，これらの不確定さは，次の様にして打ち消し合う．

(b,α) 試験体が十分重ければ，場は試験体を殆どうごかさない．

(b,β) Δt_0 の間に運動量を測るために試験体に移る速度 v_{x0} は既知であるから，試験体に衝撃を運動量測定直後にあたえて（すなわち $\Delta t\ll T$ とすると T のはじまる時刻に）測定後の速度を 0 とする事が可能である．同様の事を T の終りの p'_x の測定の時にもなしうる．

---

* Δt_0 は測定する時間で，$\Delta x=\dfrac{\hbar}{\Delta p_x}$ の Δp_x は測定の精度ゆえ，実験者によりそれぞれきまつた値がとれる．

(b,γ) 及び（a），未知の変位 Δx は p_x の測定を十分に不正確にすれば小さくできる．p_x の測定が余り正確でなくても，試験体の荷電 ε というもう一つの量のおかげで E_{xI} の測定は正確にできる．というのは (15) によつて場の強さの不確定さは

$$\Delta E_{xI}=\frac{\Delta p_x}{\varepsilon T}=\frac{\hbar}{\varepsilon\Delta x T}. \tag{19}$$

従つて，Δx がいかに小さくても，荷電 ε が十分に大きければ E_{xI} はどれだけでも正確に測れる．場の量子論的性質迄わかる位のよい精度 $(E\gg\Delta E)$ を要求すると，(14) はこれを大雑把に評価して $(cT\sim L, E^2\sim\hbar c/L^4)$, (19) と一しよにすると，$\hbar c/\varepsilon^2\ll\Delta x^2/L^2\ll1$ を得るから，ε は素電荷 e にくらべて十分大きくとらなければならないことになる．

しかし，ε が大きいともう一つ別の困難を生じる．上の測定により得られる場の強さは，測ろうとする外場のほかに，試験体自身によつて生じた電場 $\mathcal{E}$ を含んでいて，ε が非常に大きいと $\mathcal{E}$ も大きくなる． しかし，(16)，(17) によつて試験体の位置と運動が正しくわからないため，この場を計算できない所に問題がある． p. 83

次の小節でみる様に，試験体により作られた場の不確定さ $\Delta\mathcal{E}$ が 2 つの場の強さの測定の正確さを制限する．単独の場の測定の際には不確定さ $\Delta\mathcal{E}$ からくる効果も打ち消す事ができる．

試験体により作られる場 $\mathcal{E}$ は次の 4 小節で計算する． 4 節の (22)−(28) より，$\mathcal{E}$ の L^3 の空間（I）にわたつての平均は変位 x に比例する．

$$\mathcal{E}_{xI}=Fx \quad , \quad \Delta\mathcal{E}_{xI}=F\cdot\Delta x \tag{20}$$

しかしこの時には場 $\mathcal{E}$ が試験体に及ぼす力は，全時間 T の間中 L^3 からの変位に比例する純粋に機械的な力を働かすことによつて打ち消すことができる．この様な力はたとえばバネを使えばよい．バネの強さをその力が

$$K_x=-\varepsilon Fx, \tag{21}$$

となる様にとると，場 $\mathcal{E}$ によつて働く力は打ち消せる．この事は試験体の変位が既知であろうとなかろうと同じである．この様にして電場を測ると，外場の効果のみがでる．従つて単独の場を測るのに制限はないことになる*．

---

* E_x の測定には更に次の 2 つを考えないといけない．（i）試験体によりつくられた場 $\mathcal{E}_x$ の試験体自身に及ぼす反作用 (ii) $\mathcal{E}_x$ を古典的に計算したが，これも量子化されねばならない．これらの議論は Bohr-Rosenfeld の論文にゆずる．これ等のどちらも場の測定に何等制限とはならない．

4　2つの場の強さの測定　次に，不確定関係（11）と（12）を物理的にどう解釈するかを考えよう．一般的な量子力学での不確定関係の物理的な解釈によれば，時空 I_1 での E_x の平均値の測定が，I_2 での他の場の強さの正確な測定を許さなくなる事を示さねばならない．I_2 での場の強さの測定の不確定さは，I_1での測定に使つた試験体がI_2に場 $\mathcal{E},\mathcal{H}$ を生じ，これがある程度不確定な事による．この不確定な場が，われわれが測ろうとする I_2 の場の強さE, Hと重なつてこれらを分離する事ができない．従つて，I_2 の場が正確にはかれたとしても E, H に不確定さを生じる．この不確定さを計算するためには，I_1 での測定に使つた試験体により作られた場の強さ $\mathcal{E},\mathcal{H}$ の不確定さを知らねばならない．この場のできる原因は次の様な所にある． p. 84

（a） 小節3で述べた様に，時間 T の間に試験体が未知の量 Δx ずれる．これは，x-方向に能率 $\varepsilon\Delta x$ の電気2重極の場を生ずる．そしてこの能率は L_1^3 の体積の中に密度 $\varepsilon\Delta x/L_1^3$ で一様に分布していると考えられる．I_2の中の点 $\mathbf{r}_2$, t_2 におけるスカラーポテンシァルの不確定さは，この不確定な能率によるもので，時刻t_1のI_1 の空間 $d\tau_1$ にある能率より

$$\Delta\phi(\mathbf{r}_2,t_2)d\tau_1=\frac{\varepsilon\Delta x}{L_1^3}\frac{\partial}{\partial x_1}\frac{c\delta(r-ct)}{r}d\tau_1 \tag{22}$$

となる．勿論場が光速cで伝わる事を考えに入れてある．$|\mathbf{r}_2-\mathbf{r}_1|$ を r，t_2-t_1 を t とかいた．（(22) の因子c は，δ-函数の定義$c\int\delta dt=\int\delta dx_0=1$ よりくる．）

（b） T_1のはじまりt_{10}では，試験体は Δt_{10} の間速度 v_{x0} をもつている（この v_{x0} はすぐあとで打ち消して0にする．83頁の (b,β)）．従つて試験体は電流密度

$$i_x d\tau_1=\frac{\varepsilon}{L_1^3}d\tau_1\frac{\Delta x}{\Delta t_{10}} \qquad (t=t_{10}\text{ において}) \tag{23}$$

をもつことになる．T_1の終りのt'_1においても $v_x'=\Delta x/\Delta t_1'$ という速度をもつているが，これもやはり衝撃で打ち消してもとの L_1^3 へもどすのであるから（Tより長い時間で電流の積分をとると結局0になる筈ゆえ），t_1' における電流密度の時間積分は，t_{10}の（23）と同じで符号は逆のはずである．そこで Δt_{10}，$\Delta t_1'$ を無限に小さいとすると，

$$\left(\left(\int_{t_{10}}^{t_{10}+\Delta t_{10}} i_x\, d\tau_1\, dt-\frac{\varepsilon}{L_1^3}d\tau_1\Delta x\to\int\frac{\varepsilon}{L_1^3}d\tau_1\Delta x\delta(t-t_{10})dt\text{として}\right)\right)$$

$$i_x d\tau_1=\frac{\varepsilon\Delta x d\tau_1}{L_1^3}[\delta(t-t_{10})-\delta(t-t_1')] \tag{24}$$

が全電流密度を表わす．

このI₁における電流密度は，I_2 の $\mathbf{r}_2, t_2$ にベクトル・ポテンシァル $\mathcal{A}$ を生じる．遅滞を考えに入れると，(24) の t には $t_2-|\mathbf{r}_2-\mathbf{r}_1|/c$ を代入する事が必要になり，

$$\Delta\mathcal{A}_x(\mathbf{r}_2 t_2)\,d\tau_1=\frac{\varepsilon\Delta x}{cL_1^{\,3}}d\tau_1\quad c\frac{\delta[c(t_2-t_{10})-r]-\delta[c(t_2-t_1')-r]}{r} \tag{25}$$

$$=-\frac{\varepsilon\Delta x}{L_1^{\,3}}d\tau_1\frac{\delta(r-ct)}{r}\Bigg|_{t_{10}}^{t_1'}.$$

(22)，(25) でポテンシァルの不定さがわかつたから，場の強さの不定さは

$$\left.\begin{aligned}\Delta\mathcal{E}_x&=-\frac{\partial\Delta\phi}{\partial x_2}-\frac{1}{c}\frac{\partial\Delta\mathcal{A}_x}{\partial t_2},\\ \Delta\mathcal{H}_y&=-\frac{\partial\Delta\mathcal{A}_x}{\partial z_2}.\end{aligned}\right\} \tag{26}$$

p.85

I_1 のすべての点を源として使い，I_2 について平均すると，試験体を I_1 で使用したためにおこつた I_2 の場の不定さとして次の結果になる．

$$\Delta\mathcal{E}_{xI_2}=\frac{\varepsilon\Delta xc}{L_1^{\,3}L_2^{\,3}T_2}\int_{L_1L_2T_2}\left\{\frac{1}{c^2}\frac{\partial}{\partial t_2}\frac{\delta(r-ct)}{r}\Bigg|_{t_{10}}^{t_1'}-\frac{\partial^2}{\partial x_1\partial x_2}\int_{T_1}\frac{\delta(r-ct)}{r}\right\}, \tag{27}$$

$$\Delta\mathcal{H}_{yI_2}=\frac{\varepsilon\Delta x}{L_1^{\,3}L_2^{\,3}T_2}\int_{L_1L_2T_2}\frac{\partial}{\partial z_2}\frac{\delta(r-ct)}{r}\Bigg|_{t_{10}}^{t_1'}. \tag{28}$$

(27) と (28) が I_2 における場の強さの測定の不確定さになる．(I_2 における場の強さのみの測定は小節3によりいくらでも正しくできるが，その測つたものの中に，I_1 の試験体の影響があつて，(27)，(28) の不定さが生じる．) 従つて (I_2 において最良の測定をしたとすると)

$$\Delta\mathcal{E}_{xI_2}=\Delta E_{xI_2}.$$

とかける．

小節2において，I_2 から放出された輻射は I_1 に到達しないとしたので，I_2 で試験体を使つて場の強さを測つても I_1 には上の様な不確定さはでてこない．

(27)，(28) に I_1 における場の強さの測定の不確定さ (19)

$$\Delta E_{xI_1}=\frac{\hbar}{\varepsilon\Delta xT_1} \tag{29}$$

をかけると，理論形式上導かれた不確定関係 (11)，(12) が丁度でてくる．試験体の荷電 ε の未知の変位 Δx は表面から消えてしまう．

もし，I_1とI_2が，I_2からの光信号もI_1に到達できる様な位置にある時は，最も精密にするための測定の仕方はもつと複雑になる．これは，Bohr と Rosenfeld の論文（loc. cit.）でなされ，又，場の測定のすべての問題が注意深く論ぜられている*.

以上の様にして，量子電気力学の理論形式上導かれる結論は，場の測定の可能性とともじゆんしない事がわかつた．この証明は，γ-線顕微鏡に使う光束の量子効果が，正確な測定を妨げた電子の位置と運動量の不確定関係の証明（第7・4節）と類似している，今の場合は，量子力学的な試験体の性質が，2つの場の強さを正確に測定する事を妨げる．以上の様に，一方では光の量子効果が粒子の不確定さを，他方では試験体（粒子）の量子的性質が場の強さ（光）の不確定さを生じるから，量子電気力学と量子力学は，量子論の不可分な両面になつている事がわかる．そして，それらは相補ってはじめてむじゆんのない理論になつているのである． p. 86

10. 縦及びスカラー場の量子化

前節での電磁場の量子化は，クーロン・ゲージを使うと，縦及びスカラー場はすべての電荷の間の同時的なクーロン相互作用におきかえられて，横波のみになる事をもとにしている．この時 **A**は div**A**=0 となる様にゲージを調整してある．この関係式は，**A**が量子化してあつても，第7節の（3）から明らかな様に恒等式として成り立つ．この方法は，量子論という点からみれば最も簡単であるが，理論を形式的にローレンツ不変な形でかけなくするという不便がある．勿論，理論それ自体は共変的ではあるけれども．理論の現段階においては，この事はただ美しさがないというに止まらない．現在の理論には不確定な答がでてくることがあり，この不確定さを除くには結果が相対論的共変であるという要求を使うのがよいという事が第Ⅵ章で示される．この目的のためには，理論の共変的な面をできるだけ残しておくのが望ましい．更に又，もつと複雑な輻射の現象の計算には4つの成分 $\mathbf{A}_\mu$ のすべてを対称に扱う方が，場を横波とクーロンに分けて扱うより簡単である事が後にわかる．

1　展開と交換関係　この節ではローレンツ・ゲージ

---

* 電子対創生も考えに入れた考察と量子電気力学における電流の測定可能性の問題は N. Bohr and L. Rosenfeld, *Phys. Rev.* **78**(1950), 794; E. Corinaldesi, Manchester Thesis (1951) にある．

$$\frac{\partial A_\alpha}{\partial x_x}=0 \tag{1}$$

を使つて電磁場の量子化をする（添字 λ と混同をさけるために，相対論に関係した添字は α,β を使う）．この量子化は見掛け程容易でなく，理論の新らしい展開が必要である．第6節と同様に4つの成分 A_α をすべてフーリェ級数に展開する．時間因子をつけて相互作用表示を使い，実数の $q,\ p$ の代わりに複素振幅（展開係数）$q,\ q^*$ を使うと，展開は《$\sqrt{4\pi c^2}$は規格化第6節(16)》

$$A_l=\sqrt{4\pi c^2}\sum_\lambda\{q^*_{l\lambda}e^{-i\kappa_\mu x_\mu}+q_{l\lambda}e^{i\kappa_\mu x_\mu}\}, \tag{2 a}$$

$$\phi\equiv A_4/i=\sqrt{4\pi c^2}\sum_\sigma\{q_{0\sigma}{}^*e^{-i\kappa_\mu x_\mu}+q_{0\sigma}e^{i\kappa_\mu x_\mu}\}, \tag{2 b}$$

$$\kappa_\mu x_\mu=(\boldsymbol{\kappa}_\lambda\mathbf{r})-\nu_\lambda t \qquad (\text{又は } (\boldsymbol{\kappa}_\sigma\mathbf{r})-\nu_\sigma t).$$

p. 87

$\mathbf{A}$ の $x,\ y,\ z$ 成分を展開したので，その係数を $q_{l\lambda}$ とかいた．第6節では2つの横波の成分 $\mathbf{e}_\lambda q_\lambda$ と縦の部分 q_σ と分けている*．添字λは今度は偏りを含まない．空間部分 $q_{l\lambda}$ に対しては，正準共軛な変数は

$$Q_{l\lambda}=q^*_{l\lambda}+q_{l\lambda} \qquad \text{及び} \qquad P_{l\lambda}=-i\nu_\lambda(q_{l\lambda}-q^*_{l\lambda})$$

（第7節（4））であつて，量子論では第7節（10）より次の交換関係をおく．

$$[q_{l\lambda},q^*_{k\lambda'}]=\frac{\hbar}{2\nu_\lambda}\delta_{lk}\delta_{\lambda\lambda'}. \tag{3}$$

スカラー場に対しては多少異なる．第6節でハミルトニアンの中のスカラーの部分は負であるので，$Q,\ P$ でかくと $\dot{Q}_{0\sigma}=-P_{0\sigma}$ であつた《第6節（42），（44 d）》．従つて，$Q_{0\sigma}=q_{0\sigma}+q_{0\sigma}{}^*$，とすると $P_{0\sigma}$ は $+i\nu_\sigma(q_{0\sigma}-q^*_{0\sigma})$ と符号が＋になるべきである．すると交換関係は，$[P_{0\sigma},Q_{0\sigma}]=-i\hbar$ であるから（これはすべての正準共軛量に対して成り立つ），

$$[q_{0\sigma},q^*_{0\sigma}]=-\frac{\hbar}{2\nu_\sigma} \tag{4}$$

---

* z-軸が κ_λ の方向の（規準）座標をとると，$q_{x\lambda}$ と $q_{y\lambda}$ は2つの横波の成分となり，$q_{z\lambda}$ は縦波となる．他の任意の座標系にこの規準になるものを移すのは直交変換で行うことができる．規準系の3つの成分（横と縦）の交換関係は同じゆえ，任意の系の $q_{l\lambda}$，$q_{l\lambda}{}^*$ の変換関係（3）も同じである．従つて規準座標は κ_λ の方向により夫々異なるけれども，それらをすべて一つの座標に直交変換したとすると，λ のすべてについて一つの座標系ですむ．（3）式の因子 $\delta_{lk}\delta_{\lambda\lambda'}$ は偏り及び $\boldsymbol{\kappa}_\lambda$ が左辺で同じでないと0という意味である（i,k が直交変換した偏りを含む）．

と交換関係の符号も変わる．又，零点エネルギーを無視すると

$$\mathrm{H_{scalar}} = -\sum_\sigma 2\nu_\sigma{}^2\, q^*{}_{0\sigma}\; q_{0\sigma}. \tag{5}$$

である．交換関係を4つの成分についてすべて同形にするために，相対論の $\boldsymbol{i}$ を使つて次を定義する．

$$q_4 = +iq_0 \quad , \quad q_4{}^* = +iq_0{}^*. \tag{6}$$

$q_4{}^*$ は q_4 の複素共軛ではなく，又普通の量子化をすると $q_4{}^*$ は q_4 のエルミット・共軛ではない．q_4, $q_4{}^*$ は虚数の $A_4 = i\phi$ の展開係数であつて，交換関係は $[q_4, q_4{}^*] = \hbar/2\nu$ となるから，（3）と一しよにして（σ の代わりに λ とかいて）

$$[q_{\alpha\lambda}, q_{\beta\lambda}{}^*] = \frac{\hbar}{2\nu_\lambda}\delta_{\alpha\beta} \quad (\alpha, \beta = 1, \cdots, 4) \tag{7}$$

とかける．従つて縦とスカラー場を量子化すると，縦光子及びスカラー光子という2つのものが生じる．それらの役目は以下で明らかになる．以上で我々は4つの“偏り”を得たわけである．しかし，（4）の符号が（3）とちがうこと，又は，古典的に q_4 と $q_4{}^*$ はp. 88お互に複素共軛でない事は，スカラー場に対して普通とちがう量子化をせねばならない事を示している．

A_α という場は，ローレンツ条件（1）を満たさねばならない．相互作用表示を使つたので，A_α という演算子を直接微分できる（第7・3節）．（1）は空間の各点 $\boldsymbol{r}$, t で成り立つ式ゆえ，各フーリェ成分についても成り立つべきで，（2）と（6）から

$$\kappa_\alpha q_\alpha = 0, \quad \kappa_\alpha q_\alpha{}^* = 0 \quad (\kappa_\alpha \equiv \kappa,\ i\nu/c) \tag{8}$$

となる．（8）は交換関係（7）と両立しない事が直ちにわかる．というのは，（7）に κ_β をかけて $\beta = 1 \cdots 4$ で和をとると，右辺は $(\hbar/2\nu)\kappa_\alpha$ となるけれども，（8）によつて左辺は0である．これは，q, q^* に交換関係（7）を仮定すると，演算子はも早ローレンツ条件を満たさない事を意味する．この困難はローレンツ・ゲージ特有のものであつて，クーロン・ゲージの時は $\mathrm{div}\mathbf{A} = 0$ は演算子 $\mathbf{A}$ によつて恒等的に満たされる事をしつている．（第7節（3）で $\mathbf{A}$ が横波）．

この困難を除く最初の方法は Fermi により成された*（ここでは少しやり方を変えて使う）．波動方程式に従う状態函数 Ψ で表わされるすべての量子状態を考えて，その状態を記述するハミルトニアン中の演算子 A_α は，$\Box A_\alpha = 0$ と交換関係（7）を満たすがローレン

* E. Fermi, *Rev. Mod. Phys.* 4 (1932), 131.

ツ条件（1）を満たさないとしよう．すると，状態函数Ψは一般には古典的に Maxwell 方程式の解に対応する状態を表わさない事になる．古典の状態に対応する状態では$\partial A_\alpha/\partial x_\alpha=0$ の時にのみ $\Box A_\alpha=0$ となる《そうでないと $\mathrm{div}\mathbf{E}=0$, $\mathrm{curl}\mathbf{H}-\frac{1}{c}\dot{\mathbf{E}}=0$ が満たされなくなる．第1節（8 a），（8 b）で $\rho=0$》．しかしながら，古典の極限では Maxwell の方程式を満たす《すなわち（1）も満たす》様な特解の Ψ があつてもよい筈である．そういう Ψ は，Ψ のすべての中から

$$\frac{\partial A_\alpha}{\partial x_\alpha}\Psi=0 \tag{9}$$

を満たすΨをとつてくればよい．すなわち $\partial A_\alpha/\partial x_\alpha$ という演算子の固有値が 0 になつている様な状態函数である．この様なΨのすべてをみつける事ができたとすると，この波動函数によつてつくつた$\partial A_\alpha/\partial x_\alpha$の期待値は 0 である$(\Psi^*\partial A_\alpha/\partial x_\alpha\Psi)=0$．又，Maxwell方程式のあとの2つ（第1節（2c, 2d）又は（8a, 8b）で $\rho=0$）は同じ様に期待値として満たされる．

$$(\Psi^*\mathrm{div}\,\mathbf{E}\Psi)=0\quad,\quad\left(\Psi^{*\prime}\mathrm{curl}\,\mathbf{H}-\frac{1}{c}\dot{\mathbf{E}}\right)\Psi\Big)=0.$$ p. 89

はじめの2つの Maxwell の式《第1節（1a, 1b）又は（7a），（7b）》は演算子の間の恒等式として成り立つている．しかし乍ら（9）という条件自身がむじゆんを含んでいる*．

この問題をむじゆんなく取扱う方法は Gupta と Bleuler[§] によつて行われた．ここで彼等の方法に従つてみる．

次の2つの問題を解かねばならない．（i）q_0の交換関係の符号が逆である事，又は，ϕの実数である事と（ii）ローレンツ条件をむじゆんなく表わす方法．以下でわかる様に，

---

* 多くの論文でこれを示している道すじは次の様なものである．ローレンツ条件は（9）の形で表わしておく．交換関係における符号の変化をうまく扱い，且つϕが実数である事を保証するために，q_0 と q_0^* の放出，吸収の役目を逆にする（q_0を放出，q_0^*を吸収にする．）q_0, q_0^* はエルミット共軛で，ϕはエルミット A_4 は反エルミットな演算子となる．この様にして，うまく取扱うと，正しい結果（古典の極限でマックスウエル理論になる形）が得られるけれども，この方法自体がむじゆんを含んでいる．例えば（9）を満たす規格化された状態函数が存在しない．この方法のひはんは F.J. Belinfante, *Phys. Rev.* **76** (1949), 226; S.T. Ma, 同誌**75** (1949), 535; 及び F. Coester and J. M. Jauch, 同誌 **78** (1950), 149. をみよ．

§ S.N. Gupta, *Proc. Phys. Soc.* **63** (1950), 681; K. Bleuler, *Helv. Phys. Acta* **23** (1950), 567.

"不定のメトリック" indefinite metric による量子化と呼ばれる方法を適用すると，q_4 と $q_4{}^*$ はエルミット共軛であり，A_4 はエルミットであると見做してもよいことになり，q_4 を q_i と同様に吸収，$q_4{}^*$ を放出の演算子と解釈する事が可能になる．そして，この様にしても A_4 の期待値は純虚数で，ϕ の期待値は実数にとり得る．（これは古典の極限と対応させるのに必要なことである．）これは普通の量子論でエルミットな演算子の期待値はいつも実数である事と対照的である．こうしておくと，ローレンツ条件は容易にむじゅんなく表わすことができる．

2 不定のメトリックによる量子化　普通の量子論では，波動函数は直交函数系 ψ_i を作り，それは $(\psi_i{}^*\psi_k)=\delta_{ik}$ と規格化されている．状態 ψ_i における演算子 Q の期待値は $<Q>=(\psi_i{}^*Q\psi_i)$ であり，Q がエルミットならば $<Q>$ は実数である．同様に，Q の固有値 q も実数である．$Q\psi=q\psi$．

以上の事は，決して量子力学の最も一般的な理論形式においても成り立つとは限らない．その一般化というのは次の様にできる（もともと Dirac† により考えられ，全く別の目的に使われた）．今，エルミットで次の関係（これは一般化としては最も簡単な場合である）を満たす演算子 η があるとする．

$$\eta^2=1, \quad \eta^\dagger=\eta. \tag{10}$$

すると，η を対角なマトリックスでかくと，その対角要素は ± 1 である．規格 (Norm) $(\psi^*\psi)$ として 1 とせずに

$$(\psi_i{}^*\eta\psi_k)=\pm\delta_{ik}\equiv N_i\delta_{ik}, \quad N_i{}^2=1. \tag{10'}$$

とおくことにする．η をメトリック・演算子と呼ぼう．Q のエルミット共軛 $Q\dagger$ は，普通に定義される様に $(g^*Qf)^*=(f^*Q\dagger g)$ であり，Q がエルミットならば $Q\dagger = Q$ である．

さて，すべてのマトリックス要素及び期待値は次の様にして作る．今 Q が（必ずしもエルミットでなくてもよい．）演算子であるとすると，そのマトリックス要素及び，期待値を次の様に定義する．《(10') より $N_i(\psi_i{}^*\eta\psi_k)=\delta_{ik}$ 故 $N_i\psi_i{}^*\eta$ は ψ_k と普通のいみで直交する》

$$Q_{ik}=N_i(\psi_i{}^*\eta Q\psi_k) \text{《}\eta \text{が対角}\eta\psi_i=N_i\psi_i \text{なら} \psi_i{}^*Q\psi_k\text{》}, \tag{11}$$

$$<Q>_i=(\psi_i{}^*\eta Q\psi_i)=N_i Q_{ii}\left(\left(=\frac{N(\psi_i{}^*\eta Q\psi_i)}{(\psi_i{}^*\eta\psi_i)}\right)\right). \tag{11'}$$

(10') が直交関係の代わりになる．又，普通の完全性 $\sum_i\psi_i{}^*(x)\psi_i(x')=\delta(x-x')$ の代わ

---

† P.A.M. Dirac, *Comm. Dublin Inst. Advanced Studies*, A. No.1 (1943). W. Pauli, *Rev. Mod. Phys.* **15** (1943), 175. をも参照．

りに

$$\sum_l N_l\psi_l^*(x)\eta\psi_l(x')=\delta(x-x'). \tag{12}$$

となる．(11) で定義した Q_{lk} はマトリックスの積の規則を満たすことはすぐわかる．$(QP)_{lk}=\sum_l Q_{ll}P_{lk}$. もし，$Q$がエルミットで，$\eta$ が対角であるとすると，$\eta\psi_l=N_l\psi_l$，$Q^*_{lk}=Q_{lk}$ である．《(11) に$\eta\psi_l=N_l\psi_l$ を使うと $Q_{lk}=(\psi_l^*Q\psi_k)$ となる》ψ の規格は± 1 どちらでもとりうるとしたから，$(\psi_l^*\eta\psi_l)$は確率とは考えられない．しかし，これによる困難は現われない．

今，Qがエルミットで η と反可換である

$$\eta Q=-Q\eta$$

とする．Qはエルミットゆえ普通の理論では実数の期待値をもっているが，上の理論では全然ちがう．$\langle Q\rangle$は (11′) あたえられるから，

$$\langle Q\rangle_l^*=(\psi_l\eta Q\psi_l)^*=(\psi_l^*Q^\dagger\eta^\dagger\psi_l)=(\psi_l^*Q\eta\psi_l)=-\langle Q\rangle_l$$

であつて純虚数となる．従つて，もし Q が反エルミット($Q^\dagger=-Q$) で η と反可換ならば，$\langle Q\rangle$は実数となる．という様に，η と反可換な演算子 Q に対してηは因子 i と同じ役目をする．

以上のべたことから，この方法をスカラー場の量子化に適用して，ϕ と A_4 を正しい実・虚数にすることはどの様にすればよいか大体わかるだろう．まず，スカラー振動子を1つ考えてみよう．

今，A_4が (ϕでなく) エルミットであるとする．これはq_4 と q_4^* が q_l，q_l^*(空間部分) と同じ様な虚数部，実数部を含み，お互にエルミット共軛である事を意味する．そして，メトリック演算子は q_4，q_4^* と反可換であるとする．

$$\eta q_4=-q_4\eta \quad , \quad \eta q_4^*=-q_4^*\eta. \tag{13}$$

すると，A_4 の期待値$\langle A_4\rangle$は純虚数であつて $\phi=-iA_4$ の期待値は実数になる．(これは，当然そうなければ古典論のマックスウエル理論と対応がつかない．) この事は，q_4 を q_l と同じ様に，q_4を吸収，q_4^*を放出の演算子と考えてよい事を示しており，$(2\nu/\hbar)q_4^*q_4=n_4$ が"スカラー光子"の数と呼べる事を示している．この"数"は不定メトリックを使うことを除いてはn_1，n_2，n_3 と全く同じ性質をもつている．表現をはつきりするためにスカラー光子の個数 n_4 を状態を表わすのに使おう．状態函数 Ψ_{n_4} に作用すると，q_4，q_4^* は (第7節の (27) と同じく)

p. 91

$$\left.\begin{aligned} q_4\Psi_{n_4+1} &= \sqrt{\frac{\hbar}{2\nu}}\sqrt{n_4+1}\;\;\Psi_{n_4} \\ q_4{}^*\Psi_{n_4} &= \sqrt{\frac{\hbar}{2\nu}}\sqrt{n_4+1}\;\;\Psi_{n_4+1} \end{aligned}\right\} \tag{14}$$

となる性質をもつ．q_4，$q_4{}^*$ と反可換なメトリック演算子 η は

$$\eta=(-1)^{n_4} \tag{15}$$

と表わせる．q_4 と $q_4{}^*$ は n_4 を1だけかえるから，η を q_4 の左から右へうつすと -1 だけかかる事になる．この表示では η は対角的である．又，Ψ_{n_4} の規格は

$$(\Psi_{n_4}{}^*\eta\Psi'_{n_4})\equiv(-1)^{n_4}\delta_{n_4n_4'}\equiv N_{n_4}\delta_{n_4n_4'} \tag{16}$$

である．(11)，(10′)，(14) から，q_4，q_4' のマトリックス要素は

$$\left.\begin{aligned} q_{4\,n_4\,;\,n_4+1} &= \sqrt{\frac{\hbar}{2\nu}}\sqrt{n_4+1}, \\ q_4{}^*{}_{n_4+1\,;\,n_4} &= \sqrt{\frac{\hbar}{2\nu}}\sqrt{n_4+1} \end{aligned}\right\} \tag{14'}$$

となり，空間部分 $q_i, q_i{}^*(i=1\sim3)$ の形と全く同じである．（第7節 (26)）

以上スカラー振動子を１つだけ考えたが，すべての場の振動子を考えることはすぐできる．η は各々の振動子の因子の積であつて，勿論，その因子はスカラー場には (15) の形で，空間部分$(i=1\sim3)$ の振動子では１である．従つて η は

$$\eta A_i=A_i\eta \quad ; \quad \eta A_4=-A_4\eta \tag{17}$$

という性質をもつている．

状態函数 Ψ は積で表わされ，（第 7・3 節と同様）その規格は

$$(\Pi_\lambda\Psi^*{}_{n_{1\lambda}\cdots n_{4\lambda}}\eta\Pi_\lambda\Psi_{n_{1\lambda}\cdots n_{4\lambda}})\equiv N=(-1)^{n_4}, \tag{18}$$
$$n_4=\textstyle\sum_\lambda n_{4\lambda}$$

で，n_4 はスカラー光子の総数である．q_α，$q_\alpha{}^*$ のマトリックス要素は，$\alpha=1,2,3,$ 又は4のいずれを問わず，

$$q_{\alpha n_\alpha\,;\,n_\alpha+1}=q_\alpha{}^*{}_{n_\alpha+1\,;\,n_\alpha}=\sqrt{\frac{\hbar}{2\nu}}\sqrt{n_\alpha+1} \tag{19}$$

となる．そして，q_α，$q_\alpha{}^*$を 吸収・放出の演算子とみる事は $\alpha=1\sim4$ 迄対称にできて，前の Fermi のやり方の様に，q_4 だけ逆にする必要はない．この非対称であつた性質は（交換関係の符号逆）メトリックの方に押し付けられて，交換関係，マトリックス要素，エルミット性の条件及びその解釈には現われてこない．　p. 92

3 ローレンツ条件 以上でスカラー場も空間部分と対称な式で表わされ，しかも ϕ が実数という条件を満たすことができたので，いよいよローレンツ条件を考えよう．勿論，$\partial A_\alpha/\partial x_\alpha$ の期待値が0になる様な状態 Ψ_L のみが物理的に実現されるとして

$$\left(\Psi_L^*\eta\frac{\partial A_\alpha}{\partial x_\alpha}\Psi_L\right)=0 \tag{20}$$

という条件を満たす Ψ_L のみを考える．(20) はすべての時刻 t で空間の各点 $\boldsymbol{r}$ において満たされねばならない．しかし，古典論にスムーズに移れるためには (20) のみでは不足で，エネルギー・運動量テンソルの期待値も古典の値にならねばならない．エネルギー・運動量テンソルは，場の強さの2次の量であるから $(\partial A_\alpha/\partial x_\alpha)^2$ の期待値も0にならねばならない†．すなわち

$$\left(\Psi_L^*\eta\left(\frac{\partial A_\alpha}{\partial x_\alpha}\right)^2\Psi_L\right)=0. \tag{21}$$

(21) が満たされていることは後でがわかる．

まず，ある波数 $\boldsymbol{\kappa}$ の輻射振動子を考えよう．$\boldsymbol{\kappa}$ が z の方向になる座標をとると便利である．すると

$$\frac{\partial A_1}{\partial x_1}+\frac{\partial A_2}{\partial x_2}=0$$

は自働的に満たされるので，3，4成分についてのみ考えればよいことになる（それは，$\boldsymbol{\kappa}$ を z 方向としたから A_1，A_2 は横波で $\mathrm{div}\mathbf{A}_{tr}=0$ が上の式であるから)．そこで，n_1, n_2 の横波光子の部分を抜いて，条件は

$$\left(\Psi_L^*\eta\left(\frac{\partial A_3}{\partial x_3}+\frac{\partial A_4}{\partial x_4}\right)\Psi_L\right)=0 \tag{22}$$

となる．(22) は2つの部分すなわち，q よりくる $e^{i(\kappa\mathbf{r})-i\nu t}$ に比例する部分と，q^* よりくる $e^{-i(\kappa\mathbf{r})+i\nu t}$ に比例する部分より成つている．勿論，(22) がすべての時刻，位置で正しいためには両者別々に (22) を満たさねばならない．すると (22) は $(\kappa_4=i\kappa_3)$；

$$(\Psi_L^*,\ \eta(q_3+iq_4)\Psi_L)=0,$$

$$(\Psi_L^*,\ \eta(q_3^*+iq_4^*)\Psi_L)=0 \tag{23}$$

となり，この2番目の条件は q^* が q のエルミット共軛であり，η が q_4 と反可換で q_3 とは可換ゆえ，

† これは F.J. Belinfante によつ *Phisica*, **12** (1946) 17でくわしく議論された．

$$(\Psi_L^*,(q_3^*-iq_4^*)\eta\Psi_L)=0$$

と書け，1番目の条件の複素共軛で同等である． p. 93

(22) の最初の式を満たすのには

$$(q_3+iq_4)\Psi_L=0. \tag{24}$$

とおけば十分である[†]． Ψ_L は $\Psi_{n_3 n_4}$ で表わされる光子数 n_3, n_4 の規格された波動函数の重ね合せで表わせる．

$$\Psi_L=\sum_{n_3 n_4} C_{n_3 n_4} \Psi_{n_3 n_4}, \tag{25}$$

$$(\Psi^*_{n_3 n_4} \eta \Psi_{n_3' n_4'})=(-1)^{n_4}\delta_{n_3 n_3'}\delta_{n_4 n_4'}. \tag{25'}$$

(14) の演算子の性質（これは q_3 に対しても同型）を使うと，(24) から

$$\sqrt{n_3+1}\ C_{n_3+1, n_4}+i\sqrt{n_4+1}\ C_{n_3, n_4+1}=0 \tag{26}$$

を得る．（勿論 C_{ij} で i, j が負になれば $\equiv 0$ である．）n_3+n_4＝全光子数の同じ状態を重ね合わせると，(26) を使つて，《$\Psi_L^{(n)}$ の n は全光子数》

$$\begin{aligned}
&\Psi_L^{(0)}=\Psi_{00}\\
&\Psi_L^{(1)}=\Psi_{10}+i\Psi_{01}\\
&\Psi_L^{(2)}=\Psi_{20}+i\sqrt{2}\Psi_{11}-\Psi_{02}\\
&\cdots\cdots\cdots\cdots\\
&\Psi_L^{(n)}=\Psi_{n0}+\cdots+i^r\sqrt{\binom{n}{r}}\ \Psi_{n-r, r}+\cdots+i^n\Psi_{0n}
\end{aligned} \tag{27}$$

を得る．$\boldsymbol{\kappa}$ が3-方向を向いている時以外では上の重ね合わせはもつと複雑になる．又，ここにあげた波動函数は，すぐあとでのべる理由により，規格化してない．これらを簡単にローレンツのセット Lorentz set と呼ぼう．

A_α を（小節6と比較せよ）時間因子が正のもの A_α^+ と負のもの A_α^- に

$$\begin{aligned}
&A_\alpha=A_\alpha^-+A_\alpha^+,\\
&A_\alpha^-=\sqrt{4\pi c^2}\ \sum_\lambda q_{\alpha\lambda}e^{i\kappa_\mu x_\mu},\\
&A_{\alpha+}=\sqrt{4\pi c^2}\ \sum_\lambda q_\alpha{}^*{}_\lambda e^{-i\kappa_\mu x_\mu}
\end{aligned}$$

と分け，ローレンツ条件の演算子も

$$\frac{\partial A_\alpha}{\partial x_\alpha}\equiv L=L^-+L^+$$

† 同様に (23) は $(q_3^*+iq_4^*)\ \Psi_L=0$ で満たされるけども，この式の表わす様な，光の放出の禁止される状態は存在しないので，これを満たすΨ_Lはない．この事は (9) が演算の関係式として成り立たない理由でもある．

とわけると (24) は

$$L^{-}\Psi_L=0 \tag{28}$$

を意味する．これが，純幅射場の時の量子論におけるローレンツ条件である．((9) の代わりをする.) この形にしておくと，条件は座標系によらない．《時間因子 $e^{-i\kappa_0x_0}$, $e^{i\kappa_0x_0}$ の肩の符号は，det＝1 のローレンツ変換では不変，$\kappa_\mu x_\mu\to\kappa'_\lambda x'_\lambda$ と変換しても，$\kappa_0>0$ なら $\kappa'_0>0$　第1節 (3) 参照》 p. 94

(28) のエルミット共軛は $\Psi^*L^{-\dagger}=0$ で $L^{-\dagger}\sim q_3^*-iq_4^*$ である．この式の右から η をかけると $\eta q_4^*=-q_4^*\eta$ より，この式は

$$\Psi_L^*\eta L^+=0 \tag{29}$$

と同じであり，これと (28) より，(20) すなわち

$$(\Psi_L^*\eta(L^++L^-)\Psi_L)\equiv(\Psi_L^*\eta L\Psi_L)=0$$

を得る．又，(28)，(29) より $(\Psi_L^*\eta L^2\Psi_L)=(\Psi_L\eta L^-L^+\Psi_L)$ である．所が (23) の様に L^-L^+ を書き下してみると L^- は L^+ と交換する．($[q_3,q_3^*]$ が $-[q_4,q_4^*]$ と打ち消す) ので*

$$(\Psi_L\eta L^2\Psi_L)=(\Psi_L^*\eta L^+L^-\Psi_L)=0 \tag{30}$$

であつて，これは要求 (21) が満たされる事を示している．

(時間的な指数函数的変化を除いて) q_3, q_4 Ψ_L は時刻 t には関係しないので，(24) は時刻を含まない．従つて (24) 又は (28) を，たとえば $t=t_0$ で満たすべき初期条件と考える事ができる．すると，(24)及び (20) がすべての時刻を通じて成り立つ事になる．Ψ_L は 3, 4 場のほかに，ローレンツ条件によつては影響されない横波光子の数に関係する．勿論，一つの $\Psi_L^{(n)}$ の展開の各項は同数の横波光子を含むべきである．《横波のハミルトニアンの固有解》

ローレンツ・セットの $\Psi_L^{(n)}$ は次の様な著しい性質をもつている．(27) と (16) より直ちにわかる事は，その "規格" norm が $n=0$ をのぞいてはすべて 0 であり，$n=0$ では norm は正である．又 $\Psi_L^{(n)}$ はお互に直交する．従つて，次の様に規格することができる．

$$(\Psi_L^{(0)*}\eta\Psi_L^{(0)})=1 \tag{31a}$$

及び

$$(\Psi_L^{(n)*}\eta\Psi_L^{(n')})=0\quad(n,n'\text{ は }0\text{ でない}) \tag{31b}$$

---

* 同様に L^n の期待値が 0 になる事が示される．普通の量子力学だとこれから $L\Psi=0$ が結論され L は 0 という値 (固有値) をもつことになるが，今の場合 $L^+\Psi\neq0$ 故そうはゆかない．

ローレンツ・セットΨ_L では負の規格はあらわれない．この事は，物理的に観測可能な量，すなわち，横波光子の数を確率的に解釈する事を可能にする．物理的な状態は，$\Psi_L^{(n)}$ の線型結合により表わされ，$\Psi_L^{(n)}$ の中には $\Psi_L^{(0)}$ を含むべきであるとすると，この様な状態は1に規格できる．$\Psi_L^{(0)}$ 自身は一般には横波光子の色々な個数のものを含む（線型結合をとつたから）．そしてその重ね合わせの係数は，その個数の横波光子のあらわれる確率(振幅)を表わす．ほかの $\Psi_L^{(n)}(n\neq0)$ の重ね合わせは，(31b）よりこの確率にはむかんけいである．《横波光子を m で表わすと $\Psi_L=\sum_m C_m\Psi_L{}^{(0)},{}_m+\sum_n\sum_m D_m\Psi_L{}^{(n)}$，$(\Psi_L{}^{(0)},{}_m{}^*\eta\Psi_L)=C_m$》縦波とスカラー場は観測可能量ではない．（これは又，それらのあらわれる確率（振幅）は0であるといつてもよい．$(\Psi_L{}^{(n)},{}_m{}^*\eta\Psi_L)=0\ (n\neq0)$）．　p. 95

この様にして，$\Psi_L{}^{(0)}$ と $\Psi_L{}^0+\sum_{n\neq0}c_n\Psi_L{}^{(n)}$ は同じ物理的状態を表わし，物理的に観測できる量に対しては$\Psi_L{}^{(n)}$ を重ね合わせても，除外しても同じである．しかし，まだやはり理論の中の本質的な部分を形成しているので，これだけの理由で計算から消去してしまうわけにはいかない．

4　ゲージ不変性　　そこで，規格が0の $\Psi_L{}^{(n)}(n\neq0)$ を重ね合わせが可能であるのは，ローレンツ・ゲージの中でもまだ色々のゲージをとりうるのと関係している事を示そう．古典的にはポテンシァル A_a は（1）にむじゆんする事なく，

$$A_a\to A_a+\frac{\partial\chi}{\partial x_a}\ ,\qquad \Box\chi=0 \tag{32}$$

を加えて変えられる．これに対応して，状態函数$\Psi_L{}^{(0)}$ に任意の重ね合わせ $\sum_{n(\neq0)}C_n\Psi_L{}^{(n)}$ を加えて，これをかえると，A_a の期待値は（32）のゲージ変換をうける．これを示すために，まず，ゲージ不変な場の強さ $f_{\alpha\beta}$（第2節（18））の期待値を作つてみよう．

$$\Psi_L=\Psi_L{}^0+\sum_{n(\neq0)}c_n\Psi_L{}^{(n)} \tag{33}$$

を一般の状態函数とする（ローレンツ・セット）．すると

$$\langle f_{\alpha\beta}\rangle=\left(\Psi_L{}^*\eta\left(\frac{\partial A_\beta}{\partial x_\alpha}-\frac{\partial A_\alpha}{\partial x_\beta}\right)\Psi_L\right) \tag{34}$$

が $f_{\alpha\beta}$の期待値である（第10節（11））．A_αの展開（2）を使うと，$f_{\alpha\beta}$ は L^- と可換である事がすぐにわかる．

$$[f_{\alpha\beta},\ L^-]=0. \tag{35}$$

又，$L^-\Psi_L=0$ (28) であるから，

$$L^- f_{\alpha\beta}\Psi_L=0 \qquad (36)$$

となる．所で Ψ_L は，ローレンツ・セットの波動函数より成るから L^- を作用させると0になる．従つて，(36) から $f_{\alpha\beta}$ を Ψ_L に作用したものは，やはりローレンツ・セットの波動函数になることを示している．

$$f_{\alpha\beta}\Psi_L=\Psi_L'.$$

更に，$f_{\alpha\beta}$ は $\Psi_L^{(n)}(n\neq0)$ に作用すると $\Psi_L^{(0)}$ を含まない $\Psi_L^{(m)}$ の重ね合わせ

$$f_{\alpha\beta}\Psi_L^{(n)}=\sum_m b_{nm}\Psi_L^{(m)},\quad b_{n0}=0\,(n\neq0) \qquad (37)$$

になるが，これは次の様にして示せる．再び $\boldsymbol{\kappa}$ が3-の方向($\kappa_1=\kappa_2=0$)を向いているとする．f_{ik}，f_{14}，f_{24} (i,k は空間的1～3）は横波光子の数のみをかえる．($f_{ik}\sim q_i\kappa_k-q_k\kappa_i$ で，$\kappa_1=\kappa_2=0$ ゆえ q_1,q_2 のみがあらわれ，q_3,q_4 はあらわれない．同様に $f_{14}\sim q_1\kappa_4-q_4\kappa_1=q_1\kappa_4, f_{24}\sim q_2\kappa_4-q_4\kappa_2=q_2\kappa_4$)．$f_{34}$ は $i\kappa_3=\kappa_4$ であるから，本質的には演算子 $-i(L^-+L^+)$ である．このうち $L^-\Psi_L^{(n)}$ は0になる (28)．又 L^+ は状態函数に作用すると，(任意の種類の) 光子の数を増すから，結局 $f_{\alpha\beta}$ は $\Psi_L^{(n)}(n\neq0)$ に作用すると $\Psi_L^{(0)}$ にはならない．

p. 96

(33) を (34) に代入して，(37) と (31 b) を使うと

$$\langle f_{\alpha\beta}\rangle_L=(\Psi_L^{(0)*}\eta f_{\alpha\beta}\Psi_L^{(0)})=(\Psi_L^{(0)*}f_{\alpha\beta}\Psi_L^{(0)}) \qquad (38)$$

となる《$\eta\Psi_L^{(0)}=\Psi_L{}^0$ (16)》．すなわち，場の強さの期待値，従つて，ゲージ不変な演算子の期待値は $\Psi_L^{(n)}(n\neq0)$ の重ね合わせには無関係である．そして，縦及びスカラー光子を含まない（個数＝0の）波動函数 $\Psi_L^{(0)}$ のみで作れる．ゲージ不変な量の期待値は，重ね合わせはしてもしなくても同じで，$\Psi_L^{(0)}$ のみでよく，η も $\Psi_L^{(0)}$ のみの式では1である．

次に，ポテンシァルの期待値を考えよう．

$$\langle A_\alpha\rangle_L=(\Psi_L{}^*\eta A_\alpha\Psi_L). \qquad (39)$$

$\langle A_\alpha\rangle$ を $\Psi_L^{(0)}$ よりくる部分と，残りにわけよう．

$$\langle A_\alpha\rangle_L=\langle A_\alpha\rangle^0+\langle A_\alpha\rangle'. \qquad (40)$$

$\mathbf{r}$ と t は単なるパラメーターであつて演算子ではないから，期待値を時空について微分したものは，微分したものの期待値である．ゆえに (38) は

$$\langle f_{\alpha\beta}\rangle=\frac{\partial\langle A_\beta\rangle^0}{\partial x_\alpha}-\frac{\partial\langle A_\alpha\rangle^0}{\partial x_\beta}\text{即ち}\frac{\partial\langle A_\beta\rangle'}{\partial x_\alpha}-\frac{\partial\langle A_\alpha\rangle'}{\partial x_\beta}=0 \qquad (41)$$

である．この式から，$\langle A_\alpha\rangle'$はあるスカラー量の“グラディエント”gradient で表わせる。

$$\langle A_\alpha\rangle'=\frac{\partial\chi}{\partial x_\alpha},$$

従つて，

$$\langle A_\alpha\rangle_L=\langle A_\alpha\rangle^0+\frac{\partial\chi}{\partial x_\alpha}. \tag{42}$$

勿論，$\Box A_\alpha=0$であるから$\Box\chi=0$ である．この様にして，$\langle A_\alpha\rangle_L$ は $\langle A_\alpha\rangle^0$ とゲージの変化の分だけ異なる．ゆえに，$\Psi_L^{(0)}$ に $\Psi_L^{(n)}(n\neq 0)$ を重ね合わすことはポテンシャルの期待値のゲージ変換を意味する．（ローレンツ・ゲージの範囲での変換，（1）を満たす.）

以上で，$\Psi_L^{(n)}$ を状態函数に重ね合わせる事は，ポテンシャルとそのゲージが理論形式に本質的であつたと同じいみで理論形式の本質的な部分になつていることを知つた．縦及びスカラー場の役目は荷電体の存在する実際の輻射現象の計算の時にはもつと重要である．この場合には第6節に示した様に，物理的なクーロン相互作用の代わりをし，所謂"中間状態"virtual states に表われる．簡単な例（2個の電子の間の相互作用）を第24節で示し，もつと外の例は第Ⅵ章で示す．これらの場合には，メトリック・演算子ηは表面にはどこにもでてこないで，必要なものはマトリックス要素 (19) p. 97 だけということがわかる．この (19) は4つの成分について同形である．この様にηは表にでないけれども，むじゅんない理論形式を作りあげるには不定のメトリックηは本質的に必要である．

以上の量子化とローレンツ条件を作る方法が，ローレンツ不変である事は容易に示せる†．このくわしい証明は，後に第13，28節その他で，η が直接にあらわれないで，結果が共変形に書けて理論の共変性は明らかになるので，はぶいておく．

以上で，純輻射場をローレンツ・ゲージでかいた量子電気力学の法則は，すべての4つの成分について

$$\Box A_\alpha=0\ ,\quad \frac{\partial A_\alpha^-}{\partial x_\alpha}\Psi_L=0,$$

$$[q_{\alpha\lambda},q^*_{\beta\lambda'}]=\frac{\hbar}{2\nu_\lambda}\delta_{\alpha\beta}\delta_{\lambda\lambda'} \tag{43}$$

であり，A_4 も含めたすべてのA_αがエルミットであるという事になる．荷電体の存在する場合の一般化は第13節と補遺3で行う．

---

† K.Bleuler, *loc. cit.* をみれば η が相対論的なiの代りをし，相対論的不変である事がわかる．

5 4次元的フーリェ展開. A_α の交換関係 この節及び次の節は計算する上に役に立つと思われる形式的な改良である.

こゝで, ポテンシァル A_α の4つの成分はすべて対等に扱つていこう. これらはすべてエルミットであるし (A_α: エルミット) その解釈も同じである (q_αは吸収演算子).

この事は A_α の満たすすべての関係式を共変形にかき得る事を示す. 時に A_α を4次元的フーリェ変換で表わしておくと便利である.

展開 (2) は部分波 $\boldsymbol{\kappa}_\lambda$ の和の形でなく, $\boldsymbol{\kappa}$- 空間の積分でかける. $d^3\kappa$ の中の波の数は$d^3\kappa/(2\pi)^3$ である ($L^3=1$) から, †

$$A_\alpha=\sqrt{4\pi c^2}\int\frac{d^3\kappa}{(2\pi)^{3/2}}\left\{q_\alpha(\boldsymbol{\kappa})e^{i\kappa_\mu\kappa_\mu}+q_\alpha{}^*(\boldsymbol{\kappa})e^{-i\kappa_\mu\kappa_\mu}\right\}. \tag{44}$$

離散的な値の $\boldsymbol{\kappa}_\lambda$の時は$q_\lambda$と$q^*{}_{\lambda'}$ は$\lambda\neq\lambda'$では可換であつた. 連続スペクトル $\boldsymbol{\kappa}$ では $\delta_{\lambda\lambda'}$ を $\delta(\boldsymbol{\kappa}-\boldsymbol{\kappa}')$におきかえて, $q(\boldsymbol{\kappa})$ と $q^*(\kappa')$が $\boldsymbol{\kappa}\neq\boldsymbol{\kappa}'$ では可換である事を表わす.

《$L^3\neq1$ としておくと $A_\alpha=\sqrt{4\pi c^2}\,L^3\int\left(q_{\alpha,\lambda}e^{i\kappa_\mu x_\mu}+c.c.\right)\frac{d^3\kappa}{(2\pi)^3}$, ゆえに$\frac{L^{3/2}\,q_{\alpha,\lambda}}{(2\pi)^{3/2}}=q_\alpha(\boldsymbol{\kappa})$.

$[q_\alpha(\boldsymbol{\kappa}),q^*{}_\beta(\boldsymbol{\kappa}')]=\frac{L^3}{(2\pi)^3}[q_{\alpha,\lambda}q^*{}_{\beta\lambda}]=\frac{L^3}{(2\pi)^3}\frac{\hbar}{2\nu_\lambda}\delta_{\alpha\beta}\delta_{\lambda\lambda'}$, 一方 $\sum_{\lambda'}\delta_{\lambda\lambda'}f_{\lambda'}=f_\lambda$ $=\frac{L^3}{(2\pi)^3}\int d\boldsymbol{\kappa}'\delta_{\lambda\lambda'}f_{\lambda'}$, ゆえに $\frac{L^3}{(2\pi)^3}\delta_{\lambda\lambda'}=\delta(\boldsymbol{\kappa}-\boldsymbol{\kappa}')$, $[q_\alpha(\boldsymbol{\kappa}),q^*{}_\beta(\boldsymbol{\kappa}')]=\frac{\hbar}{2\nu_\lambda}\delta_{\alpha\beta}\delta(\boldsymbol{\kappa}-\boldsymbol{\kappa}')$》. 数因子は, 交換関係を $\boldsymbol{\kappa}'$ について$\int\frac{d\boldsymbol{\kappa}'}{(2\pi)^3}=\sum_{\lambda'}$ を行つた時に部分波 (7) に $\sum_{\lambda'}$ を行つたのと同じになる様にする. p. 98

$$[q_\alpha(\boldsymbol{\kappa}),q^*{}_\beta(\boldsymbol{\kappa}')]=\frac{\hbar}{2c\kappa}\delta_{\alpha\beta}\delta(\boldsymbol{\kappa}-\boldsymbol{\kappa}')\quad(\kappa\equiv|\boldsymbol{\kappa}|=\nu/c). \tag{45}$$

ここで積分を4元ベクトル $\boldsymbol{\kappa}_\mu$ のすべての値 ($\kappa_0=\sqrt{\kappa^2}$ のみでなく) で行うように書き直せば4次元的フーリェ積分で表わせることになる. するとフーリェ係数は $\kappa_0=\pm|\boldsymbol{\kappa}|$ の時にのみ0ではない筈である. (44) の2つの被積分項は exp の肩の κ_0x_0 の符号が異なる. $\boldsymbol{\kappa}$ の符号は方向についての積分があるから重要ではない. (44) は

$$A_\alpha(\mathbf{r},t)=\sqrt{4\pi c^2}\int\frac{d^4\kappa}{(2\pi)^{3/2}}A_\alpha(\kappa_\mu)\,e^{i\kappa_\mu x_\mu} \tag{46}$$

ともかける. $A_\alpha(\kappa_\mu)$ は κ_μ の4つの成分の函数である. (44) と較べると $A_\alpha(\kappa_\mu)$ は

---

† 分母に $(2\pi)^3$ があらわれないで$(2\pi)^{3/2}$ のあらわれる様に $q_\alpha(\boldsymbol{\kappa})$ を定義し直すと, 交換関係に $(2\pi)^3$ があらわれなくて便利である.

$q_\alpha(\boldsymbol{\kappa}), q_\alpha{}^*(\boldsymbol{\kappa})$ と次の様に関係づけられる．

$$A_\alpha(\kappa_\mu)=q_\alpha(\boldsymbol{\kappa})\delta(\kappa_0-\kappa)+q^*{}_\alpha(-\boldsymbol{\kappa})\delta(\kappa_0+\kappa). \tag{47}$$

これを (46) に入れると κ_0 の積分は直ちに行えて，(44) になる．$A_\alpha(\kappa_\mu)$ と $A_\alpha(\kappa_\mu{}')$ は一般には交換しない．$\kappa_\mu=\kappa_\mu{}'$ のときに可換でないのは $[A_\alpha(\kappa_\mu), A_\beta(-\kappa'_\mu)]$ であるからこの式を考えるのが便利である．

(45) と (47)から，第8節の (6′)，(24) 及び $\kappa=\kappa'$ のもののみが 0 でない事を使うと

$$[A_\alpha(\kappa_\mu)A_\beta(-\kappa'_\mu)]=[q_\alpha(\boldsymbol{\kappa}),q^*{}_\beta(\boldsymbol{\kappa}')]\delta(\kappa_0-\kappa)\delta(\kappa-\kappa'_0)+[q_\alpha{}^*(-\boldsymbol{\kappa})q_\beta(-\boldsymbol{\kappa}')]$$
$$\delta(\kappa+\kappa_0)\delta(\kappa'+\kappa'_0)$$
$$=\frac{\hbar}{c}\delta_{\alpha\beta}\delta^4(\kappa_\mu-\kappa_\mu{}')\frac{\delta(\kappa_0-\kappa)-\delta(\kappa+\kappa_0)}{2\kappa}$$
$$=\frac{\hbar}{c}\delta_{\alpha\beta}\delta^4(\kappa_\mu-\kappa_\mu{}')\varepsilon(\kappa_0)\delta(\kappa_\mu{}^2) \tag{48}$$

となる．

第9節では場の強さの交換関係を座標空間の形で求めた．A_α に対してもこれに対応する式をだしておくと便利である．この式は必然的に用いるゲージに関係するが，ローレンツ・ゲージでは簡単な形になる（クーロン・ゲージの場合は補遺2にあたえてある）．p. 99 $A_\alpha(\mathbf{r}_2,t_2)$ と $A_\beta(\mathbf{r}_1,t_1)$ の交換関係は (46) と (48) より

$$[A_\alpha(\mathbf{r}_2,t_2),A_\beta(\mathbf{r}_1,t_1)]=\frac{4\pi c^2}{(2\pi)^3}\int d^4\kappa\int d^4\kappa'[A_\alpha(\kappa_\mu),A_\beta(-\kappa_\mu{}')]\,e^{i\kappa_\mu x_{\mu2}-i\kappa_\mu{}'x_{\mu1}}$$
$$=4\pi\hbar c\,\delta_{\alpha\beta}\int\frac{d^4\kappa}{(2\pi)^3}e^{i\kappa_\mu(x_{\mu2}-x_{\mu1})}\varepsilon(\kappa_0)\delta(\kappa_\mu{}^2).$$

A_βのフーリエ係数は $A_\beta(-\kappa_\mu{}')$ として $e^{-i\kappa_\mu{}'x_{\mu2}}$ としたが，これは $A_\beta(\kappa_\mu{}')e^{i\kappa_\mu{}'x_{\mu1}}$ で $\kappa_\mu{}'\to-\kappa_\mu{}'$ としても 4元 $\kappa_\mu{}'$ での積分であるからかまわない．この右辺の積分は第8節 (25 a) の Δ-函数のフーリエ表示であり，

$$[A_\alpha(\mathbf{r}_2,t_2),A_\beta(\mathbf{r}_1,t_1)]=-4\pi i\hbar c\delta_{\alpha\beta}\Delta(\mathbf{r}_2-\mathbf{r}_1,t_2-t_1) \tag{49}$$

となる．この式は交換関係(43) と同等である．(49) の相対論的共変性は明らかである．$t_1=t_2$ とすると，第8節 (28) のΔ-函数の性質より

$$[A_\alpha(\mathbf{r}_2,t),A_\beta(\mathbf{r}_1,t)]=0,$$

$$\left[\frac{\partial}{\partial t}A_\alpha(\mathbf{r}_2t),\ A_\beta(\mathbf{r}_1t)\right]=-4\pi i\hbar c^2\delta_{\alpha\beta}\delta(\mathbf{r}_2-\mathbf{r}_1). \tag{49′}$$

Δ-函数の性質は第8節でくわしく述べてある. (49) は $|\mathbf{r}_2-\mathbf{r}_1|=c|t_2-t_1|$, すなわち, $\mathbf{r}_2$から$\mathbf{r}_1$へ, 又は$\mathbf{r}_1$から$\mathbf{r}_2$へ伝わる光信号によつて$\mathbf{r}_2$と$\mathbf{r}_1$が連絡できる時にのみ, すなわち光円錐の上で0でない. この事実が場の強さの測定にどんな役目をするかは第9節でのべた. (49) を $\mathbf{r}_2$, $\mathbf{r}_1$, t_2, t_1 で微分すると, 第9節 (8a-d) で与えられる$\mathbf{E}$と$\mathbf{H}$の任意の成分の間の交換関係を得る.*

(49) の交換関係はローレンツ・ゲージをA_αに対して使う時にのみ正しい. この事は表だつては (49) を導く時に使つてはいないけれども, (46) の展開は$\Box A_\alpha=0$が成り立つ事を前提としている. これは, (49) でも$\Box\Delta=0$となるから直接確かめられる. $\Box A_\alpha=0$は, ローレンツ条件が3小節でのべた意味で満たされる時にのみ Maxwell の方程式と同等である. しかし, ローレンツ・ゲージのはんい内なら, どんなゲージをとつても同じ交換関係が成り立つ事は注目すべきである ((49) はローレンツ・ゲージなら何でもよい). $\partial A_\alpha/\partial x_\alpha=0$ を不変にする様な (ローレンツ・ゲージのはんい内の) ゲージ変換は交換関係の変化としては現われないで, 小節4でのべた様に状態函数の重ね合わせを変える事をいみしている.

p.100

6 光子の真空及び期待値 ある目的には, 放出と吸収の演算子を分離すると便利である. これは, 座標空間に於てもできる. まず次の定義をする.

$$\left.\begin{aligned} A^+{}_\alpha&=\sqrt{4\pi c^2}\int\frac{d^4\kappa}{(2\pi)^{3/2}}A^+{}_\alpha(\kappa_\mu)\,e^{i\kappa_\mu x_\mu},\quad A^+{}_\alpha(\kappa_\mu)=q^*{}_\alpha(-\boldsymbol{\kappa})\delta(\kappa_0+\kappa)\,;\\ A^-{}_\alpha&=\sqrt{4\pi c^2}\int\frac{d^4\kappa}{(2\pi)^{3/2}}A^-{}_\alpha(\kappa_\mu)\,e^{i\kappa_\mu x_\mu},\quad A^-{}_\alpha(\kappa_\mu)=q_\alpha(\boldsymbol{\kappa})\delta(\kappa_0-\kappa), \end{aligned}\right\}\tag{50}$$

ここでA^+は放出, A^-は吸収の演算子 (を含むもの) となる†. 複素共軛をとつて積分の中でκ_μの符号をかえてみると, $A^+{}_\alpha$は$A^-{}_\alpha$の (複素) 共軛でであることがわかる.

q と q^* がq同志, q^* 同志では可換であるから, 直ちに

$$[A_\alpha{}^+,A_\beta{}^+]=[A_\alpha{}^-,A_\beta{}^-]=0\tag{51}$$

が得られる. 一方, (48) と同様に

$$[A^+{}_\alpha(-\kappa_\mu'),A^-{}_\beta(\kappa_\mu)]=-\frac{\hbar}{2c\kappa}\delta_{\alpha\beta}\delta^4(\kappa_\mu-\kappa')\delta(\kappa_0-\kappa)$$

---

* このためには, $(\partial^2/c^2\partial t^2)\Delta=\nabla^2\Delta$ 及び $\partial\Delta/\partial x_1=-\partial\Delta/\partial x_2$ を使う.

† 最近の文献にはA^+ A^-をとこの逆に定義してあるが, +の方が放出-の方が吸収という言葉にぴつたりくるからこう定義した.

$$= -\frac{\hbar}{c}\delta_{\alpha\beta}\delta^4(\kappa_\mu - \kappa_\mu{}')\frac{1+\varepsilon(\kappa_0)}{2}\delta(\kappa_\mu{}^2). \qquad (52)$$

（第８節の（23），（24）を見よ.）すると（50）と（52）より，座標空間で

$$[A^+{}_\alpha(\mathbf{r}_2, t_2), A^-{}_\beta(\mathbf{r}_1, t_1)] = -4\pi\hbar c\,\delta_{\alpha\beta}\int\frac{d^4\kappa}{(2\pi)^3}\frac{1+\varepsilon(\kappa_0)}{2}\delta(\kappa_\mu{}^2)e^{i\kappa_\mu(x_{\mu1}-x_{\mu2})}$$

$$= -4\pi\hbar c\delta_{\alpha\beta}\frac{1}{2}\left\{\Delta_1(\mathbf{r}_2-\mathbf{r}_1\,;\,t_2-t_1) + i\Delta(\mathbf{r}_2-\mathbf{r}_1\,;\,t_2+t_1)\right\}. \qquad (52')$$

この式の右辺はΔとΔ_1-函数の線型結合である（Δ_1とΔは$|\mathbf{r}_2-\mathbf{r}_1|$に関係し，時刻$t$について夫々偶，奇函数である．第８節（25））．

$A^+(\mathbf{r},t)$と$A^-(\dot{\mathbf{r}},t)$は，時空間の特定の点$\mathbf{r}, t$に於て作用する放出，吸収の演算子と見做せる．

演算子q, q^*, A^+, A^-は場の状態函数Ψに作用し，状態函数は各種の光子($\alpha=1,2,3,4$)の数によつてきまると考えられる．

特に重要な状態はΨ_{0000}で示される各種光子のどれも０個という状態である．この状態は“光子の真空” photon vacuum と呼ばれる．縦光子及びスカラー光子が存在しないという事が何を意味するかは多少説明を要する．第４小節で，p.101 縦及びスカラー光子の個数の違う状態は，それがローレンツ・セットΨ_Lに属する限り，物理的には同等であつてただA_αの期待値のゲージ(ローレンツ条件を破らないはんいのゲージ)が異なるのみである事を述べた．従つてΨ_{0000}と同等に

$$\Psi_L{}^{(0)} + \sum_{n(\neq 0)} c_n\Psi_L{}^{(n)} \qquad ((27))$$

で横波光子＝0 の状態も又，光子真空と呼んでよい筈である．この状態はΨ_{0000}へゲージ変換で移せる（ローレンツ条件を満たす範囲のゲージ変換）．しかし，荷電が存在すると事情は異なつてくる．この時もやはり横波光子の存在しない状態は考えられるけれども，荷電粒子が存在するとそれらの間にクーロン相互作用があり，このクーロン相互作用は縦及びスカラー光子によるのであるから，縦光子もスカラー光子も存在しない状態は存在しない．しかしながら，縦及びスカラー光子も存在しない状態として定義された光子の真空が多くの場合ある意味をもつ．すなわち，粒子の間の相互作用（クーロン相互作用）が粒子と場の相互作用と同じ様に摂動として扱える場合である．これは自由電子の衝突の場合がそうである．この問題は第13節でもう一度論じる．

ひとまず，光子の真空がすべての種類の光子の存在しない状態と定義されたとしよう．

すると $\Psi_0 \equiv \Psi_{0000}$ に吸収の演算子を作用させると明らかに 0 になる.†

$$A^-{}_\alpha \Psi_0 = 0. \tag{53}$$

A_α^- の複素共軛は A_α^+ であるから，$\Psi_0{}^* A_\alpha{}^+ = 0$ となる．又 η は $A_i^+ (i=1\sim3)$ と可換で $A_4{}^+$ と反可換ゆえ

$$\Psi_0{}^* \eta A_\alpha{}^+ = 0 \tag{53'}$$

でもある．Ψ_0 はローレンツ・セットに属するから，(53) と (53′) はローレンツ条件(28)とむじゆんしない.

次に場の量の光子の真空 Ψ_0 における期待値を考えよう．期待値を 0 という添字で示す，$\langle Q \rangle_0 = (\Psi_0{}^* \eta Q \Psi_0)$.　(53) と (53′) より

$$\langle A_\alpha{}^- \rangle_0 = \langle A_\alpha{}^+ \rangle_0 = \langle A_\alpha \rangle_0 = 0 \tag{54}$$

となる．A^+A^- 及び A^-A^- の形の積の期待値も 0 である．同様に A^- が右にあれば A^+A^- の期待値も 0 である．期待値が 0 にならない 2 つの A の積は A^-A^+ である．$\langle A^-A^+ \rangle_0$ を計算するためには $\langle A^+A^- \rangle_0 = 0$ を使つて　p.102

$$\langle A^-A^+ \rangle_0 = \langle [A^-A^+] \rangle_0,$$

であり交換関係 $[A^-A^+]$ は "普通の数" c-number で演算子ではない．更に $(\Psi_0{}^* \eta \Psi_0) = 1$ ゆえ (52) から，

$$\begin{aligned} \langle A_\beta{}^-(\kappa_\mu) A_\alpha{}^+(-\kappa_\mu{}') \rangle_0 &= \frac{\hbar}{c} \delta_{\alpha\beta} \delta^4(\kappa_\mu - \kappa_\mu{}') \frac{1+\varepsilon(\kappa_0)}{2} \delta(\kappa_\mu{}^2) \\ &= \langle A_\beta(\kappa_\mu) A_\alpha(-\kappa_\mu{}') \rangle_0. \end{aligned} \tag{55}$$

(55) の最後の式は

$$\langle A^+A^+ \rangle_0 = \langle A^+A^- \rangle_0 = 0$$

から得られる．(52′) で t_1 と t_2 を入れかえると，座標空間で

$$\langle A_\beta{}^-(\mathbf{r}_2, t_2) A_\alpha{}^+(\mathbf{r}_1, t_1) \rangle_0 = 4\pi \hbar c\, \delta_{\alpha\beta} \frac{1}{2} (\Delta_1 - i\Delta)(\mathbf{r}_2 - \boldsymbol{r}_1, t_2 - t_1) \tag{56}$$

となる．同様にして，2 個以上の積の期待値を得ることもできる．すなわち交換関係を使つて A^- をすべて右へ A^+ を左へ動かすと 0 になり，残りは交換関係の結果あらわれる c-数となる.　p.103

---

† この簡単な真空の定義は不定のメトリックを A_4 の量子化に使うからできる．さもないと $A_4{}^-$ は普通の量子化では q_0 は $q_1 q_2$ と交換関係の符号逆（4）だから放出の演算子で $A_4{}^- \Psi \neq 0$（Ψ が任意のじようたいで）である．90頁の脚注参照.

第三章　電子の場と輻射場との相互作用

11. 電子の相対論的波動方程式

1　Diracの方程式　　読者は Dirac 方程式の初歩の理論を知っているものとして話を進めよう．この節ではこの本に必要な事柄を要約し，記号をきめる事にする．

電磁場と相互作用している電子の相対論的波動方程式は

$$i\hbar\dot{\psi}=H\psi=\{(\boldsymbol{\alpha},\mathbf{p}-e\mathbf{A})+\beta\mu+e\phi\}\psi, \tag{1}$$

$$\mathbf{p}=c\times\text{普通の運動量},\quad \mu=mc^2,\quad p_x=\frac{\hbar c}{i}\frac{\partial}{\partial x}.$$

$\boldsymbol{\alpha}$とβは4行4列のマトリックスで，次の関係を満たす．

$$\begin{aligned}&\alpha_x\beta+\beta\alpha_x=0,\quad \alpha_x\alpha_y+\alpha_y\alpha_x=0,\\&\alpha_x^2=\beta^2=1,\qquad \text{その他}\end{aligned} \tag{2}$$

$\boldsymbol{\alpha}$ と β はたとえば次の形にかける（βを対角にすると）．

$$\boldsymbol{\alpha}=\begin{pmatrix}0 & \boldsymbol{\sigma}\\ \boldsymbol{\sigma} & 0\end{pmatrix},\qquad \beta=\begin{pmatrix}1 & 0\\ 0 & -1\end{pmatrix}. \tag{2'}$$

この式で１，０，$\boldsymbol{\sigma}$ は２行２列のマトリックス，$\boldsymbol{\sigma}$ はPauliのスピン・マトリックスであつて，

$$\sigma_x\sigma_y=-\sigma_y\sigma_x=i\sigma_z.\quad \sigma_x^2=1 \tag{3}$$

を満たす．たとえば σ_z を対角にすると，そのマトリックスは

$$\sigma_x=\begin{pmatrix}0 & 1\\ 1 & 0\end{pmatrix},\qquad \sigma_y=\begin{pmatrix}0 & -i\\ i & 0\end{pmatrix},\qquad \sigma_z=\begin{pmatrix}1 & 0\\ 0 & -1\end{pmatrix}. \tag{3'}$$

運動学的にスピンと呼ぶものは$\frac{\hbar}{2}\boldsymbol{\sigma}\equiv\frac{\hbar}{2}\begin{pmatrix}\boldsymbol{\sigma} & 0\\ 0 & \boldsymbol{\sigma}\end{pmatrix}$である．これに応じて，$\psi$ は４つの成分 $\psi_\rho, \rho=1\cdots4$ をもつている．添字 ρ は ψ が含んでいる離散変数と考えるべきである．（それは変数であつて固有状態を示す添字ではない．）ψ_ρ は縦列のマトリックスで表わされ，$\alpha_x\psi$ はマトリックスの積で表わされる．

$$(\alpha_x\psi)_\rho\equiv\sum_{\rho'}\alpha_{x\rho\rho'}\psi_{\rho'}.$$

$\alpha_x\psi$ 自身もやはり縦列のマトリックスである．　p.104

（1）の式に adjoint な方程式が存在する．それは複素共軛をとつて得られる．ψ^*でψの複素共軛を表わすと，ψ^* は横列のマトリックスで $\boldsymbol{\alpha}$ 等は ψ^* の右におくとする．たとえば，

$$(\psi^*\alpha_x)_\rho=\sum_{\rho'}\psi^*_{\rho'}\alpha_{x\rho'\rho}.$$

である．ψ^*はψに共軛なマトリックスである．

波動方程式で対称性を保つために ψ^* の代わりに

$$\psi^\dagger=i\psi^*\beta. \tag{4}$$

を考える方が便利である．$\psi^\dagger$はψの adjoint ではないけれども，$\psi^\dagger$ と普通にかかれる．すると adjoint な波動方程式は

$$-i\hbar\dot{\psi}^\dagger=\psi^\dagger\{\boldsymbol{\alpha},\mathbf{p}_{\mathrm{op}}+e\mathbf{A})+\beta\mu+e\phi\} \tag{5}$$

となる．$\mathbf{p}_{\mathrm{op}}$は$\psi^\dagger$に右から作用する

$$\psi^\dagger p_{x\mathrm{op}}=\frac{\hbar c}{i}\frac{\partial\psi^\dagger}{\partial x},$$

$\mathbf{p}_{\mathrm{op}}$はこの様なもので，これを$\psi^\dagger$の右にかいた方が（5）の様にまとまる．

（1），（5）の相対論的共変性を示すために

$$\gamma_4=\beta,\quad \gamma_i=i\alpha_i\beta=-i\beta\alpha_i\qquad (i=1,2,3) \tag{6}$$

なるマトリックスγ_μを考えて式を書き直す．γは

$$\gamma_\mu\gamma_\nu+\gamma_\nu\gamma_\mu=2\delta_{\mu\nu}. \tag{6'}$$

を満たす．更に

$$p_\mu=\frac{\hbar c}{i}\frac{\partial}{\partial x_\mu}\quad\left(p_4=\frac{\hbar c}{i}\frac{\partial}{\partial x_4}=-\hbar\frac{\partial}{\partial t}\right)$$

というエネルギー運動量4元ベクトルを使い，$A_\mu=\mathbf{A}_3 i,\ \phi$ とすると，（1）と（5）は

$$\left.\begin{aligned}&\gamma_\mu(p_\mu-eA_\mu)\psi=i\mu\psi,\\&\psi^\dagger\gamma_\mu(p_{\mu\mathrm{op}}+eA_\mu)=-i\mu\psi^\dagger.\end{aligned}\right\} \tag{7}$$

ある意味で γ_μ はマトリックスの4元ベクトルと見做しうる．とにかく

$$i_\mu=ec(\psi^\dagger\gamma_\mu\psi), \tag{8}$$

又は

p.105

$$i_k=ec(\psi^\dagger\gamma_k\psi)=ec(\psi^*\alpha_k\psi),\ \rho=\frac{1}{ic}\,i_4=-ie(\psi^\dagger\beta\psi)=e(\psi^*\psi) \tag{8'}$$

は4元ベクトルを形成する. $e=-|e|$ は電子の電荷である. 又, (7) からこの4元ベクトルの発散は0である.

$$\frac{\partial i_\mu}{\partial x_\mu}=0. \tag{9}$$

この4元ベクトルは物理的には電流,電荷密度である. 古典的な電流電荷密度第2節(14) とくらべてみると, 粒子の速度の代わりに演算子$\boldsymbol{\alpha}$があらわれている. この対応は演算子Hを古典的な粒子のハミルトニアンと比べる事によつてより明瞭になる. 第6節 (22) により古典的なハミルトニアンは

$$H=e\phi+[\mu^2+(\mathbf{p}-e\mathbf{A})^2]^{1/2}=\frac{1}{c}(\mathbf{v},\mathbf{p}-e\mathbf{A})+\mu\sqrt{1-v^2/c^2}+e\phi.$$

ここで $\mathbf{v}/c=(\mathbf{p}-e\mathbf{A})/[\mu^2+(\mathbf{p}-e\mathbf{A})^2]^{1/2}$

で, これは相対論的な粒子の速度である. これと (1) を比べると, $\mathbf{v}\to\boldsymbol{\alpha}c$, $\sqrt{1-v^2/c^2}\to\beta$となつている事がわかる. α_x の固有値は $\pm1(\alpha_x{}^2=1$ より) であるから $\mathbf{v}_x$ の固有値は $\pm c$ となる. これは電子がスピンの存在により不規則な早い運動"旋廻"Zitterbewegung† をしている事によるが, 平均の速度は運動量 $\mathbf{p}$ を使つて $c\mathbf{p}/\mu$ となる.

典型的な平面波の解を波動方程式に仮定すると,

$$\psi=ue^{i(\mathbf{pr})/\hbar c-iEt/\hbar},\quad \psi^\dagger=u^\dagger e^{-i(\mathbf{pr})\hbar c+cEt/\hbar}\quad (E^2-\mathbf{p}^2=\mu^2) \tag{10}$$

の形となる. ここで $\mathbf{p},E$ (又はp_μ) はただの数で, uは"スピノル"spinor と呼ばれる4成分をもつた量で, p_μ には関係するが, $\mathbf{r},t$ は含まないものである. 又,

$$\psi^\dagger p_{\mu\mathrm{op}}=-p_\mu\psi^\dagger,$$

であるから, (7) は

$$\begin{aligned}&\gamma_\mu p_\mu u=i\mu u, &&\qquad Eu=[(\boldsymbol{\alpha}\mathbf{p})+\beta\mu]u,\\ &&\text{又は}&\qquad\qquad\qquad\qquad (p_\mu{}^2=-\mu^2)\\ &u^\dagger\gamma_\mu p_\mu=i\mu u^\dagger, &&\qquad Eu^*=u^*[(\boldsymbol{\alpha}\mathbf{p})+\beta\mu],\end{aligned} \tag{11}$$

となる. uは4つの成分をもつているから ((11) は4つの連立方程式となり), ある p_μ の値に対して4つの固有解が存在する. これらは (i) 2つのスピンの向の異なる解, (ii) 正エネルギーの解の外に負エネルギーの解がある――事に対応する. 負エネルギーの解のある事の物理的意味は, この理論の最も重要な面であり, 以下で述べる. 解の形を見るために, z-方向に動いている電子を考えて, $p_x=p_y=0$ とする. (2′), (3′) の表示を使

† E. Schrödinger, *Sitz. Preuss. Akad.* XXIV, 1930.

つて ((11) の$Eu=[(\boldsymbol{\alpha}\mathbf{p})+\beta\mu]u$をとくと), 次の4つの解を得る.

$$
\begin{array}{c|cccc}
 & E>0 & & E<0 & \\
 & \uparrow & \downarrow & \uparrow & \downarrow \\
\hline
u_1 & 1 & 0 & -\frac{p_z}{\mu+|E|} & 0 \\
u_2 & 0 & 1 & 0 & +\frac{p_z}{\mu+|E|} \\
u_3 & +\frac{p_z}{\mu+E} & 0 & 1 & 0 \\
u_4 & 0 & -\frac{p_z}{\mu+E} & 0 & 1
\end{array}
\left.\vphantom{\begin{array}{c}1\\1\\1\\1\\1\\1\end{array}}\right\}
\left[1+\frac{p_z^2}{(\mu+|E|)^2}\right]^{-1/2} \qquad (|E|=(\mu^2+p_z^2)^{1/2}). \tag{12}
$$

これらの4つの解の物理的意味を示すために, (i) σ_z, (ii) Hを, それぞれ (12) にかけてみる.

$$\sigma_z u=\pm u,\ \pm\text{は}\updownarrow\text{に対して},$$

及び

$$Hu=\pm|E|u,\ \pm\text{は}E\gtreqless 0\ \text{に対して}$$

を得る. 従つて↑, ↓と書いた解では, スピンがそれぞれ±zの方向を向いている(σ_x,σ_yはσ_zと可換でないから特定値をもたない) 運動の方向 (z-方向) 以外に確定した値をもつ$\boldsymbol{\sigma}$の方向がない事は注目すべきである. 同様に$E\gtreqless 0$とした解では, エネルギーは±の値をもつ. (12) は単位体積について規格化してある. $\left(\text{単位体積について}\int\psi^*\psi d\tau=1\right)$.

正エネルギーの自由電子の L^3 の中での固有解の数は, スピンの方向をきめると, 運動量 d^3p の中に

$$d^3pL^3/(2\pi\hbar c)^3=p^2dpd\Omega L^3/(2\pi\hbar c)^3=pEdEd\Omega L^3/(2\pi\hbar c)^3$$

だけある.

固有解 $\psi_{\rho n}(\mathbf{r})$ は普通の直交, 完全性関係を満たす. ρ も座標であるから, 座標についての積分にはρについての和も含める. 又, 固有状態を区別するnは $E\lesseqgtr 0$ 及びスピンの向き$\updownarrow$の区別も含む《運動量, (エネルギーの値) を含むのはもちろん》.

直交関係は

$$\sum_\rho\int\psi^*{}_{\rho n}(\mathbf{r})\,\psi_{\rho n'}(\mathbf{r})\,d\tau\equiv\int(\psi^*{}_n\psi_{n'})d\tau=\delta_{nn'}. \tag{13}$$

$n\neq n'$ でスピンの向き, 又はEの等号のひとしくない事も《運動量の異なるのと同様に》表わす. 完全性の関係は

$$\sum_n\psi_{\rho n}{}^*(\mathbf{r})\psi_{\rho' n}(\mathbf{r}')=\delta_{\rho\rho'}\delta(\mathbf{r}-\mathbf{r}'). \tag{13'}$$

p.107
(第8節の (3) を見よ. ρは離散的 (変数) 故$\delta_{\rho\rho'}$となる.) 直接 ρ を書く事が必要な

時以外は，以下ではこれを省略して，内積($\psi^*\cdots\psi$) 又は($\psi^\dagger\cdots\psi$) ($\cdots$はα，β の演算子) では ρ の和をとる事もいみするとしておく．

数個の粒子のある場合これの一般化も直ちにできる．各粒子は夫々の演算子 $\boldsymbol{\alpha}_k, \beta_k, \mathbf{p}_k$ をもち，ψ は $\mathbf{r}_k, \rho_k$ (各粒子を k で区別) に関係する．$\boldsymbol{\alpha}_k$ は勿論 ρ_k に作用して ρ_i には作用しない．$(i\neq k)$．n 個粒子があると $\boldsymbol{\alpha}_k$ は k 番目の因子のみが(2′)の $\boldsymbol{\alpha}$ であり，ほかの因子はすべて1の n 個の因子の直積と考える事ができる (1 もマトリックス$\begin{pmatrix}1 & & 0\\ & 1 & \\ 0 & & 1\end{pmatrix}$)．この様にすると，$\psi$ は 4^n 個の成分をもつ事になる．又，Fermi 粒子ゆえ ψ はすべての粒子の入れかえに対して反対称である．

2 スピンの和 しばしば必要がおこるのは，自由粒子の解を，エネルギーの両方の符号及びスピンの向き又はエネルギーの符号をきめておいてのスピンの向きについて和をとることである．これらは，α, β 又は γ_μ の表示を直接使わないでも計算できる．Q_1 と Q_2 をマトリックス α, β より成る2つの演算子としよう．あるあたえられた運動量 $\mathbf{p}$ の状態での4つの解すべてについての和を $\sum^{\mathbf{p}}$ とかく．すると，完全性の定理 (13′) は

$$\sum\nolimits^{\mathbf{p}} u_\rho{}^* u_{\rho}{}' = \delta_{\rho\rho'}{}^{\#} \tag{13″}$$

となる．従つて，たとえば

$$\sum\nolimits^{\mathbf{p}'} (u^* Q_1 u')(u'^* Q_2 u'') = (u^* Q_1 Q_2 u''), \tag{14 a}$$

$$\sum\nolimits^{\mathbf{p}} (u^* Q u) = \mathrm{Sp}Q \quad (\mathrm{Sp}Q \equiv \textstyle\sum_\rho Q_{\rho\rho}) \tag{14 b}$$

が得られる．SpQ は演算子 Q の跡 (Spur, 対角要素の和) である．跡は容易に計算できる．(2)–(3′) 及び (6′)より，α_x，α_y又は β (又は或る種の γ_μ) の奇数個の積の跡は 0 となる事がわかる．Sp1=4 (1 は 4-4 マトリックス) であるから，たとえば

$$\mathrm{Sp}\alpha_x\beta\alpha_x\beta = \mathrm{Sp}\alpha_x\alpha_y\alpha_x\alpha_y = \mathrm{Sp}\gamma_1\gamma_2\gamma_1\gamma_2 = -4, \quad \text{その他} \tag{15}$$

となる．α, β 又は γ 等の積の形では，その積で因子を cyclic にかえても (123→312の様に) 跡は不変である． (順序をかえると成り立たない．) たとえば，$\mathbf{a}$, $\mathbf{b}$ をある一定のベクトルとすると

$$\mathrm{Sp}(\boldsymbol{\alpha}\mathbf{a})Q(\boldsymbol{\alpha}\mathbf{a}) = \mathbf{a}^2 \mathrm{Sp}Q, \tag{15′}$$

$$\mathrm{Sp}(\boldsymbol{\alpha}\mathbf{a})(\boldsymbol{\alpha}\mathbf{b}) = \mathrm{Sp}(\boldsymbol{\alpha}\mathbf{b})(\boldsymbol{\alpha}\boldsymbol{a}) = 4(\mathbf{ab}). \tag{15″}$$

\# $\mathbf{p}$ を一定にした4つの解 u はそれ自身で完全直交系をなす (ρ-空間で)． (13′) のすべての状態についての和は($\delta_{pp'}$ をあたえる)，$\sum^{\mathbf{p}}$ と $\exp i(\mathbf{pr})$ を含む $\mathbf{p}$ すべての値についての和でこれは$\delta(\mathbf{r}-\mathbf{r}')$ になる．

p.108
次に S^p という記号で，エネルギーEの符号をきめておいてのスピン方向の和を表わそう．そしてエネルギーの符号について $S^p{}_\pm$ と表わすことにする．そして，この和をとる時に

$$\left.\begin{aligned}\frac{H+|E|}{2|E|}u\equiv\frac{(\boldsymbol{\alpha}\mathbf{p})+\beta\mu+|E|}{2|E|}u=\begin{cases}u & (E>0)\\0 & (E<0)\end{cases}\\ \frac{-H+|E|}{2|E|}u\equiv\frac{-(\boldsymbol{\alpha}\mathbf{p})-\beta\mu+|E|}{2|E|}u=\begin{cases}0 & (E>0)\\u & (E<0)\end{cases}\end{aligned}\right\} \tag{16}$$

という事を使う．すると和 $S^p{}_\pm\cdots u$ （…はα,β等のマトリックス）は

$$\sum{}^p\cdots\frac{|E|\pm H}{2|E|}u$$

となるから，

$$S^{p'}{}_\pm(u^*Q_1u')(u'^*Q_2u'')=\left(u^*Q_1\frac{|E'|\pm H'}{2|E'|}Q_2u''\right), \tag{17 a}$$

$$S^p{}_\pm(u^*Qu)=\mathrm{Sp}Q\frac{|E|\pm H}{2|E|} \tag{17 b}$$

となる．$i(E+\boldsymbol{\alpha}\mathbf{p}+\beta\mu)\beta=\gamma_\mu p_\mu+i\mu$ゆえ，(17) は相対論的に書く事もできる．((16) をu^*に使って)．

$$S^p{}_\pm(u^\dagger Qu)=\sum{}^p\left(u^*i\frac{|E|\pm H}{2|E|}\beta Qu\right)=\pm\mathrm{Sp}\frac{(\gamma_\mu p_\mu+i\mu)Q}{2|p_0|}\quad, \tag{18 a}$$

$$S'^p{}_\pm(u^\dagger Q_1u')(u'^\dagger Q_2u'')=\pm\left(u^\dagger Q_1\frac{\gamma_\mu p_\mu'+i\mu}{2|p_0'|}Q_2u''\right)\quad. \tag{18 b}$$

(この書き直しには $E<0$では，$p_4=ip_0=-i|E|$である事をつかう．)

3 非相対論への移行 固有状態のエネルギーの値が $\mu(mc^2)$ に近い時には（自由電子の場合でなくてもよい)，非相対論的な波動方程式に移る事ができる，$E>0$ の時には，(12) から u_3,u_4 は u_1,u_2 にくらべて $p/\mu\sim v/c$ 位小さい事がわかる．これは $\phi,\mathbf{A}$が0でなく，$\mathbf{p}$ を演算子のままにしておいても，$\boldsymbol{\alpha},\beta$ に対して（2′）の表示を使うかぎり成り立つ．すると波動函数を2つの部分に分けられる事になる．2つの大きい成分 ψ_1,ψ_2 を ψ_I（2成分の縦マトリックス）とし，小さい(v/c位) 成分 ψ_3,ψ_4 を ψ_{II} とする．すると固有値Eに対して（2′）を使うと，（1）は

$$(E-\mu)\psi_I=e\phi\psi_I+(\boldsymbol{\sigma},\mathbf{p}-e\mathbf{A})\psi_{II}, \tag{19 a}$$

$$(E+\mu)\psi_{II}=e\phi\psi_{II}+(\boldsymbol{\sigma},\mathbf{p}-e\mathbf{A})\psi_I \tag{19 b}$$

となり，(19 a) より $e\phi$ は（ψ_{II} を略すと）$E-\mu$ 位の量で，仮定により$\ll\mu$となる．すると (19 b) で $e\phi\psi_{II}$は外の項より小さいとしてよいから，ψ_{II} を ψ_I で表わせる．

p.109

p^2/μ^2 位の項を無視すると，$E+\mu$ は 2μ でおきかえてよく，$e\phi$ はやはり $(E-\mu)\approx\mu/2\cdot(p/\mu)^2$ ゆえ略せて，

$$\left.\begin{aligned}\psi_{II}&=\frac{1}{2\mu}(\boldsymbol{\sigma},\mathbf{p}-e\boldsymbol{A})\psi_I,\\ \psi_{II}^*&=-\frac{1}{2\mu}\psi_I^*(\boldsymbol{\sigma},\mathbf{p}_{\mathrm{op}}+e\mathbf{A})\end{aligned}\right\}\tag{20}$$

となる．運動量が $\mathbf{p}$(c-数) の解に対しては

$$\psi_{II}^*=\frac{1}{2\mu}\psi_I^*(\boldsymbol{\sigma},\mathbf{p}-e\mathbf{A})$$

とかける．(20) を (19 a) に代入すると，大きい成分 ψ_I のみの式を得る．

$$(E-\mu)\psi_I=\left\{e\phi+\frac{1}{2\mu}(\mathbf{p}-e\mathbf{A})^2-\frac{e\hbar c}{2\mu}(\boldsymbol{\sigma}\mathbf{H})\right\}\psi_I.\tag{21}$$

ここで，(3) の σ の関係及び

$$[p_y,A_x]=\frac{\hbar c}{i}\frac{\partial A_x}{\partial y}$$

を使った．(21) の最後の項は，磁気能率 $\frac{e\hbar}{2mc}$ のよくしられたスピンの項である．(21) は v/c の order の項迄正しい．

電荷，電流密度も同様に分解する事ができる．この分離を $(u_{p'}^*\boldsymbol{\alpha}u_p)$ (p と p' は異なつた運動量) で行うのがよい．(19) から同じ近似 ($\left(\frac{p}{\mu}\right)^2$ を省略) で，成分 α_n に対して $\mathbf{A}=\phi=0$ の時に，

$$(u^*_{p'}u_p)=(u^*_{p'I}u_{pI}),$$

$$(u^*_{p'}\alpha_n v_p)=\frac{1}{2\mu}\left\{(u^*_{p'I}\sigma_n u_{pII})+(u^*_{p'II}\sigma_n u_{pI})\right\}=\frac{1}{2\mu}\left(u^*_{p'I}[\sigma_n(\boldsymbol{\sigma}\mathbf{p})+(\boldsymbol{\sigma}\mathbf{p}')\sigma_n]u_{pI}\right)$$

$$=\frac{1}{2\mu}\left(u^*_{p'I}(p_n+p'_n)u_{pI}\right)+\frac{i}{2\mu}\left(u^*_{p'I}(\boldsymbol{\sigma}[\mathbf{p}'-\mathbf{p},\mathbf{n}])u_{p,I}\right)\tag{22}$$

を得る．$\mathbf{n}$ はその方向の単位ベクトル．(22) の初項は両方の状態の平均速度 $\frac{(p+p')_n}{2\mu}$ であり，2項目はスピンの存在によつて生ずる電流である．負エネルギーの状態に於ても同じ様な分解ができる．

4 空孔理論 上の小節で，相対論相波動方程式はエネルギーが負の解をもつている事を述べた．この負エネルギーは，自由電子のエネルギーが

$$E=\pm\sqrt{p^2+\mu^2}$$

で与えられる事による．従つて，p をあたえた時 E の符号は正でも負でもよい．この負エネルギーをそのままうけとると，こういう状態が存在する事とその性質は非常な困難をひき起す様に思える．しかしながら，古典理論ではエネルギーは正の符号をとるものときめておけば，時間的にはそれは変わらないから困難はおこらない．p.110

しかし，量子論ではその様にきめられない．十分に速く変化する外場をかけると，正のエネルギーの状態から負エネルギーの状態に転移がおこる．従つて，負エネルギーの状態を理論から省略してしまうことはできないし，又，理論が完全に無茶でない限り，ある物理的な意味をもつている筈である．

この負エネルギー状態をどの様に解釈すればよいかは，電子と全然同じ性質をもち，荷電が正の粒子の発見により明瞭になつた．正電子又は"陽電子" positron は負電子又は"陰電子" electron と対になつて時間，空間的に速く変化する電磁場（高エネルギーの γ 線，高速2粒子の衝突，等）によつて創り出される．# 又，逆に（陰）電子と一しよになつて，静止エネルギー $2mc^2$ を光として放出して消滅もする．正しい量子電気力学は，この正電子の存在及びその創生，消滅を説明できねばならない．

理論的に現われた負エネルギーの状態と観測された正電子の関係づけは，Dirac の "空孔理論" hole theory で与えられる．この理論は負エネルギー状態の困難をさけるために陽電子が発見される2年前に考えられた．

電子が正エネルギー状態から負エネルギーの状態に転移できるという困難をさけるために，次の2つの基本的な仮定をする．##

（1） エネルギーが（自由電子の時）$-mc^2$ から $-\infty$ 迄のすべての負エネルギー状態は電子がすべての状態に存在する．こうすると，電子は"排他律" exclusion principle に従うから，この負エネルギーの状態へは転移が起らない．

（2） 負エネルギー状態を占めている電子は外場を作らず， 系の全電荷，全運動量，全エネルギーに何も寄与しい． すなわち電荷，エネルギー， 運動量の0点（はかりはじめの点）を，負エルギーの状態が全部電子により占められ，正エネルギー状態に電子の存

\# 最初の発見は C.D. Anderson, *Phys. Rev.* **41** (1932), 405; **43** (1933), 491; **44** (1933), 406 になされた．P.M.S. Blackett, J. Chadwick, G.P.S. Occhialini, *Proc. Roy. Soc.* **144** (1934), 235 を参照．

\## P.A.M. Dirac, Quantum Mechanics, 3rd ed. Oxford, 1947, chap. XI.

在しない様な電子の分布をもった状態とする. この状態を“電子の真空”と呼ぼう.

p.111

第2の仮定にもかゝわらず，（これはスケールの変化のみで）外場は負エネルギー状態の電子に作用できるとする.

いまエネルギー $E=-|E|$ で運動量 $\mathbf{p}$ の電子が1つとりさられたとしよう. 第2番目の仮定により，系のエネルギー，運動量，荷電は0ではなく

$$E_+=-E=|E|,\quad e_+=-e,\quad \mathbf{p}_+=-\mathbf{p}. \tag{23}$$

ここで $e(=-|e|)$ は（陰）電子の荷電である. 従つて，負エネルギー状態に一つの孔があくと，この孔は正電荷，正エネルギーで，運動量，スピンはその負エネルギー状態の逆向のものになる. 従つて，それは電子の質量をもち，荷電が正の普通の粒子の様に振舞う. エネルギーと運動量とは

$$E_+=+\sqrt{p_+{}^2+\mu^2} \tag{24}$$

で関係し，符号は正になる. 従つて正電子は負エネルギー状態につまつている電子の分布にできた空孔で表わされることになる.

正，負電子の“対” pair の形での創生，消滅は次の様に考えられる. 空孔も正エネルギー粒子も存在しない真空に外場を作用させると，負エネルギーの電子に外場が作用して，エネルギー E，運動量 $\mathbf{p}$ の電子を正エネルギー E'，運動量 $\mathbf{p}'$ の状態に転移させる. すると，エネルギー，運動量が次の対が存在することになる.

$$\left.\begin{aligned}\mathbf{p}_+&=-\mathbf{p},\quad E_+=-E=|E|,\\ \mathbf{p}_-&=\mathbf{p}',\quad E_-=E'\ .\end{aligned}\right\} \tag{25}$$

この転移を起させるエネルギーは（エネルギーが保存するとして） $2mc^2$ より大きくなければならない.

$$E'-E=E_++E_-\geqq 2mc^2. \tag{26}$$

一方，最初正負電子対が存在したとすると，（正エネルギーの）負電子は正電子として振舞つている空孔に転移する事ができ，対が消滅する事になる. この転移過程の結果(26)のエネルギーは輻射等として放出される. 対の創生，消滅の際には，粒子の全荷電は保存するけれども，全粒子数は保存しない. 負エネルギー電子（“真空電子” vacuum electron）が関係する過程は，本質的にそれにかんけいする多くの粒子の多体問題となる. ゆえに反対称な波動函数を使わねばならないが，正，負エネルギーの粒子の入れ替えに対しても反対称にしなければならない.

p.112

有限の個数の対が創生，消滅する様な過程では，負エネルギー状態にある無限個の電子が全部関係するわけではない．従つて，空孔理論は負エネルギー状態から正エネルギー状態への転移が対の創生をあらわし，その逆の転移が対の消失をいみするという解釈を可能にする．

空孔理論は，われわれの純電磁場の概念にもふれてくる様な深いいみをもつている．電磁場，例えば原子核のクーロン場を電子の真空に働かせたとしよう．外場の中の負エネルギー状態は，自由電子の場合と異なつてくる．従つて，自由電子(場を働かせる前)の時に負エネルギー状態がすべて電子によつて占められていると，外場のある場合にはある負エネルギー状態は空孔となり，ある正エネルギー状態が電子で占められ，数個の電子対が存在する様になる．電子対は（全荷電 0 で）二重極として働くので，真空が偏極したことになる (polarize)．真空の偏極率は，ある点で“不斉一な”inhomogeneous 誘電体の偏極率と似ている（クーロン場は不斉一 inhomogeneous　であるから）．これは理論の非常に新らしい面である．

真空の偏極については第32節でくわしく扱うが，　その定性的な結果は容易に推察できる．すなわち，一定の場を働かせると一定の偏極率を生じ，偏極率は場には関係なく，すべての電荷が常数倍になるだけである（真空の誘電率 dielectric constant)．この偏極率の存在しない“理想的真空”での実験というのは考えられないから，この効果は原理的に観測不能な効果である（偏極率はそれに関与する対の数が無限にあるので，無限大になるが)．不斉一な場を働かせると，このほかに，一様でない偏極を生じ，この効果は（有限で）観測できる．たとえば，光は，クーロン場内で偏極できた二重極によつて（一様でない分）散乱され，2 つの光子はお互に散乱する（第32節)．

純輻射場の線型な理論では重ね合わせの原理が成り立つから，この様な現象（クーロン場での光の散乱，光と光の散乱）は絶対に現われない．したがつて，電磁場はそれ自体では存在しなくて，“電子の場”と密接に関連して存在する事になる．普通の考えうる状態では純粋の Maxwell 場からのこの様なずれは非常に小さく，非常に強い場又は高い振動数の関係する時にのみ目立つてくる．

理論をひろげてゆく時にでてくる他の性質は“真空の揺ぎ” vacuum fluctuation である．電子の真空では全電荷は 0 である．これは小さな体積要素の中の電荷がいつも 0 であ

p.113
る事を意味しない．実際，任意の時刻に空間の任意の領域には，正，負電子（又は数個の正負電子）を観測する有限の確率がある（第28.4節参照）．

空孔理論は実験とすばらしい一致を見た．しかし，負エネルギー状態に無限個の粒子を考えねばならない理論形式は，まだ不完全であるといわねばならない．しかし次の節で，負エネルギー電子の代わりに直接陽電子を用いて理論を作れることがわかる．この様にすると（無限個の粒子といつた様な）耳障りな事は言わなくてすませる．

12. 電子場の第2量子化

1 単一の電子の波の第2量子化　陽電子と陰電子の系を，正エネルギー，負エネルギーの粒子の多体問題として取扱う方法とは別に，陽電子の性質をはじめから理論に導入する方法がある．この方法は Dirac 方程式の ψ-函数を輻射場**A**の量子化と同じ様に量子化するのであつて，負エネルギー状態の“無限にある海” infinite sea といつたものは不要となり，物理的に意味のある部分だけを理論に取り入れることができるという利点をもつている．更に，粒子の創生，消滅が極めて自然に取扱える．Jordan と Wigner* によつて，多次元配位空間での反対称な波動函数を使う代わりに，ψ- 函数を**A**と同様の3-次元空間での場の函数と考えて，ある量子条件をおいて量子力学的演算子とみなせばよいということがはじめて示された．この量子条件は Pauli の原理（排他律）を満たす様なものでなければならない．電子の粒子的性質は（丁度光の時そうであつた様に）この ψ-場の量子化という“第2量子化”によつてはじめてでてくる．

すべての時間を含んだDirac方程式の解は自由電子の解の級数に展開される．この展開は正，負エネルギーの解を含む（完全性第11節（13）は正，負エネルギーの和をとらないとだめ）．この展開の時に，正，負のエネルギーの状態を分けて書くことが以下の議論にとつて本質的である．運動量**p**，スピン成分$s(=\pm\frac{1}{2})$の自由電子の規格化された4つの成分をもつ振幅（第11節の u）を正，負エネルギーの各状態について夫々 $u_{ps\rho}$ 及び $v_{ps\rho}$ と書く（$\rho=1\cdots4$）．これらはたとえば第11節の式（12）にでてくる量である．**p** と s の符号は負エネルギー状態に対しては逆にしておくと，**p**, s は陽電子の運動量とスピンを表わすことになるから便利である． p.114

* P. Jordan and E. Wigner, *Zs.f.Phys.* **47** (1928), 631.

一つの部分波に対して$u_{ps\rho}\exp(i(\mathbf{pr})/\hbar c)$は電子の $E>0$ の解であり，$v_{-p,-s,\rho}\exp(-i(\mathbf{pr})/\hbar c)$は$E<0$，運動量$-\mathbf{p}$，スピン$-s$の電子の固有解である．故に，もし負エネルギーの電子が1個空孔になつていると，$\mathbf{p}$ sが夫々陽電子の運動量，スピンとなる．輻射場の時の展開第7節（3）と同様に，

$$\psi_\rho(t)=\sum_{p,s}\left\{a_{ps}(t)\,u_{ps\rho}\,e^{i(\mathbf{pr})/\hbar c}+b^*_{ps}(t)\,v_{-p-s\rho}e^{-i(\mathbf{pr})/\hbar c}\right\} \quad (1\,\mathrm{a})$$

と書ける．輻射場$\mathbf{A}$は実数であつたがψは実数ではないので，b^*はaの複素共軛ではなくて，a_{ps}とb^*_{ps}は時刻tにかんけいする独立な振幅である．以下直接書く必要がない限り，添字ρ,sは略す．同様にψ^*も展開できる．

$$\psi^*=\sum_{p,s}\left\{a^*_p(t)u^*_pe^{-i(\mathbf{pr})/\hbar c}+b_p(t)v^*_{-p}e^{i(\mathbf{pr})/\hbar c}\right\}. \quad (1\,\mathrm{b})$$

そこでa,b,a^*,b^*という振幅を時刻に関係しない演算子として量子化する事にしよう．まず$[a_p^*,\ a_p]=-1$として演算子としての性質を規定するのが第7節（10）との類推からはよい様にみえる†．第7節の（13）と同様に$a_p^*a_p=n_p$が固有状態$\mathbf{p},s$にある電子の数となる　しかし，n_pは0，1，2……と正整数すべてとりうるから，明らかにPauliの原理に反する．従つて，今の場合はある固有状態に属する粒子の数は0又は1のみになる様に量子化をしなけばならない．これは“反交換関係” anticommutation relation

$$a_p^*a_p+a_pa_p^*=1, \quad (2)$$

すなわち負号の代わりに正号をもったものを使えばよい．a,a^*をマトリックスで表示するのは容易にできる．†† 最も簡単な表示は，a^*,aを少くとも2次元のマトリックスで示すことである．量子化する前にはa^*はaの複素共軛であるので，量子化すればaのエルミット共軛になることを考えに入れてa^*aを対角にすると，

$$a=\begin{pmatrix}0&0\\1&0\end{pmatrix},\qquad a^*=\begin{pmatrix}0&1\\0&0\end{pmatrix}, \quad (3\,\mathrm{a})$$

$$a^*a\equiv n=\begin{pmatrix}1&0\\0&0\end{pmatrix},\qquad aa^*=\begin{pmatrix}0&0\\0&1\end{pmatrix}=1-n \quad (3\,\mathrm{b})$$

---

† 因子$\dfrac{\hbar}{2\nu}$はu,vが正しく規格されているのであらわれない（エネルギーが$\sum a^*aE_p$の形.）

†† （2）を満す簡単な解としては$a=a^*=1/\sqrt{2}$があるが，これはc－数ゆえ役に立たない．

となる．《(2) に左から a をかけると $a^*aa+aa^*a=a$，a^*a を対角とする表示でのマトリックス要素を作ると $(n|a|m)(m+n)=(n|a|m)$，∴ $m+n=1$ のとき $(n|a|m)\neq 0$．同様に前から a^*をかけて　$a^*a^*a+a^*aa^*=a^*$，　∴ $m+n=1$ のとき $(n|a^*|m)\neq 0$，ここで $n=\sum_m (n|a^*|m)(m|a|n)=\sum_m |(n|a^*|m)|^2\geqq 0$，$m=\sum_{m'}|(m|a^*|m)|^2\geqq 0$ を使うと，n, mは 0, 1 のみで，$(n|a^*a|n)=(n|a^*|1-n)(1-n|a|n)=\begin{cases}0\\1\end{cases}$ であるから，$(0|a^*|1)=(1|a|0)=0$，$(1|a^*|0)=e^{i\delta}$，$(0|a|1)=e^{-i\delta}$ となる．》之が (2) の不可約な表示であるということは，(3) が形式的には Pauli のスピン・マトリックス σ の線型結合であるので，Pauli スピンの表示の不可約性より明らかである． p.115

更に (3) より

$$a^2=a^{*2}=0 \tag{4}$$

が得られる．n は 0 及び 1 という値のみをとるので $\mathbf{p}, s(E>0)$という状態の電子の数と解釈できる (Pauli禁制にむじゅんしない)．輻射場の時の q, q^*と同様に，a, a^*は電子の吸収，放出即ち電子の数を ∓ 1だけ変化させる演算子である．第7節の (27) と同様に電子の個数に (及び時間に) 関係した状態函数 Ψ_n を導入して，a, a^*は Ψ に作用するとしなければならない．

状態はΨ_0とΨ_1の2つだけで，a_{op}とa^*_{op}をΨ_nに作用させると次の様になる．

$$\begin{aligned} &a_{\text{op}}\Psi_1=\Psi_0, \quad a^*_{\text{op}}\Psi_0=\Psi_1, \\ &a^*_{\text{op}}\Psi_1=a_{\text{op}}\Psi_0=0, \quad a^*_{\text{op}}a_{\text{op}}\Psi_n=n\Psi_n. \end{aligned} \tag{5}$$

a, a^* のマトリックス要素を作つてみると

$$\begin{aligned} &a_{01}\equiv(\Psi_0{}^*a_{\text{op}}\Psi_1)=a_{10}{}^*\equiv(\Psi_1{}^*a_{\text{op}}\Psi_0)=1, \\ &a_{11}=a_{10}=a_{00}=a^*_{11}=a^*_{01}=a^*_{00}=0 \end{aligned} \tag{6}$$

であり，(3) のマトリックス表示と同じになる．従つて，a^* と a は夫々放出，吸収の演算子の役目をし，又 Pauli 禁制を満足する．

同様に，振幅 b, b^*に対しても次を要求する．

$$bb^*+b^*b=1. \tag{7}$$

さて，空孔理論的な解釈に従つて，b, b^* を陽電子の消滅発生の演算子と見做す事ができる．ψ の展開 (1) では負エネルギー状態の振幅は b^* で表わしてあり，これは (a と同様の解釈をすると) 負エネルギー電子の吸収 (消滅) を表わすから陽電子の発生と同じである．b, b^*をマトリックスで表わすと a, a^*と同じになる．状態函数Ψ は，陽電子，

陰電子の数に関係して Ψ_{n^+,n^-}となる．$(a^*a=n^-, b^*b=n^+)$.

2　多くの電子の波　一つの電子の波から多くの電子の波の場合に一般化する事はそれほど簡単ではない．状態函数は，各部分波に属する正負電子の数に関係して $\Psi\cdots n_p{}^+\cdots n_p{}^-\cdots$とかける．すると，$a_p$等の演算子は，マトリックス $(\Psi\cdots n_p{}'^+\cdots n_p{}'^-\cdots a_p\ \Psi\cdots n_p{}^+\cdots n_p{}^-\cdots)$としては，各部分波に対する（正，負電子の）因子の直積で，部分波 p に対する因子は（３ａ）のマトリックスでその他の部分波に対するものは２行２列の単位マトリックスであるとすればよい様にみえる．以下で，この様な直積を$\overline{a_p}$等とかく．《a_pは部分波pのマトリックスで２行２列》すると$p\neq p'$に対しては，$\overline{a_{p'}}\overline{a^*}_p-\overline{a^*}_p\overline{a_{p'}}=0$ となる．しかし，p.116これは正しくない．それは，連続スペクトルに移つて$p\to p'$としてみる．すると，$\overline{a_{p'}},\overline{a_p}^*$の満たす関係は（２）へスムーズに移らねばならない．それには

$$\overline{a}_{ps}{}^*\overline{a}_{p's'}+\overline{a}_{p's'}\overline{a}_{ps}{}^*=\overline{b}_{ps}{}^*\overline{b}_{p's'}+\overline{b}_{p's'}\overline{b}_{ps}{}^*=\delta_{ss'}\delta_{pp'} \tag{8}$$

である必要がある．p, p'が連続であると，$\delta_{p'p}$ は $\delta(\mathbf{p}-\mathbf{p}')$となる（小節３参照）．この式から異なつた部分波といえども完全に独立ではないことがわかるが，これを配位空間でかくと波動函数が反対称である事を表わしているということが後に明らかになる．そこで，（８）を満たすマトリックスの表示を得るためには，部分波に任意の順序づけ $1, 2, \cdots, \lambda, \cdots, \mu, \cdots$ 等をする必要がある．この順序ずけの中には正・負荷電の電子が両方ともはいる必要がある．すると，$\overline{a}_\lambda$は各部分波毎の因子の積で，各因子には単位マトリックス，部分波 λ に対する（３ａ）のほかに，次のマトリックスがあらわれる．

$$c=\begin{pmatrix} -1 & 0 \\ 0 & 1 \end{pmatrix}, \qquad c^2=1. \tag{9}$$

そして（×は直積をいみする）

$$\overline{a}_\lambda=c_1\times c_2\times\cdots\cdots\times c_{\lambda-1}\times a_\lambda\times 1_{\lambda+1}\times 1_{\lambda+2}\times\cdots\cdots\ ,$$

$$\overline{a}_\lambda{}^*=c_1\times c_2\times\cdots\cdots\times c_{\lambda-1}\times a_\lambda{}^*\times 1_{\lambda+1}\times 1_{\lambda+2}\times\cdots\cdots. \tag{10}$$

同様に$\overline{b}_\lambda, \overline{b}_\lambda{}^*$もつくる．（３）と（９）より c_λ は $a_\lambda, a_\lambda{}^*$と反可換である．$c_\lambda a_\lambda+a_\lambda c_\lambda=0$.
ゆえに (10) より

$$\overline{a}_\lambda\overline{a}_\mu{}^*+\overline{a}_\mu{}^*\overline{a}_\lambda=0 \quad (\mu\neq\lambda) \qquad 《a_\lambda a_\mu{}^*-a_\mu{}^*a_\lambda=0 \quad (\lambda\neq\mu)》$$

がでて，これは（８）と一致する．更に又

$$\overline{a}_\lambda\overline{a}_\mu+\overline{a}_\mu\overline{a}_\lambda=0 \quad (\mu\neq\lambda\ \text{又は}\ \mu=\lambda) \quad 《a_\lambda a_\mu-a_\mu a_\lambda=0,\ a\neq 1》 \tag{11}$$

$$《a^2{}_\lambda=0\ (4)》.$$

が得られる.

以下では (11) の様な反交換関係を{　}で示して上の横棒をとる. すると, a a^*, b, b^* の交換関係は輻射場の場合と似ていて, ただ[…]を{…}とすればよい.

$$\{a_{ps}^*,\ a_{p's'}\}=\{b_{ps}^*, b_{p's'}\}=\delta_{ss'}\delta_{pp'}, \tag{12a}$$

$$\{a_{ps}^* a_{p's'}\}=\{a_{ps}\, a_{p's'}\}=\{b_{ps}\, b_{p's'}\}=\{a_{ps}\, b^*_{p's'}\}=0,\ \text{その他} \tag{12b}$$

(12a) のみが0にはならない反交換関係である.

明かに a_{ps} は, $a^*_{p's'}a_{p's'}$ とは普通のいみで可換となる.

$$[a_{ps}, a^*_{p's'}a'_{ps'}]=0, \quad (p\neq p'\ \text{又は}\ s\neq s')$$

p.117

更に　$$a^2{}_{ps}=a^*{}_{p}{}^2{}_{s}=0,\quad a^*{}_p a_p=n_p{}^-,\quad b^*{}_p b_p=n_p{}^+. \tag{12c}$$

この理論形式は配位空間で反対称化した波動函数を使うのと同じである. これは一般的な証明は面倒なのでやめにして† みとめておくことにする.

今, 電子2個が p, p' という状態にあつて, 他の状態には電子は存在しないとしよう. すると, $a_p{}^*a_p a_{p'}{}^*a_{p'}$ を Ψ に作用すると1になる. さて, 電子の交換は次の演算子でできる.

$$P=a_p{}^*\, a_{p'}{}^*\, a_p a_{p'},$$

すなわち (右から左へ読んで) 電子 p' を消して次に p を消し, p' を放出し p を放出する. この場合, 電子は順番はついていないけれども, この演算子では消す演算と放出する演算との順を $a^*{}_p a_p a^*{}_{p'} a_{p'}$ にくらべて逆にしてあるから, 2個の電子の交換を表わすと考えてよかろう. (12) を使うと

$$P=-a^*{}_p a_p a^*{}_{p'} a_{p'}=-1\ (\Psi\ \text{に作用して})$$

となる.

3　ψ に対する反交換関係　　p についての和を積分に直す事により, 第10節と同じ様に連続スペクトルに移す事ができる. この時も, スピンは離散的ゆえそのままの形の和が残る. 一定のスピンをもった部分波で, d^3p 間にある単位体積あたりの数は $\dfrac{d^3p}{(2\pi\hbar c)^3}$ である. 第7節と同様に, まず相互作用表示を考えよう. この時 a, b, a^*, b^* の時間因子は

$$\left.\begin{aligned} &a\to ae^{-iEt/\hbar}, \quad a^*\to a^*e^{iEt/\hbar},\\ &b\to be^{-iEt/\hbar}, \quad b^*\to b^*e^{iEt/\hbar} \end{aligned}\right\} \tag{13}$$

となる. ここで E は常に正で, b に対して, これは陽電子のエネルギーとなる. 展開(1a)

† Jordan and Wigner, *loc. cit.*

(1b) は $\psi^\dagger=i\psi^*\beta, u^\dagger=iu^*\beta$ を ψ^*, u^* の代わりに使つて,

$$\psi_\rho(\mathbf{r},t)=\sum_s\int\frac{d^3p}{(2\pi\hbar c)^{3/2}}\left\{a_{ps}u_{ps\rho}e^{i(\mathbf{pr})\hbar c-iEt/\hbar}+b^*{}_{ps}v_{-p-s\rho}e^{-i(\mathbf{pr})/\hbar c+iEt/\hbar}\right\},$$

$$\psi^\dagger{}_\rho(\mathbf{r},t)=\sum_s\int\frac{d^3p}{(2\pi\hbar c)^{3/2}}\left\{a^*{}_{ps}u^\dagger{}_{ps\rho}e^{-i(\mathbf{pr})/\hbar c+iEt\hbar}\right.$$
$$\left.+b_{ps}v^*{}_{-p-s\rho}e^{i(\mathbf{pr})/\hbar c-iEt/\hbar}\right\} \tag{14}$$

を得る. a_{ps} 等の交換関係は (12) で与えられる. その右辺の $\delta_{pp'}$ は $\delta(\mathbf{p}-\mathbf{p}')$となる. (因子 $(2\pi\hbar c)^{3/2}$については100頁参照) a, a^*は演算子であるから, ψ, ψ^* は $A_\mu(\mathbf{r},t)$と同様の演算子である. $A_\mu(\mathbf{r},t)$ との差は次の2点である. (i) ψ と ψ^* は反交換関係に従う. (ii) 量子化する前に $\psi, \psi^\dagger$ は複素量であつたから, ψ と $\psi^\dagger$はエルミットではない. p.118

$A_\mu(\mathbf{r},t)$ と同様に, ψ, $\psi^\dagger$は時空の点における演算子であり, 相互作用表示を使つたので, $\psi, \psi^\dagger$ は時刻を陽に含んでいる (Schrödinger の表示 (1) では時刻を含まない). 明らかに ψ は,電子を吸収し陽電子を放出する, 即ち負電荷を1つ消す演算子である. $\psi^\dagger$ は負電荷を1つ増す演算子である.

さて, 2つの点$\mathbf{r}_1, t_1$と $\mathbf{r}_2, t_2$ での ψ と $\psi^\dagger$の反交換関係を作ろう. a_{ps} はそれ自身及びすべての b^*と反可換ゆえ

$$\{\psi(\mathbf{r}_1,t_1),\psi(\mathbf{r}_2,t_2)\}=\{\psi^\dagger(\mathbf{r}_1,t_1),\psi^\dagger(\mathbf{r}_2,t_2)\}=0. \tag{15}$$

従つて ψ は任意の点の ψ と反可換となる. 0でない反交換関係は$\{\psi^\dagger(\mathbf{r}_1,t_1),\psi(\mathbf{r}_2,t_2)\}$のみであつて, それは (12) と (14) より得られる. $(\mathbf{pr})-Ect=p_\mu x_\mu$ とすると,

$$\{\psi^\dagger{}_\rho,(\mathbf{r}_1,t_1),\psi_\rho(\mathbf{r}_2t_2)\}$$
$$=\int\frac{d^3p}{(2\pi\hbar c)^3}\left[\sum_s(u^\dagger{}_{ps\rho'}\,u_{ps\rho})e^{ip_\mu(x_{\mu2}-x_{\mu1})/\hbar c}\right.$$
$$\left.+\sum_s(v^\dagger{}_{-p-s\rho'}\,v_{-p-s\rho})\,e^{-ip_\mu(x_{\mu2}-x_{\mu1})/\hbar c}\right] \tag{16}$$

となり, (16) の和 $\sum_s$ は第11節の (16), (18) という演算子を使つて計算できる. これはスピンのみの和である. エネルギーの符号は (u では正, v では負) 一定にしておく.

$$\sum_s(u^\dagger{}_{\rho'}u_\rho)\equiv\mathbf{S}^p{}_+(u^\dagger{}_{\rho'}u_\rho)=\sum\left(u^*\frac{\gamma_\mu p_\mu+i\mu}{2|p_0|}\right)_{\rho'}u_\rho$$
$$=\sum^p\sum_{\rho''}u^*{}_{\rho''}\left(\frac{\gamma_\mu p_\mu+i\mu}{2|p_0|}\right)_{\rho''\rho'}u_\rho=\frac{1}{2|p_0|}(\gamma_\mu p_\mu+i\mu)_{\rho\rho'}. \tag{17}$$

この最後の式では第11節（13″）の完全性を使った．添字 ρ, ρ' は演算子 γ_μ のマトリックス要素を示す．同様にして

$$\sum_s(v^\dagger_{-p\rho'}\, v_{-p\rho}) = -\frac{1}{2|p_0|}(-\gamma_\mu p_\mu + i\mu)_{\rho\rho'} \quad (p_0 = +|E|). \tag{18}$$

ここで $-\gamma_\mu p_\mu$ がでたのは v_{-p} が左にあり p_0 を正と定義したからである*．（16）の exp に作用する微分演算子でかくと

$$\sum_s(u^\dagger{}_{\rho'} u_\rho) = -\sum_s(v_\rho{}^{\dagger\prime} v_\rho) = \frac{1}{2|p_0|}\left(\gamma_\mu \frac{\hbar c}{i} \frac{\partial}{\partial x_{\mu 2}} + i\mu\right)_{\rho\rho'}. \tag{19}$$

こうすると，（16）の積分は第８節（30）の D- 函数になる．その時，２項目の積分変
p.119
数 $\mathbf{p}$ の符号を変え，$\exp(iEt/\hbar) - \exp(iEt/\hbar) = -2i\sin Et/\hbar$ とかいて，$E = +\sqrt{\mu^2 + p^2}$ である事を使う．結局

$$\left\{\psi^\dagger{}_{\rho'}(\mathbf{r}_1, t_1), \psi_\rho(\mathbf{r}_2, t_2)\right\} = -\left(\gamma_\mu \frac{\partial}{\partial x_{\mu 2}} - \frac{\mu}{\hbar c}\right)_{\rho\rho'} D(\mathbf{r}_2 - \mathbf{r}_1, t_2 - t_1). \tag{20}$$

この関係式の相対論的不変性は明らかである．

電磁場の展開の時もそうであつた様に，３次元のフーリェ分解（14）の代わりに４次元的なフーリェ展開を使った方が便利な事が多い．第10.5節と同様に，

$$\psi_\rho(x_\mu) = \sum_s \int \frac{d_4 p}{(2\pi\hbar c)^{3/2}} \psi_\rho(p_\mu \mathrm{s})\, e^{ip_\mu x_\mu/\hbar c},$$

$$\psi^\dagger{}_\rho(x_\mu) = \sum_s \int \frac{d^4 p}{(2\pi\hbar c)^{3/2}} \psi_\rho{}^\dagger(p_\mu s) e^{-ip_\mu x_\mu/\hbar c}, \tag{21a}$$

$$d^4 p = d^3 p\, dp_0, \qquad p_0 = -ip_4. \tag{21b}$$

（21a）と（14）をくらべる時に，（14）の２項目で p_μ の符号を逆にしたものが（21a）にでていることがわかるから，p_0 は陽電子に対しては負で，

$$\begin{aligned}\psi_\rho(p_\mu, s) &= a_{ps} u_{ps\rho} \delta(p_0 - E) + b^*_{-p-s} v_{ps\rho} \delta(p_0 + E)\\ &\equiv \psi_\rho{}^-(p_\mu, s) + \psi_\rho{}^+(p_\mu, s),\end{aligned} \tag{22a}$$

$$\begin{aligned}\psi_\rho{}^\dagger(p_\mu, s) &= a^*_{ps} u^\dagger{}_{ps\rho} \delta(p_0 - E) + b_{-p-s} v_{ps\rho}{}^\dagger \delta(p_0 + E)\\ &\equiv \psi_\rho{}^{-\dagger}(p_\mu, s) + \psi_\rho{}^{+\dagger}(p_\mu, s).\end{aligned} \tag{22b}$$

ψ^-, $\psi^{+\dagger}$ は夫々負，正電子の吸収演算子で，ψ^+, $\psi^{-\dagger}$ は放出演算子である．

---

* 第11節の（18*a*）の Sp_- では p_0 は負エネルギーである．

$\{\psi^-(p_\mu,s),\psi^{-\dagger}(p_\mu',s')\}$の形の反交換関係は$\delta_{ss'}$に比例する．(17) の時と同じ様にスピンについての和をとると，0でない反交換関係として

$$\left.\begin{aligned}&\mathbf{s}\left\{\psi_{\rho'}^{\mp\dagger}(p'_\mu,s),\psi_\rho^{\mp}(p_\mu,s)\right\}=\pm T_{\rho\rho'}\frac{1}{2|E|}\delta(\mathbf{p}-\mathbf{p}')\,\delta(p_0\mp E')\,\delta(p_0'\pm E'),\\&\qquad T=\gamma_\mu p_\mu+i\mu,\qquad p_4=ip_0.\end{aligned}\right\}\tag{23}$$

但し$E=+\sqrt{p^2+\mu^2}$．$\delta(\mathbf{p}-\mathbf{p}')$があるから $E=E'$ で $p_0=p_0'=\pm E$ である．

この式は　$\varepsilon(x)=\pm1\ (x\gtrless0)$　という函数を使うと，第8節 (23)，(24) より

$$\mathbf{s}\left\{\psi_{\rho'}^{\mp\dagger}(p'_\mu,s),\psi_\rho^{\mp}(p_\mu,s)\right\}=\pm T_{\rho\rho'}\delta^4(p_\mu-p'_\mu)\frac{1\pm\varepsilon(p_0)}{2}\delta(p_\alpha{}^2+\mu^2)\tag{24}$$

となる．従つて，ψ, $\psi^\dagger$ に対しては

$$\mathbf{s}\left\{\psi^\dagger{}_{\rho'}(p_\mu',s),\psi_\rho(p_\mu,s)\right\}=T_{\rho\rho'}\delta^4(p_\mu-p_\mu')\varepsilon(p_0)\delta(p_\alpha{}^2+\mu^2).\tag{25}$$

この式をフーリェ（4次元）逆変換すると (20) にもどる．　p.120

真空（状態で）の期待値は容易に得られる．ここでいう真空とは電子の真空，即ち正，負電子の存在しない状態である．$\psi^\dagger$ と ψ の積のうち期待値に寄与するのは，発生演算子が右に，吸収演算子が左にあるもののみである．p_μ, s の代わりに簡単に p とかくと，

$$\begin{aligned}\langle\mathbf{s}\psi^\dagger{}_{\rho'}(p')\psi_\rho(p)\rangle_0&=\langle\mathbf{s}\psi_{\rho'}^{+\dagger}(p')\psi_\rho^{+}(p)\rangle_0=\left\langle\mathbf{s}\left\{\psi_{\rho'}^{+\dagger}(p')\psi_\rho(p)\right\}\right\rangle_0\\&=-T_{\rho\rho'}\frac{1-\varepsilon(p_0)}{2}\delta^4(p_\mu-p_\mu')\delta(p_\alpha{}^2+\mu^2),\end{aligned}\tag{26a}$$

$$\begin{aligned}\langle\mathbf{s}\psi_\rho(p)\psi^\dagger{}_{\rho'}(p')\rangle_0&=\langle\mathbf{s}\psi^-{}_\rho(p')\psi^{\dagger-}{}_{\rho'}(p')\rangle_0\\&=+T_{\rho\rho'}\frac{1+\varepsilon(p_0)}{2}\delta^4(p_\mu-p_\mu')\delta(p_\alpha{}^2+\mu^2).\end{aligned}\tag{26b}$$

(15) と (20) によれば，ψ 又は $\psi^\dagger$ の2つの異なつた時空点の量は，反可換になることはあるが，決して可換にはならない．反交換関係がすべてにあらわれるのは Pauli の原理の直接のあらわれである．$\psi(\mathbf{r}_1,t_1)$と$\psi(\mathbf{r}_2,t_2)$ は同時に（87頁脚註）測定する事は $\mathbf{r}$ t_1 と $\mathbf{r}_2t_2$ が時空的にいかに離れていても，決してできない．これは，ψ が電磁場の時と量子化は類似しているが，電磁場の強さの様に観測可能な量とは見做し得ない事を示している．古典の極限では，電子は粒子として振舞い，3次元空間の量子化してない（量子化によつて粒子性がでる）ψ-場は物理的に存在しない．一方，ψ から観測可能な量を作ることは出来る．たとえば電流密度で，これについては次の小節でのべる．

4 電流とエネルギー密度 Dirac の理論では，電流密度は

$$i_\mu = ec(\psi^\dagger \gamma_\mu \psi) \tag{27}$$

で定義される．ψ を第2量子化すると i_μ も演算子となる．しかし，(27) には負エネルギー状態にぎつしりつまつている真空電子の寄与を含んでいる．これは，n_p^+，n_p^-という数の陽・陰電子の存在する状態について全電流 $I_\mu = \int i_\mu d\tau$ の期待値をとつてみるとわかる．(1) を使うと[†]

$$\langle I_\mu \rangle = ec\sum_{p,s}\left\{n_p^-(u_p^\dagger\gamma_\mu u_p) + (1-n_p^+)(v^\dagger_{-p}\gamma_\mu v_{-p})\right\}. \tag{28}$$

p.121

$e(u_p^\dagger\gamma_\mu u_p)$ は運動量**p**の（負）電子1個の電流で，$e(v_{-p}^\dagger\gamma_\mu v_{-p})$ は運動量 $-\mathbf{p}$ の負エネルギー状態の電子の電流又は運動量 $+\mathbf{p}$ の陽電子の電流の符号を逆にしたものである．($e=-|e|$ が電子の電荷) ゆえに

$$I_\mu' = ec\sum_{p,s}\left\{n_p^-(u_p^\dagger\gamma_\mu u_p) - n_p^+(v^\dagger_{-p}\gamma_\mu v_{-p})\right\} \tag{29}$$

は電子，陽電子系の電流となるが，(28) は真空電子の電流

$$I_\mu'' = ec\sum_{p,s}(v^\dagger_{-p}\gamma_\mu v_{-p}) \tag{30}$$

を含んでいる．この不必要な電流は簡単に除去できる．量子化する前には $\psi^\dagger$ と ψ は可換な時空点の函数であつた．量子化した後には可換でなくなるが，それらのはじめの並べ方はわれわれの勝手である（順序を規定する何ものもない）．この事実を使い，$\psi^\dagger\cdots\psi$ の代わりに $\psi^\dagger\cdots\psi$ と $\psi\cdots\psi^\dagger$ の線型結合を使おう．γ_μ の空間で，$(\psi\cdots\gamma\cdots\psi^\dagger)$ の形の式が意味をもつためには，γ_μ の代わりに行と列を入れかえた $\tilde{\gamma}_\mu$ をはさまねばならない．たとえば $(u\tilde{\gamma}_\mu u^\dagger) = u_{\rho'}\tilde{\gamma}_{\mu\rho'\rho}u^\dagger_\rho = (u^\dagger\gamma_\mu u)$.

そこで電流密度を定義し直す．[#]

$$i_\mu = \frac{ec}{2}\left\{(\psi^\dagger\gamma_\mu\psi) - (\psi\tilde{\gamma}_\mu\psi^\dagger)\right\}. \tag{31}$$

ψ と $\psi^\dagger$ が反可換とすると，2項目の順序をかえると初項と同じになる．そこでフーリエ展開 (1) を使つて期待値をとると，

---

† I_μ 自身は反対方向の運動量の電子対の発生，消滅の演算子に比例する項を含んでいる．電流は $I_k = \langle I_k\rangle + ec\sum_{ps}\{a^*_p b^*_{-p}(u^*_p\alpha_k v_p) + b_{-p}a_p(v^*_p\alpha_k u_p)\}$.
全電荷 I_4/ic ではこれ等の項は消える．明らかに $\langle b_{-p}a_p\rangle = 0$ である．

W. Heisenberg, Z. Phys. **90** (1934), 209 ; P. A. M. Dirac. *Proc. Camb. Phil. Soc.* **30** (1934), 150.

$$<I_\mu>=\frac{ec}{2}\sum_{p,s}\left\{(a^*{}_pa_p-a_pa_p{}^*)(u^\dagger{}_p\gamma_\mu u_p)+(b_pb_p{}^*-b^*{}_pb_p)(v^\dagger{}_{-p}\gamma_\mu v_{-p})\right\}$$

$$=ec\sum_{p,s}\left\{n^-{}_p(u_p{}^\dagger\gamma_\mu u_p)-n^+{}_p(v^\dagger{}_{-p}\gamma_\mu v_{-p})\right\}=I_\mu'. \qquad (32)$$

但し，この式を出す時には，スピンの向きが同じ負，正電子では e の符号をのぞいて1個の電流は等しいから，$(u_p{}^\dagger\gamma_\mu u_p)=(v^\dagger{}_{-p}\gamma_\mu v_{-p})$ となる事を使つた．(32) では負エネルギー状態の電子からの寄与はなくなつて，実際に存在する粒子の電流のみがあらわれている．

2つの時空点の電流 $i_\mu(\mathbf{r},t)$ はある交換関係（反交換関係ではない）を満たす．それは (20) を使つて容易に求まり，次の様な式になる．p.122

$$[i_\mu(\mathbf{r}_1,t_1)i_\nu(\mathbf{r}_2,t_2)]=\cdots D(\mathbf{r}_2-\mathbf{r}_1\,;\,t_2-t_1). \qquad (33)$$

点々はある演算子で $\psi^\dagger$ と ψ，γ 及びD-函数に作用する微分演算子を含む．ここで重要なのは D-函数が共通の因子として現われる事（及びその微分のでる事）である．[##] 第8節で，D-函数は $\mathbf{r}_1,t_1\,;\,\mathbf{r}_2,t_2$ が互いの光円錐の外にある時は0になる事を示した．従つて，i_μ と i_ν の時空点が，速度 $\leqslant c$ で伝わる信号で連絡され得ない時には交換関係は0になり，その時には $i_\mu(\mathbf{r}_1,t_1)$ と $i_\nu(\mathbf{r}_2,t_2)$ は同時に観測できる．《87頁脚註参照》これは i_μ が観測可能量であるためにも，又観測ということが相対論の原理にむじゆんしないためにも，必要な事である．光円錐の中で $D\fallingdotseq 0$ ということは，電流を測定するために系を乱した影響が，光速より遅く $v\leqq c$ で動く電子によつて伝わつてゆくことを示している．電流密度の測定に対してこの様に物理的にもつともな結果が得られるのは，(20) と (33) に D-函数があらわれて D_1-函数があわれないからである．第9節の場の強さの測定の議論と同様な議論を電流密度 $i_\mu(\mathbf{r},t)$ の測定についても行うことができる．そして2つの時空領域における i_μ の同時的測定に対する制限は，形式的に導き出せる不確定関係とむじゆんしない．この事は，電子対の創生を考に入れねばならない場合にも成り立つ．詳しくは Bohr と Rosenfeld の論文にゆずる．[§]

電荷・電流密度の他にも物理的に重要な $\psi^\dagger$ と ψ についての2次の式がある．1個の自

[##] W. Pauli, *Ann. Inst. Henri. Poincaré* **6** (1936), 137 ; *Phys. Rev.* **58** (1940), 716 を参照．$t_1=t_2$ での交換関係は *appendix* 3 の (12) に与えてある．

[§] N. Bohr and L. Rosenfeld, *Phys. Rev.* **79** (1950), 794.　又，　E. Corinaldesi, *Manchester Thesis* (1951) .

由電子のハミルトニアンは $H=(\boldsymbol{\alpha}\mathbf{p})+\beta\mu$ であつたから，ハミルトン密度は

$$\mathscr{H}=\psi^*[(\boldsymbol{\alpha}\mathbf{p})+\beta\mu]\psi=\psi^\dagger((\boldsymbol{\gamma}\mathbf{p})-i\mu)\psi, \tag{34}$$

という形で量子化した ψ に対して定義できる．

$((\boldsymbol{\alpha}\mathbf{p})+\beta\mu)u_p=E_pu_p$, $((\boldsymbol{\alpha}\mathbf{p})+\beta\mu)v_{-p}=-E_{+p}v_{-p}$ 及び $\boldsymbol{u}$，$\boldsymbol{v}$ の規格（第11節（13）を参照)を使うと，全ハミルトニアンは

$$H=\int\mathscr{H}d\tau=\sum_{p,s}(n_p^-E_p+(n^+{}_p-1)E_p) \tag{35}$$

p.123

となり，負電子 $n^-{}_pE_p$，陽電子 $n^+{}_pE_p$ のエネルギーの他に，負エネルギー電子からの無限大の寄与がある．これは，電流を作つた時と同様のやり方をしても，表現が対称になるだけで，零点エネルギーは残る．

$$\mathscr{H}=\frac{1}{2}\psi^*((\boldsymbol{\alpha}\mathbf{p})+\beta\mu)\psi-\frac{1}{2}\psi((\tilde{\boldsymbol{\alpha}}\mathbf{p})+\tilde{\beta}\mu))\psi^* \tag{36}$$

と定義すると

$$H=\sum_{p,s}\left\{\left(n^-{}_p-\frac{1}{2}\right)+\left(n^+{}_p-\frac{1}{2}\right)\right\}E_p \tag{37}$$

となる．零点エネルギーは輻射場の時にあらわれたのと同様であるから，全ハミルトニアンから引算する事によつて除きうる．

H は n^+, n^- と同時に対角的にできる．（可換）

ハミルトン密度 $\mathscr{H}$ は完全なエネルギー・運動量密度テンソルに一般化できる．この $4i$-成分は本質的には運動量の密度である．($\psi^*\mathbf{p}\psi$)．このテンソルは補遺7にあたえてある．

13　輻射場と相互作用している電子

1　全体の系のハミルトニアン　第6節の古典理論では，Maxwell の方程式及び電子の運動方程式は全系のハミルトニアンから導き出せた．全ハミルトニアンは（i）輻射場のハミルトニアン

$$H_{\mathrm{rad}}=\frac{1}{8\pi}\int(E^2+H^2)d\tau \tag{1}$$

及び（ii）すべての粒子 k のハミルトニアンの和

$$H_{\mathrm{el+int}}=\sum_k H_k \tag{2}$$

から成り，（2）は粒子と電磁場（従つて電磁場の放出吸収を考えると粒子同志）の相互作用を含んでいる．第Ⅱ章で純輻射場の量子化を行い，第11，12節では H_k を量子論の形

にもちこみ，電子を Dirac 方程式で表わし，$3N$ 次元の配位空間の形で，又は3-次元の“ψ-場”を第2量子化する事によつて量子論に移つた．電子又は陽電子と Maxwell 場との相互作用はこれだけ準備してあると容易に書き下す事ができる．

Dirac の理論の特によい点は，それが線型である事である．この事より，古典のハミルトニアン第6節 (22) とは違つて，(粒子の)ハミルトニアン自身が2つの部分に分れることになり，その一部は輻射場のない時の電子のハミルトニアンで，残りは輻射場との相互作用となり，この相互作用はポテンシャルを1次で含む．（第11節の（1））p.124

$$H_{\mathrm{el+int}}=H_{\mathrm{el}}+H_{\mathrm{int}}.$$

系の一般の状態は状態函数 Ψ であらわされ，系の時間的変化は Schrödinger 表示で

$$i\hbar\frac{\partial\Psi}{\partial t}=(H_{\mathrm{rad}}+H_{\mathrm{el}}+H_{\mathrm{int}})\Psi \qquad (3)$$

できまる．Ψ の含む変数及び H の表現はある程度ポテンシャルをどういうゲージでとつたか（クーロン又はローレンツ）に依り，又，電子が配位空間であらわされるか，又は量子化された場とするかにより異なる．そこでこの2つのゲージの場合を別々に考えよう．

（a）クーロン・ゲージ　　$\mathrm{div}\mathbf{A}=\phi=0$　が演算子の満たす関係式として成立する．H_{rad} は横波のみを含み

$$H_{\mathrm{rad}}=\sum_\lambda q^*_\lambda q_\lambda 2\nu_\lambda^2=\sum_\lambda n_\lambda\hbar\nu_\lambda \qquad (4)$$

で，q_λ は勿論純輻射場の時と同じ交換関係を満たす．

$$[q_\lambda, q^*_{\lambda'}]=\frac{\hbar}{2\nu_\lambda}\delta_{\lambda\lambda'}.$$

電子が配位空間の粒子として表わされていると，

$$H_{\mathrm{el}}=\sum_k\Big[(\boldsymbol{\alpha}_k\mathbf{p}_k)+\beta_k\mu_k\Big], \qquad (5)$$

$$H_{\mathrm{int}}=-\sum_k e_k(\boldsymbol{\alpha}_k\mathbf{A}(k))+\sum_{i>k}\frac{e_i e_k}{r_{ik}}. \qquad (6)$$

ここで，i，k は電子の区別である．原子物理の問題では，（6）のクーロン相互作用の項は摂動と考えないで H_{el} に含めて H_{int} からは除く．Ψ は電子の座標と場（横波）をあらわすのに使つた変数に関係し，勿論，すべての電子について反対称である．

非相対論的近似では，$H_{\mathrm{el}}+H_{\mathrm{int}}$ は第11節の (21) になり，（スピンの項は相対論的なものゆえ省略し）

p.125

$$H_{\text{int}}=-\sum_k\left\{\frac{e_k}{\mu_k}(\mathbf{p}_k\mathbf{A}(k)-\frac{e_k^2}{2\mu_k}A^2(k)\right\}+\sum_{i>k}\frac{e_ie_k}{r_{ik}} \tag{7}$$

となる.

電子が第2量子化してあると，ハミルトニアンは第 12 節の (35) の様な空間積分である．i_μ は ψ, ψ^* につき2次（双1次形式）である†.

$$H_{\text{el}}=\int\psi^*((\boldsymbol{\alpha}\mathbf{p})+\beta\mu)\psi d\tau,\quad \rho=e(\psi^*\psi),\quad \text{その他.} \tag{8}$$

（6）の中のクーロン相互作用$H^{(0)}$は，全荷電密度それ自身のクーロン相互作用でおきかえねばならない．従つて次の様になる．

$$H_{\text{int}}=-e\int\psi^*(\boldsymbol{\alpha}\mathbf{A})\psi d\tau+\frac{1}{2}\iint\frac{\rho(\mathbf{r})(\rho\mathbf{r}')}{|\mathbf{r}-\mathbf{r}'|}d\tau d\tau'. \tag{9}$$

第2量子化したあとでは，ψ, ψ^* は負，正電子の個数を変える演算子である．ある数の光子と電子を含んだ状態函数は，$\Psi_{\cdots n_\lambda\cdots n_p{}^+\cdots n_p{}^-\cdots}$であり，一般の状態函数は

$$\sum c_{\cdots n_\lambda\cdots n_p{}^+\cdots n_p{}^-\cdots}\Psi_{\cdots n_\lambda\cdots n_p{}^+\cdots n_p{}^-\cdots}$$

の形で，$|c|^2$は λ という種類（偏り，進行方向，エネルギー…）の光子n_λ個，p という種類（スピン，運動量，エネルギー）の陽電子 $n_p{}^+$ 個……を見出す確率である．ψ, ψ^* の展開係数の間の反交換関係は第12節であたえてある．

（b）ローレンツ・ゲージ　　古典的には，ポテンシァルは $\dfrac{\partial A_\alpha}{\partial x_\alpha}=0$ を満たす．電磁場のハミルトニアンは（第10節）

$$H_{\text{rad}}=\sum_\lambda\sum_\alpha q^*{}_{\alpha\lambda}\,q_{\alpha\lambda}\,2\nu_\lambda{}^2\qquad(\alpha=1,2,3,4) \tag{10}$$

であつて，$\sum_\alpha$ には縦及びスカラー光子の分も含む．量子化した後では

$$q_\alpha{}^*q_\alpha=\frac{\hbar}{2\nu}n_\alpha,\quad [q^*{}_\alpha,q_\beta]=-\frac{\hbar}{2\nu}\delta_{\alpha\beta} \tag{11}$$

で，n_α は α という“偏り”《88頁の脚註》の縦及びスカラー光子をも含めた個数である．電子を量子化したψ-場であらわすと，H_{el}はやはり（8）である．H_{int}は$e\phi-e(\boldsymbol{\alpha}\mathbf{A})$（第11節（1））を含み

$$H_{\text{int}}=-e\int(\psi^\dagger\gamma_\mu A_\mu\psi)d\tau=-\frac{1}{c}\int i_\mu A_\mu d\tau \tag{12}$$

---

† 第2量子化した後では，実際は第12・4節の様に $\rho=\dfrac{1}{2}((\psi^*\psi)-(\psi\psi^*))$ と書かねばならない．

と書ける．そして状態函数は4つの種類の光子の数 n_α に関係する．

場が粒子と相互作用している一般の場合に，ローレツ条件を理論的にむじゆんなく書くためには特別の条件がいる．これは以下でのべる．(12) は $\partial i_\mu/\partial x_\mu=0$ ゆえゲージ不変である《$A_\mu\to A_\mu+\partial\chi/\partial x_\mu$，部分積分》．

p.126

(12) の被積分函数，すなわちハミルトン密度 $\mathcal{H}_{\text{int}}$ は相対論的不変である事に注意すべきである．$\mathcal{H}$は一般にはテンソルの 4—4 成分であつて《$\int\mathcal{H}d\tau\sim\int T_{44}d\tau$，は第2節 (43) より，4元ベクトルの時間成分，特に $T_{44}^{\text{int}}\sim\delta_{44}\mathcal{H}_{\text{int}}$ となつた．$\delta_{\mu\nu}$ がテンソルであることは第2節 (26) の下の式》，$\mathcal{H}$ 又はその一部分が不変量である必要はない．量子電気力学におけるこの特殊性は，輻射補正の取扱いの時に大変役に立つ（第Ⅵ章）．

輻射場の振幅 q_λ 又は q_α，及び電子場の a_p, b_p は小節3にのべる様に独立の自由度を表わす．従つて $q_\lambda, q_\lambda{}^*$ は a_p, b_p と可換である．

$$[q_\lambda a_p]=[q_\lambda{}^*a_p]=0,\quad その他.$$

2　相互作用表示．ローレンツ条件† 　以上では Schrödinger の表示を使つて，A_α,ψ が時刻を含まないとして論じた．前の節で相互作用表示というのをしばしば使つたが，その時には簡単な変換で時間的変化を Ψから演算子に移せた．すなわち，純輻射場又は純電子場の時には状態函数は時刻に無関係になつた．同様な変換は相互作用の存在する時にも行えるが，時間的変化を全部移すわけではなく（相互作用のない時の時間的変化のみを演算子に移すので）Ψ は時刻にかんけいするが，その変化は相互作用のみにより起るもので，純場のハミルトニアンによる時間変化は演算子 A,ψ に移つている．即ち，古典的な純自由場の時間変化と同じになる（ここから相互作用表示という名前が生れた）．さて

$$H_0=\mathrm{H}_{\text{rad}}+H_{\text{el}}$$

が相互作用のない純場のハミルトニアンとしよう．すべての種類の，すべての状態を占めている電子と光子の個数が与えられると，H_0 は対角的で電子，光子の相互作用してない系のエネルギーに等しい（第12節の (35) とこの小節の (4)より）．そこで(第7・3参照)

$$\Psi'=e^{iH_0t/\hbar}\Psi \tag{13}$$

---

† 輻射場の問題に相互作用表示は古くから使われていた．系統的には S. Tomonaga, *Prog. Theor. Phys.* **1** (1946), 27 ; **2** (1947), 101, 及び以下の論文でしらべられた．

とおく．こうするとすべての演算子は次の様に変換される．

$$A'\equiv A(t)=e^{iH_0t/\hbar}\,Ae^{-iH_0t/\hbar},$$
$$\psi'\equiv\psi(t)=e^{iH_0t/\hbar}\,\psi e^{-iH_0t/\hbar}. \tag{14}$$

従つて A',ψ' は時刻を直接にに含むことになる．同じ様な式が振幅 q，a 等に対しても成り立つ．放出，吸収の演算子（すなわち q，q^*,a_p 等）に対しては，第7,10,12節で行つた様にこれはただ時間因子 $e^{\mp i\nu t}$ 等をかけることになる．たとえば，q_λ をある種類の光子 ν_λ を吸収する演算子であるとすると，$H_0=n_\lambda\hbar\nu_\lambda+E'$（$E'$ は外の種類の光子又は電子のエネルギー）であつて，q_λ は E' と可換であるが $n_\lambda\hbar\nu_\lambda$ とは可換ではない#．そして p.127

$$q'_{n,n+1}=\left(e^{iH_0t/\hbar}\right)_n q_{n,n+1}\left(e^{-iH_0t/\hbar}\right)_{n+1}=q_{n,n+1}e^{-i\nu t},\quad 等$$

となる．全ハミルトニアンは $H_0=H+H_{\rm int}$ であるから，Ψ' は（3）と（13）より

$$i\hbar\dot{\Psi}'=-H_0\Psi'+i\hbar\,e^{iH_0t/\hbar}\dot{\Psi}=e^{iH_0t/\hbar}H_{\rm int}\Psi,$$

又は
$$i\hbar\dot{\Psi}'=H'_{\rm int}\Psi',$$
$$H'_{\rm int}=e^{iH_0t/\hbar}H_{\rm int}\,e^{-iH_0t/\hbar} \tag{15}$$

を満たす．方程式 (15) から出発して転移の確率を求める事ができる．勿論，相互作用表示は，クーロン・ゲージをとつても，ローレンツ・ゲージをとっても，使うことができる．ローレンツ・ゲージをとると，A_α の間の交換関係は最も簡単な一般型になる．$H'_{\rm int}$が $H_{\rm int}$ と異なる点は，ただすべての放出，吸収の演算子が時間因子を含んでいる所だけである．従つて，相互作用表示の時間に関係する演算子の交換関係は，純場の場合と同じである．《第10節 (49)；第12節 (20)》

$$[A_\alpha(\mathbf{r}_2t_2),A_\beta(\mathbf{r}_1t_1)]=-4\pi i\hbar c\ \delta_{\alpha\beta}\Delta(\mathbf{r}_2-\mathbf{r}_1\,;\,t_2-t_1),$$
$$[A_\alpha\psi_\rho]=[A_\alpha\psi^\dagger{}_\rho]=0, \tag{16}$$
$$\left\{\psi_{\rho'}{}^\dagger(\mathbf{r}_1t_1)\psi_\rho(\mathbf{r}_2t_2)\right\}=-\left(\gamma_\mu\frac{\partial}{\partial x_{\mu2}}-\frac{\mu}{\hbar c}\right)_{\rho\rho'}D(\mathbf{r}_2-\mathbf{r}_1\,;\,t_2-t_1). \tag{17}$$

もう一つの違う表示は Born-Heisenberg の表示で，これでは時間的変化はすべて演算子の方に移つている．これは変換$\Psi''=\exp(iHt/\hbar)\Psi$（$H$は全ハミルトニアン）を行えば得られるが，この時交換関係は (16)，(17) よりずつと複雑で，違う時刻の間のA_α''，ψ_ρ''

E' には電子の演算子 a_p^*, a_p 等は2次（双1次）ではいつており，$a_{p'}$ は $a_p^*a_p$ とは可換である（$a_p^*a_p$ の各因子とは $a_{p'}$ は反可換であるが）．

同志も可換ではなくなる．しかし，この本ではこの表示は使わないことにする．

相互作用表示では演算子 Q' は時刻に陽にかんけいし，時間微分は (14) により

$$\frac{\partial Q'}{\partial t}=\frac{i}{\hbar}[H_0, Q'] \tag{14a}$$

p.128

となる．更に全微分 dQ/dt を（任意の表示で）定義する事ができる．それには，Q の期待値 $\langle Q\rangle$ の時間微分が dQ/dt の期待値と等しいとおいて，$\frac{dQ}{dt}$ を定義する．

$$\frac{d}{dt}\langle Q\rangle=\frac{d}{dt}(\Psi^* Q\Psi)=\left(\Psi^*\frac{dQ}{dt}\Psi\right)$$

（不定のメトリックを使う時は Ψ^* を $\Psi^*\eta$ でおきかえる．第10節 (11′))．$\langle Q\rangle$ の時間微は分 $\dot{\Psi}, \dot{\Psi}^*$ を含んでおり，これは波動方程式で書き直す（Schrödinger 表示では（3），相互作用表示では (15))．以上のべた3つの表示の場合夫々

$$\frac{dQ}{dt}=\frac{i}{\hbar}[H, Q],\quad \frac{dQ'}{dt}=\frac{\partial Q'}{\partial t}+\frac{i}{\hbar}[H_{\text{int}}Q'],\quad \frac{dQ''}{dt}=\frac{\partial Q''}{\partial t} \tag{14b}$$

となる．$\langle Q\rangle$ 及び $\frac{d}{dt}\langle Q\rangle$ の値は勿論表示をかえても変らない．

ローレンツ・ゲージを使つた場合，電荷が存在すると，ローレンツ条件は今迄よりもつと一般の形になる．純輻射場の時には第10節により

$$\left(\Psi_L{}^*\,\eta\frac{\partial A_\alpha}{\partial x_\alpha}\Psi_L\right)\equiv\left\langle\frac{\partial A_\alpha}{\partial x_\alpha}\right\rangle_L=0,\quad \text{又は}\quad \frac{\partial A_\alpha{}^-}{\partial x_\alpha}\Psi_L=0. \tag{18}$$

$\langle\cdot\cdot\rangle$ は中の‥の期待値をいみし，Ψ_L は (18) を満たす状態函数といういみである．

(18) は相互作用表示で書いた式であつて，Ψ_L は時刻に無関係である（純場)．しかし，電荷が存在すると（相互作用により）Ψ_L は時刻に関係する．(18) の代わりになる条件は補遺3に導いてある．そこで次の事が示してある．すなわち，場の強さの期待値の関係式として Maxwell の式が成り立つためには，

$$\left(\Psi_L{}^*(t)\,\eta\frac{\partial A_\alpha(t)}{\partial x_\alpha}\Psi_L(t)\right)=0 \tag{19}$$

がすべての時刻に対して成り立たねばならない．第6節の式 (41), (41′) と同様に，(19) は次の2つの初期条件が満たされておればすべての時刻に成り立つ．

$$\left(\Psi_L{}^*\,\eta\frac{\partial A_\alpha}{\partial x_\alpha}\Psi_L\right)_{t_0}=0, \tag{20a}$$

$$\left(\Psi_L{}^*\,\eta\left[\frac{\partial}{\partial t}\frac{\partial A_\alpha}{\partial x_\alpha}+4\pi c\rho\right]\Psi_L\right)_{t_0}=0. \tag{20b}$$

相互作用表示では，$\Box\phi=0$（演算子としての関係式）であるから，

$$\frac{\partial}{\partial t}\frac{\partial A_\alpha}{\partial x_\alpha}=\mathrm{div}\,\dot{\mathbf{A}}+\frac{1}{c}\ddot{\phi}=-c\,\mathrm{div}\,\mathbf{E},$$

となり，古典的な初期条件《$\partial A_\alpha/\partial x_\alpha=0$, $\mathrm{div}\mathbf{E}=4\pi\rho$ 第6節(41′)》が期待値の間の関係式として成り立つ．(20b) の第2項は，荷電があるとクーロン場が生じ，縦及びp.129スカラー光子が存在せねばならず，従つて状態函数は荷電のない時とは異なる条件を満たすことを示している．$\rho=0$ では，(20) のいずれも (18) と同じになる．《(18) の最後の式は事実上時刻に無関係，第10節 (30) 式の下》

しかし乍ら，上にのべたローレンツ条件を修正を考えなくてもすむ種類の問題も多い．すなわち，自由粒子と光子の衝突において，(クーロン相互作用をも含めて) 相互作用を摂動と見做して扱う場合である．無限遠から近ずいてくる2つの粒子を考えよう．$t=-\infty$ ではお互に無限に遠く離れている．任意の有限な領域内でのそれらのクーロン場は0であり，特に，1つの粒子の作る場は他の粒子の所では0である．従つて初期条件 (20) は (18) と同じになり，$t=-\infty$ の状態として，純場に対するローレンツ条件 (18) を満たす状態，すなわち縦及びスカラー光子の存在しない Ψ_0 をとることができる．衝突後十分時間がたてば，($t=+\infty$ では) 粒子は再び互に無限に遠く離れ，従つて (13) を満たし (クーロン場が0) 純場のローレンツ・セットに属する状態となる．衝突の中途ではローレンツ条件 (19) が満たされねばならないけれども，$t=-\infty$ (初期条件) で (20) が満たされているから自働的に成立ち，後の時刻の条件を加える必要はない†．従つて，ローレンツ条件を無視して，始状態として，縦及びスカラー光子の存在しない状態をとり，やはり縦及びスカラー光子の存在しない終状態への転移の確率のみを計算すればよいことになる#．例として，2個の電子の衝突を第24節で扱い，この様に計算して，クーロン・ゲージを使つたのと同じ結果を得られる事を示す．

以上の事は時間が$-\infty$から$+\infty$の時にのみ正しい．ローレンツ条件をこの様に扱えない最も重要な場合は束縛電子の問題である．転移は有限の時間におこり，電子のクーロン力

---

† 摂動論的にいえば，縦及びスカラー光子は中間状態にのみあらわれて，それらに対して条件をつける必要はないということである．正確な証明はたとえば F.Coester and J.M.Jauch, *Phys. Rev.* 78, (1950) , 149, 827 をみよ．

\# (18) を満たすはんいでの (ローレンツ・ゲージ内での) 縦及びスカラー光子が終状態ではまざつてくるかもしれないが，これは，ポテンシアルのゲージの (ローレンツゲージ内での) 不定性による (第10節)．

の作用は転移のおこる前後を通じて存在している．この場合には（20）の両方の初期条件をそのまま使わねばならない．これら２つの条件（(20a)(20b)）をそのまま取り扱うのは複雑であるから，束縛電子の関係した問題はクーロン・ゲージで取扱う（第V章及び第34節を見よ）．
p.130

長い間続いて外場を働かせる場合には，この場は量子化しない古典の場として扱い，古典的なローレンツ条件を使うか，又はクーロン・ゲージで取扱うことができる．

3　正準形式　　電磁場の量子化は，場をフーリェ級数に分けた時，各部分波に対して正準変数を作れる事に基づいている．さらに一歩進めると，各空間点の場の変数（相互作用表示では各時空点の変数）は演算子と考えねばならず，フーリェ振幅に対する交換関係を導いた．

各空間点におけるポテンシァルと ψ 自身を独立の変数と考えれば，丁度力学で古典的なラグランジアンからハミルトニアン及び正準変数，すなわち交換関係が作られるのと同じ標準的な形式を用いると，場の方程式と交換関係がさらに簡明に導かれるというのは興味ある事であろう．ラグランジアンは，相対論的に不変であるので，これを出発点にとる．ローレンツ・ゲージを使い，電子場 ψ も３次元空間の単なる古典的な場として取扱つたLagrange-Hamiltonの古典的なあらわし方からはじめてみよう†．

$A_\mu(\mathbf{r},t)$ と $A_\mu(\mathbf{r}',t)$ $(\mathbf{r}\neq\mathbf{r}')$ を異なつた変数と考え，$\dot{A}_\mu(\mathbf{r},t)$ を Lagrange-Hamilton の意味での $A_\mu(\mathbf{r},t)$ に附属した速度と考える．同様に $\psi(\mathbf{r},t)$ の各点の量を独立変数とみて，$\dot{\psi}$ をその速度とみる．

純輻射場に対して，ラグランジアンは普通次の形をとる#．

$$\int L dt=\int \mathcal{L} d\tau dt,\quad \mathcal{L}=-\frac{1}{16\pi}f_{\mu\nu}{}^2=-\frac{1}{16\pi}\left(\frac{\partial A_\mu}{\partial x_\nu}-\frac{\partial A_\nu}{\partial x_\mu}\right)^2. \tag{21}$$

ここで $f_{\mu\nu}$ は場の強さである．$\mathcal{L}$ の中には $\dot{A}_4$ があらわれないので，A_4 に共軛な運動量が存在しないゆえ多少複雑な事になる．この困難はローレンツ条件の存在と関係している．

---

† これはただほんとうに形式的なやり方であつて，“古典的な ψ” というのが物理的意味をもつている事をいみしない．Bose-Einstein と Fermi-Dirac の統計を満たす場の非常な相違についてはしばしば強調した（61, 122頁）．ψ の取扱いは量子化してはじめていみがある．

たとえば，G. Wentzel, *Quantentheorie der Wellenfelder*, Edwards Bros., 1946 をみよ．

そしてこの困難を避ける方法が色々考えられている．そのうち非常に簡単な方法は次の様なものである．第6節及び小節2で行つた様に，ローレンツ条件とその時間微分を初期条件と考える．そして，(21) の自乗の中の積の項を書き直すのにローレンツ条件を使う．p.131

$$\int dt\int d\tau \sum_{\mu,\nu} \frac{\partial A_\mu}{\partial x_\nu}\frac{\partial A_\nu}{\partial x_\mu}=-\int dt\int d\tau \sum_{\mu,\nu} A_\nu\frac{\partial}{\partial x_\nu}\frac{\partial A_\mu}{\partial x_\mu}=0. \qquad (22)$$

ただし，A_ν は（4次元空間の）無限遠で0になると仮定する．(22) を使うと，(21) の積分の中の項 ($\mathcal{L}$) は $2\,(\partial A_\mu/\partial x_\nu)^2$ の形になり $\dot{A}_4$ が現われる．

そこで，全系のラグランジアンとして#

$$L=-\int d\tau\left\{\frac{1}{8\pi}\left(\frac{\partial A_\mu}{\partial x_\nu}\right)^2+\left(\psi^\dagger\,(\gamma_\mu p_\mu-e\gamma_\mu A_\mu-i\mu)\,\psi\right)\right\}\quad,\ p_\mu\equiv\frac{\hbar c}{i}\frac{\partial}{\partial x_\mu}. \qquad (23)$$

ここで空間積分が現われるのは，ラグランジアンはすべての独立変数についての和である．今の場合独立変数は空間の各点での場の量ゆえ，空間積分となるためである．明らかに，(23) の被積分函数はローレンツ不変であり，又4次元体積素がローレンツ不変である事から $\int L dt$ もそうである．$\mathbf{r}$ は固定して，$A_\mu(\mathbf{r})$ に正準共軛な運動量は $\partial\mathcal{L}/\partial\dot{A}_\mu(\mathbf{r})$ とする．この微分は，$\mathbf{r}$ についての和の中から特定の値のものを選び出す．$A_\mu(\mathbf{r})$ の正準運動量を $B_\mu(\mathbf{r})$，$\psi_\rho(\mathbf{r})$ の正準運動量を $\chi_\rho(\mathbf{r})$ とする．すると

$$\left.\begin{aligned} B_\mu&=\frac{\partial\mathcal{L}}{\partial\dot{A}_\mu}=\frac{1}{4\pi c^2}\dot{A}_\mu,\\ \chi_\rho&=\frac{\partial\mathcal{L}}{\partial\dot{\psi}_\rho}=\hbar\,(\psi^\dagger\gamma_4)_\rho=i\hbar\,\psi^*{}_\rho.\end{aligned}\right\} \qquad (24)$$

従つて，ψ^* は本質的には ψ の正準共軛量である．

ハミルトニアンは $\mathcal{H}=\sum p\dot{q}-\mathcal{L}$ で与えられる． ここで和はすべての正準共軛量について行うので，今の場合やはり積分になる（空間の各点に正準共軛量が1対づつある)．$\dot{A}_\mu$, $\dot{\psi}_\rho$ を B_μ, χ_ρ であらわして，

$$H=\int\mathcal{H}d\tau=\int d\tau(B_\mu\dot{A}_\mu+\chi\dot{\psi})-\int\mathcal{L}d\tau$$

Lの電子のみの部分は Dirac 方程式を使うと0になるが，これは別に以下に関係はない．（この L から方程式をだす.）

$$=\int d\tau\left\{\frac{1}{8\pi}\left[(4\pi cB_\mu)^2+\mathrm{grad}^2A_\mu\right]-\frac{i}{\hbar}\left(\chi[(\boldsymbol{\alpha}\mathbf{p})+\beta\mu]\psi\right)-\frac{e}{\hbar}(\chi\gamma_4\gamma_\mu A_\mu\psi)\right\}$$

$$=H_0+H_{\mathrm{int.}} \qquad (25)$$

ハミルトニアンの正準方程式として Maxwell の方程式及び ψ に対する Dirac の方程式が得られるが，次の点に注意しなければならない．すなわち，$\mathscr{H}$ は $A_\mu(\mathbf{r})$のみならずp.132空間微分 $\partial A_\mu/\partial x_l$ に関係しているから，微分 $\partial\mathscr{H}/\partial A_\mu(\mathbf{r})$ は次の様にして作らねばならない．まず，

$$A_\mu\longrightarrow A_\mu+\delta A_\mu$$

と変えた時の$\mathscr{H}$の変化を考えると，

$$\delta\mathscr{H}=\frac{\partial\mathscr{H}}{\partial A_\mu(\mathbf{r})}\delta A_\mu(\mathbf{r})+\frac{\partial\mathscr{H}}{\partial(\partial A_\mu/\partial x_l)}\frac{\partial}{\partial x_l}\delta A_\mu(\mathbf{r})$$

である（この2項目ではδと$\dfrac{\partial}{\partial x_l}$を入れ換えた）．$H$ は $\mathscr{H}$の空間積分であるから，この2項目は部分積分を行つてもよく，結局 $\partial\mathscr{H}/\partial A_\mu$ は変分法的微分

$$\frac{\partial\mathscr{H}}{\partial A_\mu}\longrightarrow\frac{\partial\mathscr{H}}{\partial A_\mu}-\sum_l\frac{\partial}{\partial x_l}\frac{\partial\mathscr{H}}{\partial(\partial A_\mu/\partial x_l)} \quad (i=1,2,3)$$

としなければならない．この注意をして，ハミルトンの正準方程式を作ると

$$\dot{A}_\mu=\frac{\partial\mathscr{H}}{\partial B_\mu}-\sum_l\frac{\partial}{\partial x_l}\frac{\partial\mathscr{H}}{\partial(\partial B_\mu/\partial x_l)},\quad -\dot{B}_\mu=\frac{\partial\mathscr{H}}{\partial A_\mu}-\sum_l\frac{\partial}{\partial x_l}\frac{\partial\mathscr{H}}{\partial(\partial A_\mu/\partial x_l)}, \tag{26a}$$

$$\dot{\psi}=\frac{\partial\mathscr{H}}{\partial\chi}-\sum_l\frac{\partial}{\partial x_l}\frac{\partial\mathscr{H}}{\partial(\partial\chi/\partial x_l)},\quad -\dot{\chi}=\frac{\partial\mathscr{H}}{\partial\psi}-\sum_l\frac{\partial}{\partial x_l}\frac{\partial\mathscr{H}}{\partial(\partial\psi/\partial x_l)}. \tag{26b}$$

すなわち

$$\dot{A}_\mu=4\pi c^2B_\mu,\quad -\dot{B}_\mu=-\frac{1}{4\pi}\nabla^2A_\mu-\frac{1}{\hbar}e(\chi\gamma_4\gamma_\mu\psi),$$

又は (24) を使つて書き直すと，

$$\nabla^2A_\mu-\frac{1}{c^2}\ddot{A}_\mu=-\frac{4\pi}{c}i_\mu,\quad i_\mu=\frac{ec}{\hbar}(\chi\gamma_4\gamma_\mu\psi), \tag{27}$$

及び

$$i\hbar\dot{\psi}=\left\{\beta\mu+(\boldsymbol{\alpha}\mathbf{p})-ie\gamma_4\gamma_\mu A_\mu\right\}\psi,\quad p_x=\frac{\hbar c}{i}\frac{\partial}{\partial x},$$

$$-i\hbar\dot{\chi}=\chi\beta\mu-\frac{\hbar c}{i}\frac{\partial}{\partial x_l}\chi\alpha_l-ie\chi\gamma_4\gamma_\mu A_\mu \tag{28}$$

となり，(28) は $\chi=\hbar\psi^\dagger\gamma_4$ 及び$\boldsymbol{\alpha}$とγ_μの間の関係式（第11節（6））を使うと，$\psi,\psi^\dagger$ に対する Diracの 方程式（第11節（7））と同じになる．(27) はローレンツ条件が満たさ

れているとすると，Maxwell の式と同じである．ローレンツ条件は初期条件と考えて使つた．A_μ は《(27) より $\square\frac{\partial A_\mu}{\partial x_\mu}=\frac{\partial i_\mu}{\partial x_\mu}\left(-\frac{4\pi}{c}\right)=0$，(第11節 (9))》2階の微分方程式を満たすので，$\partial A_\alpha/\partial x_\alpha=0$ がいつも成り立つためには，(第6節 (40) 式は p.133 $\square\frac{\partial A_\mu}{\partial x_\mu}=0$ と同じで，(41) を初期条件と考えたのと同様にして，又補遺3 を参照して)

$$\frac{\partial A_\alpha}{\partial x_\alpha}\Big/_{t-t_0}=0\ ,\quad \frac{\partial}{\partial t}\frac{\partial A_\alpha}{\partial x_\alpha}\Big/_{t-t_0}=0. \tag{29}$$

が成り立てばよい．正準変数でかくと，(24) と (27) を B_4に使つて，

$$\left.\begin{aligned}&\sum_l \frac{\partial A_l}{\partial x_l}-i4\pi cB_4=0\\&\sum_l \frac{\partial B_l}{\partial x_l}+\frac{1}{4\pi ic}\nabla^2A_4=-\frac{\rho}{c}\end{aligned}\right\}\ (t=t_0). \tag{30}$$

となる．(フーリエ展開するとこれは第6節の式 (44e) と同じである．) 正準変数でかくと場の強さは

$$H_{lk}=\frac{\partial A_k}{\partial x_l}-\frac{\partial A_l}{\partial x_k},\ E_k=-4\pi cB_k+i\frac{\partial A_4}{\partial x_k} \tag{31}$$

であるから，初期条件 (30) の2つ目の式は $\mathrm{div}\mathbf{E}=4\pi\rho$ と同じである．又 (25) の Hは (8)，(12) と同じで，第1項は (10) になる．

以上は A_μ, B_μ, ψ, χ がまだ量子化されていないという意味で古典的である．量子化の条件は明らかであろう．$\mathbf{r}\neq\mathbf{r}'$ の $A_\mu(\mathbf{r})$ と $A_\mu(\mathbf{r}')$ は別の変数である事を考えに入れると，正準交換関係を

$$\left.\begin{aligned}&[A_\mu(\mathbf{r}_1),B_\nu(\mathbf{r}_2)]=i\hbar\delta(\mathbf{r}_2-\mathbf{r}_1)\delta_{\mu\nu},\\&[A_\mu(\mathbf{r}_1),A_\nu(\mathbf{r}_2)]=[B_\mu(\mathbf{r}_1),B_\nu(\mathbf{r}_2)]=0\end{aligned}\right\} \tag{32}$$

とすればよく，ψ,χ 場に対しては，形式的に [$\cdots$] を {$\cdots$} にすればよい．

$$\left.\begin{aligned}&\{\psi_\rho(\mathbf{r}_2),\chi_{\rho'}(\mathbf{r}_1)\}=i\hbar\delta_{\rho\rho'}\delta(\mathbf{r}_2-\mathbf{r}_1),\\&\{\psi_\rho(\mathbf{r}_2),\psi_{\rho'}(\mathbf{r}_1)\}=\{\chi_\rho(\mathbf{r}_2),\chi_{\rho'}(\mathbf{r}_1)\}=0.\end{aligned}\right\} \tag{33}$$

Schrödinger の表示ではこれらのすべての演算子は時間的に変化しない．(14) の変換で相互作用表示にうつしても，(32) と (33) は両方の演算子 (時間因子を含む) の時刻が同じであると，そのまま成立する．

$$[A_\mu(\mathbf{r}_1,t),B_\nu(\mathbf{r}_2,t)]=i\hbar\delta(\mathbf{r}_2-\mathbf{r}_1)\delta_{\mu\nu}, \tag{34a}$$

$$\{\psi_\rho(\mathbf{r}_2,t),\chi_{\mu'}(\mathbf{r}_1,t)\}=i\hbar\delta(\mathbf{r}_2-\mathbf{r}_1)\delta_{\rho\rho'}\quad(\chi=i\hbar\psi^*). \tag{34}$$

p.134

$$[A_\mu(\mathbf{r}_2,t)A_\nu(\mathbf{r}_1,t)]=\{\psi_\rho(\mathbf{r}_2,t)\psi_{\rho}{}'(\mathbf{r}_1,t)\}=[A_\mu(\mathbf{r}_2,t)\psi_\rho(\mathbf{r}_1,t)]=0, \qquad (34')$$

等．さらに

$$\frac{\partial A_\nu(\mathbf{r},t)}{\partial t}=\frac{i}{\hbar}e^{iH_0t/\hbar}[H_0 A_\mu(\mathbf{r})]e^{-iH_0t/\hbar}$$

より，これに H_0 として (25) を入れ，(32) の交換関係を使うと

$$\frac{\partial A_\nu(\mathbf{r},t)}{\partial t}=4\pi c^2 B_\nu(\mathbf{r},t) \qquad (35a)$$

となる．同様に

$$\frac{\partial \psi_\rho(\mathbf{r},t)}{\partial t}=\frac{i}{\hbar}e^{iH_0t/\hbar}[H_0,\psi_\rho]e^{-iH_0t/\hbar}.$$

($[H_0,\psi_\rho]$は交換関係であつて，反交換関係ではない)． (25) の H_0 と (33) の反交換関係を使うと

$$i\hbar\frac{\partial\psi}{\partial t}=(\boldsymbol{\alpha}\mathbf{p}+\beta\mu)\psi(t). \qquad (35b)$$

この様にして，(相互作用表示の) 時間を含んだ演算子 $A(t),B(t),\psi(t),\chi(t)$ は，演算子の方程式として，相互作用のない古典的場と同じ式を満足する．

B_νを$(\partial A_\nu/\partial t)/4\pi c^2$で，$\chi$を$i\hbar\psi^*$でおきかえてみると，(34) と (34′) は (16)，(17) で$t_1=t_2$ととり第８節 (28)，(32) を考えに入れた式と同じになる事がわかる． (34′) と (34a) では自明であるが， (17) では $t_1=t_2$ とする時に残るのは

$$\gamma_4\frac{\partial}{\partial x_{42}}=-\frac{i}{c}\beta\frac{\partial}{\partial t_2}$$

の項のみで，$\psi^\dagger=i\psi^*\beta$ であるから (34b) になる．

(16) と (17) は (32)，(33) よりも一般的に見えるが，実はそうではない．第10節と第12節でやつた様に，場を展開して (32)， (33) を満たす様に交換関係を決めると (16)， (17) がでてくる．これは，Schrödinger 表示では正準交換関係 (32)，(33) で量子条件のすべてをあらわしている事からも明らかである．量子論では，初期条件 (30) は期待値に対する初期条件 (20) となる．又，Pauli の原理を満たすために，ψ の間には反交換関係をおかねばならない事になつた (第12・１節)． これが古典の極根でポアッソン括弧にはならないのは (交換関係ならばポアッソン括孤と同じ)，ψ-場が古典的には存在しない一つの理由である．

p.135

ハミルトン密度 $\mathscr{H}$ は完全なエネルギー・運動量テンソルに一般化できる（補遺７）

第四章　解を求める方法

14. 初等的な摂動理論

1　一般的考察　以上の節で，輻射場と電子場の取扱いに対する物理的，数学的な基礎を一応終つたので，ここでは理論から物理的な結果を導き出す方法をのべよう．系が量子力学的にどの様に振舞うかは，波動方程式

$$i\hbar\frac{\partial\Psi}{\partial t}=H\Psi$$

を満たす波動函数又は状態函数 $\psi(t)$ により表わされる．H は全ハミルトニアンであつて，輻射場 H_{rad}，電子（これは量子化してもしなくてもよい）H_{el} 及び電子と輻射場の相互作用 H_{int} より成る．外場及びクーロン場は H_{el} に含ませるか H_{int} に含ませるるかは，時によつて異なる．$H_0=H_{\text{rad}}+H_{\text{el}}$ を相互作用していない輻射場と電子のエネルギーであるとしよう．第13節で相互作用表示と呼ばれる表示を使うことを述べた．それは，

$$i\hbar\frac{\partial\Psi'}{\partial t}=H'_{\text{int}}\Psi',\qquad H'_{\text{int}}=e^{iH_0t/\hbar}\,H_{\text{int}}e^{-iH_0t/\hbar}\,. \tag{1}$$

H_0 と H_{int} は，第13・1節にクーロン，ローレンツの両方のゲージをとつた場合について与えてある．H_{rad} の固有状態は各種の光子の個数 n_λ で区別される（ローレンツ・ゲージでは，4種類の光子 $n_{\alpha\lambda},\alpha=1\cdots4$）．$\Psi'_{\cdots n_\lambda\cdots}$．更に Ψ' は電子を表わす変数を含むが，有限の個数の電子，陽電子の関係する問題しか扱わないならば，電子の方には第2量子化の方法を使う必要はない．この時 H_{el} の固有状態，たとえば，a は粒子の座標を含み，$\psi_a(\cdots r_k\cdots)$ となる．第2量子化を行うと Ψ' は各状態 p に存在する負，正電子の数 n_p^-，n_p^+ に関係する．H_0 の固有状態は $\Psi_{\cdots n_\lambda\cdots}\psi_a(\cdots r_k\cdots)$，又は $\Psi_{\cdots n_\lambda\cdots}\Psi_{\cdots n_p^+\cdots n_p^-\cdots}$（第2量子化）となる．

p.136

電磁場は放出，吸収の演算子 q_λ^*，q_λ によつて表わされ，H_{int} は $\mathbf{A}$ を1次でしか含ま

ない(ローレンツ・ゲージでは A_α)から，これらの演算子についても1次である#. 従つて，$\Psi'_{\cdots n_\lambda \cdots}$ に H'_{int} が作用すると$\cdots n_\lambda \cdots$の光子の数を1つ変化させる．同様に，第2量子化してあると，H'_{int}は$\psi^\dagger$とψについて双1次形式ゆえ，Ψ'に作用するとn_p^-, n_p^+の両方を1つ変える．

相互作用していない電子と輻射の系を完全に表わす添字を n として，H_0の固有状態を簡単にΨ_nと書こう．そしてnという状態のエネルギーを E_n とする．すると，（1）の解は

$$\Psi'(t)=\sum_n b_n(t)\Psi_n \tag{2}$$

と展開でき，$|b_n(t)|^2$は時刻tに系が相互作用のない状態nにある確率になる．(2)を(1)に代入して$\Psi_n{}^*$をかけてΨ_nの関係するすべての変数について積分又は和をとる．こうして

$$i\hbar\,\dot{b}_n(t)=\sum_n H'_{\text{int}\,n|m}b_m(t).$$

$H'_{\text{int}\,n|m}$ は $m\to n$ 転移の H'_{int} のマトリックス要素である．H'_{int} のマトリックス要素の時間変化は（1)からすぐにわかる．H_0は対角的で，Ψ_nに対してはE_nに等しいから，

$$H'_{\text{int}\,n|m}=H_{n|m}e^{i(E_n-E_m)t/\hbar}$$

とかくことができ，

$$i\hbar\,\dot{b}_n(t)=\sum_m H_{n|m}e^{i(E_n-E_m)t/\hbar}b_m(t) \tag{3}$$

となる．$H_{n|m}$ は時間にむかんけいで，時間的に変化しない H_{int} のマトリックス要素と同じである．（3）から b の規格は時間的に変化しない事がでる．

$$\frac{d}{dt}\sum_n|b_n(t)|^2=0. \tag{3'}$$

$H_{n|m}$ は状態mの光子の数が，n の状態の数と1だけ異なれば0ではない．波動方程式（3）を正直に書き下すと，各 $b_{\cdots n_\lambda \cdots}$ を左辺にともなった式からなる非常に複雑な無限につづく連立方程式である．右辺には $b_{\cdots n_\lambda \pm 1}\cdots$ があらわれる．$\dot{b}_{\cdots n_\lambda \pm 1 \cdots}$ の方程式によつて，$\cdots n_\lambda+2\cdots$ 及び $\cdots n_\lambda+1, n_\mu+1\cdots$ の添字をもつ b が書かれ，お互に関係し合う．この様な方程式は余りに複雑で，正確にはとけない．実際正確な解の見つかつた輻射の問題は今迄1つもない．従つて，電子と輻射場の相互作用 H'_{int} を小さい摂動と考えて，ある

非相対論的近似では（第13節（7)) H_{int} は $\mathbf{A}^2$ を含むから，$q_\lambda{}^*$，q_λ は双1次形式であらわれる。

p.137

種の摂動理論を適用せざるを得ない．幸いにも，この摂動理論が正しいと思われる証拠がある．というのは，H'_{int} は e に比例し，e の巾に展開した解は，デイメンジョンのない量で表わすと，微細構造常数 $e^2/\hbar c=1/137$ についての級数となり，この量は十分小さいと考えられるからである．一方では，巾展開が収斂しない危険性もある．それは，後でわかるが，現在の理論は巾展開により計算すると無限大の項がでるという困難を含んでいるからである．これは展開してはいけないものを展開したためかもしれないわけで，この点を念頭においておく必要がある．しかしながら，この困難は，第VI章でくわしくのべる通り，理論の観測可能でない面にのみ現われる．従つて（観測可能な）物理的に興味のある問題にかんしては，（1/137が十分小さいゆえ）摂動論は疑いもなく適用できる．

摂動論を適用してもよいとすると，数学的事情は大変簡単になる．第V章で取扱う様な種類の問題に対しては全く初等的な摂動理論で十分であるから，まず，この様な簡単な応用のみに興味のある読者のために初歩的な摂動理論を展開しよう．

2　転移の確率とエネルギーの変化　輻射理論で最も興味のある問題は転移の確率の計算に関したものとか，輻射場との相互作用によるエネルギーの変化に関したものである．ここでは問題をこの2つにしぼろう．時刻 $t=0$ に，系はある一定の相互作用のない状態にあるとする．たとえば，原子が内の電子励起状態にあつて光が存在しない場合である．この状態を0で示すと，

$$b_0(0)=1,\quad b_n(0)=0\quad (n\neq 0). \tag{4}$$

摂動 H'_{int} が作用すると，時間がたつにつれて状態が変わり，$t>0$ ではある b_n が0ではなくなる．たとえば，原子が基底状態になり光子が1個存在する状態の確率振幅 b が0でなくなる．第1近似では（H'_{int} は e の1次で，光子の個数を1個かえるから）光子の数が0の状態のものと1つだけちがう n という状態の b_n のみが0でない．従って第一近似では

$$i\hbar\,\dot{b}_n=H_{n|0}\,b_0\,e^{i(E_n-E_0)t/\hbar}\,, \tag{5a}$$

$$i\hbar\,\dot{b}_0=\textstyle\sum_n H_{0|n}b_n e^{i(E_0-E_n)t/\hbar} \tag{5b}$$

となる．更に b_0 として（4）を（5a）に入れても，比較的短い時間しかたつていなければ（$t>0$）大差ないから正しく，単位時間あたりの転移の確率の計算にはこれで十分であ

る．すると（4）の初期条件を満たす解は（この近似で）　p.138

$$b_n(t)=H_{n|0}\frac{e^{i(E_n-E_0)t/\hbar}-1}{E_0-E_n} \tag{6}$$

となり，時刻 $t=0$ に系が0の（相互作用のない）状態にあつたのが時刻 t に n の状態にある確率は

$$|b_n(t)|^2=|H_{n|0}|^2\ 2\frac{1-\cos(E_n-E_0)t/\hbar}{(E_0-E_n)^2} \tag{7}$$

となる．ここで，時間 t は一週期 $\hbar/E_n$ にくらべると十分長いとする．（4）を（5a）に代入する所で，t は b_0 が余り変わらない位に短かいとした．すなわち t は 0 の状態の寿命にくらべて小さいとしたけれども，（7）では $t\to\infty$ としても，すなわち $t\gg\frac{\hbar}{E_n}$，又は $t\gg\frac{\hbar}{E_0}$ としても差支えない．$t\to\infty$ では，t を含んだ（7）の式は δ-函数の t 倍になる事が第8節の(19)よりわかるから，

$$\frac{1}{t}|b_n(t)|^2=\frac{2\pi}{\hbar}|H_{n|0}|^2\delta(E_n-E_0) \tag{8}$$

となる．これは次の様ないみをもつている．$t\to\infty$ では式

$$\frac{1-\cos(E_n-E_0)t/\hbar}{(E_0-E_n)^2t}$$

は $E_n=E_0$ 以外では0になる．$E_n=E_0$ では t に比例して無限大となる．然し，E_0 を含む領域について E_n を積分すると有限になる（積分は $-\infty\to+\infty$ とおきかえても $E_n=E_0$ のみがきくからよい）．

$$\int dE_n\frac{1-\cos(E_n-E_0)t/\hbar}{(E_0-E_n)^2t}=\frac{1}{\hbar}\int_{-\infty}^{\infty}dy\frac{1-\cos y}{y^2}=\frac{\pi}{\hbar}$$

この事が（8）で $\delta(E_n-E_0)$ となつてあらわれている．

（8）の左辺は0から n への転移の単位時間の転移確率である．δ-函数はエネルギーの保存を表わし，（相互作用のない）非摂動エネルギーの等しい状態の間で転移の起る事を示している．以上では，$E_nt/\hbar\gg1$ でしかも始状態の寿命より十分に短い時刻 t が存在する事を陽に使つている．これはすでに古典理論（第4節）でのべた様に輻射減衰（スペクトル線の巾）が十分小さいという仮定と同じになる．

（8）は δ-函数を含んでいるので，その右辺は E_n 又は E_0 についての積分を行つてはじめて意味ある量になる．すなわち，E_0 と E_n のいずれかが連続スペクトルに属していな

p.139

ければならない．光子が状態n又は0に存在する時には連続スペクトルになる．われわれが知りたいのは，光子が正確にある部分波にある一定の状態 n への転移の確率ではなくて，光子の運動量やその他のものが，ある無限に小さいはんい内にある様なすべての状態への転移の確率である．従つて，状態の数 $\rho_n dE_n$（エネルギーはんいdE_n）をかけて E_n について積分して，

$$w_{n|0}=\frac{2\pi}{\hbar}|H_{n|0}|^2\rho_n. \tag{9}$$

これはわれわれの知りたい第一近似での単位時間あたりの転移の確率であり，光の放出又は吸収の際用いる．

多くの問題では（9）が（1次近似で）0になる事がある．たとえば光子が電子（自由電子又は束縛電子）で散乱される場合を考えよう．すると，n_λ の数はその2つが変わばならない．すなわち，入射光子が吸収されて2次光子（散乱光子）の放出がおこらねらねばならないけれども，（9）では光子の1個が変わるだけであるから0になる．この過程を計算するには，H_{int} が2度あらわれる次の近似迄とらねばならない．（5）の代わりに

$$i\hbar\dot{b}_{n'}=H_{n'|0}\,b_0\,e^{i(E_{n'}-E_0)t/\hbar}, \tag{10a}$$

$$i\hbar\dot{b}_n=\sum\nolimits_{n'}H_{n|n'}\,b_{n'}\,e^{i(E_n-E_{n'})t/\hbar} \tag{10b}$$

とする．n'という状態は，0ともnとも光子1個異なる．こうすると，nは0から光子が2個だけ異なつているから，散乱の終状態として要求されるものである．この近似では0からnという状態への転移をつなぐ状態のみをn'としてとればよい．こういう状態（実際の状態0，nをつなぐ）を中間状態又は仮想状態と呼ぼう．

初期条件（4）は仮想状態では満たされる必要はない．というのは，$b_{n'}$ は小さい振幅の早く振動する函数になるので，たとえ初期条件を満たす様にとつたとしても，せいぜい $\hbar/E_n$ 位の（一周期）時間しかこの状態（n'）は持続せず，物理的に意味がないからである．

(10) を解くために，再び $b_0=1$ とおくと，

$$b_{n'}=\frac{H_{n'|0}}{E_0-E_{n'}}e^{i(E_{n'}-E_0)t/\hbar}, \tag{11}$$

$$i\hbar\dot{b}_n=\sum\nolimits_{n'}\frac{H_{n|n'}H_{n'|0}}{E_0-E_{n'}}e^{i(E_n-E_0)t/\hbar}. \tag{12}$$

$H_{n|0}$ を“複合マトリックス要素”compound matrix element

$$K_{n|0}=\sum_{n}\frac{H_{n|n'}H_{n'|0}}{E_0'-E_n'} \tag{13}$$

p.140
でおきかえると，(12) は (5a) と同じ形となり，これはすでに解いた式である．従つて，単位時間あたりの転移確率は

$$w_{n|0}=\frac{2\pi}{\hbar}\left|\sum_{n'}\frac{H_{n|n'}H_{n'|0}}{E_0-E_n'}\right|^2\rho_n \tag{14}$$

となる．（9）はe^2，(14) は e^4 に比例する．更に多くの中間状態を考えて高次近似に移れば，もつと複雑な輻射過程を考える事ができる．たとえば，ある過程に3個の光子が含まれるとすると，$w_{n|0}$ はやはり（9）の $H_{n|0}$ の代わりに

$$K_{n|0}=\sum_{n',n''}\frac{H_{n|n'}H_{n'|n''}H_{n''|0}}{(n_0-E_n')(E_0-E_n'')} \tag{15}$$

をおいたもので与えられる．（9），(14)，(15) は0にならない範囲での各々の過程の第一近似であり，又，E_0-E_n' が0にはならない時にのみ成り立つ．

衝突の問題で物理的に興味のあるのは，単位時間の転移の確率ではなくて，断面積である．L^3 の体積の中で2個の粒子が符号逆の運動量で衝突する場合を考えよう．粒子をL^3の中で規格化された平面波で表わせば，いかなる状態 n に対しても，$w_{n|0}$ は $L^3\to\infty$ と共に0となる事はマトリックス要素に L^3 の含まれる様子(小節3をみよ）とρ_n（第6,11節）をみれば明らかである．他方，ある衝突 $0\to n$ がおこるわりあいは，運動に直角の面積 $\phi_{n|0}$ であらわすことができ，衝突は粒子がこの面積（断面積）の中にくる時におこるというふうに表現される．すると，単位時間あたりの衝突の回数は（確率）

$$\phi_{n|0}(v_1+v_2)/L_3=w_{n|0}.\quad 故に\quad \phi_{n|0}=\frac{L^3}{v_1+v_2}w_{n|0} \tag{16}$$

となる．v_1+v_2 は粒子の相対速度である（これは c よりも大きくなり得る)．《運動を一つの稜 L に平行にとつたとすると，相対速度は v_1+v_2 となるから，粒子が箱の中に存在する時間は$\dfrac{L}{v_1+v_2}$秒となる．2個の粒子が $\phi_{n|0}$ の中にある割合は，運動方向に直角に粒子はお互にL^2の中を運動するから，$\dfrac{\phi_{n|0}}{L^2}$ であり，これは箱の中に粒子がいる間に衝突する回数に等しくなる．$\phi_{n|0}/L_2=w_{n|0}\cdot\dfrac{L}{v_1+v_2}$》 $\phi_{n|0}$ は L^3 には無関係である．明らかに，断面積は運動の方向にそつたローレンツ変換に対して不変である（運動方向に直角だから)．

非摂動状態のエネルギーは摂動によって変わるが，これも同様にして計算できる．$H'_{\rm int}$

は光子の放出又は吸収の演算子を含んでいるから，H'_{int} には対角要素はない．ゆえに，摂動によるエネルギー変化は少くとも H'_{int} について２次である．非摂動エネルギー E_n の状態を考え，全エネルギー $E=E_n+\Delta E_n$ となる定常状態を求める．b_n として，

$$i\hbar\,\dot{b}_n=\sum_{n'} H_{n|n'}\,b_{n'}\,e^{i(E_n-E_{n'})t/\hbar},$$

$$i\hbar\,\dot{b}_{n'}=H_{n|n'}\,b_n\,e^{i(E_{n'}-E_n)t/\hbar}.$$

p.141

この２番目の式では b_n-項のみを考えればよい．というのは，ほかの項 $b_{n'}$ を考えても高次の ΔE_n を導くにすぎないからである．そこで，次の様において定常解を求める．

$$b_n(t)=c\cdot e^{-i\Delta E_n t/\hbar},\quad b'_n=c\cdot\frac{H_{n'|n}}{E_n-E_{n'}+\Delta E_n}e^{i(E'_n-E_n+\Delta E_n)t/\hbar}.$$

すると，

$$\Delta E_n=\sum_{n'}\frac{H_{n|n'}H_{n'|n}}{E_n-E_{n'}} \tag{17}$$

となる．この式では分母の中の ΔE_n を省略してある．これは ΔE_n が E_n にくらべて小さいとして扱つているからかまわない．(18) はエネルギーの補正の二次の項として普通にでてくるものであつて，(13) の対角要素と考えられる．輻射場との相互作用による電子のエネルギーの変化，すなわちその自己エネルギーは，中間状態 n' に放出された光子に依つて生じるということになる．この輻射場による自己エネルギーは，第４節ですでにのべたクーロン場による自己エネルギーにつけ加わる．この両方の寄与を第29節で量子論によってくわしく論じる．

輻射場の問題を非相対論的近似で取扱う時には（第13節（７）の様に)，H'_{int} は２つの部分より成つている．１つは $\mathbf{A}$ を１次で，他は２次 $\sim\mathbf{A}^2$ で含むものであつて

$$H'_{\text{int}}=H^{(1)\prime}+H^{(2)\prime}$$

となり，$H^{(2)\prime}$ は直接２個の光子に変化を与える．２次の転移に対する式 (13) は次の式でおきかえられる．

$$K_{n|0}\equiv\sum_{n'}\frac{H^{(1)}{}_{n|n'}H^{(1)}{}_{n'|0}}{E_0-E_{n'}}+H^{(2)}{}_{n|0}. \tag{18}$$

この節で得た結果は，０ではない最低次の近似で（最低次が e の何乗でも）輻射過程を扱うときには十分である．すなわち，第Ⅴ章でのべるすべての応用に対して十分である．有限のスペクトル線の巾にかんけいした問題では，上にのべた解はもつと近似をあげねばな

らない（第18節を見よ）．輻射減衰の一般論は第16節にのべ，第22節と第34節でこれを使う．輻射過程に対する高次の補正迄含めた摂動理論の一般的取扱いは第15節と第Ⅵ章でのべる．

3　マトリックス要素　第Ⅴ章の応用のためには，上に述べた摂動論にあらわれる H_{int} のマトリックス要素を書き下しておくのが便利である．ここでは電子を配位空間での粒子と考えよう．クーロン・ゲージでは，H_{int} は第13節の式（6），又は非相対論では（7）で与えられる．クーロン相互作用は H_{el} の中に含ませ，輻射場に関係した部分のみを考える事にする．**A** としては第7節（3）の展開，すなわち　p.142

$$\mathbf{A}=\sum_\lambda(q_\lambda \mathbf{A}_\lambda+q_\lambda{}^*\mathbf{A}^*{}_\lambda),\quad \mathbf{A}_\lambda=\mathbf{e}_\lambda\sqrt{4\pi c^2}\,e^{i(\boldsymbol{\kappa}_\lambda\mathbf{r})} \tag{19}$$

を使う．q_λ と $q_\lambda{}^*$ のマトリックス要素は第7節（9）で与えてある．相対論的な相互作用の時には $H_{n|m}$ は，

$$m\equiv b,\cdots,n_\lambda\cdots\rightarrow n\equiv a\cdots,n_\lambda\pm1,\cdots \tag{20}$$

の型の転移，すなわち電子が $b\rightarrow a$ に転移して一個の光子の放出，又は吸収の起る時にのみ0ではない．

$\int$は ψ の座標についての積分及び成分 ρ についての和の両方を表わすものとすると，電子が1個ある場合には

$$H_{an_\lambda|bn_\lambda+1}=-e\sqrt{\frac{2\pi\hbar^2c^2}{k_\lambda}}\sqrt{n_\lambda+1}\int\psi_a{}^*\alpha_e\,e^{i(\boldsymbol{\kappa}_\lambda\mathbf{r})}\psi_b, \tag{21a}$$

$$H_{an_\lambda+1|bn_\lambda}=-e\sqrt{\frac{2\pi\hbar^2c^2}{k_\lambda}}\sqrt{n_\lambda+1}\int\psi_a{}^*\alpha_e\,e^{-i(\boldsymbol{\kappa}_\lambda\mathbf{r})}\psi_b, \tag{21b}$$

（$k_\lambda=\hbar\nu_\lambda$（第7節（18））．$\alpha_e$ は $\boldsymbol{\alpha}$ という（方向をもつたベクトルの）マトリックスの光の偏りの方向の成分をあらわす．

転移（20）においてm,nの何れかが中間状態ならば，エネルギーは一般には保存しない．これら2つの転移におけるエネルギーの差は

$$E_n-E_m=E_a-E_b\mp k_\lambda \tag{22}$$

である．

非相対論近似では，第13節（7）の $H^{(1)}$ という項は，やはり1個の光子が放出・吸収される転移の時にのみ0でない．2項目は

$$A^2=\sum_{\lambda,\mu}[q_\lambda q_\mu(\mathbf{A}_\lambda\mathbf{A}_\mu)+q_\lambda q_\mu{}^*(\mathbf{A}_\lambda\mathbf{A}_\mu{}^*)+q_\lambda{}^*q_\mu(\mathbf{A}_\lambda{}^*\mathbf{A}_\mu)+q_\lambda{}^*q_\mu{}^*(\mathbf{A}_\lambda{}^*\mathbf{A}_\mu{}^*)]$$

に比例する．このマトリックス要素は，2個の光子が放出，又は吸収される時，及び1個が放出され1個が吸収される時にのみ0でない．粒子1個の場合には

$$H^{(1)}_{an_\lambda 1bn_\lambda+1} = -\frac{e}{\mu}\sqrt{\frac{2\pi\hbar^2c^2}{k_\lambda}}\sqrt{n_\lambda+1}\int \psi_a{}^* p_e e^{i(\kappa_\lambda \mathbf{r})}\psi_b, \qquad \text{N.R.} \quad (23a)$$

$$H^{(1)}_{an_{\lambda+1}bn_\lambda} = -\frac{e}{\mu}\sqrt{\frac{2\pi\hbar^2c^2}{k_\lambda}}\sqrt{n_\lambda+1}\int \psi_a{}^* p_e e^{-i(\kappa_\lambda \mathbf{r})}\psi_b. \qquad \text{N.R.} \quad (23b)$$

p.143

p_e は運動量演算子 $\mathbf{p}$ の偏りの方向の成分である#．更に，A^2 の項は，たとえば

$$H^{(2)}_{a,\,n_\lambda+1,\,n_\mu|b,\,n_\lambda,\,n_\mu+1} = \frac{e^2}{\mu}(\mathbf{e}_\lambda\mathbf{e}_\mu)\frac{2\pi\hbar^2c^2}{\sqrt{k_\lambda k_\mu}}\sqrt{(n_\lambda+1)(n_\mu+1)}$$

$$\int \psi_a{}^* e^{i(\kappa_\mu-\kappa_\lambda,\mathbf{r})}\psi_b \qquad (24)$$

となる．

最後に，特別な場合であるが非常に重要な自由電子の場合を考えよう．相対論的な自由電子の波動函数は第11節に与えておいた．それは運動量 $\mathbf{p}_a$，$\mathbf{p}_b$ の2つの状態 ψ_a，ψ_b に対して

$$\psi_a = u_a e^{i(\mathbf{p}_a\mathbf{r})/\hbar c}, \qquad \psi_b = u_b e^{i(\mathbf{p}_b\mathbf{r})/\hbar c}$$

で与えられる．これらを (21) に代入し，積分すると ($\kappa = \kappa/\hbar c$，第7節 (18) の定義を使つて)

$$\int = (u^*{}_a\alpha_e u_b)\int e^{i(\mathbf{p}_b-\mathbf{p}_a\pm\kappa_\lambda,\mathbf{r})/\hbar c}. \qquad (25)$$

この積分は $\delta(\mathbf{p}_b-\mathbf{p}_a\pm\kappa_\lambda)$ に比例するから，

$$\mathbf{p}_b-\mathbf{p}_a\pm\kappa_\lambda = 0 \qquad (26)$$

でないと0になる．(＋ は吸収，－ は放出)．

(26) は運動量保存の法則を表わしている．従つて自由電子と光子の相互作用においては，運動量は保存される．## 一方，始及び終状態におけるエネルギーの保存は摂動論から一般的にでてくる事である (小節2)．

運動量が保存する様な自由電子の転移に対しては

$$H_{p_a n_\lambda+1|p_b n_\lambda} = H_{p_a n_\lambda|p_b n_\lambda+1} = -e\sqrt{\frac{2\pi\hbar^2c^2}{k_\lambda}}\sqrt{n_\lambda+1}\,(u_a{}^*\alpha_e u_b). \qquad (27)$$

---

p_e が $e^{i(\kappa_\lambda \mathbf{r})}$ の前後何れにあつても，$(\kappa_\lambda\mathbf{e}_\lambda)=0$ であるからかまわない。

束縛電子との相互作用では，原子核がどんな運動量をとつてもよいから，一般に保存しない．

平面波の波動函数は単位体積 $L^3=1$ について規格化してある．《L^3 の中で規格化しておくと，(27)は$\frac{1}{L^{3/2}}\frac{1}{L^3}\cdot(-e)\sqrt{\frac{2\pi\hbar^2c^2}{k_\lambda}}\sqrt{n_\lambda+1}\,(u_a{}^*\alpha_e u_b)\cdot\int e^{i(\mathbf{p}_b-\mathbf{p}_a\pm\boldsymbol{\kappa}_\lambda,\,\mathbf{r})/\hbar c}$となるが，$\int$は $L^3\delta(\mathbf{p}_b-\mathbf{p}_a\pm\boldsymbol{\kappa}_\lambda)$とかけるから，$\mathbf{p}_b-\mathbf{p}_a\pm\boldsymbol{\kappa}_\lambda=0$ では$\frac{1}{L^{3/2}}$(光の $\mathbf{A}$ よりくる分）になる．この小節の終り参照)》

非相対論の場合には，マトリックス要素は

$$H^{(1)}_{p_a,n_\lambda+1|p_a,n_\lambda}=H^{(1)}_{p_a n_\lambda|p_b,n_\lambda+1}=-e\sqrt{\frac{2\pi\hbar^2c^2}{k_\lambda}}\sqrt{n_\lambda+1}\,\frac{p_e}{\mu}. \qquad \text{N.R. (28)}$$

又，2個の光に直接関係する A^2 からくる項は，例えば

$$H^{(2)}_{p_a,n_\lambda+1,n_\mu|p_b,n_\lambda,n_\mu+1}=\frac{e^2}{\mu}(\mathbf{e}_\lambda\mathbf{e}_\mu)\frac{2\pi\hbar^2c^2}{\sqrt{k_\lambda k_\mu}}\sqrt{(n_\lambda+1)(n_\mu+1)}\,. \qquad \text{N.R. (28')}$$

p. 144

ローレンツ・ゲージを使うと，n_α という数に4種類の光子 $\alpha=1,\cdots\cdots4$，があらわれる所がちがうだけである．第10節で示した様に，$q_{\alpha\lambda}$. $q_{\alpha\lambda}{}^*$ のマトリックス要素は q_λ, $q_\lambda{}^*$ のと全く同じであり，自由電子に対しては (27) の代わりに

$$H_{p_a n_\alpha|p_b n_\alpha+1}=-e\sqrt{\frac{2\pi\hbar^2c^2}{k}}\sqrt{n_\alpha+1}(u_a{}^\dagger\gamma_\alpha u_b)=H_{p_a,n_\alpha+1|p_a,n_\alpha}, \qquad (29)$$

($u_a{}^*\alpha_\alpha=u_a{}^\dagger\gamma_\alpha$，第11節の（4）と（6），添字$\lambda$ は略した)．束縛電子に対してはローレンツ条件が非常に複雑になるので，ローレンツ・ゲージは不便であつて実際上使いものにならない（第13.2節の終りの辺)．

以上のすべての式は，場をとじこめた空間を $L^3=1$ としてかいてある．L^3 を1としないで $\mathbf{A}_\lambda$ を $4\pi c^2$ に規格化するという普通の規格化(第6節 (16)) では，(19)には$L^{-3/2}$という因子がつく．すると，(21)，(23)，(27)，(28) という光子1個を含んだ分は $L^{-3/2}$ に比例し，(24)，(28′) は光を2個含むから L^{-3} に比例する．一般の n 個の光子にかんけいした (13) や (15) は $L^{-3n/2}$ に比例する．

15 一般摂動理論・自由粒子

量子電気力学をより複雑な問題に応用する為には，摂動論をもつと一般的見地から展開して任意の近似迄計算できる様にせねばならない．このためには次の2つの種類の問題を区別した方がよい．(i) 自由粒子と光子の衝突と (ii) 束縛原子状態を含んだ過程．(i) に対しては多くの面白い定理及び関係があり，十分一般的な取扱いができるが，(ii)に対しては別の考え方が必要となる（第16節)．

この節では自由粒子と光子との衝突を考える事にする．その際 $A^{(e)}{}_{\mu}$ という外場があつても，これを自由粒子間の転移をおこす摂動（たとえば，電子の静的な場による散乱）と見做し，離散固有状態を与えないとして一しよに考える事にする．

自由粒子であるために特に簡単になるのは次の点である．衝突の前には粒子と光子は十分に離れていて，その間の相互作用はない．全エネルギーは，相互作用のない粒子や光子のエネルギーと等しく，連続スペクトルに属する．衝突の途中でもエネルギーは保存するから，任意の時刻の系の正確な全エネルギーは，自由な相互作用のない衝突前のエネルギーに等しく，衝突後も相互作用がなくなるから衝突後のエネルギーにも等しい．これらのエネルギーはすべて連続スペクトルである．従つて自由粒子と光子の衝突ではp. 145衝突前後の無摂動のエネルギーは等しい．†束縛状態では，無摂動のエネルギーは正確な系の全エネルギーとは一般に異なるから，このことは成り立たない．更に，単位時間あたりの転移の確率は，系を閉じこめた空間の体積 L^3 が無限大になると，0になる有限になるのは衝突の断面積である（第14節（16））．この場合転移の確率は0であるから，スペクトル線の巾は（始状態について）なく，線の巾に関する問題はおこらない．

1　時間を含んだ正準変換　相互作用表示の波動方程式第13節（15）（Ψ のダッシュを略して）より出発する．

$$i\hbar\dot{\Psi}=(H(t)+H^{(e)}(t))\ \Psi. \tag{1}$$

ここで $H(t)=H'_{\text{int}}$ は輻射場と粒子の相互作用で，$H^{(e)}(t)$ は（外場がある時の）外場との相互作用である．$H(t)$ には自己エネルギーを表わす項を附加しなければならない（小節2）が，以下にのべる事は $H(t)$ の具体的な形には無関係である．相互作用表示をとつたので，$H(t)$ と $H^{(e)}(t)$ は時刻 t を含んでいる．相対論的電子理論においては $H(t)$ も $H^{(e)}(t)$ も電荷 e を1次で含んでいるので，これらを1次の近似程度の小さい項とみる事ができる．非相対論では，$H(t)$ は $\sim e^2$ の項（第13節（7））を含んでいるが，これは2次の近似程度の小さい項とみるべきである．以下にのべる結果は2次の項を含む様に一般化する事は容易であるが，ここでは $H(t)$ は1次の項（e の1次）のみしか含まないとする．

まず，$H^{(e)}$ を考えないで $H(t)$ により起される摂動を考えてみよう．Ψ を自由粒子が1個，又は光子が1個存在する非摂動系の状態函数としよう．H が Ψ に作用すると光子の数を1つ変え，又電子波が第2量子化してあると，電子の数も変える．光子の数と電子の

† 然し，無摂動のエネルギーは各粒子の自己エネルギーを含んでいる（小節2をみよ）

数をあたえてきまる様な表示で（1）の解を表わすと，光子，電子のいろいろの個数の状態の級数となる．はじめ1個の電子がある“裸”bare の状態にあるとしても，相互作用による（1）の解では光子，電子対の存在する状態がまざつてきて，裸ではなくなる．同様に光子1個ある状態は，相互作用によつて電子対のある状態を伴うことになる．これらのまざつてくる状態の粒子を仮想 virtual の粒子と呼ぶ．これらは中間状態(第14節)であらわれる粒子である．この仮想的な場の古典的な類似（像）は，動いている粒子の近くに伴つている場に外ならない．p. 146 この様にして，非摂動系の1個の粒子の Ψ に応じて Ψ' で記される摂動をうけた状態函数があり，やはり1個の粒子を表わす．Ψ が（1）の0次近似であるのに対し Ψ' は（摂動を無限次迄働かせると）（1）の正確な解である．この状態 Ψ' は時間的には変化しないと考える．Ψ' の固有エネルギー，は Ψ のそれと自己エネルギーの分だけ異なつているが，この事は第29節及び小節2で考えに入れる．さて，数個の粒子，又は光子が存在すると，一個の粒子又は光子を表わす Ψ' の積で作つた状態函数（やはり Ψ' と呼ぶ）は時間的に変化するであろう．というのは，自由粒子のいろんな状態の間の転移がおこつて，たとえば，実際の（仮想的でない）光子の放出がおこつたり粒子の散乱がおこつたりするからである．われわれの知りたいのはこれらの転移の確率である．転移は勿論同じエネルギーの状態の間でおこる． 従つて， この様な実際の転移のみによつて変化がおこる様な Ψ' を決める事が問題になる．すると，$\dot{\Psi}'$ は同じエネルギーの状態間の転移に対してのみ0ではない新らしいハミルトニアン K によつて決定される．

Ψ' は Ψ から正準変換で得られる筈であるから，†

$$\Psi'=S^{-1}\Psi,\qquad S\Psi'=\Psi \tag{2}$$

と書く．ここで $S(t)$ は，H より導き得るウニタリー演算子（$S^{\dagger}S=1=SS^{\dagger}$）で，時間を含む．（2）を（1）に代入すると，$\Psi'$ の波動方程式として，

$$i\hbar\dot{\Psi}=i\hbar(\dot{S}\Psi'+S\dot{\Psi}')=(H+H^{(e)})S\Psi'.$$

---

† この型の正準変換は F. Bloch and A. Nordsieck, *Phys. Rev.* **52** (1937), 54 ではじめて使われた．以下では次のいろいろの論文からの要点だけを使つて書いた．F. J. Dyson (162 頁参照), T. Tati and S. Tomonaga, *Prog. Theor. Phys.* **3** (1948), 391(及びこれに続く論文)；J. Schwinger, *Phys. Rev.* **74** (1948), 1439 **75** (1949), 651；**76** (1949), 790；W. Heitler and S. T. Ma, *Phil. Mag.* **11** (1949), 651.

之に S^{-1} をかけると，

$$i\hbar\dot{\Psi}'=(S^{-1}H(t)S-i\hbar S^{-1}\dot{S}+S^{-1}H^{(e)}S)\Psi'$$

$$\equiv(K(t)+K^{(e)})\Psi', \tag{3}$$

$$K(t)=S^{-1}H(t)S-i\hbar S^{-1}\dot{S}, \qquad K^{(e)}(t)=S^{-1}H^{(e)}(t)S. \tag{3'}$$

Hはエルミットであるので，K, $K^{(e)}$ はやりエルミットである．$\left(\left(\frac{d}{dt}(S^{-1}S)=0\right.\right.$ $\left.\left.\therefore\ S^{-1}\dot{S}=-S^{-1}\dot{S}=-\dot{S}{\dagger}S{\dagger}^{-1}\right)\right)$以上では$S$は何でもよかつた．$S$を正しく決めるには，$K(t)$ が全エネルギーを保存させるマトリックス要素のみをもつている様にする事である．$\dot{\Psi}'$は，1個の自由粒子では（転移がおこらないから）0になるべきであるが，これは自己エネルギーを正しく取扱つてはじめて成り立つことである（小節2）．

p. 147

まず，非常に小さいけれども有限のエネルギーはんい ε を考えて，

$$K(t)_{n|m}=0, \qquad |E_n-E_m|>\varepsilon \tag{4}$$

を要求しよう．後には自動的に $\varepsilon\to0$ とする．後にくわしくのべる（157 頁）迄は非摂動系のエネルギーを E_n としよう．Kは“エネルギー殻” energy shell の上だけで要素をもつ，又は全エネルギーについて対角的であるということになる．Kを計算する時に$\varepsilon\to0$を行う事を念頭においておく．

Sを求めるには，SとKを $H(t)$ を1次とみて荷電eで巾展開する．

$$\left.\begin{aligned}&S=1+S_1+S_2+S_3+\cdots\cdots,\\&S^{-1}=1-S_1+S_1^2-S_2+S_1S_2+S_2S_1-S_1^3-S_3+\cdots,\end{aligned}\right\} \tag{5}$$

$$K(t)=K_1(t)+K_2(t)+K_3(t)+K_4(t)+\cdots\cdots. \tag{6}$$

$S^{-1}=S{\dagger}$《S はウニタリー》は $SS^{-1}=1$ なるように決めてある．（3′）を

$$SK=HS-i\hbar\dot{S}$$

とかいておくと，

$$K_1(t)=H(t)-i\hbar\dot{S}_1, \tag{7_1}$$

$$K_2(t)=H(t)S_1-S_1K_1(t)-\hbar\dot{S}_2, \tag{7_2}$$

$$K_3(t)=H(t)S_2-S_1K_2(t)-S_2K_1(t)-i\hbar\dot{S}_3, \tag{7_3}$$

$$K_4(t)=H(t)S_3-S_1K_3(t)-S_2K_2(t)-S_3K_1(t)-i\hbar\dot{S}_4. \tag{7_4}$$

そこで，方程式（4）のいみでのエネルギー殻の上及び外にある（マトリックス要素）を別々に考える．Kのエネルギーに関して対角でない部分は0である．この事を使うと，

（7）によつて S_λ ($\lambda=1,2,3,\cdots\cdots$) は単なる積分によつて次々と定まる．（エネルギーについて）対角部分はKとSを一義的に定めない．それは，（7）では $K_\lambda+i\hbar\dot{S}_\lambda$ の形であらわれるからである．この事は次の様な物理的な事情を反映している．すなわち，系は非常に多重に縮退しているので，同じエネルギーの状態の間では殆ど任意の線型変換を行う事ができる．しかし，そうすることは好ましくない．もし《$\Psi'=\sum_n\Psi'_n\psi_n$, $\Psi=\sum_n\Psi_n\psi_n$, ψ_n は完全直交系，を $\Psi'=S^{-1}\Psi$ に使つて》

$$\Psi'_m=\sum_n S^{-1}{}_{m|n}\Psi_n,$$

と書いて，この時 $S_{m|n}$ に同じエネルギー殻のものが存在するとすると，Ψ' は，実際に転移の起りうる状態，たとえば運動量の方向の異なる電子がそれぞれ存在する状態（この間には，$H^{(e)}$ 又は H からくる粒子間の力で実際の転移がおこる）の線型結合である事になる．この様に，Ψ' が実際の転移のおこる状態の混合であると不便だから，$S_{m|n}$ のエネルギー殻の上の成分は 0 になる様にとって S の対角要素をきめよう．ただし，すべての変数について対角な成分のみは残しておく．というのは，これは Ψ' の規格に関係するものであり，Ψ' を1に規格し，S をウニタリーとする為にも必要であるからである．p. 148 後でも証明するが，明らかに $\dot{S}_{m|m}=0$である．以下でdという添字はエネルギー殻上の（マトリックス）要素を表わし，$n.d.$ という添字はエネルギーについて対角的でない事を表わすとする．又，Dという添字はすべての変数について対角であることを示す．すると，上のSの対角要素に対する要求より，S は $S_{n.d.}$ と S_D のみをもち，

$$\dot{S}_d=\dot{S}_D=0 \tag{8}$$

を要求する事ができる《S の対角要素は一義的に決まらないのであるから，条件 $\dot{S}_D=0$ はかまわないが，対角要素はいつも 0 になる様にする》．H は電磁場を1次でしか含んでいないから，一個の光子の放出，吸収に対するマトリックス要素のみをもち，更に，自由電子に対しては運動量が保存する．一個の放出，吸収では運動量とエネルギーは同時に保存する事はないから（自由電子），$H_d(t)=0$ である．簡単に書くために，$H(t)$ を H, $H(t')$ を H', $H^{(e)}(t')$ を $H^{(e)\prime}$ とかこう．(7_1) より

$$K_1=H_d=0, \tag{9_1}$$

$$S_{1n.d.}=\frac{1}{i\hbar}\int^t H'dt'. \tag{10_1}$$

この積分の下限は任意の常数（時刻）で，後にきめる．

S_D の要素は S がウニタリーである事から決まる．すなわち $S^\dagger=S^{-1}$，又は (5) より

$$S_1^\dagger+S_1=0, \qquad S_2^\dagger+S_2=S_1^2, \qquad S_3+S_3^\dagger=S_1S_2+S_2S_1-S_1^3.$$

対角要素は（一義的にはきまらないが）実数としても一般性を失わない．（複素数にしても，虚の部分は意味のない位相因子にまとまつてしまう）．すると，S_D は上の式から

$$S_{1d}=S_{1D}=0, \tag{11_1}$$

$$S_{2D}=\frac{1}{2}(S_1^2)_D, \tag{11_2}$$

$$S_{3D}=\frac{1}{2}(S_1S_2+S_2S_1-S_1^3)_D. \tag{11_3}$$

(11_1) を使うと $(S_1K)_d=0$ がでてきて ($K=K_d$ ゆえ)，S_1 の $n.d.$ の要素は d の積には寄与しない．すると，(7_2)，(11_2) より

$$K_2(t)=\frac{1}{i\hbar}\int^t (HH')_d.\, dt', \tag{9_2}$$

$$S_{2n.d.}=\frac{1}{(i\hbar)^2}\int^t dt'\int^{t'} dt''(H'H'')_{n.d}, \tag{10_2}$$

$$S_{2D}=\frac{1}{2}(S_1^2)_D=\frac{1}{2}\,\frac{1}{(i\hbar)^2}\int^t dt'\int^t dt''(H'H'')_D. \tag{$10'_2$}$$

p 149

(9_2) では $H=H(t)$ は積分に対しては常数であるし，又並べ方は HH'，本質的にこの順でないといけない．(7_3) から，(9_2)，(10_2)，(11_2) を使つて，

$$K_3(t)=\frac{1}{(i\hbar)^2}\int^t dt'\int^{t'} dt''(HH'H'')_d, \tag{9_3}$$

$$S_{3n.d}=\frac{1}{(i\hbar)_3}\Big\{\int^t dt'\int^{t'} dt''\int^{t''}dt'''(H'(H''H''')_{n.d})_{n.d}+\frac{1}{2}(i\hbar)^2\int^t H'dt'(S_1^2)_D$$
$$-\int^t dt'\int^{t'} dt''\int^{t'} dt'''H'''(H'H''')_d\Big\}. \tag{10_3}$$

K_4 を求めるのには S_{3D} は必要ない．というのは，これは HS_3 の形であらわれ，$H_d=0$ より $H_dS_{3D}=0$ であるからである．又，K_4 の計算には，S_4 は $S_d=0$（要求（8））によりいらない．すると，(7_4) より

$$K_4(t)=(HS_3)_d-S_{2D}K_2(t)=\frac{1}{(i\hbar)^3}\Big\{\int^t dt'\int^{t'} dt''\int^{t''}dt'''(HH'(H''H''')_{n.d})_d-$$
$$-\int^t dt'\int^{t'} dt''\int^{t'} dt'''(HH''(H'H''')_d)_d\Big\}+\frac{1}{2}K_2(t)(S_1^2)_D$$

$$-\frac{1}{2}(S_1{}^2)_D K_2(t). \qquad (9_4)$$

これらの積分の下限は便宜的にある時刻 $-T$ とおき，$T\to\infty$，すなわちずつと過去の衝突の前にとつてもよい．H，又は H の積の $n.d.$ 要素は時間 t の早く変わる週期函数

$$H_{n|m}\sim\exp i(E_n-E_m)t/\hbar,$$

であるから，週期の何倍も長い時間 T について平均をとると，積の $n.d$ 要素の積分はすべて下限では0になる．勿論，(9) に表われた $(HH')_d$ 等の対角（エネルギーにつき）要素ではこうはならない．　（（$\frac{1}{T}\int_{-2T}^{-T}dt_0\int_{t_0}^{t}f(t')_{n.d}dt'=\frac{1}{T}\int_{-2T}^{-T}dt_0(g(t)-g(t_0))$ で，$g(t_0)\backsim e^{i(E_n-E_m)t/\hbar}$ であるから $\Rightarrow g(t)$ となることを云っている．））言いかえると，衝突前に相互作用は存在しなかつたという事と同じである．$H_{n.d}(-\infty)=0$．従って，下限はすべて $-\infty$ にとつてよい†．同様に積の $n.d.$ 要素は，$t=+\infty$ でもすべて0とおいてよい．

K のエネルギー殻の上にあるという性質は，$\int_{-\infty}^{+\infty}Kdt$ という積分を作つてみると最もよくわかる．実際小節3で，衝突後充分時間のたつた状態を知るのには $\int_{-\infty}^{\infty}K(t)dt$ のみ必要な事がわかる．(p. 150～相互作用表示を用い，表示として差しあたり非摂動系をとると，K は

$$K_{n|m}(t)=K_{n|m}e^{i(E_n-E_m)t/\hbar} \qquad (12)$$

とかけ，$K_{n|m}$ は時刻に無関係で，従つて時間積分は

$$\overline{K}_{nm}\equiv\frac{1}{2\pi\hbar}\int_{-\infty}^{\infty}K_{n|m}(t)dt=K_{n|m}\delta(E_n-E_m) \qquad (12')$$

となる．

時間積分を行うと K の式はもつと簡単になる．まず $Hd=0$ ゆえ，

---

† はじめの時刻を $t=-\infty$ ととるのは，毎秒の転移の確率が $L^3=\infty$ で0になる事からきまる．無限大にしてもよい．束縛状態を含む場合には，有限の時間に有限の転移がおこるから，こういう簡単化はできない《はじめを $t=-\infty$にすると，有限の時刻では転移は終つてしまつてゐる》．

$$S_1(\infty)=\frac{1}{i\hbar}\int_{-\infty}^{\infty}H\,dt=0$$

であり，又 $H(-\infty)=0$ であるから，$(10_2')$ より†

$$S_{2D}(t)=\frac{1}{2}(S_1{}^2)_D$$

は時刻に無関係である．すると (9_4) の2項目は，部分積分により　（t で $\int_{-\infty}^{\infty}$ して）

$$\frac{1}{(i\hbar)^3}\int_{-\infty}^{\infty}dt\int_{-\infty}^{t}dt'\int_{-\infty}^{t'}dt''\int_{-\infty}^{t''}dt'''(HH''(H'H''')_d)_d=\int_{-\infty}^{\infty}dt\frac{dS_1(t)}{dt}\int_{-\infty}^{t}dt'S_1(t')K_2(t')$$

$$=S_1(\infty)\int_{-\infty}^{+\infty}S_1(t')K_2(t')dt'-\int_{-\infty}^{+\infty}S_1{}^2(t)K_2(t)dt=-(S_1{}^2)_D\int_{-\infty}^{+\infty}K_2(t)dt.$$

従つて $\overline{K}$ として，

$$2\pi\hbar\overline{K}_1=0, \tag{13_1}$$

$$2\pi\hbar\overline{K}_2=\int_{-\infty}K_2(t)dt=\frac{1}{i\hbar}\int_{-\infty}^{\infty}dt\int_{-\infty}^{t}dt'(HH')_d, \tag{13_2}$$

$$2\pi\hbar\overline{K}_3=\frac{1}{(i\hbar)^2}\int_{-\infty}^{\infty}dt\int_{-\infty}^{t}dt'\int_{-\infty}^{t'}dt''(HH'H'')_d, \tag{13_3}$$

$$2\pi\hbar\overline{K}_4=\frac{1}{(i\hbar)^3}\int_{-\infty}^{\infty}dt\int_{-\infty}^{t}dt'\int_{-\infty}^{t'}dt''\int_{-\infty}^{t''}dt'''(HH'(H''H''')_{n\cdot d})_d$$

$$+2\pi\hbar\left(\frac{1}{2}(S_1{}^2)_D\overline{K}_2+\frac{1}{2}\overline{K}_2(S_1{}^2)_D\right)_d. \tag{13_4}$$

p. 151

$\frac{1}{2}(S_1{}^2)_D$ に比例する項は，新らしい状態函数 Ψ' の規格から生じるもので（S；ウニタリー），“再規格の項” renormalization term と呼ばれる．これを除くと，$\overline{K}$ はすべての近似で同じ構造をもつている．

上の変換で，仮想状態への転移は方程式（3）からはとり除かれる．新らしいハミルトニアン K は実際の転移のみをひきおこす．

最後に，外場がどの様な寄与をするかを考えよう．

$$K^{(e)}(t)=S^{-1}H^{(e)}(t)S.$$

$K^{(e)}$ を H の2次迄求める事にしよう．この近似では

$$K^{(e)}=H^{(e)}+H^{(e)}S_1-S_1H^{(e)}+S_2{}^\dagger H^{(e)}+H^{(e)}S_2-S_1H^{(e)}S_1\equiv K_0{}^{(e)}+K_1{}^{(e)}+K_2{}^{(e)}$$

---

† $t\to\infty$ は2乗してからとる．すなわち $(S_1{}^2)_{t\to\infty}\fallingdotseq(S_1(t\to\infty))^2$. このことはすべての積に対して行う．

とかける. S_1, S_2 の式及び

$$S_2{}^\dagger{}_{n.d.}=\frac{1}{(i\hbar)^2}\int^t dt'\int^{t'} dt''(H''H')_{n.d.}\ ,\quad S^\dagger{}_{2D}=S_{2D}$$ (D は実数にとつた)を

使つて,

$$2\pi\hbar\overline{K}_0{}^{(e)}=\int_{-\infty}^{\infty}H^{(e)}dt.,$$

$$2\pi\hbar\overline{K}_1{}^{(e)}=\frac{1}{i\hbar}\int_{-\infty}^{\infty}dt\int_{-\infty}^{t}dt'(H^{(e)}H'-H'H^{(e)}),$$

$$2\pi\hbar\overline{K}_2{}^{(e)}=\frac{1}{(i\hbar)^2}\int_{-\infty}^{\infty}dt\int_{-\infty}^{t}dt'\int_{-\infty}^{t'}dt''\{H^{(e)}(H'H'')_{n.d.}+(H''H')_{n.d.}H^{(e)}\}$$
$$-\frac{1}{(i\hbar)^2}\int_{-\infty}^{\infty}dt\int_{-\infty}^{t}dt'\int_{-\infty}^{t}dt''H'H^{(e)}H''+\frac{1}{2}\int_{-\infty}^{\infty}((S_1{}^2)_D H^{(e)}+H^{(e)}(S_1{}^2)_D)dt. \qquad (13_0{}^{(e)})$$

$\overline{K_1}{}^{(e)}$, $\overline{K_2}{}^{(e)}$ はもつと対称的に書ける. 積分 t を t' と入れかえ, $\overline{K_1}{}^{(e)}$ の積分の順を変えて,

$$\int_{-\infty}^{\infty}H\,dt=0$$

を使うと,

$$-\int_{-\infty}^{\infty}dt\int_{-\infty}^{t}dt'H'H^{(e)}=+\int_{-\infty}^{\infty}dt\int_{-\infty}^{t}dt'HH^{(e)\prime}$$

となる. $\overline{K_2}{}^{(e)}$ も同様に簡単化できる. 任意の積の $n.d.$ に対して $-\infty\to+\infty$ の積分は 0 ゆえ《$n.d.$ であるからエネルギーは保存しない》,

$$\int_t^{\infty}dt'(\cdots\cdots)_{n.d.}=-\int_{-\infty}^{t}dt'(\cdots\cdots)_{n.d}.$$

p. 152
(これは $S_1{}^2H^{(e)}$, $H^{(e)}S_1{}^2$ に対しては成立しない) これを考えに入れ少し計算をすれば, 次の様になる.

$$2\pi\hbar\overline{K_1}{}^{(e)}=\frac{1}{i\hbar}\int_{-\infty}^{\infty}dt\int_{-\infty}^{t}dt'(HH^{(e)\prime}+H^{(e)}H'), \qquad (13_1{}^{(e)})$$

$$2\pi\hbar\overline{K_2}{}^{(e)}=\frac{1}{(i\hbar)^2}\int_{-\infty}^{\infty}dt\int_{-\infty}^{t}dt'\int_{-\infty}^{t}dt''\{(HH')_{n.d.}H^{(e)\prime\prime}+HH^{(e)\prime}H''$$
$$+H^{(e)}(H'H'')_{n.d.}\}+\frac{1}{2}\int_{-\infty}^{\infty}dt((S_1{}^2)_D H^{(e)}+H^{(e)}(S_1{}^2)_D). \qquad (13_2{}^{(e)})$$

$(13^{(e)})$ の構造は (13) と殆んど同じであつて, (13)のHの一つの因子だけを順々に各所で

$H^{(e)}$ にすりかえればよい．その他の取扱いは (13) と同じである．

第13節では，ローレンツ・ゲージを使うと H_{int} は相対論的不変量の空間積分であることを述べた．すると $\overline{K}$ は相対論的不変になる．まず，$d\tau dt$ は不変量ゆえ，時間積分を ∞ 迄すべて行うと，勿論答は不変である．しかし，たとえば (13_3) の様な時間についての制限があるけれども，これは $t>t'>t''$ といつた形でのみ現われている．この様な時間の順序は，($Det=1$ の) ローレンツ変換の後にもそのまま成り立つから，$\overline{K}_2$．$\overline{K}_3$ はやはり不変量である．$n.d.$ の部分のみをとる事及び $\sim S_1{}^2$ の項も不変性をこわさない事は容易にわかる．$\overline{K}$ の不変性は以下で明らかになるから，ここではくわしい証明は行わない．(第28，30節)†

2 エネルギー表示．自己エネルギー　(13) と $(13^{(e)})$ をさまざまな目的に使うために色々な方法で計算しよう．簡単な方法は，エネルギーでマトリックスを表示してKの要素を書き下す事である．すると，K はすべて H のマトリックス要素で表わされ，

$$H(t)_{n|m}=H_{n|m}e^{i(E_n-E_m)t/\hbar}$$

と書かれる．ここで第14節と同様に，時間に無関係なマトリックス要素は $H_{n|m}$ とかき，差しあたつて表示には無摂動系のエネルギーを使う．同じエネルギー殻に属する状態を区別するために，A，B，C，……で表わし，$|E_n-E_A|>\varepsilon$ の状態は n, m, k, ……と示す事にする．(13) の積分は直ちに行える．その際積分の下限は寄与しない．(12)，(12') p. 153 の定義を使うと，(13) から

$$K_{1A|B}=0, \qquad (14_1)$$

$$K_{2A|B}=\frac{H_{A|n}H_{n|B}}{E_B-E_n}, \qquad (14_2)$$

$$K_{3A|B}=\frac{H_{A|n}H_{n|m}H_{m|B}}{(E_B-E_n)(E_B-E_m)}, \qquad (14_3)$$

$$K_{4A|B}=\left.\frac{H_{A|n}H_{n|m}H_{m|k}H_{k|B}}{(E_B-E_n)(E_B-E_m)(E_B-E_k)}\right|_{|E_m-E_B|>\varepsilon}$$

---

† 摂動論の各次数でその共変性を明らかに示す様な量子電気力学の形式は S. Tomonaga (*Prog. Theor. Phys.* **1** (1946) 27 及びその後の論文) で考えられて，多くの文献によつて使われた．この理論では t は時間的な面 $t(x, y, z)$ によつておきかえられる．内容的な美しさにも拘らず，この様な超平面を考える事は共変性にとつて必要というわけでなく(第28節)，又結果がこの任意にとれる面の形に関係する様な重要な事もでてこないので，実際的には有用ではない．

$$-\frac{1}{2}\frac{H_{A|n}H_{n|A}H_{A|m}H_{m|B}}{(E_A-E_n)^2(E_B-E_m)}-\frac{1}{2}\frac{H_{A|n}H_{n|B}H_{B|m}H_{m|B}}{(E_B-E_n)(E_B-E_m)^2}. \tag{14_4}$$

これらの式で，添字が2度現われるものは和をとる事を意味する．$(13^{(e)})$ から $K^{(e)}$ に対する同様の式が直ちに得られる。(14_4) の最後の2項に対しては $(10_2')$ を使つた．エネルギー殻の上にない状態 n が E_B を含む連続エネルギーをもつ時には，*n.d.* をとるのは，ε を計算中残しておき．$(|E_n-E_B|>\varepsilon)$，従つてすべての分母は主値をとる事を意味する．

次に進む前に，重要な変更をしなければならない．K は，すべての要素について対角的な部分を含んでいる．$K_{A|A}$．K は変換した波動方程式（3）のハミルトニアンであるから，$K_{A|A}$ は状態 A のエネルギーに対する補正であり，A の自己エネルギーである．$K_{A|A}$ が残ると，粒子が1個で，実際の転移が起らないと考えられる時も，$\dot{\Psi}'$ は0ではなくなる．この自己エネルギーの問題は詳しく調べる必要があり，それは第Ⅵ章で行うことにするが，実際に測定される A のエネルギーは，摂動をうけてない系のエネルギーではなくて，$\tilde{E}_A=E_A+K_{A|A}$ である事は今迄調べた所でも明らかである．K を表示するのには，E_A という理論的なもので表示するよりも，$\tilde{E}_A$ で表示する方が便利である．K を $\tilde{E}$ で表わすために，相互作用表示の定義第14節の式（1）に迄もどつて考える．$\delta_m H$ を H_0 に対する補正で，$H_0+\delta_m H$ の固有値が $\tilde{E}$ になるものとする．この演算子 $\delta_m H$ は第29節で決めるが，これは（今考えている自由粒子の衝突では）単に各粒子の質量 m に附け加わるものとなり，各1個の粒子に対しては $\beta\delta\mu$ の形になる．† そこで相互作用表示をもう一度定義し直す．

$$\Psi'=e^{i(H_0+\delta_m H)t/\hbar}\Psi,\qquad H'_{\text{int}}=e^{i(H_0+\delta_m H)t/\hbar}H_{\text{int}}e^{-i(H_0+\delta_m H)t/\hbar} \tag{15}$$

p. 154

Ψ はハミルトニアンが

$$H_0+H_{\text{int}}+H^{(e)}$$

の波動方程式を満たす（Schrödinger 表示）のであるから，Ψ' は（ダッシュを略して）（1）の代わりに

† ハミルトニアン $H_0=(\boldsymbol{\alpha}\mathbf{p})+\beta\mu$ に附加わる形が $\beta\delta\mu$ で，$\delta\mu$ は級数 $\delta\mu_2+\delta\mu_4+\cdots$ である．

$$i\hbar\dot{\Psi}=(H(t)+H^{(e)}(t)-\delta_m H)\Psi \qquad (16)$$

を満たす．この様にしてハミルトニアンには附加項 $-\delta_m H$ がつき，これは丁度自己エネルギーを打ち消す様に決定される．この事は，理論の変更又はハミルトニアンの変更を意味しなくて，たゞ表示の変更のみである事に注意すべきである．

小節1の摂動理論では，すべての $H(t)$ を $H(t)-\delta_m H$ と変えて $\delta_m H$ をもちこまねばならぬ．一般的な取扱いは第VI章で行うから，ここではエネルギー表示の式を書き下すだけにしておく．(15) によれば，時間の指数函数，及び分母に表われるエネルギーは，$H_0+\delta_m H$ の固有値，すなわち相互作用によつて変化したエネルギー $\tilde{E}$ である．

前と同様に正準変換を行つて，新らしいハミルトニアン K がエネルギー殻の上のみで0でない様にする．エネルギー殻とは，ε の範囲でエネルギーが $\tilde{E}$ に等しい状態をいう．更に，$\tilde{K}$ は D の要素（すべての変数について対角な要素）をもたない（様に $\delta_m H$ をとる）．

$$\tilde{K}=K+K^{(e)}+K^{(s)}, \qquad K^{(s)}=S^{-1}H^{(s)}S, \qquad H^{(s)}\equiv-\delta_m H. \qquad (17)$$

(17) をエネルギー表示で計算する前に，マトリックス要素を作る状態 A, n, ……等を，仮想的に色々な状態を含んでいる新らしく定義された状態函数 Ψ' と考え直せる事に注意する．$\tilde{K}$ は放出，吸収の演算子 q, q^* を含む演算子の函数で，これをどの様な表示のマトリックスで表わすかは任意である．今迄は“裸” naked（すなわち仮想場を含まない）の粒子の数 n を対角的にする表示を使つた．この表示では，q は“裸”の粒子を吸収する．しかし，Ψ' は，この n を用いる（その場合は Ψ' は級数となる）よりも，物理的に実際の粒子，すなわち仮想場を伴つた粒子の個数 n' を用いた方がうまく表わせる．$\Psi'=S^{-1}\Psi$ であるから，n' は n とは $n'=S^{-1}nS$ という正準変換で結びついている．n' は実際に観測される数であつて，n はそうではない．同様に，$q'=S^{-1}qS$ は実際の粒子を1つ吸収する演算子である．n' を対角的にする表示では，q' は第II，III章の式を $n\to n'$ とした式と同じマトリックス要素をもつているし，又交換関係は同じである（$q\to q'$ は正準変換）．そこで，n' を対角的にする表示をとり，q' 等（従つて $\tilde{K}$ の）マトリックス要素をこの新らしい（n' を対角にする）状態函数 Ψ' について，n' を用いて表わすと，p. 155 これは q を前の状態函数 Ψ について n を用いて表わしたマトリックス要素と同じになる．

$$(\Psi'_{n'}{}^*q'\Psi'_{m'})=(\Psi_k{}^*q\Psi_m).$$

同じ事は，$\tilde{K}(q)$ で q を q' におきかえても言える．そこで，以下では状態 $A, n, \cdots\cdots$ は（新らしい記号を使わないで）実際の粒子の個数で表わされた定義し直した状態であつて，q 等はこの実際の粒子の個数に作用する演算子と考える．E_n 等は新らしく定義した状態のエネルギーである．

$\delta_m H$ の最も重要な部分は，H_0 又は $H_0+\delta_m H$ と同時に対角的にできる部分で，各状態 A の自己エネルギーを表わす．しかしながら，β は $(\boldsymbol{\alpha}\mathbf{p})$ とは可換ではないから，$\delta_m H$ は $H_0+\delta_m H$ とは可換でなく非対角要素をもつている．これらは相対論的な性質によるものであつて，$n.d.$ の要素のみ（エネルギーについて非対角）が非対角要素として残る（第29節）．簡単のために，これら非対角要素をさしあたり無視しよう．これらをあとで考えに入れる事はいとも簡単にできる（式 (22)）．すると，S は前と同じ変換で，(17) の $K, K^{(e)}$ は形式的には前の (14) と同じであつて，違うのは，すべての状態が定義し直したエネルギー $\tilde{E}$ の状態になつている所である．E の上の～を省略する事にし，すべての $\tilde{K}$ の式で，エネルギーは実際のエネルギーであるとしておく．

S 及び $H^{(s)}$ を $H_2{}^{(s)}+H_4{}^{(s)}+\cdots\cdots$ と展開すると，(17) の附加項 $K^{(s)}$ は

$$K^{(s)}=(H_2{}^{(s)}+H_4{}^{(s)})_D+\frac{1}{2}(S_1{}^2)_D H_2{}^{(s)}{}_D+\frac{1}{2}H_2{}^{(s)}{}_D(S_1{}^2)_D-S_1H_{2D}{}^{(s)}S_1+\cdots\cdots. \tag{18}$$

最後の項のみは $B\to A$ の転移のマトリックスをもつているけれども，その他はすべて D（すべての変数につき対角）要素のみである．$H^{(s)}$ は $\tilde{K}_{A|A}=K_{A|A}+K_{A|A}{}^{(s)}=0$ となる様にとる．

$$\begin{aligned}&H_{2A}{}^{(s)}=-K_{2A|A},\\&H_{4A}{}^{(s)}=-K_{4A|A}-\frac{1}{2}(S_1{}^2)_A H_{2A}{}^{(s)}-\frac{1}{2}H_{2A}{}^{(s)}(S_1{}^2)_A+(S_1H_{2D}{}^{(s)}S_1)_{A|A}.\end{aligned} \tag{19}$$

$K^{(s)}$ の転移要素は（(18) の近似では $S_1H_{2D}{}^{(s)}S_1$ よりくる），(19) と (10_1) を使つて

$$K_{A|B}{}^{(s)}=-\frac{H_{A|n}H_{n|m}H_{m|n}H_{n|B}}{(E_A-E_n)(E_B-E_n)(E_n-E_m)}. \tag{20}$$

(20) には中間状態 n の自己エネルギーが含まれていて，(14_4) に加えて4次の $\tilde{K}_{A|B}$ を与える．(14_4) の最初の項で $k=n$ であると，(20) はこれと加える事ができる．その時

p. 156

$$\frac{1}{(E_B-E_n)^2(E_B-E_m)}-\frac{1}{(E_B-E_n)^2(E_n-E_m)}$$
$$=-\frac{1}{(E_B-E_n)(E_B-E_m)(E_n-E_m)}$$

を使う．すると，$A \neq B$ で $\tilde{K}_{4A|B}$ は $(K_{4A|B}+K_4{}^{(s)}{}_{A|B}$, $(E_A=E_B)$

$$\tilde{K}_{4A|B}=\frac{H_{A|n}H_{n|m}H_{m|k}H_{k|B}}{(E_B-E_n)(E_B-E_m)(E_B-E_k)}\Bigg|_{k\neq n}$$
$$-\frac{H_{A|n}H_{n|m}H_{m|n}H_{n|B}}{(E_B-E_n)(E_B-E_m)(E_n-E_m)}$$
$$-\frac{1}{2}\frac{H_{A|n}H_{n|A}H_{A|m}H_{m|B}}{(E_A-E_n)^2(E_B-E_m)}-\frac{1}{2}\frac{H_{A|n}H_{n|B}H_{B|m}H_{m|B}}{(E_B-E_n)(E_B-E_m)^2} \quad (21_4)$$

$\tilde{K}_1, \cdots\cdots, \tilde{K}_3$ は（附加項がないから）$(14_{1,2,3})$ と形式的に全然同じである．

$$\tilde{K}_{1A|B}=0, \qquad \tilde{K}_{2A|B}=K_{2A|B}, \qquad \tilde{K}_{3A|B}=K_{3A|B}. \qquad (21_{1,2,3})$$

勿論，エネルギー分母にはほんとうのエネルギーを使う．

非相対論近似では，H は2次の項 $H^{(2)}$ をもつている．又，$H_2{}^{(s)}{}_{n.d.}$ 及びクーロン・ゲージをとると，$H^{(c)}$ 等はすべて2次の項である†．以上の式を，この様な項のある場合に一般化するのは容易であつて，計算をやり直す必要はない．$H^{(2)}$ は $\dfrac{(H_{n|m}H_{m|B})}{E_B-E_m}$ の代わりをするから，$H^{(2)}{}_{n|B}$ とかける．従つて，$H=H^{(1)}+H^{(2)}$ の時には，

$$\tilde{K}_2=\frac{H^{(1)}{}_{A|n}H^{(1)}{}_{n|B}}{E_B-E_n}+H^{(2)}{}_{A|B}, \qquad (22_2)$$

$$\tilde{K}_3=\frac{H^{(1)}{}_{A|n}}{E_B-E_n}\left(\frac{H^{(1)}{}_{n|m}H^{(1)}{}_{m|B}}{E_B-E_m}+H^{(2)}{}_{n|B}\right)+\frac{H^{(2)}{}_{A|m}H^{(1)}{}_{m|B}}{E_B-E_m}; \qquad (22_3)$$

$$\tilde{K}_{4A|B}=\left(\frac{H^{(1)}{}_{A|n}H_{n|m}}{E_B-E_n}+H^{(2)}{}_{A|m}\right)\frac{1}{E_B-E_m}\left(\frac{H^{(1)}{}_{m|k}H^{(1)}{}_{k|B}}{E_B-E_k}+H^{(2)}{}_{m|B}\right)_{k\neq n}$$
$$+\frac{H^{(1)}{}_{A|n}H^{(2)}{}_{n|k}H^{(1)}{}_{k|B}}{(E_B-E_n)(E_B-E_k)}\Bigg|_{k\neq n}-\frac{H^{(1)}{}_{A|n}H^{(1)}{}_{n|m}H^{(1)}{}_{m|n}H_{n|B}}{(E_B-E_n)(E_B-E_m)(E_n-E_m)}$$
$$-\frac{1}{2}\frac{H^{(1)}{}_{A|n}H^{(1)}{}_{n|A}}{(E_A-E_n)^2}\left(\frac{H^{(1)}{}_{A|m}H^{(1)}{}_{m|B}}{E_B-E_m}+H^{(2)}{}_{A|B}\right)$$
$$-\frac{1}{2}\left(\frac{H^{(1)}{}_{A|n}H^{(1)}{}_{n|B}}{E_B-E_n}+H^{(2)}{}_{A|B}\right)\frac{H_{B|m}{}^{(1)}H^{(1)}{}_{m|B}}{(E_B-E_m)^2}. \qquad (22_4)$$

(21)，(22) は第14節の複合マトリックス要素（第14節 (13) の上）の一般化である．

最後に，因子 1/2 を含んでいる再規格の項について考えよう．この項も，特異性のある分母の取扱いを，正しく定義された極限をとる方法で行えば，主要な項（再規格の項以外はすべての次数で同じ構造である）に含められる．(14_4) を例にとつて示そう．K_4 を $E_A=E_B$ (p. 157)（正確に）として

† $H^{(s)}{}_{n.d}$ を加えると，(22) は相対論に正しくなる．

$$K_4=\frac{H_{A|n}H_{n|m}H_{m|k}H_{k|B}}{(E_B-E_n)(E_B-E_m)(E_B-E_k)} \tag{23}$$

とかく．(14_4) では $m=C$（特に $m=A$ 又は B も（エネルギーのみ等し））の項は除いてあるが，(23) ではこれを含める事にする．この時には $\mathcal{P}/(E_B-E_m)$ は特異性をもつ事になる．(23) の式にどの様な極限値を与えられるかを調べるために，E_B を変数 E でおきかえて，E の値を E_B とするために

$$K_4=\int dE\delta(E-E_B)K_4(E) \tag{24}$$

とする．$K_4(E)$ は(23)で $E_B\to E$ とおきかえたものである．第16節及び補遺4で，(24)は，はじめから有限のスペクトル線の巾（Bという状態の寿命）を考えて計算して後で巾 $\to 0$ にする時の正しい K_4 の式である事がわかる．そこで，m を B と同じエネルギー殻の状態 C とする．$C=B$ 又は A（状態がひとしい）のみが寄与する事が（後に）わかる．そこで，$E_m=E_B$ とおく．K_4 のこの時の値 (K_4') は，

$$K_4'=\int dE\delta(E-E_B)\frac{\mathcal{P}}{E-E_B}f(E)$$

で，$f(E)$ は $E=E_B$ で特異性はない．函数 $\delta(x)\mathcal{P}/x$ は不確定であるけれども，$\delta(x)$ と $\mathcal{P}/x$ の極限を同時にとる（第8節 (18)）と，$-\frac{1}{2}\delta'(x)$ という確定した形になる．†
すると，今問題の K_4' は

$$K_4'=-\frac{1}{2}\int dE\delta'(E-E_B)\,f(E)=\frac{1}{2}\left.\frac{\partial f}{\partial E}\right|_{E=E_B}$$

$$=-\frac{1}{2}\frac{H_{A|n}H_{n|C}H_{C|n}H_{m|B}}{(E_B-E_n)^2(E_B-E_m)}-\frac{1}{2}\frac{H_{A|n}H_{n|C}H_{C|m}H_{m|B}}{(E_B-E_n)(E_B-E_m)^2} \tag{25}$$

となる．更に，(25) は C は A 又は B に等しい時のみ0でない．それは，空間の体積 L^3 にかんけいする仕方をしらべて，$L^3\to\infty$ としてみるとわかる．$C=A$（又は B）の時には，n（又は m）という状態は，A により放出され，又 A で吸収される仮想光子を含むから，これらは連続スペクトルの全域を占める．（中間状態）n の和は密度函数を含んでいるから，L^3 を含むことになる．$C\neq A, B$ ならば，n, m は運動量保存則により1つの状態になつてしまつて，L^3 という因子はあらわれない．従つて，$L^3\to\infty$ では，$C=A$ 又は B のみが0でない．†† $C=A$ のときは，(25) の2項目は A の自己エネルギーを因子として含むが，これは自己エネルギーの項を考慮して（$-\delta mH$ を附加して）上と同じ p. 158

---

† 第30節では自然にでてくる．

†† 次頁脚註を見よ．

極限で計算すると，帳消しになる．この様にして，(25) の最初の項は $C=A$，2番目からは $C=B$ のもののみが残り，(25) は (14) の 1/2 の項と同じになる．上にのべたのと同じ極限操作は第28，30節で一般理論を展開する時にもあらわれる．特異点からの寄与についてはこの様な極限をとるものとしておくと，K としていつも (13)，(14) の（再規格の項を除いた）はじめの項のみを使えばよく，この形の項は任意の次数の近似迄同じ構造をもつている．

3　波動方程式の解　そこで問題は波動方程式（3）

$$i\hbar\dot{\Psi}'=\tilde{K}(t)\Psi'$$

を解くことになる（必要とあれば $K^{(e)}$ を附加する）．自己エネルギーを考えに入れると K は $\tilde{K}$ となる．ここで～の記号は省略してしまおう．K はエネルギー殼（$|E_A-E_B|<\varepsilon$；$K_{A|B}\fallingdotseq 0$）の上のみにマトリックス要素をもつている．しばらくの間 $\varepsilon\to 0$ を行わない．こうしておいても解が求まると自動的に $\varepsilon\to 0$ となつている．求める解は $t=-\infty$ で系はある特定の状態 O にあつて，他の状態の系のある確率はすべて0であるものとする．そして，$t=+\infty$ に（衝突後）系が他の状態 A，B，……にある確率を求めよう．このために

$$\Psi'=\sum_A b(t)\Psi'_A,\qquad K_{A|B}(t)\equiv(\Psi'_A{}^*K\Psi'_B)=K_{A|B}e^{i(E_A-E_B)t/\hbar}\qquad(26)$$

とおく．ここで Ψ_A' は状態 A の規格化された状態函数で，仮想光子を伴つたものである．《実際には仮想光子を含まない Ψ'_A を使つて計算できる》b の式は

$$i\hbar\dot{b}_A=\sum_B K_{A|B}b_Be^{i(E_A-E_B)t/\hbar}\qquad(26')$$

となる．

この解は第8節に定義した函数 ζ を含んでくる．

$$\zeta(E)=\frac{1}{i\hbar}\int_0^\infty e^{iEt/\hbar}dt=\frac{\mathcal{P}}{E}-i\pi\delta(E),\qquad(27)$$

$$E\zeta(E)=1.\qquad(27')$$

(26) を解くために

---

†† 散乱断面積と K の体積に関係する仕方は第14節をみよ．たとえば $K_{A|B}$ が散乱のときは，断面積は $\phi\sim L^3\rho_A|K|^2$ で $\rho\sim L^3$ であるから $K_{A|B}$ は L^{-3} である（ϕ は L^3 を含まぬ）．K_4 に対しては，n 又は m の和が L^3 という因子を含んでいると各 H は $L^{-3/2}$ で，$K_4\backsim L^{-3}$ となる．

$$b_A(t)=\delta_{AO}+U_{A|O}\zeta(E_O-E_A)e^{i(E_A-E_O)t/\hbar} \tag{28}$$

p. 159

とおく．ここで $U_{A|O}$ は時間的に変化しない $U_{O|O}=0$ を満たす未定の振幅である．(27) の積分表示を使うと $\zeta(E)$ の次の性質がでてくる．

$$\zeta(E)e^{-iEt/\hbar}\Big|_{t\to\pm\infty}=\frac{1}{i\hbar}\int_0^\infty e^{iE(t'-t)/\hbar}dt'\Big|_{t\to\pm\infty}$$

$$=\frac{1}{i\hbar}\int_{\mp\infty}^\infty e^{iEt'/\hbar}dt'=\begin{cases}-2\pi i\delta(E)\\0\end{cases} \tag{29}$$

すると，(28) より直ちに

$$b_A(-\infty)=\delta_{AOO} \tag{30}$$

となり，$t=-\infty$ で $b_A=0$ $(A\neq 0)$ という初期条件が満たされている．

(28) が (26′) を満たしている事を示すために，(26′) に代入する．(27′) を使って，(28) より

$$i\hbar\dot{b}_A=U_{A|O}e^{i(E_A-E_O)t/\hbar}$$

を得るから，(26′) とくらべて

$$U_{A|O}=K_{A|O}+\sum_{B(\neq 0)}K_{A|B}U_{B|O}\zeta(E_O-E_B) \tag{31}$$

が $U_{A|O}$ に対する方程式となる．これについては更に調べるが，その前に転移の確率を計算しよう．状態 A に存在する確率は $|b_A(t)|^2$ であるから，単位時間あたりの転移の確率は

$$\frac{d}{dt}|b_A(t)|^2=\dot{b}_Ab^*{}_A+\dot{b}^*{}_Ab_A$$

であつて，これは時刻 t には無関係であろう．実際 (28) と (27)，(27′) より

$$\frac{d}{dt}|b_A|^2\equiv w_{A|O}=\frac{i}{\hbar}|U_{A|O}|^2\{\zeta(E_O-E_A)-\zeta^*(E_O-E_A)\}$$

$$=\frac{2\pi}{\hbar}|U_{A|O}|^2\delta(E_A-E_O). \tag{32}$$

従つて，$|U_{A|O}|^2$ は本質的には転移の確率であり，又 $E_A=E_O$ の所だけが寄与するから，K の式で $\varepsilon\to 0$ としてもよい．この極限をとると (31) は簡単になる．まず，(31) の2項目は，ζ の定義から

$$\sum_B K_{A|B}U_{B|O}\zeta(E_O-E_B)=\sum_B\left\{K_{A|B}U_{B|O}\frac{\mathcal{P}}{E_O-E_B}-i\pi K_{A|B}U_{B|O}\delta(E_O-E_B)\right\}$$

p. 160

である（$\sum_B$ は E_B についての積分も含んでいる）．ε が十分小さいとすると，$K_{A|B}$，$U_{B|O}$

はこの ε の範囲では一定値をとり，又，$U_{A|O}$ は $E_A=E_O$ での値がわかればよいのであるから，

$$\int\frac{\mathcal{P}}{E_O-E_B}dE_B=\int_{E_A+\varepsilon}^{E_A+\varepsilon}\frac{\mathcal{P}}{E_A-E_B}dE_B=0$$

となり，

$$U_{A|O}=K_{A|O}-i\pi\sum_B K_{A|B}\delta(E_O-E_B)U_{B|O} \tag{33}$$

が $U_{A|O}$ に対する積分方程式となる．$\sum_B$ は，すべての B の状態，すなわち角の積分，スピン，偏りの和を含むけれども，δ 函数があるから，エネルギー殻の上だけの状態の和である．E_B についての積分は直ちにできて，

$$V_{A|O}=K_{A|O}-i\pi K_{A|B}\rho_B U_{B|O}. \tag{33'}$$

ρ_B は状態 B のエネルギー範囲 dE_B にある状態の数である《2度同じ状態の添字があるのは和をとる．この場合は同じエネルギーの Bの和》．この式では $E_B=E_A=E_O$ で，エネルギーは全部等しい．

K は e の級数の形で与えられる．$U_{A|O}$ 及び $w_{A|O}$ を級数の形で求めるためには (33′) の解も e で展開すればよいが，しかしその必要はない．実際 (33′) は（級数でなくても）正確に成り立つ式である．(33′) の2項目はKの高次の項とは全然違う物理的内容をもつものであつて，それは古典的には輻射減衰を表わす項に対応するから，"減衰項" damping term と呼ぶ．他方 K の高次の項は量子論的な効果を表わし，更に，不定性を含むので，特別の取扱いをせねばならない（第Ⅵ章）．この事情は第33節でコンプトン効果を例にとつて調べる事にする．#

(33) は U のマトリックス方程式と考える事ができ，こうすると解は直ちにみつかる．$\tilde{K}$ (12′) と同様に

$$\overline{U}_{A|B}=U_{A|B}\delta(E_A-E_B)$$

を定義すると，(33) に $\delta(E_A-E_O)$ をかけて

\# (33) は特別な場合について A. H. Wilson, *Proc. Camb. Phil. Soc.* **37** (1941), 301 ; A. Sokolow, *J. Phys. U. S. S. R.* **5** (1941), 231 ; W. Heitler, *Proc. Camb. Phil. Soc.* **37** (1941), 291 ; E. Gora, *Z. f. Phys.* **120** (1943), 121 等で導き出されている．一般の場合については W. Heitler and H. W. Peng, *Proc. Camb. Phil. Soc.* **38** (1942), 296. 又 W. Pauli, *Meson Theory and Nuclear Forces*, New York, 1946 参照．

$$\overline{U}=\overline{K}(1+i\pi\overline{K})^{-1} \tag{34}$$

p. 161

となる．$1+i\pi\overline{K}$ が分母に表われるのは，これが減衰の役をする事を示している．

$b_A(-\infty)=\delta_{AO}$ という初期条件を満たす $b_A(t)$ は，マトリックス $\mathcal{S}_{AO}(t)$ の AO– 要素と見做す事ができる．このマトリックス $\mathcal{S}$ は $t=-\infty$ の状態函数，$\Psi'(-\infty)=\Psi'_O$ を $\Psi'(t)$ に変換するものである．

$$\Psi'(t)=\mathcal{S}(t)\Psi'(-\infty). \tag{35}$$

このマトリックスの $\mathcal{S}(+\infty)\equiv\mathcal{S}$ は S マトリックスと呼ばれる．# それは，(28) と (29) より

$$\mathcal{S}_{AO}\equiv b_A(\infty)=\delta_{AO}-2\pi iU_{A|O}\delta(E_A-E_O)=\left(\frac{1-i\pi\overline{K}}{1+i\pi\overline{K}}\right)_{A|O} \tag{35'}$$

である．$\mathcal{S}$ は明らかにウニタリーである．この非対角（エネルギーについてではない.）項は本質的には U と同じであるから，$\mathcal{S}$ を使つても衝突の断面を計算できる．すこし異なつた定義が (33′) を使うと得られる．

$$\mathcal{S}'=\frac{1-i\pi K'}{1+i\pi K'},\qquad K'_{A|B}\equiv\sqrt{\rho_A}\,K_{A|B}\sqrt{\rho_B}. \tag{35''}$$

$\mathcal{S}(t)$ に対しては K と同様の巾展開が存在する．(35) によつて $\mathcal{S}(t)$ は波動方程式（3）を満足する．従つて，直接微分によつて

$$\mathcal{S}(t)=1+\frac{1}{i\hbar}\int_{-\infty}^{t}dt'K(t')+\frac{1}{(iK)^2}\int_{-\infty}^{t}\int_{-\infty}^{t'}dt'dt''K(t')K(t'')+\cdots\cdots \tag{36}$$

となる．小節1の K の展開を代入すると，$\mathcal{S}$ を H で表わせるがこれは行わない事にする

摂動論を $\overline{K}$ に対して使つて $\mathcal{S}$ には使わない理由は3つある．（i）物理的な点から減衰効果を分離しておくのが望ましいが，これは U 又は $\mathcal{S}$ を展開すると不可能である．(ii) (36) を高次の近似迄使用すると，エネルギー殻の上で特異性があらわれ，特別の処法をしなければならない．(iii) $\mathcal{S}$ はウニタリーであるが，展開 (36) の各項毎

\# P. A. M. Dirac, *Principles of Quantum Mechanics*, Oxford, (1947), 173頁；F. J. Dyson, *Phys. Rev.* **75** (1949), 486, 1736. S マトリックスの性質については非常に多くの論文がある．W. Heisenberg, *Z. Naturforschung* **1** (1946), 608（以前の論文の要約）；C. Mφller, *Kgl. Dansk. Vid. Sels.* **23** (1945), *No.* 1, **22** (1946), *No.* 19. K の展開の他の色々な形は S. N. Gupta, *Proc. Camb. Phil. Soc.* **47** (1950), 454；T. Miyazima and N. Fukuda, *Prog. Theor. Phys.* **5** (1950), 849；J. Pirenne, *Phys. Rev.* **86** (1952), 395 にある．

にはウニタリー，になっていない．$\overline{K}$ の展開は各項がエルミットであるという特質がある（KはH をウニタリー変換したもの）．

減衰項を無視すると，

p. 162

$$|U_{A|B}|^2=|K_{A|B}|^2=|K_{B|A}|^2=|U_{B|A}|^2$$

となる．この式は"精密平衡の原理" pirnciple of detailed balance と呼ばれ，統計ではよく使われる．減衰項があると，この原理は一般的には成立しないで，もつと弱い定理しか存在しなくなるが，これは補遺5でのべる．

16．減衰現象の一般理論

次に離散的な束縛状態を含んだ問題を考えよう．この問題の取扱いは，第15節で行つた種々の簡単化が役に立たないから，全然変わつてくる．原子が離散的な励起状態にある時を考えよう．第15節の衝突の時と本質的に異なる所は，（i）光を放出したりして低いエネルギーの状態へ移る有限の単位時間あたりの転移の確率が存在する．衝突の時は（自由粒子の），この転移の確率は $L^3\to\infty$ で0になつた．従つて，$t=-\infty$ での初期条件をとる事はできない（こうすると有限の時刻では転移は終つてしまつている.）から，たとえば $t=0$ という有限の時刻に初期条件をおかねばならない．（ii）始めの状態（及び一般にはすべての状態）は有限のレベルの巾 Γ をもつている．前の第15節の衝突では $L^3\to\infty$ では $\Gamma=0$ であつた《始状態の転移確率0》．

以下では，$i\hbar\dot{\Psi}=H(t)\Psi$ の型の波動方程式又は次頁の（1）の解の，離散固有状態のある場合の正確な一般理論について述べる．この理論は第15.3節の一般化ではあるが，相互作用のハミルトニアン H が何であるかには無関係である．第V章の最も重要な応用では，線の巾等の第一近似のみしか考えないから，出発点としては非摂動系を使う事ができる． この時は H は相互作用のハミルトニアン H_{int} であつて，非摂動系間の転移を考える事が出来る．しかし，正確を期するために，特に高次近似を計算する時にはこのやり方は変更せねばならない．

束縛状態の電子も，自由電子と同様に，そのまわりに仮想場を件つていて，その波動函数には仮想光子その他が混つている．原子の状態をこれらの仮想状態を含む様に，第15節で自由粒子の場合に行つたと同様に，まず正準変換を行つたのちにこれらの定義し直した状態の間の転位を計算するのがよい．この変換によって，正準変換を行つて定義し直した原子の基底状態がも早場との相互作用によつて変わらず，相互作用は励起状態からの実際の転移のみをおこす様にする．こういう順序で理論を作る際に，線の巾が有限（始状態の寿命が有限）であるために困難が生ずるが，これについてはこの節の終り及び第34節で明らかにする．最も重要な応用の関係上，以下では“裸”の非摂動系に $H_{\rm Int}$ の相互作用である時の記号及び術語を使う．しかし，$H_{\rm Int}$ を K という変換したハミルトニアンでおきかえると，以下の理論の確率振幅 b は定義し直した状態の振幅になる．p. 163

この理論は第20節（共鳴螢光），第34節（レベルのずれ及び線の巾に対する輻射補正）で応用する．放出，吸収の際のスペクトル線の巾の簡単な問題は，第18節でもう一度初等的な方法によって取扱う．

1　一般の解[#]　相互作用表示における状態 n の確率振巾 b_n の時間的変化を表わす連立方程式から出発しよう．（第14節（3））

$$i\hbar\dot{b}_n(t)=\sum_m H_{n|m}b_m(t)e^{i(E_n-E_m)t/\hbar}. \tag{1}$$

ここで，H は荷電粒子と輻射場との相互作用のエネルギーである．E_n は状態 n の非摂動系のエネルギー（H_0 の固有値）である．しかし，小節3では第15.2節と同様少し表示を変えて，E_n は n の自己エネルギーを含むとする．そして，H は相互作用のエネルギーから自己エネルギーの演算子（小節3参照）を引き去つたものである．この後者の方がもつともらしい表示である．この表示では，H は対角要素 $H_{n|n}$ をもつている．相対論的な問題では，クーロン相互作用も対角要素をもつている《陽電子論では，${}_0\langle\psi^*\psi^*\psi\psi\rangle_0 \neq 0$ である》．

（1）の解として，$t=0$ で系は状態 O にあり他の確率振幅はすべて0である様な初期条件を満たすものをとる．

$$b_n(0)=0, \qquad b_O(+0)=1. \tag{2}$$

$=+0$ は t が正の側から 0 に近ずくことをいみする（以下で b_O には不連続性があるから，どちらから近づくかきめておく必要がある）．

以下では第8節で定義した特異性のある函数 $\zeta(x)$ をしばしば使う．その主な性質は（第8・1節，第8節（40），第15節（29））

\# この小節の参考になるのは，W. Heitler and S. T. Ma, *Proc. Roy. Ir. Ac.* **52** (1949), 109；E. Arnous and S. Zienau, *Helv. Phys. Acta* **24** (1951), 279；M. Schönberg, *Nuov. Cim.* 8 (1951), 817. 又 K. Bleuler によつ簡単化が色々行われた．

$$\zeta(x)=-i\int_0^\infty e^{ixt}dt=\lim_{\sigma\to 0}\frac{1}{x+i\sigma}=\lim_{t\to\infty}\frac{1-e^{ixt}}{x}=\frac{\mathcal{P}}{x}-i\pi\delta(x), \qquad (3)$$

$$x\zeta(x)=1, \qquad (3')$$

$$\int_{-\infty}^{+\infty}\zeta(x)e^{ixt}dx=\begin{cases}0 & t>0,\\ -2\pi i & t<0,\end{cases} \qquad (4)$$

p. 164

$$\lim_{t\to\infty}\zeta(x)e^{\pm ixt}=\begin{cases}0,\\ -2\pi i\delta(x).\end{cases} \qquad (4')$$

方程式（1）及びその解は $t>0$ のみで物理的に意味がある．函数の性質の上からいえば，この解を時刻が負の所迄延長するのが望ましいが，その時，負の時刻の b_n をどうとるかは（物理には）全然勝手であるので，それを

$$b_n(t)=b_O(t)=0, \qquad t<0 \qquad (5)$$

ととる事にする．すると，$t<0$ では波動方程式（1）は自動的に満たされるが，$t<0$ では b_n は1に規格されるのではなく0に規格されている事になる．すると，初期条件（2）から b_O は $t=0$ で不連続ということになる．$b_O t=-0$ で0から $t=+0$ で1の値に飛び上る．従って，$t\sim 0$ の近くでは $\dot{b}_O$ は特異性をもち $\delta(t)$ の様に振舞うことになる．すなわち，$\dot{b}_O(t)=\delta(t)$ （$t\sim 0$ に対して）．t について0を中心とする小さい領域で積分すると，丁度その飛び上つた値となる．

$$b_O(+0)-b_O(-0)=1. \qquad (2')$$

$n\neq O$ の $b_n(t)$ は $t=0$ で連続になる．（それは (1) の右辺の積分だから右辺に飛躍があつても積分すると連続になるからである）すると，波動方程式 (1) を時刻が負の方へ，$t=0$ の点も含めて拡張するには，丁度 b_O の飛躍を打ち消す分だけの非斉次項を附け加えればよく，

$$i\hbar\dot{b}_n=\sum_m H_{n|m}b_m e^{i(E_n-E_m)t/\hbar}+i\hbar\delta_{nO}\delta(t) \qquad (6)$$

となる．この波動方程式はすべての時刻に対して成り立つ．（6）には，$(n\neq O)b_n$ は $t=0$ で連続であり，又 b_O は丁度(2′)の飛躍をする事が含まれている．そして，境界条件 $b_n=0$ $b_O=0$ （$t<0$）でもとの初期条件（2）は自動的に満たされる．

（6）を解くために $b(t)$ をフーリエ変換する．

$$b_n(t)=-\frac{1}{2\pi i}\int_{-\infty}^\infty dE G_{n|O}(E)e^{i(E_n-E)t/\hbar}. \qquad (7)$$

同様に，

$$i\hbar\delta(t)=-\frac{1}{2\pi i}\int_{-\infty}^\infty dE e^{i(E_O-E)t/\hbar} \qquad (7')$$

である．フーリエ変換すると，Eがtの代わりに変数となる．これを（6）に入れると，波動方程式（6）は，

$$(E-E_n)G_{n|O}(E)=\sum_m H_{n|m}G_{m|O}(E)+\delta_{nO} \qquad (8)$$

となる様に G をとると満たされる事がわかる．又，初期条件（2）を満たす解は一義的にきまる筈だから，これは必要条件でもある．

$G_{n|O}$の満たす式を出すためには，$E-E_n$で割算をしなければならない．この割算は一義的には決まらない．一般には，$xf(x)=g(x)$ で $g(x)$ が $x=0$ で特異性がなければ，$f(x)=g(x)\left[\frac{1}{x}+\alpha\delta(x)\right]$ となる．というのは $x\delta(x)=0$ であるから．ここで α は全く任意でよい．しかし，bが初期条件($t<0$ で $b=0$)を満たすためには α が決まつて，$E-E_n$ p. 165 で割る事は丁度 $\zeta(E-E_n)$ を（8）の右辺に掛ける事になる．(すなわち，$\alpha=-i\pi$ で，$\frac{1}{x}$ は主値 $\mathcal{P}$ とする) $\left(\left(\int_{-\infty}^{\infty}\zeta(x)e^{ixt/\hbar}=0,\quad t<0\right)\right)$以下の便利の為に，$G_{O|O}$を分離して次の様におこう．

$$G_{n|O}(E)=U_{n|O}(E)G_{O|O}(E)\zeta(E-E_n)\,(n\neq O)\ ;\ U_{O|O}\equiv 0 \qquad (9)$$

《$U_{O|O}=0$ は U の定義，$G_{O|O}$ が 0 という意味ではない．（9）は $n\neq O$ のみで成り立つ》．すると，（8）から基礎的な U の方程式として

$$U_{n|O}(E)=H_{n|O}+\sum_{m\neq O}H_{n|m}\zeta(E-E_m)U_{m|O}(E) \qquad (n\neq O) \qquad (10)$$

がでてくる．いつも $n=O$ と $n\neq O$ とは別々にでる．

方程式 (10) は E のすべての値に対して U を決める式である．$G_{O|O}$ に対しては，（8）より

$$(E-E_O)G_{O|O}(E)=1+G_{O|O}(E)\{H_{O|O}+\sum_{m(\neq O)}H_{O|m}\zeta(E-E_m)U_{m|O}(E)\}$$

又は
$$G_{O|O}(E)=\frac{1}{E-E_O+\frac{1}{2}i\hbar\Gamma_{O|O}(E)}, \qquad (11)$$

$$\frac{1}{2}\hbar\Gamma_{O|O}(E)=iH_{O|O}+i\sum_{m(\neq O)}H_{O|m}\zeta(E-E_m)U_{m|O}(E). \qquad (12)$$

$E=E_O$ に特異性はない．$\Gamma_{O|O}$ は一般には実数部と虚数部をもち，後にわかるけれども，実数部は正であつて，E の特定の値のものはスペクトル線の巾（始状態 O の寿命の逆数に比例）をあらわす．U の式 (10) が解けて U がわかると，Γ は (12) を使つて計算でき，従つて $G_{O|O}$ がわかる．$\Gamma_{O|O}$ はいつも始状態にかんしたものゆえ，以後 $O|O$

を省略しよう.

（9）と（11）を（7）に入れると，振幅 b_n, b_O を得る.

$$b_n(\ )=-\frac{1}{2\pi i}\int_{-\infty}^{+\infty}dE\,U_{n|O}(E)\frac{\zeta(E-E_n)e^{i(E_n-E)t/\hbar}}{E-E_O+\frac{1}{2}\ \hbar\Gamma(E)},\quad (n\neq O) \tag{13}$$

$$b_O(t)=-\frac{1}{2\pi i}\int_{-\infty}^{+\infty}dE\frac{e^{i(E_O-E)/\hbar}}{E-E_O+\frac{1}{2}i\hbar\Gamma(E)}. \tag{14}$$

U は (10) により決まり，Γ は U を使つて (12) からわかる.

そこで，初期条件(2)が満たされる事を示そう．以上では，解 (13)，(14) は非斉次波動方程式（6）を満たす事を示した《満たす様に解を作つた》．つまり，b_n, b_O は斉次方程式（1）を $t>0$ 及び $t<0$ で満たし，又 b_O は $t=0$ で1だけ飛躍し，b_n $(n\neq 0)$ は $t=0$ で連続である事を意味する．（2）の初期条件が満たされている事を示すためには，たとえば，$t=-0$ では $b_n=b_O=0$ である事を示せばよい．斉次方程式の性質として，p. 166規格が保たれる《波動函数の内積は常数，すなわち b の規格が保たれるから．$t<0$ では (6) は斉次式》，

$$\frac{d}{dt}(|b_O)t)|^2+\textstyle\sum_{n(\neq O)}|b_n(t)|^2)=0, \tag{15}$$

であるから，$t=-\infty$ で $b_n=b_O=0$ である事を示せばよい．これが成り立つと，すべての b は，方程式が斉次である範囲すなわち $t<0$ である限り，0である．$t=0$ で規格は1にとび上り，$t>0$では方程式は斉次故規格は1のまゝである.

$t=-\infty$ では (4′) から，$\zeta(E-E_n)e^{i(E_n-E)t/\hbar}=0$であつて，$b_n(-\infty)=0$となる.#
更に，b_O に対して $(b_O(-\infty)=0)$ を示すには，$x\zeta(x)=1$ を使つて，

$$b_O(t)=-\frac{1}{2\pi i}\int_{-\infty}^{+\infty}dE\frac{(E-E_O)\zeta(E-E_O)}{E-E_O+\frac{1}{2}i\hbar\Gamma(E)}e^{i(E_O-E)t/\hbar}$$

$$=-\frac{1}{2\pi i}\int_{-\infty}^{+\infty}dE\,\zeta(E-E_O)e^{i(E_O-E)t/\hbar}$$

これは $U(E)$ が $E=E_n$ で特異性がない場合に成り立つ．下手な展開をしないかぎり，これは一般に成り立つ．しかし，U が $E=E_n$ で特異性をもつても，（2）は証明できる.

$$+\frac{\hbar}{4\pi}\int_{-\infty}^{+\infty}dE\frac{\Gamma(E)\zeta(E-E_0)}{E-E_0+\frac{1}{2}i\hbar\Gamma(E)}e^{i(E_0-E)t/\hbar}.$$

$t<0$ で，この1項目は（4）により0であり， 2項目は $t=-\infty$ で（4′）により0で，従つて，$b_0(-\infty)=0$ となる．

これで，(10) で決定した U 及び (12) で決定した Γ を使つた解 (13)，(14) は $t>0$ で斉次の方程式を満たし， $t=+0$ で初期条件（2）をも満足する解である事を知つた．この様にして解は一義的に定まる．この際，初期条件を満たす事ができたのは ζ- 函数のおかげである．

初期条件及び (13) より

$$\int_{-\infty}^{+\infty}dEU_{n|0}(E)G_{0|0}(E)\zeta(E-E_n)=0 \tag{16}$$

が成り立つが，これは，$U_{n|0}G_{0|0}/(E-E_n)$ の留数(留数をもつ時は)の和が複素 E 平面の上半面で正則である事を意味する．($\zeta(E-E_n)=\lim\limits_{\sigma\to 0}\frac{1}{E-E_n+i\sigma}$ は上半面で正則)．(16) を使うと $b_n(t)$ を他の形で表わす事もできる．

(16) を (13) から引くと (引いても値は不変)，$e^{i(E_n-E)t/\hbar}-1$ という因子がでてこれは $E=E_n$ で0になり $\zeta(E-E_n)$ の特異性を消す．従つて ζ- 因子は$1/(E-E_n)$ とおきかえてよい．この様にして p. 167

$$b_n(t)=-\frac{1}{2\pi i}\int_{-\infty}^{+\infty}dE\frac{U_{n|0}(E)}{E-E_0+\frac{1}{2}i\hbar\Gamma(E)}\frac{e^{i(E_n-E)t/\hbar}}{E-E_n} \tag{17}$$

となり，これは初期条件をよく表わしている式である．

方程式 (10) と (12) は，その右辺が夫々同じ量の非対角要素と対角要素であるから，1つのマトリックス方程式にまとめる事ができる．E_n がハミルトニアン H_0 の固有値であるとすると，$[\zeta(E-H_0)H]_{n|m}$ を $\zeta(E-E_n)H_{n|m}$ の代わりに使えるので，$\zeta(E-H_0)$ の代わりに ζ とかくと

$$U=H+H\zeta U+\frac{1}{2}i\hbar\Gamma \tag{10'}$$

とまとめられる（$U_{0|0}$は（9）の定義で $\equiv 0$ をいみする）．この式では ζ は H とは順序をかえる事はできない（非可換）．(10′) は一般的なマトリックス方程式である．H_0 が対角的な表示では Γ は対角的であり，U は非対角的である．

われわれの得た解の物理的意味を得るために，さしあたつて，Γ はEには無関係であると仮定しよう．これは多くの簡単な問題では実際上よい近似で成り立つ事である．そこで

$$\Gamma=\mathcal{R}(\Gamma)+i\mathcal{J}(\Gamma)$$

とおく．b_O はこの仮定のもとでは直ちに求まり，

$$b_O=-\frac{1}{2\pi i}\int_{-\infty}^{+8}\frac{dEe^{i(E_O-E)t\hbar}}{E-E_O-\frac{1}{2}\hbar\mathcal{J}(\Gamma)+\frac{1}{2}i\hbar\mathcal{R}(\Gamma)}=e^{-\frac{1}{2}i\mathcal{J}(\Gamma)t}$$

$$e^{-\frac{1}{2}\mathcal{R}(\Gamma)t} \tag{18}$$

という結果が，下半面をまわる積分により得られる（$t>0$）．指数函数的な減衰から，Γ の実数部，$\mathcal{R}$（Γ）が状態 O からすべての他の状態への単位時間あたりの転移の確率にほかならない事がわかる．他方，時間的に振動する因子の方からは虚数部 $\mathcal{J}(\Gamma)$ が状態Oのエネルギーの変化を表わしている事が示される．これは，O の自己エネルギーにほかならない．$\mathcal{R}(\Gamma)$ は状態 O からはじまる転移のスペクトル線の巾に関係し，$\mathcal{J}(\Gamma)$ はその線のずれになる．しかしながら，E_n, E_O が自己エネルギーを含む表示を使うと，$\mathcal{J}$（Γ）は 0 となる（小節３参照）．これらの結果は正確な理論でもつと本質的に確める事にする．さらに又，$U_{n|O}$ は $O\rightarrow n$ への転移の確率にかんけいする事も後にわかる．

2　転移の確率　　時刻 t に系を状態nに見出す確率 $|b_n(t)|^2$ を計算しよう．$b_n(t)$ を任意の時刻で知るためには，すべてのEに対する(10)の完全な解を必要とする．しかし物理的に興味のあるのは，任意の時刻の解ではなく，次の様な解のみである．(ｉ)ある特別の転移 $O\rightarrow n$ に対する単位時間あたりの転移の確率は，早い時刻 $\mathcal{R}(\Gamma)t\ll 1$ については求められる($t>0$)．この条件があるけれども，t は原子の週期にくらべては大きいとする．p. 168 すなわち同時に，$E_n t/\hbar\gg 1$ とする．これは，はじめから線の巾が小さい，すなわちすべての原子系で十分よく成り立つ条件で $\hbar\mathcal{R}(\Gamma)\ll E_n$，を仮想している事になる．この２つの条件を使うことは$\mathcal{R}(\Gamma)\rightarrow 0$ とおいて後に $t\rightarrow\infty$ とする事と同じである．(ii) 転移して移り得る色々な状態 n の確率分布は，十分長い時間がたつた後では，少くとも Oから ある状態への転移が起つたという事に落ち付く．すなわち，この時は $\Gamma t\rightarrow\infty$ とするのと同じである．

まず (ii) からはじめよう．t が十分に大きいと，(17)の時間因子は（３）に従つて ζ-

函数の表示になり，

$$b_n(\infty)=-\frac{1}{2\pi i}\int_{-\infty}^{\infty}dEU_{n|O}(E)\frac{\zeta(E_n-E)}{E-E_O+\frac{1}{2}i\hbar\Gamma(E)} \tag{19}$$

が得られる．この積分を (16)及び (11) と比較すれば，(16) と違うのは $\zeta(E-E_n)$が $\zeta(E_n-E)$ となつている所だけであるから，(16) を (19) に加えて $\zeta(x)+\zeta(-x)=-2\pi i\delta(x)$ を使うと，次の結果が直ちにでる.#

$$b_n(\infty)=\int_{-\infty}^{\infty}dE\,U_{n|O}(E)\frac{\delta(E-E_n)}{E-E_0+\frac{1}{2}i\hbar\Gamma(E)}=\frac{U_{n|O}(E_n)}{E_n-E_O+\frac{1}{2}i\hbar\Gamma(E_n)}. \tag{20}$$

この式で，十分長い時間が経つた後では，$E=E_n$ の U，Γ のみがあらわれる事がわかる．長い時間経つた後の色々な状態 n の確率分布は

$$|b_n(\infty)|^2=\frac{|U_{n|O}(E)|^2}{(E_n-E_O-\Delta E)^2+\frac{1}{4}\hbar^2(\mathcal{R}\Gamma(E_n))^2} \tag{20'}$$

ここで，

$$\frac{1}{2}\hbar\mathcal{I}(\Gamma(E_n))\equiv\Delta E \tag{21}$$

と置いた．この式は線の巾 $\mathcal{R}(\Gamma(E_n))$ をもつた強度分布 (第4節の古典の振動子よりのスペクトル線の形と比較せよ) で，極大になるエネルギーが ΔE だけずれた形をしている．しかしながら，もつと複雑な問題では U も E_n によつて急激に変わるから，これからはまだ何とも言えない (第20節). (p. 169)

単位時間あたりの転移の確率を計算するには，$t\to\infty$ とする前に $\mathcal{R}(\Gamma)\to 0$ を行わ

\# この式も，やはり U が $E=E_n$ で特異性をもたない時にのみ正しい．169 頁の脚註を見よ．(20) は (4′) と (13) からもでてくる．

第15節でのべた様に，$b_n(\infty)$ を S- マトリックスと呼んでもよい．(20) の分母，分子を e (又は H) の巾に展開すると，S又は $b_n(\infty)$ を展開の形にする事ができる．少し計算すれば

$$S=1+\frac{1}{i\hbar}\int_0^{\infty}H(t)dt+\frac{1}{(i\hbar)^2}\int_0^{\infty}dt\int_0^{t}dt'H(t)H(t')+\cdots\cdots$$

である事がわかる．これは第15節の (36) の展開と同様で，初期条件が違うために積分の下限が前には $-\infty$ であつたのが0になつている．しかしこの展開の形は，有限の線の巾の問題を扱う (始状態の寿命有限) 場合には全く役に立たない．

ねばならない．$\mathcal{R}(\Gamma)>0$ がつねに成り立つことが後にわかる，(13) の分母で $\mathcal{R}(\Gamma)\to 0$ を行うと，これは ζ-函数の表示になるから，

$$b_n(t)=-\frac{1}{2\pi i}\int_{-\infty}^{+\infty}dEU_{n|0}(E)\zeta_\Gamma(E-E_0')\zeta_\sigma(E-E_n)e^{i(E_n-E)t/\hbar} \qquad (\mathcal{R}(\Gamma)\to 0), \qquad (22)$$

$$E_0'\equiv E_0+\Delta E.$$

ここで，ζ の表示にあらわれる虚数部のパラメーターを添字で示した $\left(\zeta_\sigma\equiv\frac{1}{x+i\sigma}\right)$. σ と Γ は独立に 0 にもつてゆく．さて，$\zeta_\Gamma(E-E_0')\zeta_\sigma(E-E_n)e^{i(E_n-E)t/\hbar}$ の極限値 ($t\to\infty$) を知る必要があるが，(4′) は，ほかに特異性をもつEに関係した因子のない時にしか成り立たないので，直接使うわけにはゆかない．そこで，ζ- 函数の積を部分分数に分ける．

$$\zeta_\Gamma(E-E'_0)'\zeta_\sigma(E-E_n)=[\zeta_\Gamma(E-E_0')-\zeta_\sigma(E-E_n)]\zeta_{\sigma-\Gamma}(E'_0-E_n). \qquad (23)$$

共通の因子は，$\sigma>\Gamma$ として極限をとると ζ になるが，$\sigma<\Gamma$ の場合は ζ^* になる．しかし，どちらをとつても結果は同じゆえ $\sigma>\Gamma$ としておく．そこで，(23)の両方の項に(22)に代入して) (4′)を適用する．その際第一項では $\exp[i(E_n-E'_0)t/\hbar]$ を分離しておく．すると $\delta(E-E_0')$ 及び $\delta(E-E_n)$ の函数が夫々あらわれる．そして

$$b_n(t\to\infty)=\zeta_{\sigma-\Gamma}(E_0'-E_n)\{U_{n|0}(E_0')e^{i(E_n-E_0')t/\hbar}-U_{n|0}(E_n)\}, \qquad (24)$$

及び，(3′) を使つて

$$\dot{b}_n(t\to\infty)=-\frac{i}{\hbar}U_{n|0}(E_0')e^{i(E_n-E_0')t/\hbar} \qquad (24')$$

がでる．

単位時間あたりの転移の確率を作ると

$$w_{n0}=\frac{d}{dt}|b_n|^2=\dot{b}_nb_n^*+\dot{b}_n^*b_n$$

で，$\zeta(E_0'-E_n)e^{-i(E_n-E_0't)/\hbar}$ 及びとの複素共軛に (4′) を使うと，(24) の第2項目は全然寄与しなくて，

$$w_{n0}=+\frac{i}{\hbar}|U_{n|0}(E_0')|^2\{\zeta(E_0'-E_n)-\zeta^*(E_0'-E_n)\}$$

となり，$\zeta(x)-\zeta^*(x)=-2\pi i\delta(x)$ であるから

$$w_{n0}=\frac{2\pi}{\hbar}|U_{n|0}(E_n)|^2\delta(E_n-E_0-\Delta E) \qquad (25)$$

p. 170

となる．従つて，$|U_{n|O}|^2$ は本質的に単位時間あたりの転移の確率である．更に，これは $E_n-E_O-\Delta E=0$，すなわち輻射場との相互作用によるエネルギー準位のずれを含めてエネルギーが保存する所のみ 0 でない．

方程式 (20) 迄は正確で一般的な分析であるが，(25) では $\mathcal{R}(\Gamma)\ll E_n$ という仮定を使つていて（171頁の下（i）），$\mathcal{R}(\Gamma)\to 0$ の極限でのみ正確である．原子物理の問題では，これは普通非常によい近似であるが，'単位時間あたりの転移の確率' というのは近似の意味しかもたない概念であつて，$|b_n|^2$ はどの時刻をとつても正確には t には比例しない事に注意すべきである．

次に，$\mathcal{R}(\Gamma)$ が状態 O からすべての他の状態に移る転移確率の和である事を示そう．Γ は (12) で与えられ，E をある値にしておくと（H はエルミットゆえ $H_{O|O}$ は実数）$\zeta^*(x)=-\zeta(-x)$ を使つて，

$$\hbar\mathcal{R}(\Gamma(E))=i\sum_{m(\neq O)}\{H_{O|m}U_{m|O}\zeta(E-E_m)+U^*_{m|O}H_{m|O}\zeta(E_m-E)\}. \tag{26}$$

他方，$U_{m|O}(E)$ は (10) で与えられる．(10) に $U^*_{m|O}(E)\zeta(E_m-E)$ をかけ，(10) の複素共軛に $U_{m|O}(E)\zeta(E-E_m)$ をかけて m で和をとり，加えると，$\zeta(x)+\zeta(-x)=-2\pi i\delta(x)$ により，

$$-2\pi i\sum_{m(\neq O)}|U_{m|O}(E)|^2\delta(E-E_m)$$
$$=\sum_{m(\neq O)}\{H_{m|O}U^*_{m|O}(E)\zeta(E_m-E)+H_{O|m}U_{m|O}(E)\zeta(E-E_m)\}$$
$$+\sum_{m,n(\neq O)}\{H_{m|n}U_{n|O}U^*_{m|O}\zeta(E-E_n)\zeta(E_m-E)-H_{n|m}U^*_{n|O}U_{m|O}\zeta(E_n-E)\zeta(E-E_m)\}.$$

第二項で $m\rightleftarrows n$ の交換を行つてみると，二重和の部分は 0 である．これと (26) とくらべると

$$\mathcal{R}(\Gamma(E))=\frac{2\pi}{\hbar}\sum_{m(\neq O)}|U_{m|O}(E)|^2\delta(E-E_m) \tag{27}$$

となる．この結果は正確な式である．明らかに $\mathcal{R}(\Gamma(E))>0$ である．ここで

$$E=E_O+\Delta E$$

とおくと，(27) はすべての転移確率の和となる

$$\mathcal{R}(\Gamma(E_O+\Delta E))=\sum_n w_{nO} \tag{28}$$

但し，この式は w_{nO} が (25) で与えられる時にのみ成り立つ（w_{nO}は上にのべた様に'近似的' ないみしかない）．Γ の虚数部は，

p. 171

$$\frac{\hbar}{2}\mathcal{I}(\Gamma(E))=H_{O|O}+\frac{1}{2}\sum_{n(\neq O)}\{H_{O|n}\zeta(E-E_n)U_{n|O}+H_{n|O}\zeta^*(E-E_n)U_{n|O}^*(E)\} \tag{29}$$

である．これについては小節3で考えよう．

以上で，すべての物理的な性質は，基礎方程式（10）により決定される $U_{n|O}(E)$ できまる事を知つた．各種の確率振幅の詳しい時間的変化を知るためには，この（10）をすべての E に対して解かねばならない．しかし，t が十分大きい時の（Γt は大きくなくてもよい，すなわち上の（i）（ii）の場合）確率のみを知るためには，U の $E=E_n$ の値のみを知ればよい．しかし $E_n=E_O+\Delta E$ であるとは限らない．（たとえば（20）の E_n）．更に条件 $\Gamma t\ll 1$（（i）の場合）がある場合には寄与する E_n は

$$E_n=E_O+\Delta E$$

のみとなる．

3 準位のずれ （20′），（25）で，Γ の虚数部分は始状態のエネルギー E_O のずれを表わす事を知つた．しかし，このずれが始状態のみにあらわれて，終状態には現われないという非対称な所は余りよいことではない．（物理的には）E_n もずれてもよさそうである．この非対称は状態 $n,O,\cdots\cdots$ を‘裸’の非摂動系と考える限り（前に出した式は正しいから）現われる．明らかに，原子が始めに摂動をうけていない状態でエネルギー E_O にあるという事は，実際はこの準位が摂動により $\tilde{E}_O$ にずれるのであるから，意味がない．この非対称性は第15.2節で行つた様に表示をかえるだけですぐ除かれる（$H_0+\delta_m H-\delta_m H+H_{\rm int}$ とする）．

$\mathcal{I}(\Gamma)$ の $E=E_O$ の点の値は状態 O の自己エネルギーに外ならない．これは，たとえば，U として（10）によつて第一近似として H を使うと，$\zeta(E-E_m)+\zeta^*(E-E_m)=2\dfrac{\mathcal{P}}{E-E_m}$ であるから

$$\frac{1}{2}\hbar\mathcal{I}(\Gamma(E_O))=H_{O|O}+\sum_{m(\neq O)}\frac{H_{O|m}H_{m|O}}{E_O-E_m} \tag{30}$$

となる．そこで，マトリックス $-H^{(S)}$ を考え，これは H_0 と同時に対角的（可換）とし，その対角要素は各状態の自己エネルギーであるとする．第15節とはちがつて $H^{(S)}$ は束縛状態をも含む場合であるから，単なる質量変化にはならない．そこで H_0 の固有値で表示しないで $H_0-H^{(S)}=\tilde{H}_0$ の固有値で表示しよう．# そして $\tilde{H}_0$ の固有値を $\tilde{E}_n$，$\tilde{E}_O$ 等と書く．第15節の（15），（16）と同様に相互作用表示に移ると，（i）今迄 E_O 等と書

\# この表示を正しく表わすには，H_0 の中の質量の変化 $\delta\mu$ をも $-H^{(S)}$ が含むことを考えに入れねばならない．これは第34節で行う．

p. 172

いたものはすべて変位したエネルギー $\tilde{E}_0=E_0-H^{(s)}{}_{0|0}$ である．(ii) 相互作用のハミルトニアンは H_{int} ではなくて $H_{\text{int}}+H^{(s)}$, である．そして $H^{(s)}$ は $\mathcal{I}(\Gamma(\tilde{E}_0))$ が 0 になる様に決める ((30) の近似では e の 2 次迄)．(30) は

$$\mathcal{I}(\Gamma(\tilde{E}_0))=0, \qquad -H^{(s)}{}_{0|0}=\sum_{m(\neq 0)}\frac{H_{\text{int}\,0|m}H_{\text{int}\,m|0}}{\tilde{E}_0-\tilde{E}_m}+H_{\text{int}\,0|0} \tag{31}$$

であつて，これは第14節の (17) の自己エネルギーの式である．勿論 (31) は，任意の状態を始状態 0 にとれるから，すべて任意の状態に対して成り立つ．クーロン・ゲージを使つた時のクーロン相互作用のみが $H_{\text{int}\,0|0}$ に寄与する．この様にして，新らしい表示では $\mathcal{I}(\Gamma(\tilde{E}_0))$ は 0 になり，すべてのこの節の式のエネルギーは変位したエネルギーとなる ((20)，(25) 式は勿論)．これで，少くとも $\mathcal{I}(\Gamma(E))$ が $\mathcal{I}(\Gamma(\tilde{E}_0))$ に等しいとおけるとすると，E_0 と E_n についての非対称性はなくなつた．正確には $\mathcal{I}(\Gamma(E))$ の $\mathcal{I}(\Gamma(\tilde{E}_0))$ と等しい値のみが (20)，(25) にあらわれる事にはならない．これは時刻が十分経つたあとの終状態の確率分布の時にもそうである．終状態の確率分布を考える時には，$\mathcal{I}(\Gamma(\tilde{E}_n))$ があらわれ，$\tilde{E}_n$ は放出される光子の振動数によつて変わる ($\tilde{E}_n\neq\tilde{E}_0$)．従つて，新らしい表示をとつても差を生じ ((30)，(31) の近似で)，

$$\Delta E=\frac{1}{2}\hbar\,\mathcal{I}(\Gamma(\tilde{E}_n))=\sum_{m(\neq 0)}\left(\frac{H_{\text{int}\,0|m}H_{\text{int}\,m|0}}{\tilde{E}_n-\tilde{E}_m}-\frac{H_{\text{int}\,0|m}H_{\text{int}\,m|0}}{\tilde{E}_0-\tilde{E}_m}\right) \tag{31'}$$

となる．《(30) の E をすべて $\tilde{E}$ とし，H として $H_{\text{int}}+H^{(s)}$ を使つて $H^{(s)}{}_{0|0}$ は (31) で決めた値を使う》これは (20′) の分母に残り，(20′) は

$$|b_n(\infty)|^2=\frac{|U_{n|0}(\tilde{E}_n)|^2}{(\tilde{E}_n-\tilde{E}_0-\Delta E)^2+\frac{1}{4}\hbar^2(\mathcal{R}\Gamma(\tilde{E}_n))^2} \tag{31''}$$

$\Gamma(E)$ は E についてゆつくり変わる函数であり，E は E_0 とはスペクトル線の巾位しか違わないから，ΔE は非常に小さい量となる ((31′) より)，これについては第34.4節でしらべる．(31″) は両状態 (O,n) について対称である．

レベルのずれ (31) は第34節で取扱うことにする．そこでは，レベルのずれは全部質量の変化とは見做せなくて (自由電子の場合は全部質量となる) 非常に重要な観測可能な効果であり (全部質量変化ならば観測不能)，更に許される転移に対しては一般には線の巾よりもずつと小さい事が示される．

上に述べた準位のずれの対称性を得る方法はある意味で暫定的なものである．ある状態

の自己エネルギーは粒子に附随している仮想場により生ずる．この節のはじめにのべた様に，原子の状態の定義にまずこの仮想場の事も含めておいてから，異なつた（仮想場を含んだ）状態への実際の転移を考えるべきである．しかしながら，仮想光子と実際に放出される光子との区別は自由粒子の場合の時（第15節）の様に明瞭ではない．レベルの巾は，原理的には無限大にまで拡つているので，（すなわち，(20′) で E_n の値が何であつても $|b_n(\infty)|^2$ が存在し，その光が放出される確率は0でない），任意のエネルギーをもつた光子が，仮想的にも存在するし，実際に転位に際して放出されもする．従つて第15節で行つた様な‘エネルギー殻’というものは，ほんとうに巾が0の基底状態以外では定義できない．実際，有限の寿命をもつた独立した原子の状態の定義というものは正確には与えられない．従つて放出された光のスペクトルを精密に調べようとすると，光の放出という問題は原子が安定な状態から励起された方法に関連させて取扱わねばならないから，原子を励起する条件によつて放出された光のスペクトルの詳細な点は多少とも変わるだろうと考えられる．

p. 173

この問題は第34.4節でスペクトル線の巾に対する高次の（輻射）補正を考える時に現われる．その節で，この補正の計算には励起条件によつてきまる一定の仮想場を分離するという粗つぽいやり方で十分という事がわかる．《線の巾がレベル間隔にくらべて非常に小さい事を使い線の巾より外側の光子を仮想光子と考える》 こうすると，線の巾に対する補正は励起の条件には無関係となる．勿論第一近似ではすべての線の巾に関する問題は摂動をうけていない状態を使つて計算できる．

仮想場を消去するのに表示を変えるだけではだめである事は，次の様にして示す事ができる．すなわち，初歩的な摂動論によれば《第14節》仮想状態の確率は2次近似で

$$\sum_n |b_n|^2 = \sum_n \frac{|H_{\text{int}\,0,n}|^2}{(E_0-E_n)^2} = -\frac{1}{2}\hbar\frac{\partial}{\partial E}\mathfrak{I}\Gamma_{0,0}(E)\Big|_{E=E_0} \tag{32}$$

である．仮想状態の明瞭な定義は，巾が0の原子の基底状態ではたしかに可能である．従つて，仮想場を正しく消去できたとすると，(32) は基底状態に対しては0の筈である（この時 H は K という仮想場を消去した状態のハミルトニアンになる）．所が，上の取扱いで表示を変えたときには $\mathfrak{I}\Gamma(E_0)$ を0となる様にはしたが，その微分は0とはしなかつた．(32) が0になる様に仮想場を消去しておかないと，この節の結果から自由粒子の場合（$\mathcal{R}(P)\to 0$）には移れない（補遺4）． 第34.4節にのべる変換を行つてはじめて (32) は基底状態及び自由粒子の極限で満足される（(32)＝0となる）．

p.174

第五章　第1近似の輻射過程

この章では以上の節の理論を光子の放出，吸収，等の光子の関係する色々な過程の確率の計算に応用しよう．第Ⅳ章でのべた様に，数学的に見て問題が複雑になるのは，色々な量を電子の電荷 e（又は微細構造常数 $e^2/\hbar c$）の羃に展開しないと計算ができない所にある．実際的な応用に対しては，0ではない e の最低次の項で十分であって，高次の項は非常に小さい補正を与えるにすぎない．そして，この近似の最低次ですでに実験と十分によく一致する．然し，高次の近似の取扱いはそう簡単にはゆかないので，第Ⅵ章でくわしく述べるが，減衰の効果だけは，或る意味で最低の近似でなくて高次近似迄そう困難なしに取扱える．減衰効果は $\dddot{x}$ に比例する古典の減衰力（第4節）に対応し，そのままそっくり量子論にもちこむ事ができる．この効果の主な事はこの章の第18, 20節でのべておく．この章の応用では，第14節の初等的な摂動理論で十分であるが，スペクトル線の巾にかんした問題をも取扱う為には簡単な一般化が必要である．第20節では第16節の減衰の一般論を使う．

17. 放出と吸収 *

原子による光の放出と吸収は上に述べた理論によって容易に理解する事ができる．原子と輻射場は相互作用エネルギー H_{int} によって関係し合う2つの量子力学系を作る．この相互作用は摂動と見ると，摂動を受けていない原子と輻射場の系に（i）原子を或る量子状態から他へ転移させ（ii）光の放出，吸収をおこさせる．

輻射場は連続スペクトルに属しているので，$\mathbf{K}(k=\hbar\nu)$ という運動量（普通の運動量 $\times c$）の光量子が放出又は吸収される時，その光子は dk のはんいで同じエネルギーをもち立体角 $d\Omega$ 中で同じ進行方向をもち且つ偏りも同じ非常に多くの輻射場の調和振動子（単位体積あたり）

p. 175

* 光の放出，吸収の理論は P. A. M. Dirac, *Proc. Roy. Soc.* A. **114** (1927), 243. 710（分散）ではじめて展開された．

$$\rho_k dk = \frac{k^2 dk d\Omega}{(2\pi\hbar c)^3} \tag{1}$$

のいずれであっても差支えない．即ち ρ_k のどれもが同じ光子として観測されるから，第14節によって単位時間当りの転移の確率が存在する．更に，スペクトル線の巾の効果を無視すると《これを無視するのは始状態の寿命が無限大と考えることに相当する》光子を放出，吸収するすべての転移の際に，摂動をうけていない系のエネルギーは保存する(170頁)．

原子と輻射場の相互作用によって，始めの状態に光量子が全然存在しなくともこれら輻射転移をひきおこされる．原子が始めに励起状態にあったとすると終りの状態では光子が存在することになる．この過程は光の“自然放出” spontaneous emission をあらわしている．

第14節で第１近似（e の）では１個の光子が放出又は吸収される事を示した．この最低次の転移は中間状態を経ないで直接に起るから，転移の確率は H_{int} の始状態から終状態への直接の転移のマトリックス要素により与えられる．

放出，吸収の理論については非相対論的近似（電子の方）に限る事にする．これは重い原子の場合でも K-殻のエネルギー（最低束縛状態）は mc^2 にくらべてずっと小さいから，相対論的な補正はウラニウムの場合及び K-殻への転移により放出されるX-線についてはそう小さいとはいえないけれども，補正によって結果が大きく変わる事はない．従って，相互作用として（第13節(7)）

$$H_{\text{int}} = -(e/\mu)(\mathbf{PA}) \tag{2}$$

を使ってよい．$\mathbf{A}^2$ に比例する項が第13節の(7)にはあるが，之は２個の光子の放出，吸収又は散乱に関係するから，１個の光の放出，吸収の場合には考えなくてよい．$\mathbf{k}_\lambda$ という光子の放出，吸収の時の(2)のマトリックス要素は第14節（23）により

$$H_{an_\lambda+1|bn_\lambda} = H^*_{bn_\lambda|an+1} = -\frac{e}{\mu}\sqrt{\frac{2\pi\hbar^2c^2}{k_\lambda}}\sqrt{n_\lambda+1}\int \psi_a^* p_e e^{-i(\boldsymbol{\kappa}_\lambda \mathbf{r})}\psi_b \tag{3}$$

であり，p_e は $\mathbf{P}$ の光 $\mathbf{k}_\lambda$ の偏りの方向の成分をあらわす．簡単の為に電子１個のみを考えればよい場合をとる．原子が数個の電子を含んでいる時は(3)は

$$e\int \psi_a^* p_e e^{-i(\boldsymbol{\kappa}_\lambda \mathbf{r})}\psi_b \to \sum_k e_k \int \psi_a^* p_{ek} e^{-(\boldsymbol{\kappa}_\lambda \mathbf{r}_k)}\psi_b \tag{3'}$$

としなければならない．

p. 176

1　放出　　まず光の放出の確率を計算する．エネルギーが $E_b > E_a$ の a，b という縮退のない２つの原子状態があるとしよう．エネルギー保存則より

$$k=\hbar\nu=E_b-E_a \tag{4}$$

という振動数の光のみが放出される事になる．(4) は Bohr のよく知られた“振動数関係” frequency relation をあらわしている．

単位時間あたりの転移の確率は第14節の式 (9) により

$$w=\frac{2\pi}{\hbar}\rho_E|H|^2 \tag{5}$$

であり，ρ_E はエネルギーEから$E+dE$の間にある終状態の数であって，光の放出の場合には ρE として輻射場の振動子の数 ρ_k を使うべきである．それは，終状態のエネルギーは$k+E_a=E$ であるから $dE=dk$ で $\rho_E=\rho_k$ となるからである．第14節の式 (9) は同じ物理的な性質のすべての輻射場の振動子について和をとって得た式であるから，$|H|^2$ としてはマトリックス要素(3)の絶対値の2乗をこれら物理的に同じ（即ち振動数 $E\to E+dE$，進行方向偏り$\mathbf{k}$，等）振動子についての平均をとったものを使うべきである．すると，この平均は指動数等にはかんけいするが，ρ_k 個の振動子の特定の振動子の性質には無関係である筈だから，n_λ の代わりに相互作用する前に存在した振動数 ν，方向 $\mathbf{k}$，等物理的に同じ性質の（振動子であらわされる）光子の数の平均$\overline{n_\nu}$を使えばよい．《$\int\delta(k'-k)\rho_{k'}(n_{k'}+1)f(k')dk'\to\rho_k(\overline{n_k}+1)f(k)$》

式 (1) と (3) を (5) に代入してみると，$\mathbf{k}$ 方向に偏り $\mathbf{e}$ の光子 $\hbar\nu$ を放出する単位時間あたりの確率は

$$w\,d\Omega=\frac{e^2}{\mu^2}\,\frac{\nu\,d\Omega}{2\pi\hbar c}\left|(pe^{-i(\kappa\mathbf{r})})_{ab}\right|^2(\overline{n}_\nu+1) \tag{6}$$

となる．

原子のひろがり《電子の波動函数のひろがり》にくらべて，放出される光の波長$1/\kappa$は一般に大きいと考えられる．なぜなら，Eが原子のエネルギーとすると，放出される光の波長は（最も短くみつもって）

$$\lambda\sim\hbar c/E \tag{7}$$

であり，原子の半径aは大体

$$E\sim e^2/a \quad 又は \quad a\sim e^2/E \tag{8}$$

であって $\hbar c/e^2=137$ であるから，λ はaにくらべると十分大きいと考えてよい．すると (6) の $\exp(-i(\kappa\mathbf{r}))$ は ψ_a 及び ψ_b が0でない所では殆ど変わらないので1としてよい《原子核の位置を$\mathbf{X}$ とすると $\exp(-ic(\kappa\mathbf{x}))$ とおいてもよい事であるが，(6) の中には絶体値でしか入らないので1においてよい》．$\mathbf{p}/\mu=\mathbf{v}/c$ とおき，偏りの方向と

p.177

$\mathbf{v}$ の方向の間の角を Θ とすると，

$$wd\Omega=\frac{e\nu d\Omega}{2\pi\hbar c^3}|\mathbf{v}_{ab}|^2\cos^2\Theta(\bar{n}_\nu+1) \tag{9}$$

となる．ここで $|\mathbf{v}_{ab}|^2=v_{xab}{}^2+v_{yab}{}^2+v_{zab}{}^2$ であって v_{xab} は $\mathbf{v}$ の x 方向の成分の $b\to a$ の転移のマトリックス要素である．量子論では

$$v_{xab}\equiv\dot{x}_{ab}=-i\nu x_{ab},$$

であるから，転移の確率は次の式になる．

$$wd\Omega=\frac{e^2\nu^3 d\Omega}{2\pi\hbar c^3}|\mathbf{x}_{ab}|^2\cos^2\Theta(1+\bar{n}_\nu). \tag{10}$$

(10) によれば放出の確率は2つの項から成っている．最初の項は相互作用する前に存在した光の（個数）強さには無関係であって，"自然放出" spontaneous emission をあらはし，$\bar{n}_\nu=0$ でも0にはならない．2項目は相互作用する前に存在していた振動数 ν の光子の強さ $\bar{n}_\nu$ に比例し，輻射の "誘起された放出" induced emission をあらわす．この様な誘起された光の放出は，光を放出，吸収している気体の熱平衡を説明するために Einstein によって仮定されたものである．これは古典的な電子と輻射の相互作用の理論から対応原理によっても得られる．というのは，第5節で（古典的な）振動子に光の波が作用すると，光の波は吸収されもするが，振動子と光波の位相が適当な値になると振動子が光にエネルギーを与え，光波の放出を起すから，これを対応論的に量子論に移せばよい．丁度これに対応する過程が量子論では $\bar{n}_\nu$ に比例する項でおこる*.

単位時間に放出される光の全強度は(10)を $\hbar\nu$ 倍して立体角について積分すればよい．偏りについての和をさきにとると，$\cos^2\Theta$ の代わりに $\sin^2\theta$ があらわれる．θ は電子の位置ベクトル（原子核より測る）$\mathbf{x}$ と伝播方向 $\mathbf{k}$ の間の角である．そして自然放出の時の $d\Omega$（即ち $\mathbf{k}$）の方向へ（偏りは任意の）放出される光のエネルギーは単位時間あたり

$$Sd\Omega=\frac{e^2\nu^4 d\Omega}{2\pi c^3}|\mathbf{x}_{ab}|^2\sin^2\theta. \tag{11}$$

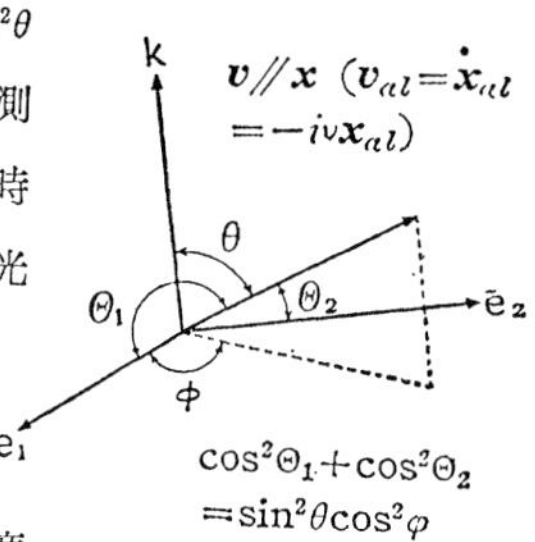

$\cos^2\Theta_1+\cos^2\Theta_2$
$=\sin^2\theta\cos^2\varphi$
$+\sin^2\theta\sin^2\varphi=\sin^2\theta$

補 図 V

となる．(11) を $\mathbf{k}$ のあらゆる方向に積分すると，全強度は

---

* M. Planck, Wärmestrahlung, Leipzig, 1923 145頁を参照.

$$S=\frac{4e^2}{3c^3}\nu^4|\mathbf{x}_{ab}|^2. \tag{12}$$

(11), (12) は調和振動子から放出される光の強さとして古典論で得たものと殆んど同じ形をしている (第3節 (25) と (27) 即ち古典論での振動子の座標の時間的平均p. 178$\overline{x^2}$を同じ座標の $b\to a$ の転移のマトリックス要素でおきかえれば同じになる.

$$\overline{x^2}\longrightarrow 2|\mathbf{x}_{ab}|^2. \tag{13}$$

この (13) は, よく知られた対応論による古典的な量と量子論的な量との関係式である.

原子に電子が数個ある時には, $\mathbf{x}_{ab}$ は

$$e\mathbf{x}_{ab}\longrightarrow \sum_k e_k\mathbf{x}_{kab} \tag{14}$$

でおき代える. これは原子の全2重極能率をあらわす. (12) により与えられる輻射は, 振幅が (13) の古典的振動子から放出されるのと同じ強さの2重極輻射(小節3参照)である.

数値的に単位時間あたりの転位の確率はどの位かというと, (10), (7), (8) によって ($x_{ab}\sim a$ (原子半径) と見積って),

$$w\sim\frac{e^2}{\hbar c^3}\nu^3a^2\sim\frac{1}{137}\left(\frac{\nu a}{c}\right)^2\nu\sim\frac{\nu}{137^3} \tag{15}$$

であって, 普通の光で 10^8/sec, X線で 10^{11}/sec, γ 線で 10^{14}/sec 程度である. これは, 放出する粒子 (今は電子) の質量には無関係であるが, 勿論荷電には関係する.

2 吸収 光量子の吸収の確率も同様にして得られる. 強さ (毎秒, 単位面積を通るエネルギー) $I_0(\nu)\,d\nu$ の光束が立体角 $d\Omega$ 内の進行方向からくるとする. 吸収される光量子はこの $d\nu$, $d\Omega$ のはんい内の輻射場のどの振動子として吸収されてもよい. 各振動子ごとの光の個数 (即ち振動子の量子数) の平均 ($d\nu$ の中の) を $\bar{n}_\nu$ とすると, $I_0(\nu)$ は

$$I_0(\nu)d\nu=\bar{n}_\nu\hbar\nu C\frac{k^2dkd\Omega}{(2\pi\hbar c)^3}=\bar{n}_\nu\frac{\nu^3d\Omega d\nu}{(2\pi)^3c^2}\hbar \tag{16}$$

であたえられる《単位体積中にエネルギー $k\to k+dk$, 進行方向 $\Omega\to\Omega+d\Omega$ の調和振動子の個数は第6節 (21) より $\frac{k^2dk\,d\Omega}{(2\pi\hbar c)^3}=\frac{\nu^2d\nu d\Omega}{(2\pi c)^3}$ であるから, 1個の振動子あたり $n_\nu\bar{\hbar}\nu$ のエネルギーがあると単位体積中のエネルギーは $\bar{n}_\nu\hbar\nu\frac{k^2dkd\Omega}{(2\pi\hbar c)^3}$, これが光速 c でうごくから, 単位面積を通して ($d\Omega$ の方向へ) これの c 倍のエネルギーが流れる》. これだけの個数のすべての輻射振動子についての和をとると《$L^3\to\infty$ でも》やはり転移の確率が存在し, (5) で与えられる. ρ_E は始状態の数 (即ち, 光を吸収する輻射場の振動子の数)

をあらわす．(3)より $\overline{n}_\nu$ を $\overline{n}_\nu-1$ にかえて

$$wd\Omega=\frac{e^2}{\mu^2}\frac{\nu d\Omega}{2\pi\hbar c}\left|(p_e e^{i(\kappa\mathbf{r})})_{ba}\right|^2\overline{n}_\nu. \quad (17)$$

物理的に考えて予想がつく通り，吸収の確率は入射光束の強さ $\overline{n}_\nu$ に比例する．そして係数は放出の場合と全く同じであるから，放出，吸収の確率の比は

p. 179

$$\frac{w_{放出}}{w_{吸収}}=\frac{\overline{n}_\nu+1}{\overline{n}_\nu} \quad (18)$$

となる．これは，よく知られている様に，気体と輻射場の熱平衡を正しく説明するのに必要な形となっている．

小節1と同じ理由で，(17)でも $\exp(i\kappa\mathbf{r})$ を1とおいてよい．原子の入射光に相対的なすべての方向について平均して(即ち，$\mathbf{x}$ の方向について平均すると $\overline{\cos^2\Theta}=\frac{1}{3}$《之は始状態，即ち光が入射する前に原子内の電子はどの方向にあったかわからないから》)，$\overline{n}_\nu$ の代わりに入射光の強さ (16) を使うと単位時間あたりに吸収されるエネルギーは

$$S=\frac{4\pi^2}{3}\frac{e^2}{\hbar c}\nu|\mathbf{x}_{ba}|^2I_0(\nu) \quad (19)$$

で，これは第5節 (19) で古典振動子による吸収として得たものに対応する．3次元的な調和振動子では，量子論を使うと《a，b が調和振子の波動函数》

$$|\mathbf{x}_{ba}|^2=\frac{3\hbar}{2m\nu}$$

となり，($\hbar$ は消えて) 第5節の古典的な式 (19) と同じになる．

3　電気4重極及び磁気2重極輻射　小節1で光の放出のマトリックス要素は一般に電気2重極能率のマトリックス要素 $\mathbf{x}_{ab}$ でおきかえてよい事を知った．然し，或る転移 $b\to a$ では2重極能率 $\mathbf{x}_{ab}$ が0になる事がある．これ等は“禁制転移” forbidden transition と呼ばれる．今，$b\to a$ の転移で $\mathbf{x}_{ab}=0$ であっても，(3) は0ではなく高い近似 (exp $\to 1$ としない近似) で $\mathbf{x}_{ab}\neq 0$ の時より小さい確率で転移が起る事は可能である．

波長 λ が a (原子半径) よりずっと大きい ($\lambda\gg a$) と，マトリックス要素 (3) の指数函数を a/λ の比で展開できる《$\mathbf{r}$ の平均値は ψ_a，ψ_b の0でないはんい位で$\sim a$》．

$$e^{-i(\kappa\mathbf{r})}=1-i(\kappa\mathbf{r})+\cdots\cdots \quad . \quad (20)$$

従って，マトリックス要素 (3) も同様に展開できる (p_e/μ の代わりに $-i\nu x_e/c$ とおき，電子の原子核からの変位を $\mathbf{r}$ としないで $\mathbf{x}$ とすると)．

$$(x_e e^{-i(\boldsymbol{\kappa}\mathbf{x})})_{ab} = x_{eab} - i\left\{x_e(\boldsymbol{\kappa}\mathbf{x})\right\}_{ab}. \tag{21}$$

禁制転移では $\mathbf{x}_{ab}=0$ であるが，(21) の2項目から転移確率は0にはならない．その強度は（6）によって（自然放出）

$$Sd\Omega = \frac{e^2\nu^4 d\,\Omega}{2\pi c^3}|\{\mathbf{x}(\boldsymbol{\kappa}\mathbf{x})\}_{ab}|^2\sin^2\theta \tag{22}$$

であり，これは数値的に許容転移 (11) にくらべて小さい．$\kappa=1/\lambda$ および $x\sim a$ であるから，禁制転移の強度と許容転移の強度の比は((22)が0でないとして)$(a/\lambda)^2$ 位になる．p. 180

(22) の展開は古典理論でのヘルツ・ベクトル $\mathbf{Z}$ の展開と正確に対応している（第3節(22')）．古典論の展開の第1項は2重極能率であり，調和振動をしている電子の系では第2項目は

$$\mathbf{Z}_2 = -i\nu\sum_k e_k\mathbf{x}_k\frac{(\mathbf{x}_k\mathbf{R})}{Rc} = -i\sum_k e_k\mathbf{x}_k(\boldsymbol{\kappa}\mathbf{x}_k) \tag{23}$$

と書くことが出来る．($\mathbf{R}$ は中心（原子核）と $\mathbf{Z}_2$ を測る点とのきょりベクトルで，$\mathbf{R}/R=\boldsymbol{\kappa}/\kappa$，丁度光の進む方向である)．(23) は丁度 (22) にあらわれる量であって，原子の電気4重極と磁気2重極をあらわしている．

この古典論との対応よりもわかる様に，展開 (21) は原子内の異なった点での場の遅滞を次々に考えに入れてゆくものとも見ることができる．

以上の様にして，光の放出，吸収に対して量子論は Bohr の対応原理のいみで細部にわたって迄古典理論と対応する結果を与える事がわかる．

（e の展開の）高次の近似にすすむと $b\to a$ の転移で2個の光子の放出される事も可能になる．$E_b-E_a=k_1+k_2$．この確率は1個の光子の放出に比べて非常に小さい（第23節参照）．*

18. スペクトルの自然巾の理論

光の放出，吸収の古典的な取扱いの場合に，振動子から放出される光のスペクトル線は無限に細くはなく或る巾をもっている事を知った（第4節）．その巾 γ は強度分布（第4節(28)）と

$$I(\nu) = I_0\frac{\gamma}{2\pi}\frac{1}{(\nu-\nu_0)^2+\gamma^2/4} \tag{1}$$

* M. Mayer-Göppert, *Ann. Phys.* **9** (1931), 273.

の形で対応している．この式で ν_0 は振動子の振動数である．この自然巾は放出された輻射場の振動子に及ぼす減衰力によって生ずる（電子の自己力）．この自然巾を考えに入れる近似（第4節(24) $\gamma\ll\nu_0$）では反作用力も簡単にエネルギー保存則（平衡）からでてくる（第4節（7′）の条件は $\gamma\ll\nu_0$ と同じ）．従って，この近似では，減衰力は他の高次の近似とは異なって，電子の構造には関係しない．

量子力学的な理論形式においても，古典論におけると同程度に輻射減衰を取扱う事はできる．従って，量子電気力学においても，スペクトル線の自然巾は容易に説明できるだろうと想像できる．

実際，原子と輻射場の相互作用 H_{int} が小さいという事のみが，摂動論を使う上になした仮定ではない（第14節）．（勿論，この仮定は基本の仮定であるが）第14節の式(5)を始状態の寿命にくらべて短い時刻について解いたから，時刻 t には転移の確率は非常に小さい．この仮定があるとスペクトル線の巾の議論が不能になる事は，巾というものが，古典論でいえば振動子の振幅が除々に減衰する事により，又量子論でいえば原子が始状態にある確率が減衰する事により生ずる事から明らかである．

p. 181

Weisskopf と Wigner* は転移確率（始状態の）の逆数位の時刻 t まで正しいような摂動論の方程式の解を与えた．

1　2つの状態より成る原子　まず原子が2つの状態 a，b $(E_b>E_a)$ のみをもっているとしょう．そして第14節（5）の方程式から考え直す事にする．H に対しては第一近似をとって始状態から直接につながる状態のみを考えれば十分である．$t=0$ で原子は励起状態にあって光は存在しないとすると，（減衰力は実際に放出される光の反作用ゆえ）原子が低い状態に移って光量子 $\hbar\nu$ が E_b-E_a と殆んど等しいエネルギーで放出されている状態のみを考えに入れればよい．確率振幅を b_{bo}，b_{a1_λ} として，

$$i\hbar\,\dot{b}_{bo}=\sum_\lambda H_{bo|a1_\lambda}b_{a1_\lambda}e^{i(E_b-E_a+k_\lambda)t/\hbar},\tag{2a}$$

$$i\hbar\,\dot{b}_{a1_\lambda}=H_{a|_\lambda|bo}\,b_{bo}\,e^{i(E_a-E_b+k_\lambda)t/\hbar}.\tag{2b}$$

初期条件は

$$b_{bo}(0)=1,\qquad b_{a1_\lambda}(0)=0\tag{3}$$

である．そこで（2）を解くのに次の様に解の形を仮定してみる．

$$b_{bo}(t)=e^{-\gamma t/2}.\tag{4}$$

---

* V. Weisskopf and E. Wigner, *Zs. f. Phys.* **63**(1930), 54; ibid **65** (1930), 18.

すなわち，励起状態に原子の存在する確率は指数函数的に寿命 $1/\gamma$ で減少すると仮定する．（３）の初期条件は（４）によって満たされている．

（4）を（2ｂ）に入れると，次の微分方程式を得る．

$$i\hbar\, \dot{b}_{a1_\lambda} = H_{a1_\lambda|b0}\, e^{i(E_a - E_b + k_\lambda)t/\hbar - \gamma t/2}. \qquad (5)$$

これの解は

$$-b_{a1_\lambda} = H_{a1_\lambda|b0} \frac{e^{i(\nu_\lambda - \nu_0)t - \gamma t/2} - 1}{\hbar(\nu_\lambda - \nu_0 + i\gamma/2)} \qquad (6)$$

である．ここで

$$E_b - E_a = k_0 = \hbar\nu_0 \qquad (7)$$

p. 182

と置いた．そこで（2ａ）を満たす様に γ を決めねばならない．（６）を(2ａ）に入れると

$$-\frac{i\hbar\gamma}{2} = \sum\nolimits_\lambda \frac{|H|^2[1 - e^{-[i(\nu_0 - \nu_\lambda) + \gamma/2]t}]}{\hbar(\nu_0 - \nu_\lambda - i\gamma/2)}. \qquad (8)$$

この右辺の輻射場の振動子についての和 $\sum_\lambda$ は振動数 ν についての積分に直す事ができる．前と同じ様に，一定の物理的性質をもった単位体積あたりの輻射場の振動子の数を $\rho_k dk d\Omega$ とすると（第６節（20)），(8)の右辺は次の積分になる．

$$\int f(\nu) \frac{1 - e^{-[i(\nu_0 - \nu) + \gamma/2]t}}{\nu_0 - \nu - i\gamma/2} d\nu. \qquad (9)$$

但し

$$f(\nu) = \int \rho_k |H|^2 d\Omega$$

で，$\int d\Omega$ は ν の光のすべての伝播方向，偏り等の積分，和をいみする（$k = \hbar\nu$）．もし，仮定した解が正しい解ならば，積分（９）は時刻には無関係《に $-\frac{i\hbar\gamma}{2}$ になる筈》である．そこで，時刻 $\nu_0 t \gg 1$，すなわち原子の週期にくらべて十分長い時間をへた時刻で考えよう．これはしかし γt が大きいか小さいかの条件にはならない．減衰が小さい，又は励起状態の寿命が原子の一週期よりも十分長いだろうから γ は ν_0 より小さくなるだろう．であるから，（９）式で γ を省略してもよいだろう．そして被積分函数を２つにわける．

$$\frac{1 - e^{i(\nu_0 - \nu)t}}{\nu_0 - \nu} = \frac{1 - \cos(\nu_0 - \nu)t}{\nu_0 - \nu} - i\frac{\sin(\nu_0 - \nu)t}{\nu_0 - \nu}. \qquad (10)$$

$\nu_0 t \gg 1$ では第１項は第８節で $1/(\nu_0 - \nu)$ の主値と呼んだものである．すなわち，cos は非常に早く振動するから，$\nu_0 - \nu = 0$ 以外の ν の積分には寄与がなく，$\nu_0 - \nu = 0$ では第１項は０になる．２項目は丁度 δ- 函数となる．すなわち $\nu_0 = \nu$ 以外では sin は早く振動し積分に全然寄与せず，$\nu_0 - \nu = 0$ では

$$\frac{\sin(\nu_0-\nu)t}{\nu_0-\nu}\to t$$

で無限大となる（$\nu_0 t\gg 1$）．これを ν で積分したものは有限で，値は π になる．従って

$$\left.\frac{1-e^{i(\nu_0-\nu)t}}{\nu_0-\nu}\right|_{t\to\infty}\equiv\zeta(\nu_0-\nu)=\frac{\mathcal{P}}{\nu_0-\nu}-i\pi\delta(\nu_0-\nu). \tag{10'}$$

この ζ- 函数は第８節で論じた．(10′) を（９）または（８）に代入する．すると γ は虚数部をもっている事がわかる．

p. 183

$$\frac{\hbar}{2}\mathcal{I}(\gamma)=\mathcal{P}\int\frac{|H|^2 p_k\, d\Omega dk}{k_0-k}. \tag{11}$$

この虚数部は簡単な物理的意味をもっている．例えば，（６）より明らかな様に，$\mathcal{I}(\gamma)$ は放出された振動数 ν_0 の補正になるが，許容転移（電気２重極転移）に対してはこのずれは非常に小さい．この節では γ の実数部であらわされるスペクトル線の巾のみに注目し，スペクトル線のずれは考えない事にする．これは第16.3節，第34節で詳しく述べてある．γ の実数部を簡単に γ と書くと，之は（10′）の２項目から生じる．$\delta(\nu_0-\nu)$ の積分は１になり，$|H|^2$ では $\nu=\nu_0$ とおかねばならない．（$\int d\Omega$ は方向積分，偏りの和）

$$\gamma=\frac{2\pi}{\hbar}\int\rho_k|H|^2 d\,\Omega=w_{ab}. \tag{12}$$

第17節の式（５）によれば，この γ は丁度 $b\to a$ の転移で光を放出する単位時間あたりの全自然転移確率である．これは，（４）で γ を始状態 (b,o) の寿命の逆数と仮定した事から予期される通りの結果である．

放出される光のスペクトル線の強度分布は終状態 $b_{a1\lambda}$ の確率（函数）により与えられる．$t\gg 1/\gamma$ の原子がたしかに低い状態に移ったと考えられる時刻では，$\hbar\nu_\lambda$ の光量子の放出されている確率は（６）より

$$|b_{a1\lambda}(\infty)|^2=\frac{|H|^2}{\hbar^2}\frac{1}{(\nu_\lambda-\nu_0)^2+\gamma^2/4} \tag{13}$$

であり，また，これを放出された光の進行方向について積分し，偏りで和をすると，(12) によって

$$I(\nu)d\nu=\hbar\nu\rho_k\, dk\int|b_{a1\lambda}(\infty)|^2 d\Omega=\frac{\gamma}{2\pi}\frac{\hbar\nu\, d\nu}{(\nu-\nu_0)^2+\gamma^2/4} \tag{13'}$$

となる．全強度は　$\hbar\nu_0=I_0\Big(=\int_0^\infty I(\nu)d\nu=\frac{\gamma\hbar}{2\pi}\int_{-\nu_0}^{\infty}\frac{x+\nu_0}{x^2+\gamma^2/4}dx=\frac{\gamma\hbar}{2\pi}\int_{-\frac{2}{\gamma}\nu_0}^{\infty}\frac{y+\frac{2}{\gamma}\nu_0}{y^2+1}dy$

$\fallingdotseq \frac{\gamma\hbar}{2\pi}\int_{-\infty}^{\infty}\frac{y+\frac{2}{\gamma}\nu_0}{y^2+1}dy = \hbar\nu_0(\nu_0 \gg \gamma)$）である．従って式（13′）は古典的な式第4節（28）と同じであって，たゞγが $2e^2\nu_0{}^2/3mc^3$ の代わりに（12）で与えられる単位時間あたりの転移確率になっているだけである．

この様にして量子論においてもスペクトル線の強度分布は古典論のもの（33頁第2図）と同じである．そして，強さが極大の半分になる巾は単位時間あたりの全転移確率である．又，スペクトル線の極大は原子の2つのレベルのエネルギー差（7）（に小さな補正$\mathcal{I}(\gamma)$を附加したもの）の振動数のところにある．

半値巾と転移確率の間の関係はエネルギーと時間に対する不確定関係

$$\Delta E \Delta t \fallingdotseq \hbar$$

により理解できる．この式はエネルギーの測定を時間 Δt の間で行う時にはエネルギーの値は ΔE の確定さでしか決定できない事をあらわしている．今取り扱っている問題では原 p. 184
子は輻射転移確率により寿命 $1/\gamma$ をもっているから，（この時間よりも長い間かゝって励起状態のエネルギーを決めるわけにゆかず，測定に使える時間はせいぜい $1/\gamma$ 秒ゆえ）励起状態のエネルギーは $\Delta E \cong \hbar\gamma$ の不確定さでしか測れない．すなわち E_b というエネルギー準位は巾 $\Delta E_b \fallingdotseq \hbar\gamma$ をもっている事になる．従って，放出される光のスペクトルは同じ巾 $\Delta\nu \sim \gamma$ をもっている事になり，これは上に得た結果に外ならない．

以上の結果は第16節に行った一般論から直接導く事ができるが，より問題を明瞭にする為に，この簡単な問題ではじめからもう一度式を導いたのである．実際，第16節の（10）の確率振幅に対する一般式は今の問題では簡単に

$$U_{a1_\lambda|bo} = H_{a1_\lambda|bo}$$

となり，$t=\infty$ における確率は第16節（20）で $\Gamma(E_n)$ を常数γとおけば，ここで導いた(13)と同じになる．スペクトル線の巾に関したもっと複雑な問題を取扱う時は第20節第16節の一般論を使う．

2　数個の状態より成る原子　原子が数個の固有状態a，b，c，… をもっている場合はもっと複雑であって，これもやはり Weisskopf と Wigner によって量子論的に取扱われた．しかし，この場合には結果は古典論との類似から不定性なく決める事ができない．古典的取扱いとの類似からは，この場合も転移 $b \to a$ によって放出される光のスペクトルの強度分布はやはり（13）であたえられ，半値巾 γ_{ab} は $b \to a$ の転移確率になるだろ

うと予想される．然しこの結論は上述の不確定関係の考えとむじゅんする．そして，量子論では別の結果になる．

エネルギーの順に原子のレベルを a_1，a_2.……とすると，(13) によって各レベル a_l からそれより低いエネルギーのすべてのレベルえの転移確率の全部の和だけの巾を考える事ができる．

$$\Delta E_{al}/\hbar\equiv\gamma_l=\sum_{j<l}w_{a_j a_l}. \tag{14}$$

ここで $w_{a_j|a_l}$ は $a_l\to a_j$ の転移の確率である．そうすると，例えば $a_l\to a_k$ の転移で放出される光のスペクトルの巾は２つのレベル a_l，a_k の巾の和になる．

$$\gamma_{kl}=\gamma_k+\gamma_l. \tag{15}$$

そして，強度分布はやはり古典の式 (13′) と同じで $\gamma=\gamma_{kl}$ とおいたものになる．これ等の結果は第20節の方法により容易に得られる．

この量子論の結果は，古典論から対応論的に得られるものとは全然異なっている．古典論からの対応からは線の巾はその強さに比例する様になるが《これは第４節 (26) の調和振動子のエネルギーの減少が毎秒 $\cos\gamma$ であるから，すなわち線の強さは γ に比例》，量子論では全然違って，弱い線でも広い巾になる事もありうる．例えば，第５図に示す３つのレベル a，b，c を考えよう．最上のレベル c からは転移の確率はすべて小さく，従って c の巾は狭い．b からは強い線が基底状態 a（これは無限に細い）への転移で出て，b は巾がひろい．(15)によれば，$c\to b$ の線はその転移の確率は小さいが巾は広くなる．又，$c\to a$ の線は狭いレベルの間をつなぐから狭い．

p. 185

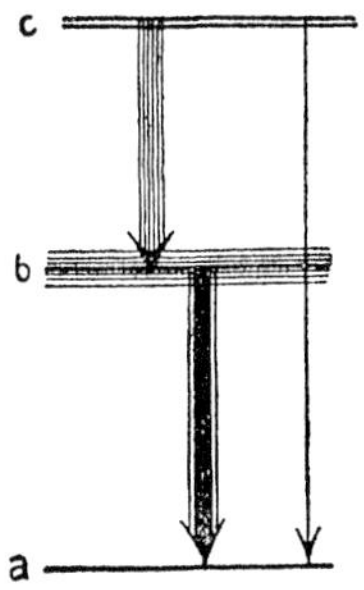

第５図，スペクトル線の巾の量子論における弱いが巾の広いスペクトル線

3　吸収　吸収線の形は，入射光が自然巾のはんいで一定の強さをもっている時は，放出スペクトル線と同じ形をしている．これは一般的な平衡を考える事によりでてくる (Kirchhoff の法則)．$I_0(\nu)d\nu=I_0(\nu_0)d\nu$（強さ一定）が入射ビームの強度をあらわすとすると，転移 $a\to b(E_a<E_b)$ によって振動数が $\nu\to\nu+d\nu$ のはんいで単位時間に吸収されるエネルギーは

$$S(\nu)\,d\nu=w_{ab}\frac{\pi^2c^2}{\nu_0^2}\frac{\nu}{2\pi}\frac{I_0(\nu_0)d\nu}{(\nu-\nu_0)^2+\gamma^2/4}\qquad(\gamma=\gamma_a+\gamma_b). \tag{16}$$

ここで w_{ab} は $b\to a$ の自然放出の全転移確率である．(16) の形以外の因子は単位時間に吸収される全エネルギーが第17節の (19) と同じになる様にきめてある．《$\int S(\nu)d\nu=w_{ab}\dfrac{\pi^2c^2}{\nu_0}I_0(\nu_0)$，一方 w_{ab} は第17節 (10) で $\bar{n}_\nu=0$ とした式を偏りを加えて $\cos\Theta_1+\cos\Theta_2=\sin^2\theta$ (θ : $\boldsymbol{\kappa}\mathbf{x}$)，角の積分で $\int_{-\pi}^{\pi}\sin^2\theta\,d\theta=\dfrac{4}{3}$ となるから，$w_{ab}=\dfrac{4}{3}\dfrac{e^2\nu^3}{\hbar c^3}|\mathbf{x}_{ab}|^2$．これを $\int S(\nu)d\nu$ に入れると，第17節 (19) になる．》

スペクトルを吸収できる状態 a にある原子を単位体積あたり N 個含む様な厚さ Δx の層を考えると，入射光に対して単位 cm あたりの吸収係数 $\tau(\nu)$ を定義できる．

$$\tau(\nu)=\frac{S(\nu)}{I_0(\nu_0)}N=Nw_{ab}\frac{\pi^2c^2}{\nu_0^2}\frac{\gamma}{2\pi}\frac{1}{(\nu-\nu_0)^2+\gamma^2/4}. \tag{17}$$

極大からずっと離れた振動数 $(\nu-\nu_0)^2\gg\gamma^2$ に対しては，吸収係数は $\Delta\nu=\nu-\nu_0$ の自乗で，或は波長でいうと $2\pi\Delta\lambda=2\pi c\Delta\nu/\nu^2$ の自乗で減少する《$|\lambda-\lambda_0|=|c(\dfrac{1}{\nu}-\dfrac{1}{\nu-\Delta\nu})|\approx c\dfrac{\Delta\nu}{\nu^2}$，$|\Delta\nu|\ll\nu$》．

Δx の層によって吸収された強度と，入射強度の比は ($2\pi\lambda$ を波長として)

$$\tau(\lambda)\Delta x=N\Delta x\,w_{ab}\,\gamma\frac{\pi\lambda^6}{2c^2\Delta\lambda^2} \tag{18}$$

p. 186

である．†

4　スペクトル線に巾をもたせる他の原因　放出した輻射場による減衰のほかにも，実際にスペクトル線をぼかす (巾をひろげる) 2・3の原因がある．

(a)　温度 T の気体では，原子 (質量 M) は Maxwell の法則に従って或る速度をもって分布している：$\exp(-v_x{}^2M/2kT)$．x の方向に放出された光を観測すると，スペクトルはドップラー効果 (第7節 (21)，$v\ll c$) によって

$$\Delta\nu=\nu_0v_x/c \tag{19}$$

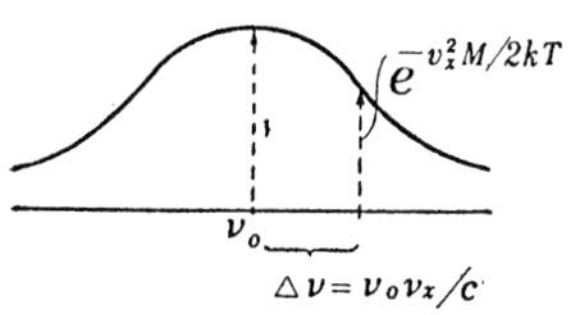

補　図　VI

だけずれる．これを平均すると，(速度 v_x のガスは $\exp\ (-v_x{}^2M/2kT)$ の割で存在する) 次の様な分布のひろがったスペクトル線になる．

$$I(\nu)d\nu=\text{const.}\ d\nu e^{-Mc^2\Delta\nu^2/2\nu_0{}^2kT}. \tag{20a}$$

そして半値巾は $\left(e^{-\left(\frac{Mc^2}{2kT}\right)\left(\frac{\delta}{\nu_0}\right)^2}=\dfrac{1}{2}\right)$，

---

† この式では $\tau(\lambda)\Delta x$ が小さい時のみ正しい．$\tau(\lambda)\Delta x$ が大きい時は，左辺は $1-e^{-\tau(\lambda)\Delta x}$ となる．

$$\delta=\nu_0\sqrt{\frac{2kT}{Mc^2}\log 2}\,. \tag{20b}$$

一般にはドップラー巾 δ は自然線巾 γ よりずっと大きい．然し，強度分布は指数函数であるから（ガウス）極大から $\Delta\nu$ が大きくなるとすぐに小さくなり，これは自然巾が長いすそをひいて $1/\Delta\nu^2$ で減少しているのと全然異なっている．従って，極大からずっと離れた（$\Delta\nu\gg\delta$）振動数の所の強度は自然巾（及び以下にのべる原因（b）－（d））によるものである．

（b） 有限の密度をもった気体では，励起された原子は近くにいる原子と衝突して基底状態に転移する可能性がある．この衝突が線の巾に及ぼす影響は次の様にあらわせる．効果的な（基底状態に転移を起す様な）衝突が毎秒 Γ 回起るとすると，励起状態 b の寿命が短くなる．単位時間あたりの転位の回数は $\gamma+\Gamma$（輻射放出，衝突）となる．従って状態 b の巾は

$$\Delta E_b/\hbar=\gamma+\Gamma \tag{21}$$

となると考えられる（不確定性の議論より）．放出される線は自然放出の線の形（16）と同じであるが，γ は $\gamma+\Gamma$ とおきかえる．密度が十分小さいと衝突による線のひろがりの効果は小さくなる．

（c） 励起状態にある原子が，まわりの原子と考えられるあらゆる相互作用をするので，これは励起状態（エネルギー）をずらせたり準位が分れたり（縮退がとける）する，これ等もやはりスペクトルをひろげる．（“スタルク”Stark 効果，共鳴結合，等）然し，密度が小さいとこの効果も小さい．

（d） オーヂャー Auger 効果：原子が数個の（核外）電子をもっている時，K-電子が高い準位に励起されていると，一般には他の例えば L-電子が空になった K-殻におちて X-線が放出される．しかし，光が放出される代わりに，高いエネルギー準位につまって p. 187
いる電子が相互作用によって連続スペクトル領域に放出される（一個は K 殻におちこむ）事がある．この効果が $L\to K$ で光が放出される効果と競走するから（原子の K-殻が励起された状態，すなわち $L\to K$＋光の始状態の寿命が短くなり）L-準位の巾をひろげる．以上の（a）-（c）の原因とはちがってオーヂャー効果による巾は外部的な条件（温度，密度）によらないから輻射による巾から区別する事はできない．従って全“自然巾”は輻射の反作用による巾とオーヂャー巾の和となる．勿論オーヂャー巾は X-線に対してのみ存在する．（K-電子を励起すると同程度のエネルギーを高エネルギー準位の電子に与えない

と連続スペクトル領域には飛び出さないから，励起された状態が可視光を放出できる位ではだめである.》

5　実験的験証　普通の光学領域では（a）－（c）の原因によるスペクトル線の巾のひろがりが自然巾をおほってしまうが，スペクトル線の自然巾の測定は僅かに行われている.[†] X-線の時は（a）-（c）の原因は光学領域の場合よりも容易に除くことができる．ここでは一例をあげるにとどめる.

Au のL-系列の自然巾が測定れさている.[††] 線の巾の差をとって，線の巾は転移に関係した2つの準位の巾の和であるという事が確められる．更にL-系列の吸収をはかる事によって数個のX-線準位の巾を個々に決める事ができる．これらの準位から他のすべての状態への転移の確率が輻射の転移及びオーヂャー効果による転移に対して計算された．これらの計算は，複雑な原子の波動函数が正確にはわからないから，いずれも非常に正確であるとはいえない．次の表の理論値は Thomas-Fermi の波動函数を使って計算したもので,[*]（　）の中の値は水素と同様な波動函数によって計算したものである.[**] 表Iには数個の準位の観測した巾と計算による巾をのせてある.

表　I

自然線巾の観測，計算値（輻射巾とオーヂャー巾）

単位は eV（電子ボルト），準位は Au のX-線準位.

(レベル励起されて空いているレベル)	輻射（計算）	オーヂャー(計算)	和（計算）	観　測　値
K	66	>0.8	67	54
LI	1.8（1）	>11.9 (5.5)	>13.7 (6.5)	8.7
LII	(0.9)	(2.2)	(3.1)	3.7
LIII	(1.6)	(2.6)	(4.2)	4.4
MI	0.1	>10.2	>10.3	15.5

p. 188

表中の>の記号がオーヂャーの計算値にあるが，これは確率の小さい或る転移測定を

† 含めて，スペクトル線の巾の報告は V. Weisskopf. *Phys. Zs.* **34** (1933), 1; H. Margenau and W. W. Watson, *Rev. Mod. Phys.* 8 (1936), 22; J. H. v. Vleck and V. Weisskopf, ibid. **17** (1945), 227 にある.

†† F. K. Richtmyer, S. W. Barnes, and E. Ramberg, *Phy. Rev.* **46** (1934), 843.

* E. G. Ramberg and F. K. Richtmyer, ibid **51** (1937), 913.

** L. Pincherle, *Nuovo Ciments,* **12** (1935), 162; *Physica,* **2** (1935), 596.

を考えに入れなかったのでほんとうの値は多少大きい事を示している．計算が困難である点から考えると上の表の計算と実験値の一致は満足すべきものであると考えねばならない

水素のスペクトル線の形と巾の精密な実験が行われる事が望まれる．この様な実験はレベルのずれ（第34節）の測定に使われたマイクロ波技術を使えば可能だろうと思われるが，この本を書いている時にはまだ理論と実験の精密な比較はなされていなかった．

19. 分散 (Dispersion) とラマン (Raman) 効果

この節では原子による光の散乱を考えよう．散乱過程は入射光量子 $\mathbf{k}_0$ の吸収と2次光子 $\mathbf{k}$ の同時的放出によりおこる．散乱体の原子は始状態のまま（coherent 散乱）又はラマン効果の時の様に他の状態に移る．

散乱過程の一般的な性格は，入射光子のエネルギー k_0 が原子に束縛されている電子の結合エネルギーと同程度であるか，又は結合エネルギーにくらべて大きいかによって変ってくる．後の場合には電子は自由電子と考えても差支えない．自由電子による散乱は第22節でくわしく行うこととし，ここでは k_0 は電子の結合エネルギーと同程度（又はより小さい）としよう．これは丁度可視光から軟 X- 線の振動数のはんい位にあたる．この場合にはすべての相対論的効果を省略できる．更に，入射光子の波長 λ_0 及び散乱された光子の λ は原子の大きさ（束縛電子の波動函数のひろがり）に比べて大きいと考えてよい．

原子の状態を n_l とかき，始状態を n_0 とし，終状態を n としよう（エネルギーは E_l, E_0, E と書く）．エネルギー保存則から，散乱された光子の振動数と $\mathbf{k}$ 入射光の k_0 は，原子の状態のエネルギー差だけ異なる．

$$k-k_0=E_0-E. \tag{1}$$

そして，k_0 は原子の共鳴振動数 E_l-E_0 の近くにはないとする（共鳴のときは第20節）．

Coherent の散乱と呼ばれる場合には同じ状態 $n_0=n$ にあり，散乱された光子の振動数 k は入射の k_0 と等しい．$E_0\neq E$ の場合はラマン効果をあらわしている． p. 189

他方，光子と束縛された電子との相互作用であるから，運動量は一般に保存しない．

1　分散公式　第14節によれば，非相対論的な電子と輻射場との相互作用は

$$H_{\rm int}=-\frac{e}{\mu}(\mathbf{pA})+\frac{e^2}{2\mu}\mathbf{A}^2=H^{(1)}+H^{(2)} \tag{2}$$

となり，放出吸収の場合とちがって A^2 に比例する2項目を無視するわけにはいかない．

第14節に示した様に，直接に（中間状態を経ないで）光子２個に関係したマトリックス要素をもつているのはこの e^2 の項である．

$H^{(2)}$の（散乱の）マトリックス要素は第14節の(24)で与えてある．今の場合はE_0，$k_0 \rightarrow E$，k の転移であるから，$\mathbf{e}_0$，$\mathbf{e}$ を２つの光子 $\mathbf{k}_0$，$\mathbf{k}(\boldsymbol{\kappa}=\mathbf{k}/\hbar c)$ の偏りの方向の単位ベクトルとすると

$$H^{(2)}=\frac{e^2}{\mu}\frac{2\pi\hbar^2c^2}{\sqrt{k_0 k}}\int\psi_n{}^* e^{i(\boldsymbol{\kappa}_0-\boldsymbol{\kappa},\mathbf{r})}\psi_{no}\ (\mathbf{e}_0\mathbf{e}) \tag{3}$$

となる．この（３）の中で指数函数は常数と見てよい．すると，マトリックス要素は $n=n_0$，すなわち Coherent な散乱の時にのみ０でない．

$$H^{(2)}=\frac{e^2}{\mu}\frac{2\pi\hbar^2c^2}{\sqrt{k_0 k}}e^{i(\boldsymbol{\kappa}_0-\boldsymbol{\kappa},\mathbf{x})}\delta_{non}(\mathbf{e}_0\mathbf{e}). \tag{4}$$

ここで$\mathbf{X}$は原子の位置ベクトルである．

（２）の１項目はeの１次の項である．この項は始状態及び終状態から光子が１個吸収又は放出された中間状態を経てはじめて２個の光子にかんけいした転移（散乱）をおこす．今の問題では$\mathbf{k}$ の放出と$\mathbf{k}_0$の吸収の順序の違う２種の中間状態である．

Ⅰ．$\mathbf{k}_0$が先に吸収される．従ってこの中間状態では光子は存在しない．終状態の転移で$\mathbf{k}$が放出される．

Ⅱ．$\mathbf{k}$が先に放出される．従ってこの中間状態では$\mathbf{k}_0$と$\mathbf{k}$と２個の光子が存在する．終状態への転移で$\mathbf{k}_0$が吸収される．

上のどちらの中間状態でも原子は任意の状態に励起されていてかまわない．

始状態をOであらわし，終状態をFで示し，２つの中間状態をⅠ，Ⅱで示すと，p. 190 OからⅠ，Ⅱへの転移及びⅠ，ⅡからFへの転移の$H^{(1)}$のマトリックス要素は（第14節（23）により）次の様になる：

$$\left.\begin{array}{l} H^{(1)}_{\mathrm{I}O}= \\ H^{(1)}_{\mathrm{II}O}= \\ H^{(1)}_{F\mathrm{I}}= \\ H^{(1)}_{F\mathrm{II}}= \end{array}\right. -\frac{e}{\mu}\sqrt{2\pi\hbar^2c^2}\left\{\begin{array}{l} \dfrac{1}{\sqrt{k_0}}\displaystyle\int\psi^*_{n_t}p_0e^{i(\boldsymbol{\kappa}_0\mathbf{r})}\psi_{n_0} \\ \dfrac{1}{\sqrt{k}}\displaystyle\int\psi^*_{n_t}p\ e^{-i(\boldsymbol{\kappa}\mathbf{r})}\psi_{n_0} \\ \dfrac{1}{\sqrt{k}}\displaystyle\int\psi^*_{n}\ p\ e^{-i(\boldsymbol{\kappa}\mathbf{r})}\psi_{n_t} \\ \dfrac{1}{\sqrt{k_0}}\displaystyle\int\psi^*_{n}p_0e^{i(\boldsymbol{\kappa}_0a)}\psi_{n}. \end{array}\right. \tag{5}$$

ここで p_o と p は，夫々 $\mathbf{p}$ の2つの光子 $\mathbf{k}_o$ と $\mathbf{k}$ の偏りの方向の成分である．

始状態と中間状態のエネルギーの差は

$$E_O-E_{\rm I}=E_o+k_o-E_t, \qquad E_o-E_{\rm II}=E_o-E_i-k. \tag{6}$$

$O\to F$ への複合マトリックス要素 $K_{F|O}$ は一般式第14節の (18) により与えられる．この時すべての中間状態について和をとらねばならない．

やはり，$\mathbf{k}_o$ と $\mathbf{k}$ の波長が原子の大きさにくらべて大きいとして[†]，

$$\mathbf{K}_{F|O}=\frac{e^2}{\mu}\frac{2\pi\hbar c^2}{\sqrt{k_o\,k}}\times e^{i(\boldsymbol{\kappa}_o-\boldsymbol{\kappa},\,\mathbf{x})}\times\left[\frac{1}{\mu}\sum_t\left(\frac{p_{nn_t}p_{on_t n_o}}{E_o-E_t+k_o}+\frac{p_{onn_t}p_{n_t n_o}}{E_o-E_t-k}\right)+\delta_{n_o n}\cos\Theta\right]. \tag{7}$$

ここで $p_{on_t n_o}$ は $p_o(\equiv(\mathbf{pe}_o))$ の $n_o\to n_t$ の転移のマトリックス要素で，Θ は $\mathbf{k}_o$ と $\mathbf{k}$ の偏りの方向の間の角である $(\Theta=\mathbf{ee}_o)$．

単位時間あたりの転移の確率は

$$w=\frac{2\pi}{\hbar}|K|^2\rho_E. \tag{8}$$

ρ_E は単位体積あたりのエネルギーが dE のはんい間にある終状態の数である．今の問題では ρ_E は散乱された光子 $\mathbf{k}$ に対する幅射場の振動子の数である．

p. 191

$$\rho_E=\rho_k=\frac{k^2d\Omega}{(2\pi\hbar c)^3}. \tag{9}$$

(8) を入射ビームの強さ，すなわち，今は $L^3=1$ の中に光子1個あるから c で割って (第14節式 (19) で $L^3=1$)，光子 $\mathbf{k}$ が $\mathbf{e}$ という偏りをもって立体角 $d\Omega$ の中に散乱される微分断面積が得られる．

$$d\phi=r_o^2\frac{k}{k_o}d\Omega\left[\frac{1}{\mu}\sum_t\left(\frac{p_{nn_t}p_{on_t n_o}}{E_o-E_t+k_o}+\frac{p_{onn_t}p_{n_t n_o}}{E_o-E_t-k}\right)+\delta_{nn_o}\cos\Theta\right]^2. \tag{10}$$

この式は $k_o\simeq E_t-E_o$ の共鳴（と呼ばれる）の時には正しくない．

coherent な散乱の時にはよく知られた分散公式を得る．

$$d\phi=r_o^2\,d\Omega\left[\frac{1}{\mu}\sum_t\left(\frac{p_{n_o n_t}p_{on_t n_o}}{E_o-E_t+k_o}+\frac{p_{on_o n_t}p_{n_t n_o}}{E_o-E_t-k_o}\right)+\cos\Theta\right]^2. \tag{11}$$

(11) は Kramers と Heisenberg よって古典論の式第5節 (11) $(\gamma=0)$ に対応原理を応用してはじめて導かれた[††]．第2 の $\cos\Theta$ が存在する事は Waller により示され

---

† $\sum_t$ は原子の連結スペクトル準位 対しても行わねばならない．然し，光学領域の光を考える時には連続スペクトル準 はからの寄与は大きくない．

†† H. A. Kramers and W. Heisenberg, *Zs. f. Phys.* **31** (1925), 681.

た[*]．この2項目は自由電子による散乱の古典式第5節（4）と同じである．もし[**]

$$k_0 \gg E_l - E_0$$

（この時も λ_0 は原子の大きさにくらべて十分大きいとする）であると，(11) の第1項は小さくて，分散式は自由電子による散乱の古典式になる．

$n_0 \neq n$ の場合には，Smekal と Heisenberg によって導かれたラマン散乱の式を得る．2つの量子状態の間のエネルギー差にあたる分だけ振動数のずれた散乱光が存在する事は，実験的に Landsberg と Mandelstamm[†]（固体）及び Raman と Krishnan[††]（液体溶液）によって発見された．

2　Coherence　　古典論では原子によって散乱された光は入射光と coherent である．この事は，共鳴の場合を除けば，散乱された波の位相は入射光の位相と等しい事による．（位相差 δ は第5節の式（9）であって，δ は共鳴以外の所では0である．$(\gamma=0)$）

量子論においてもこの事は言える．勿論，散乱された光の振動数が入射光のと同じ場合に限る．しかし，量子論では coherence という概念は注意して使はねばならない．p. 192 第7節で量子化された光波の位相 ϕ は光子の数が ΔN の不確定さをもっている時に，ΔN の不確定さできまる事を知った．

$$\Delta N \Delta\phi > 1. \tag{12}$$

小節1で考えた様な1個の光子の散乱では，2つの波（入射と散乱）の位相は全然決定できない．

coherence という事を確かめるには，入射光の個数が十分大きくて，入射，散乱光の位相と個数を比較的よく決定できる様な場合を考えればよい．この事はとりも直さず古典論でよい近似である領域に移る事を意味する．

しかし，1個の光子の散乱の場合でも，距離 **R** だけ離れて位置する2個の原子 A，B による散乱を考えるならば，coherence という概念に簡単な物理的意味をもたせる事ができ

---

*　I. Waller, ibid. **51** (1928), 213.

**　第5節では Θ は **K** と $\mathbf{K}_0$ の偏り $\mathbf{e}_0$ の間の角であり，第5節の（4）では **K** の偏りについて和をとってある．（右図）

†　G. Landsberg and L. Mandelstamm, *Naturw*, **16** (1928), 557 と 772.

††　C. V. Raman and K. S. Krishnan, *Nature*, **121** (1928), 501.

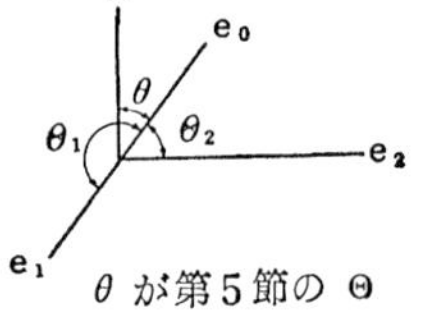

θ が第5節の Θ

$\cos^2\Theta_1 + \cos^2\Theta_2 = \sin^2\theta$

る．古典論では2個の原子から散乱されてでてきた光は，お互に干渉して散乱されてから進んだ距離の差によって極大又は極小を生じる．この古典の結果には，2個の原子で散乱された2つの波の位相の差のみが本質的に関係している《2個の原子で散乱した光が干渉する場合は，各々の原子での散乱の時に入射と散乱波が一定の位相関係があれば coherent になる》．量子論では光量子の全数をはっきり測定しても位相の差は確定した値をもつ（第7節）．しかしながらこの場合にはどちらの原子から光子が放出されたかは不明になる．

この古典論と同じ強度分布が量子論でも得られる．（この事から，古典におけると同様一個の原子による散乱が coherent であると考えられる．）2個の原子が $\mathbf{X}_A$, $\mathbf{X}_B$にあって，その量子状態を n_l, m_l であらわすとする．AとBとの間の距離は

$$\mathbf{X}_A-\mathbf{X}_B=\mathbf{R} \tag{13}$$

と書ける（第6図）．入射光子$\mathbf{k}_0$が散乱して2次光子$\mathbf{k}$となる転移の確率は，1個の原子の散乱と同じ様に計算できる．入射光は2つの原子の両方と相互作用をするから，相互作用函数（複合転移マトリックス）は

$$K=K_A+K_B \tag{14}$$

となる．(14) のKは（最低次で）直ちに書き下す事ができ，（7）の代わりに同様な項が2つでる．

$$K=\frac{e^2}{\mu}\frac{2\pi\hbar^2c^2}{\sqrt{k_0k}}\left\{e^{i(\boldsymbol{\kappa}_0-\boldsymbol{\kappa},\mathbf{X}_A)}\left[\frac{1}{\mu}\sum_l\left(\frac{p_{n_0n_l}p_{0n_ln_0}}{E_0-E_l+k_0}+\cdots\right)+\cos\Theta\right]+\right.$$
$$\left.+e^{i(\boldsymbol{\kappa}_0-\boldsymbol{\kappa},\mathbf{X}_B)}\left[\frac{1}{\mu}\sum_l\left(\frac{p_{m_0m_l}p_{0m_lm_0}}{E_0-E_l+k_0}+\cdots\right)+\cos\Theta\right]\right\}. \tag{15}$$

この2つの〔 〕の中は2つの原子が同じ構成をもっているとすると等しい．ゆえに(15)は，（7）の $\exp i(\boldsymbol{\kappa}_0-\boldsymbol{\kappa},\mathbf{X})$ が次の様に変わっている点を除けば等しい． p. 193

$$e^{i(\boldsymbol{\kappa}_0-\boldsymbol{\kappa},\mathbf{X}_A)}+e^{i(\boldsymbol{\kappa}_0-\boldsymbol{\kappa},\mathbf{X}_B)}=e^{i(\boldsymbol{\kappa}_0-\boldsymbol{\kappa},\mathbf{X}_B)}(1+e^{i(\boldsymbol{\kappa}_0-\boldsymbol{\kappa},\mathbf{R})}). \tag{16}$$

転移確率 (11) を作ると因子

$$|1+e^{i(\boldsymbol{\kappa}_0-\boldsymbol{\kappa},\mathbf{R})}|^2=2[1+\cos(\boldsymbol{\kappa}_0-\boldsymbol{\kappa},\mathbf{R})] \tag{17}$$

がでる．これは古典理論で予想されるのと正確に同じである．スカラー積 $(\boldsymbol{\kappa}_0-\boldsymbol{\kappa},\mathbf{R})$ は$1/\lambda$の単位での2つの散乱波の光の行程の差である．すなわち位相の古典的な差になる

(第6図)．従って，原子A及びBで散乱された2つの波は古典論におけると同じ意味で coherent である．

3　X-線の散乱　　最後に，入射光子のエネルギー $\mathbf{k}_0$ が大きくなって，波長が原子の大きさと同じ位又はそれより短かくなった場合の様子を定性的に述べよう．この場合にはマトリックス要素（3）と（5）の積分の中で光波をあらわす $\exp i(\boldsymbol{k}_0\boldsymbol{r})$ を常数と見る事はできない．

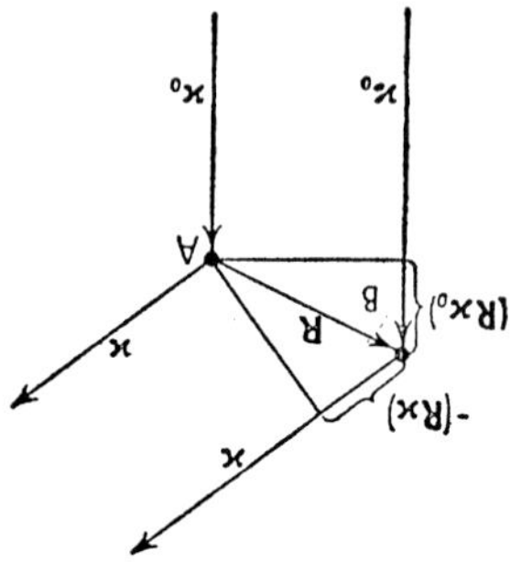

第6図　2個の原子 A,B による散乱の位相差．

この指数函数が原子の(波動函数の大きい領域の)中で相当変わると，マトリックス要素は数値的に小さくなる．従って，散乱光の強度も同様に減少する．これは（原子が離散状態に残っている，すなわち終状態が離散固有値に属する限り）ラマン散乱に対して成り立つのみならず coherent な散乱でも成り立つ．さらに波長 λ_0 が原子の大きさより短くなる，マトリとックス要素も，従って散乱された波の強度も 0 に近づく．この様になるのは大体

$$k_0 \gg \frac{\hbar c}{a} \sim 2\times 137\frac{I}{Z} \tag{18}$$

位のエネルギーの光の散乱である．I はイオン化エネルギーで a は原子の半径である．軽い元素の場合 (18) は硬い X- 線位のエネルギーで満たされる．

他方 k_0 が I よりも大きくなると他の効果がだんだん重要になる．$k_0 \gg I$ であると散乱後原子の電子は，たとえば運動量 $\mathbf{p}$，エネルギー E の連続固有値の状態に移つる事もできる．これは一種のラマン効果である《終状態の原子が離散固有値にないだけふつうのと異なる》．散乱された光の振動数は k_0 から

p. 194

$$k = k_0 - (E - E_0) \tag{19}$$

に移るが，電子が連続スペクトル状態（Eが連続）にあるから，この過程が一しょに起ると，普通の coherent 散乱の k_0 と同じ（変位をうけない）線の他に，k_0 からずれた巾のひろい線があらわれる．しかし，全強度はこのエネルギーでは弱いと考えられる．

さらに k_0 が I にくらべてずっと大きくなると，ずれたスペクトル線はだんだん巾が狭くなってきて強くなってくる．これは次の様にしてわかる．終状態として運動量が

$$\mathbf{p} \simeq \mathbf{k}_0 - \mathbf{k} \tag{20}$$

を満たすものを考えると，積分（3）で $\psi_n = \exp(i\mathbf{pr}/\hbar c)$ であるから，因子 $\exp(i(\boldsymbol{\kappa}_0 - \boldsymbol{\kappa}, \mathbf{r}))$ は丁度打ち消されて，入射波長がいかに短くとも（3）は大きくなる．散乱の角度をきめると，k は（19）と（20）により完全に決定される．この様にして，強く巾の狭いずれたスペクトル線を得る．

非常に短い波長では，ここに考えた過程は自由電子による散乱と同じである．（20）はこの時運動量の保存をあらわす（この保存は自由電子と光子の衝突ではいつも成り立つ），というわけは，$k_0 \gg I$ であるから束縛状態にある電子の運動量は k_0 にくらべてずっと小さく無視しても構わないからである．ずれた線（コンプトン散乱）の巾は束縛状態における運動量のゆらぎによりきまる．

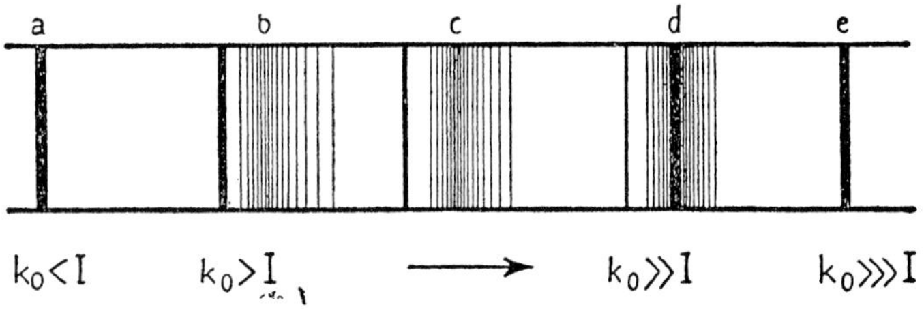

第７図　或る角度の散乱で，入射光の振動数 k_0 が大きくなる時の同位相散乱とコンプトン散乱との定性的な図（I は原子のイオン化エネルギー）．（a）Coherent 散乱のみ（e）自由電子にコンプトン散乱．

束縛電子による coherent 散乱から自由電子のコンプトン散乱への移り変わりを定性的に第７図に示す．coherent なずれていない線の強度は，ずれた線が強くなり巾が狭くなる程弱くなる．第７図の中間の（c），（d）の状態は 500,000 電子ボルトのX－線が軽い元素（炭素，ベリリウム）によって散乱される時に近似的に実現される．Du Mond[†] (p. 195) の測定によれば，ずれたスペクトル線（コンプトン散乱）の巾はずれの大きさと同程度にひろがっている．このひろがりの巾は原子の中の電子の運動量分布から予想されるものと一致する事が示された．

† J. Du Mond, *Rev. of Modern Physics*, **5** (1933), 1. P. A. Ross and P. Kirkpatrick, *Phys. Rev.* **46** (1934), 668

20. 共 鳴 蛍 光

第19節の分散の理論は，入射光の振動数 k_0 が原子の共鳴振動数 $E_t - E_0$ に近づくと使えなくなる．この時には第19節の（11）の分散公式の分母の1つが0になって散乱された光の強さは無限大になる．

この様に式が使えなくなる理由は，振動子による古典的な分散により知る事ができる（第5・2節）．古典論では，共鳴振動数 ν_0 の近くでおこる無限大は放出された光が原子に及ぼす減衰力を考慮する事によって避けられた．量子論においても同じ事である．この減衰力は非常に小さいので，散乱された光の強度はどんな場合にも普通の散乱にくらべてずっと強くなる．

輻射減衰は分散公式の中にスペクトル線の巾の理論第18節と同様にして入れる事ができる．減衰現象の一般的理論第16節から直ぐに結果が得られるのでこの節ではこの理論を使う．関係した方程式は簡単に解ける．

1　方程式の一般解[†]　共鳴螢光は自然巾の占める振動数はんいの入射光子の強度分布に決定的に関係してくるから，さしあたって，入射強度分布として一般形 $I_0(k)dk$ を使い，あとで特殊な強度分布の場合を論じる事にする．

分散公式第19節（11）よりわかる様に，共鳴を起す（入射光の振動数）場合には，重要な項は分母の0になる項であるから，2次の A^2 による散乱の項は無視して差支えない．原子の基底状態を n_0（エネルギー E_0）とし，問題の《第19節（11）の分母≈0になる様な》励起状態を n（エネルギー E_n）（これらの原子の状態は縮退していないとする）とすると，中間状態としては原子が励起されていて1個の光子が吸収されているものに限ればよい《減衰は実際に放出される光によりおこるから》．吸収される k_λ は原子の共鳴振動 p. 196
数と殆んど等しいと考えてよい．

$$k_\lambda \sim (E_n - E_0) \equiv k_0. \tag{1}$$

---

† V. Weisskopf, *Ann. d. Phys.* **9** (1931), 23. 及び E. Segré, *Rend. Ac. Linc.* **9** (1929), 887 を見よ．この節では基底状態にある原子による光の散乱を考える．励起された原子による散乱も Weisskopf, *Zs. f. Phys.* **85** (1933), 451 に調べられている．ここで使う方法については W. Heitler and S. T. Ma, *Proc. Roy. Ir. Ac.* **52** (1949), 109 を見よ．

終状態では原子は再び E_0 にもどり他の光子 k_σ が放出されている．また k_σ は正確に吸収された光 k_λ に等しいかどうかわからないけれども，k_σ は k_λ と違ってもせいぜい自然巾位である．

従って，次の3つの型の状態を考えねばならない．(i) 始状態O(エネルギーE_O)．これは入射強度分布 I_o と E_o という状態の原子より成る．(ii) 中間状態λ (エネルギーE_λ)，原子は E_n にあり《$E_n \sim E_o + k_\lambda$》，1個の光子 k_λ が I_o から吸収されている．(iii) 終状態$\lambda\sigma$ (エネルギー $E_{\lambda\sigma}$)．原子は E_o にあり，光子 k_σ が放出され，光子 k_λ は吸収されたままである．明らかに，

$$E_{\lambda\sigma} - E_\lambda = k_\sigma - k_0, \qquad E_{\lambda\sigma} - E_O = k_\sigma - k_\lambda. \tag{1'}$$

第16節によれば，これらの状態の確率は振幅 $U_{\lambda|O}, U_{\lambda\sigma|O}$ に関係する．これらの振幅は変数であるエネルギーEに関係するが，それぞれ $E = E_\lambda$, $E = E_{\lambda\sigma}$ の所のみが必要になる．Uは一般方程式第16節の (10) を満たし，今の問題では次の様になる．†

$$U_{\lambda|O}(E) = H_{\lambda|O} + \textstyle\sum_\sigma H_{\lambda|\lambda\sigma} U_{\lambda\sigma|O}(E) \zeta(E - E_{\lambda\sigma}), \tag{2a}$$

$$U_{\lambda\sigma|O}(E) = H_{\lambda\sigma|\lambda} U_{\lambda|O}(E) \zeta(E - E_\lambda), \tag{2b}$$

ここで，

$$\zeta(E - E_\lambda) = \frac{\mathcal{P}}{E - E_\lambda} - i\pi\delta(E - E_\lambda). \tag{2c}$$

さらに減衰常数Γは第16節の式 (12) より

$$\frac{1}{2}\hbar\Gamma(E) = i\textstyle\sum_\lambda H_{O|\lambda} U_{\lambda|O}(E)\, \zeta(E - E_\lambda) \tag{3}$$

となる．第16節の式 (7)，(28) によると，Γ の実数部分の $E = E_O$の値は始状態からの単位時間あたりの全転移確率である．(2) と (3) の式ではHが1個の量子に関係したマトリックスのみをもっていて，$H_{\lambda\sigma|O} = 0$ である事を考慮してある．

(2) を解く為に，(2b) を (2a) に代入する：

$$U_{\lambda|O}(E) = H_{\lambda|O} - \frac{i\hbar\gamma(E)}{2} U_{\lambda|O}(E)\, \zeta(E - E_\lambda). \tag{4}$$

ここで

$$\frac{\hbar}{2}\gamma(E) = i\textstyle\sum_\sigma |H_{\lambda\sigma|\lambda}|^2\, \zeta(E - E_{\lambda\sigma}) \tag{5}$$

† (2b) にはλについての和はない．なぜなら $U_{\lambda|O}$ の k_λ は最初の添字$\lambda\sigma$と同じである《$U_{\lambda\sigma|O}$ は $E_O + I_o \to E_O - k_\lambda + k_\sigma$ であるから，(2b) でのUは $E_O \to E_O - k_\lambda$ となり，λは決まったものである》．

p. 197

と簡単に書いた．（4）に $E-E_\lambda$ をかけて，$x\zeta(x)=1$ を使うと，

$$(E-E_\lambda)U_{\lambda|O}(E)=(E-E_\lambda)H_{\lambda|O}-\frac{i\hbar\gamma(E)}{2}U_{\lambda|O}(E).$$

すなわち，

$$U_{\lambda|O}(E)=\frac{E-E_\lambda}{E-E_\lambda+\dfrac{i\hbar\gamma(E)}{2}}H_{\lambda|O} \tag{6}$$

となり，(2b）に代入すると

$$U_{\lambda\sigma|O}(E)=\frac{H_{\lambda\sigma|\lambda}H_{\lambda|O}}{E-E_\lambda+\dfrac{i\hbar\gamma(E)}{2}} \tag{7}$$

となり，（6），（7）のUはEについて特異性をもたない．又，Γは（3）より

$$\frac{\hbar}{2}\Gamma(E)=i\sum_\lambda\frac{|H_{\lambda|O}|^2}{E-E_\lambda+\dfrac{1}{2}i\hbar\gamma(E)} \tag{8}$$

となる．

（5)―(8）は完全な解である．γは簡単な意味をもっている：$H_{\lambda\sigma|\lambda}$は$k_\sigma$を放出するマトリックス要素であってλには無関係である．$E=E_\lambda$に対してはγは放出されたスペクトル線の巾の理論第18節であらわれた減衰常数に同じになる．実際（5）は第18節の（8）と同じである（第18節の（8）の時間に関係した項は（10′）の様にζ-函数である事が示されている）．ゆえに，γの実数部と虚数部は励起状態から光を放出する全確率及び励起状態のレベルのずれである．(2c）によってζ-函数を2つに分けると，第18節の(11）と（12）が直接に得られる．以上の事は $E=E_\lambda$ の時にのみいえる事であるが，以下でγは実際的にはEに殆んど無関係である事がわかる《からすべてのEについてγはこの様な意味をもっていると考えられる》．

同様に，（8）式の分母で他のエネルギーにくらべて小さいγを省略すると，$E=E_O$の時のΓ実数部は入射スペクトルから(k_λという）光子を吸収する事による基底状態の自己エネルギーとなる．この節ではレベルのずれ（第34節をみよ）は考えに入れない事とし，γとΓは実数部でおきかえてしまう事とする．γ，Γの実数部をやはりγ，Γと書くと

$$\gamma(E)=\frac{2\pi}{\hbar}\sum_\sigma|H_{\lambda\sigma|\lambda}|^2\,\delta(E-E_{\lambda\sigma})=\frac{2\pi}{\hbar}\int d\Omega_\sigma|H_{\lambda\sigma|\lambda}|^2\rho_{k\sigma}, \tag{9a}$$

$$\Gamma(E)=\gamma\sum_\lambda\frac{|H_{\lambda|O}|^2}{(E-E_\lambda)^2+\hbar^2\gamma^2/4} \tag{9b}$$

《$E_{\lambda\sigma}=E_O-k_\lambda+k_\sigma$》《$E_\lambda=E_n-k_\lambda$》となる．

(9a）ではσに関する和は積分でおきかえてあり，Ω_σは放出されたk_σの立体角であ

る．この式から γ は実際上 E には無関係である事がわかる*．λ について和をとると，Γ についても同じ事がいえる．

p. 198

（6）と（7）から $t>0$ の任意の時刻のすべての状態の確率を第16節の（13），（14）により計算する事ができる．ここでは過程が起ってしまった $t\to\infty$ の時刻の様子のみを問題にするから，$t\to\infty$ の確率は第16節の（20）の一般式で与えられる．

$$b_\lambda(\infty)=\frac{U_{\lambda|O}(E_\lambda)}{E_\lambda-E_O+\frac{1}{2}i\hbar\Gamma(E_\lambda)},\quad b_{\lambda\sigma}(\infty)=\frac{U_{\lambda\sigma|O}(E_{\lambda\sigma})}{E_{\lambda\sigma}-E_O+\frac{1}{2}i\hbar\Gamma(E_{\lambda\sigma})} \tag{10}$$

Γ の変数として，また（10）式で使うべき E の値は，確率を計算している状態のエネルギーであり（第16節の E_n），b_λ では E_λ，$b_{\lambda\sigma}$ では $E_{\lambda\sigma}$ である事に注意する．（6）と（7）を代入すると

$$b_\lambda(\infty)=0 \tag{11}$$

となる．これは十分時間がたてば原子は励起状態には存在し得ない事を示し，当然の結果である．（1′）を使うと，（再）放出された光子の確率分布は

$$|b_{\lambda\sigma}(\infty)|^2=\frac{|H_{\lambda|O}|^2\ \ |H_{\lambda\sigma|\lambda}|^2}{[(k_\lambda-k_\sigma)^2+\hbar^2\Gamma^2/4][(k_\sigma-k_0)^2+\hbar^2\gamma^2/4]} \tag{12}$$

となる．正しくは γ と Γ は $E=E_{\lambda\sigma}$ の値をとるべきであるが実際的には常数と見てよい．

ここからさきの議論は入射強度分布 $I_0(k)dk$ に関係してくるが，次の２つの重要な場合のみについて述べよう．（ａ）入射強度 I_0 は自然巾のはんいでは一定である．すなわち連続スペクトルの光で照らすとする．（ｂ）入射光が自然巾 γ にくらべてもっと狭い単色光から成っている．

2　（ａ）の場合　**連続吸収 Continuous absorption**　$I_0(k)$ が一定であると，（9ｂ）の和 $\sum_\lambda$ は積分でおきかえられる．$H_{\lambda|O}$ は k_λ を吸収するマトリックス要素である．第14節によって $|H_{\lambda|O}|^2$ は光子の数（I_0 中の）n_λ に比例する．$|H_{\lambda|O}|^2$ を光子 k が吸収できるすべての輻射振動子《この振動子の固有状態を示す $n\hbar\nu_k$ の n が I_0 中の光子の数》について平均したものを $d\Omega|H(k)|^2\bar{n}_k$ としよう．（9ｂ）を k_λ について積分におきかえ

＊ 厳密に言えば，（9ａ）の右辺に代入すべき k_σ は $E-E_{\lambda\sigma}=0$ より決まるべきものであって，E に関係するが，（9ａ）は k_σ に関してはゆっくり変化し（$\rho\sim k_\sigma^2$ また），必要な γ は $E=E_\lambda$ または $E=E_{\lambda\sigma}$ のものである．この両方ともエネルギーは，E_0 とせいぜい γ 位の差しかない．だから，例えば $k_\sigma=k_0$ とおいてもよい．

るが，EのE_o近くの値のΓのみが必要となるのであるから，吸収されるkとしてはk_oとγ位しか違はない事になる．Hとρ_kはkが変わってもゆっくりしか変わらないから，Hとρには$k=k_o$を入れる．するとΓはEには無関係となって

《$\int_0^\infty \frac{dk_x}{E(E_O-k_\lambda+E_n-E_o)^2+\hbar^2\gamma^2/4} \fallingdotseq \frac{2\pi}{\hbar\gamma}$（第18節（13′）の下の訳註）これは$E$にむかんけい．$E_\lambda=E_o-k_\lambda+E_n-E_0$》．

p. 199

$$\Gamma=\frac{2\pi}{\hbar}\rho_{ko}d\Omega|H(k_o)|^2\bar{n}_{ko} \tag{13}$$

となる．$\bar{n}_{ko}$は入射強度を使って（第17節（16））

$$\rho_{ko}d\Omega\,\bar{n}_{ko}=\frac{I_o(k_o)}{k_oc} \tag{14}$$

と書けるから，

$$\Gamma=\frac{2\pi}{\hbar k_oc}|H(k_o)|^2I_o(k_o)=w_{nno} \tag{15}$$

となる．(15) は第17節の (17) の単位時間あたりの吸収の全確率と同じである．Γは始状態の全転移確率であるから（第16節(28)），共鳴螢光の全確率は吸収の全確率に等しい．一般に入射光の強度が極端に強くない限り，Γは自然放出の確率γにくらべて非常に小さい．Γは吸収の確率の存在する事による原子の基底（＋入射光子）状態の自然巾である．実際もしI_oが有限個の光子$\bar{n}_k$しか含まない時には，$\bar{n}_k$とΓは$L^3\to\infty$で0になる（第14節を見よ）．

次に（12）式であらわされる放出された光子k_σの確率分布についてのべよう．

Γは非常に小さいから，最初の因子は実際上$\delta(k_\lambda-k_\sigma)$と同じ性質をもち，$k_\lambda$は$k_\sigma$とは殆んど違はないもののみが(12)に寄与し，そのk_σとの差は多くても$\hbar\Gamma$位で，これは基底（＋光子）状態の巾である．ゆえにエネルギーは不確定関係で許される限り保存する《すなわち$\Delta E_O\Delta t\sim\hbar$で$\Delta t\sim\frac{1}{\Gamma}$》．

（12）を放出されるk_σについて積分すると吸収線の形をk_λについて積分すると放出されるスペクトルの形を得る．

（13）により，光子k_σを放出している確率は

$$\sum_\lambda|b_{\lambda\sigma}(\infty)|^2=w(k_\sigma)=\frac{|H_{\lambda|\lambda\sigma}|^2}{(k_o-k_\sigma)^2+\hbar\gamma^2/4} \tag{16}$$

$$\left(\left(\sum_\lambda |b_{\lambda\sigma}(\infty)|^2 = \int \rho_{k_\lambda} dk_\lambda \frac{d\Omega_\lambda |H(k_\lambda)|^2 \bar{n}_{k_\lambda} \quad |H_{\lambda\sigma|\lambda}|^2}{[(k_\lambda - k_\sigma)^2 + \hbar\Gamma^2/4][(k_\sigma - k_o)^2 + \hbar^2\gamma^2/4]}\right.\right.$$

$$\fallingdotseq \rho_{k_\sigma} d\Omega |H\ (k_\sigma)|^2 \bar{n}_{k_\sigma} \cdot \frac{2\pi}{\hbar\Gamma} \left(\frac{|H_{\lambda\sigma}|_\lambda|^2}{(k_\sigma - k_o)^2 + \hbar^2\gamma^2/4}\right)_{k_\lambda = k_\sigma}$$

$$\left.\left. ;\quad \int_0^\infty \frac{dk_\lambda}{(k_\lambda - k_\sigma)^2 + \hbar^2\Gamma^2/4} \approx \frac{2\pi}{\hbar\Gamma}\ (\text{第18節}\ (13')\ \text{の訳註})\right)\right).$$

これは第18節で励起状態λから自然に放出される線の形として導き出したものと同じである（第18節（13)）．ゆえに，連続スペクトルをもった光で原子を照らして励起すると，他の方法，たとえば衝突によって原子を励起する時と同じ放出線を得る事になる．

時刻 $t=\infty$ の後に光子 k_λ が吸収されている確率は，（12）をすべての k_σ について和をとれば与えられる．$\Gamma \ll \gamma$ であるから，分母の2番目の因子は最初の因子が極大になる所，$k_\sigma = k_\lambda$ の近くでは殆んど一定であると考えてもよい．すると（9a）を使って p.200

$$\sum_\sigma |b_{\lambda\sigma}(\infty)|^2 = w(k_\lambda) = \frac{\gamma}{\Gamma} \frac{|H_{\sigma|0}|^2}{(k_0 - k_\lambda)^2 + \hbar^2\gamma^2/4} \tag{17}$$

となる．放出と吸収の全確率の $t=\infty$ における値 $\sum_{\lambda,\sigma}|b_{\lambda\sigma}(\infty)|^2$ は（13）により1となる$\left(\left((17)\ \text{を}\ \sum_\lambda\ \text{すると} \frac{\gamma}{\Gamma}\int dk_\lambda \rho_\lambda \frac{d\Omega_\lambda |H(k)|^2 \bar{n}_{k_\lambda}}{(k_0 - k_\lambda)^2 + {}^2\hbar\gamma^2/4} \fallingdotseq \frac{\gamma}{\Gamma} d\Omega \rho_{k0} |H\ (k_0)|^2 \bar{n}_{k_0} \frac{2\pi}{\hbar\gamma} = 1\right)\right)$.

（17）はやはり吸収線の形として第18節で出したのと同形である（また放出線の形とも同形である）．

以上の事から，次の様に結論される．連続スペクトルの光を使用すると，共鳴螢光の様子は，スペクトル線の形に関する限り，まず吸収がおこり，次で放出がおこるという具合に2つの独立な過程によって吸収，放出されるのと同じ事になる．ただし，その各々の吸収及び放出の起る時には，エネルギーがΓのはんいで保存し，従って放出する前には原子はどの光子を吸収したかを“覚えている” remember 事を注意せねばならない．これは，（12）の式で $|b_{\lambda\sigma}(\infty)|^2$ が分母の最初の因子によって，k_λ と k_σ は殆んど δ- 函数的に結びついているが，k_λ は k_0 $(E_n - E_0)$ とは直接は関係がないためただ単なる放出，吸収の確率の積ではない事にあらわれている．

単色光を照射した時の吸収には放出されるスペクトル線が吸収された光子にもっと密接に関係してくる（次小節）．

3 （b）の場合　狭い線による励起　次に入射光のスペクトルが自然放出線のスペクトルより狭い場合を考えよう．$I_0(\nu)$ は，例えば第8図の様に振動数 ν_1（のすぐ近く）

のみで0でないとする．全入射強度 $\int I_0(k)dk$ を I_0 と書く事にする．

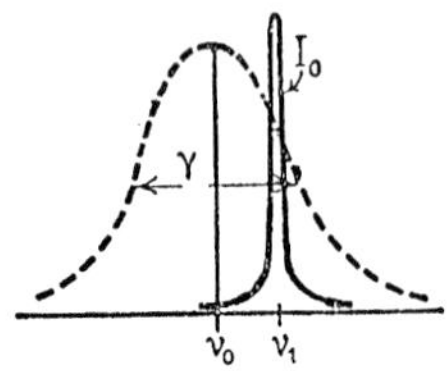

第8図　自然巾 γ より狭い巾の $I_0(\nu)$ による励起による共鳴螢光．
再放出された光のスペクトルは $I_0(\nu)$ と同じ形になる．

基底（＋入射光子）状態からの全転移確率はやはり $\Gamma(E_O)$ である．(9b）の $\sum_\lambda$ は，実際的に非常に大きい ν_1 のみの入射線についてとる．すると

$$\Gamma(E_O)=\frac{\gamma}{k_1 c}\frac{|H(k_1)|^2\bar{I}_O}{(k_1-k_O)^2+\hbar\gamma^2/4} \tag{18}$$

となる $\Big(\Big(|H_{\lambda|O}|^2{}_{k_\lambda=k_1}=d\Omega|H(k_1)|^2\bar{n}_{k_1},\ \gamma\int dk_\lambda\frac{\rho_{k_\lambda}d\Omega|H(k_\lambda)|^2\bar{n}_{k_1}}{(k_\lambda-k_O)^2+\hbar\gamma^2/4}$

$$=\gamma\int dk_\lambda\frac{|H(k_\lambda)|^2\ I_O(k_\lambda)/k_\lambda c}{(k_\lambda-k_O)^2+\hbar^2\gamma^2(E_O)/4}=\frac{\gamma}{k_1 c}\frac{|H(k_1)|^2}{(k_1-k_0)^2+\hbar^2\gamma^2(E_O)/4}\int dk_\lambda I_0(k_\lambda)\Big)\Big).$$

p.201

(18）は単位時間あたりの共鳴螢光の全確率である．これは，入射光の振動数 k_1 が共鳴振動数 k_O からずれるに従って，半値巾 γ（＝原子の励起状態から放出される光のスペクトルの巾）のスペクトル線の形の式に従って減少する事になる．

再放出される光の強さも，吸収される可能性のあるすべての入射光子について（12）を積分して得られる．$\Gamma\ll\gamma$ である（205頁の議論参照）から，（12）の分母の第一項の k_σ（放出される光のエネルギー）はやはり k_λ に殆んど等しい，ところが，(k_λ は入射光に含まれる光のエネルギーゆえ）k_λ は k_1 のみであるから，$k_\sigma=k_1$ となる．従って，放出される光のスペクトルは入射光と同じ巾をもっていて，自然巾よりもずっと細い事になる．Γ は入射光の強度が小さくなると0に近づくから，I_Oが0でないはんい（勿論，今の場合 I_O の巾は γ より小さいとしているのであるが）より更に Γ は小さいと考えてもよい．すると，(14）を使い（12）を k_λ について和をとったものは†

† $\Gamma(E)$ は（18）で k_1-k_0 を $E-E_O+k_1-k_O$ でおきかえて得られ，Eについて相当大きく変わる様にみえる．(12）と（19）では $E=E_{\lambda\sigma}=E_O+k_\sigma-k_\lambda$ を $\Gamma(E)$ の E に使はねばならない．しかし k_λ と k_σ は実際上 k_1 とほぼ等しいから，$\Gamma(E_O)$ と $\Gamma(E_{\lambda\sigma})$ は殆んど等しく，同じものでおきかえてよい．

$$w(k_\sigma)=\sum_\lambda|b_{\lambda\sigma}(\infty)|^2=\frac{2\pi}{\hbar\Gamma k_0 c}\frac{|H(k_0)|^2\ |H_{\lambda|\lambda\sigma}|^2 I_0(k_\sigma)}{(k_0-k_\sigma)^2+\hbar^2\gamma^2/4}. \tag{19}$$

この強度分布 $w(k_\sigma)$ は本質的には2つの因子により定まっている．まず $w(k_\sigma)$ は $I_0(k_\sigma)$ に比例する．これは放出線のスペクトルが入射線のスペクトルと同じである事を示しているから，自然放出による巾よりずっと狭い巾をもつ事になる(第8図を見よ)．次に，(19)の分母は $I_0(k_\sigma)$ が0でないはんいでは殆んど一定と考えてよい．従ってこの分母は全強度を決める事になる．ゆえに，全強度 $w(k_\sigma)$ の大きさは，k_0 から k_σ がずれるに従って，自然放出線の強さが k_0 からずれると減るのと同じ割で減少する．

この単色光を照射して励起する（b）の場合には，放出された線は励起された原子が自然に放出する光のスペクトルの形と全然違うスペクトルの線がでる事になる．従って，放出と吸収は続いて起る独立な過程であるとは考えられない．独立な過程なら，原子は，どの光を吸収したかを忘れてしまって自然巾をもった光を放出する筈である．従って，（b）の場合には共鳴螢光は全体として1つの量子過程と見做さねばならない．

再放出された光が入射光と coherent である事も示せる．† 吸収と放出が独立に起っているならば，吸収される光と放出される光の位相関係はないはずであるから coherentにならないはずである．

他方，共鳴螢光の過程の起っている間に原子は基底状態にあるのか或は励起状態にあるのかという事を考えてみるとしょう．この問に答えるには原子のエネルギーを測定しなければならない．しかし，測定するとすべての位相関係が乱されてしまう事になる．p.202 それはたとえば電子を非弾性的に原子に衝突させると原子のエネルギーは測る事ができるが，原子が励起されているか基底状態にあるかを知るには励起状態の寿命 $1/\gamma$ よりも短い時間に測定をしなければならない（さもないと測定している間に原子は基底状態に転移する）．従って，少くとも $1/\gamma$ 秒に1回は電子を衝突させねばならない．衝突がおこる瞬間に入射光と放出される光の位相関係は不明になってしまう．そして光の位相を毎秒 $1/\gamma$ 回変えると（γ 秒づつ続く光束がでる，または励起状態の寿命が $1/\gamma$ 秒になる）そのスペクトルは単色でなくて巾 $\hbar\gamma$ をもつ様になる（第18の衝突による巾）．これは丁度励起状態からの自然放出光の巾である．ゆえに，原子のエネルギーを測定すると《している間は》放出さ

---

† 散乱された光の位相は入射光の位相からずれている（第5節）．これは丁度古典論の時と同じである．

れる光の巾はひろがり，少くとも自然巾程度になる．そして共鳴螢光は丁度入射光によって励起された原子が，光を自然に放出する場合と同じになる．

以上で次の事がわかった．

共鳴螢光は，原子が外から乱されない限り，1つの coherent な（一定位相関係で終始する）量子過程である．原子を狭いスペクトルの入射光で励起する場合には，放出される光は入射光と同じ形のスペクトルをもつ．この時原子のエネルギーは不明である．原子の状態を決める測定にかけると，光の吸収と放出が独立に起るのと同じ様な過程になってしまい，放出される光は自然巾をもつ様になる．

次の問題は上と同じ方法で，殆んど同じ様に解かれている：

（i）　原子が3つの状態の中のエネルギーの一番高い（c）に励起されて，（b）または（a）（基底状態）に転移でき，または（b）から（a）に転移できる場合（第5図，186頁）．得られた結果の重要なものは第18.2節に述べたものである．

（ii）　2つの同じ構成の原子が距離R離れて置かれ，$t=0$にその1つの原子が励起されていて，もう1つは基底状態にある．1方の原子が基底状態に転移して光を出し，もう1つの原子が吸収する時に，時刻 $t(>0)$ にはじめ基底状態にあった原子が励起されている確率wはどうなるかを問題にする．結果は，$t<R/c$ では $w=0$（正確に）であって，$t>R/c$ で除々にwは大きくなる．これは光子は光速より速く伝はらないから当然の事ではある．[†] p.203

（iii）　電子による励起．[*]　　この場合にも或る程度の coherence はある．電子のビームが単色（エネルギー一定ϵ）であると，放出される光は振動数 $k<\epsilon$ でスペクトルの形は自然放出光のとほぼ等しいが，$k=\epsilon$ で切れている．勿論，エネルギー保存から $k>\epsilon$ の光子は放出され得ない．

---

† S. Kikuchi, *Zs. f. Phys.* **66** (1930), 558：及び196頁の文献及び J.Hamilton, *Proc. Phys. Soc.* **62** (1949) 12. を見よ．自由粒子が数個の散乱体で散乱される時も第16節の理論を使はねばならない．この問題は G. Wentzel, *Helv. Phys. Acta* **21** (1948), 49 により提起された．

* W. Heitler, *Z. Phys.* 82 (1933), 146.

21. 光 電 効 果

原子を照らす光子のエネルギー $\hbar\nu$ が原子のイオン化エネルギー I よりも大きいと，原子に束縛されている電子は連続スペクトル状態にもち上げられる．この状態では（T より $\hbar\nu$ が大），すべての振動数の光が吸収され，吸収スペクトルは連続になる．原子を離れた電子の運動エネルギー T は Einstein の式

$$T=\hbar\nu-I \tag{1}$$

で定まる．この光電効果は物質を通過する X-線及び γ-線の吸収の重要な部分である（第Ⅶ章参照）．入射エネルギーが原子のイオン化エネルギーにくらべてずっと大きい時にも光電効果によって相当の吸収がおこる．この本では高エネルギー領域での吸収があとで問題になる（Ⅶ）から，高エネルギーの輻射の吸収という事を念頭において，低エネルギーの光学領域は余り考えない事にする*.

非常に簡単な場合についてのみ計算を行って，他の場合については結果を引用してくる事にする．自由電子は光を吸収する事ができない（エネルギー，運動量保存則より）から光電吸収の確率は電子が強く束縛されている程大きいと考えられる．従って，K- 電子による吸収（最低束縛状態）のみを考える事とし，さらに次の仮定をする．

（a） 入射光の量子のエネルギーは K-電子のイオン化エネルギー I より大きい．原子核の電荷 Z の原子の時は，この条件は次の様になる．

$$T=\frac{p^2}{2\mu}\gg I=\frac{Z^2\mu}{2\times 137^2},\quad \text{または}\quad \xi\equiv\frac{Ze^2}{\hbar v}\ll 1. \tag{2}$$

衝突の理論でよく知られている事柄から，(2) はボルン Born 近似が使えるという条件と同じである†．従ってマトリックス要素を作る時に，連続スペクトルの電子の波動函数を平面波におきかえてもよい．勿論，こうすると以下に得られる結果は"吸収端"absorption edge $\hbar\nu\sim I$ の近くでは正しくない． p.204

（b） 連続スペクトルの状態の電子のエネルギーは mc^2 よりも小さく，相対論的な補正

---

* 角度分布をも含めて，光学的領域の詳わしい取扱いと議論は他の文献を見よ．特に，A. Sommerfeld, *Atombau und Spektrallinien*, Ⅱ. *Braunschweig*, 1939.

† たとえば N. F. Mott and H. S. W. Massey, *Theory of Atomic Collsion*, Oxford, 1949, chap. Vii 参照.

は考えなくてもよいとする．

$$\hbar\nu \ll mc^2. \tag{3}$$

実際上は，$0.5mc^2$ 位迄のエネルギーに対してこの仮定で出した式を使っても誤差はそう大きくない．

1 非相対論的な場合で吸収端から十分離れている時 光電吸収の単位時間あたりの転移確率は，第14節の式（9）で与えられる．電子の終状態は連続スペクトルであるから，ρ_E は電子の単位体積あたりの量子状態の数である．

$$\rho_E dE = \frac{pE\,dE\,d\Omega}{(2\pi\hbar c)^3} \fallingdotseq \frac{\mu p\,dE\,d\Omega}{(2\pi\hbar c)^3}. \tag{4}$$

そして，入射光はただ1個の光子 $\hbar\nu$ であるとしょう*.

マトリックス要素Hとしては第14節の（23 a）の1個の光子の吸収を使う．

$$H = -\frac{e}{\mu}\sqrt{\frac{2\pi\hbar^2c^2}{k}}\int\psi_b{}^* p_e e^{i(\boldsymbol{\kappa}\mathbf{r})}\psi_a. \tag{5}$$

p_e は入射光子の偏りの方向の運動量の成分，ψ_a はK殻の電子の波動函数，ψ_b は電子の連続スペクトルで運動量 $\mathbf{p}$ の波動函数である（座標原点は原子核）．

$$\psi_a = \frac{1}{\sqrt{\pi a^3}}e^{-r/a}, \quad \psi_b = e^{i(\mathbf{pr})/\hbar c}, \quad a = \frac{a_0}{Z}. \tag{6}$$

ここで $a_0 = \hbar^2/me^2$ は Bohr の半径である．

a の代わりに $\alpha = Z\hbar c/a_0$ というエネルギーのデメンションの量

$$\alpha = \frac{\hbar cZ}{a_0} = 2\frac{137}{Z}I = \sqrt{2\mu I} = \frac{Z}{137}\mu \tag{7}$$

を考え，原子に移った運動量をあらわすベクトル

p.205

$$\mathbf{q} = \mathbf{K} - \mathbf{p} \tag{8}$$

を使って（5）を積分すると，

$$H = -\frac{e}{\mu}p_e\sqrt{\frac{\alpha^3}{\pi\hbar^3c^3}}\sqrt{\frac{2\pi\hbar^2c^2}{k}}\frac{8\pi\alpha\hbar^3c^3}{(\alpha^2+q^2)^2} \tag{9}$$

となる．単位時間あたりの転移の確率を入射するビームの速度すなわち c で割ると，微分

---

* 原子が離散固有状態にとどまって吸収がおこる時には，転移の確率は入射光が多くの光子を含み連続的な強度分布をもっていないと0になる．《マトリックス要素 $|H|^2$ が光の波動函数の$\frac{1}{L^{3/2}}$によって$\frac{1}{L^3}$となるから，始状態に光子が $\rho_k L^3$（第6節（213））程度でないと $L^3\to\infty$ で0になる.》

断面積を得る（微分といういみは，電子が $d\Omega$ の方向にでるから）（第14節（16）$L^3=1$ という規格を使っている）．ゆえに

$$d\phi=\frac{2\pi}{\hbar c}|H|^2\rho_E d\Omega=\frac{32\cdot137\cdot\gamma_0{}^2\mu pp^2{}_e\alpha^5 d\Omega}{(\alpha^2+q^2)^4 k}(r_0=e^2/mc^2) \qquad (10)$$

となり，これは放出される光電子の角分布を与える．θ を光子 $\mathbf{k}$ と電子 $\mathbf{p}$ の間の角とし，ϕ を（$\mathbf{pk}$）- 平面と $\mathbf{k}$ と偏り $\mathbf{e}$ ではられる平面の間の角，すなわち

$$\theta=\angle(\mathbf{pk}),$$

$$\phi=\angle(\mathbf{pk})\text{平面と}(\mathbf{ek})\text{平面},$$

とすると，p_e と q は次の様にかける．

$$q^2=p^2+k^2-2pk\cos\theta, \qquad (11\,\mathrm{a})$$

$$p_e=p\sin\theta\cos\phi. \qquad (11\,\mathrm{b})$$

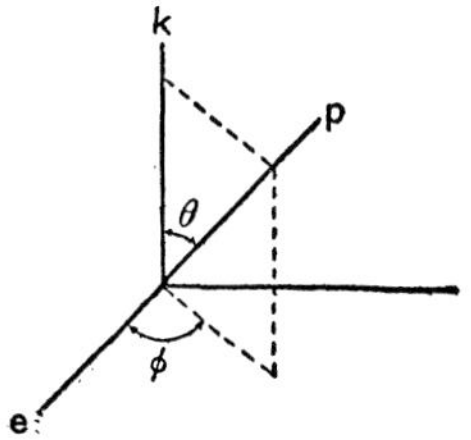

補 図 Ⅷ

さらに，(10) の式は非相対論的な速度の時にしか正しくないのであるから，(3) を使って，(10) の (α^2+q^2) という因子を簡単化できる．(1) と (7) より

$$k=\frac{\alpha^2+p^2}{2\mu}\ll\mu$$

であるから*，

$$\alpha^2+q^2=\alpha^2+p^2+k^2-2pk\cos\theta=k(2\mu+k-2p\cos\theta)\simeq2\mu k(1-\beta\cos\theta),$$

$$\beta=v/c=p/\mu. \qquad (12)$$

最後に (7) と (2) により α は P にくらべて小さいと仮定されているから，$p^2=2k\mu$ とおく事ができる．α として $Z\mu/137$ (7) を代入して，微分断面積として

$$d\phi=r_0{}^2\frac{Z^5}{137^4}\left(\frac{\mu}{k}\right)^{7/2}\frac{4\sqrt{2}\sin^2\theta\cos^2\phi}{(1-\beta\cos\theta)^4}d\Omega \qquad \text{N. R.} \qquad (13)$$

が得られる．この式から，光電子の大部分は入射光子の偏りの方向に放出され（$\theta=\frac{\pi}{2}$，$\phi=0$），$\mathbf{k}$ の方向（$\theta=0$）では光電子の放出は起らない事がわかる．p. 206 しかし，(13) の分母は前方への散乱をやや多くする．そしてこれは電子の速度が大きくなる程著しくなる．相対論的な場合（$\beta\lessapprox1$）には微分断面積の極大は著しく前方にかたよる．

光電子を任意の方向に放出してもよいとすると全断面積となり，これは (13) を角度について積分して得られる．ここでは分母の $\beta\cos\theta$ を省略し，K-殻が 2 個の電子をもって

* 相対論的な補正は $(v/c)^2$ の項を与えるにすぎない．

いるから2倍して，K-殻の光電効果の断面積 ϕ_K は（k/I 及び k/μ であらわすと）

$$\phi_K=\phi_0\frac{Z^5}{137^4}4\sqrt{2}\left(\frac{\mu}{k}\right)^{7/2}=\phi_0 64\frac{137^3}{Z^2}\left(\frac{I}{k}\right)^{7/2} \qquad \text{N. R.} \tag{14}$$

となる．ここで $\phi_0=8\pi r_0^2/3$ はトムソン散乱（第5節（5））の断面積で，便宜上これを単位にとる．

(14) に単位体積中の原子の数Nをかけると，振動数 ν の光に対する単位距離あたりのK-殻による吸収係数 τ_K を得る．

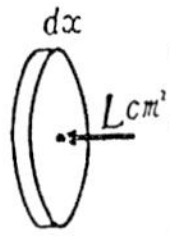

（$L cm^2$ の面積に1個の光子が入射するとすると，dx の巾の中に原子の数は $N\times Lcm^2\times dx$ 個あり，1個の原子と衝突する確率は ϕ_K/Lcm^2 であるから，dx を通ると $N\cdot L\cdot dx\phi_K/L=N\phi_K dx$ 個の光子が光電効果をおこす．）

$$\tau_K=N\phi_0\frac{Z^5}{137^4}4\sqrt{2}\left(\frac{\mu}{k}\right)^{7/2}. \qquad \text{N. R.} \tag{14'}$$

この吸収係数は振動数の7/2乗に逆比例して急激に減少するが，仮定（2），（3）の満たされる時にのみ正しい事に注意する．

第9図には $\log_{10}\phi_K$ を ϕ_0 を単位として，C, Al, Cu, Sn, Pb に対して，広い振動数にわたってかくために対数目盛で．画いてある．式 (14) は傾きが $-3.5(k^{-7/2})$ の直線になる（$\hbar\nu<0.5\,mc^2$ の点線）．直線からのずれは以下の2，3小節で述べる補正による．

2　吸収端の近く　　（2）より重い元素に対してはボルン近似が正しくない．すなわち，$\hbar\nu$ が小さくて放出される電子のエネルギーがイオン化エネルギー I と同程度になると正しくない．この場合には平面波を使わずに連続スペクトルの正しい波動函数を使わねばならないが，非常に重い元素の場合を除けば非相対論的近似で十分である．

p.207
連続スペクトルの正しい波動函数を使ったマトリックス要素（5）は，Stobbe より計算された[†]．結果は全断面積 ϕ_K (14) に次の因子がかかってくる．

$$f(\xi)=2\pi\sqrt{\frac{I}{k}}\frac{e^{-4\xi\,\mathrm{arccot}\,\xi}}{1-e^{-2\pi\xi}}, \quad \xi=\sqrt{\frac{I}{k-I}}=\frac{Ze^2}{\hbar v}. \tag{15}$$

ゆえに

$$\frac{\phi_K}{\phi_0}=128\pi\frac{137^3}{Z^2}\left(\frac{I}{k}\right)^4\frac{e^{-4\xi\,\mathrm{arccot}\,\xi}}{1-e^{-2\pi\xi}}. \qquad \text{N. R.} \tag{16}$$

---

† M. Stobbe *Ann. d. Rhys.* **7** (1930), 661.

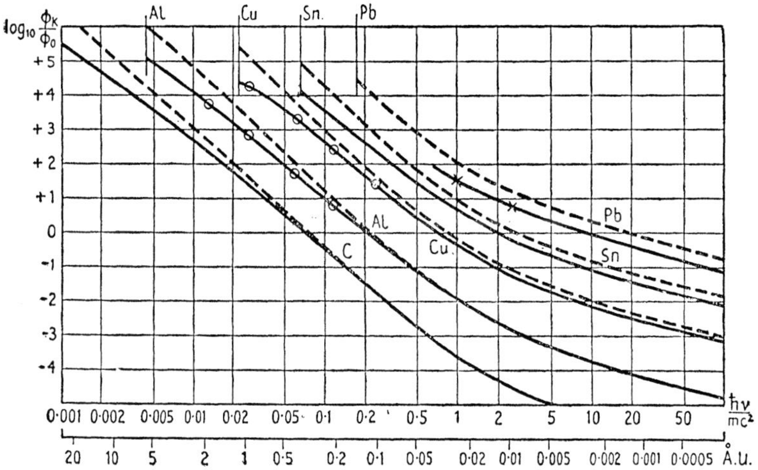

第9図．対数目盛でかいた C, Al, Cu, Sn, Pb に対するK-殻による光電吸収の断面積の $\log_{10}$ をとったもの．最上部にK-吸収端を示してある（Cに対しては吸収端はこの図の左に一寸でた所にある）．点線（$\hbar\nu<0.5\,mc^2$ の直線）はボルン近似の計算値（(14)，(17)）である．$\hbar\nu>0.5\,mc^2$ 以上でこの直線からずれているのは相対論的な効果である．黒線の曲線は正確なものであって，これらは式（16）と表Ⅲの正しい数値計算をつないだものである．小円は Allen の測定で，Xは Gray の測定値である．

ξ^2 はイオン化エネルギーと電子の運動エネルギーの比である．$f(\xi)$ という因子のために，K-吸収端のすぐ近く（$\xi\to\infty$）では断面積は $2\pi\exp(-4)=0.12$ だけ小さくなる．イオン化エネルギーの50倍位吸収端からはなれても $f(\xi)$ はまだ0.66位である．

因子（15）によるずれの様子は第9図で見られる．正しい曲線は相当ゆっくりとボルン近似の直線に近づく．Cu と Al に対して Allen の測定を2，3のせておいた*．実際には実験との一致はこの図よりももっとよい（図では $\log_{10}\phi_K$ のプロット）． p.208

しかしながら，軟X-線の領域(図の左の方)では，9図はK-殻からの吸収のみしか考えないで引いた曲線である事を考慮に入れなければならない．勿論，Kより外の殻も光電効果を起すから考えなければならず，特にK-吸収端より $\hbar\nu$ が小さい時には（K-以外のも

* S. J. S. Allen, *Phys. Rev.* **27** (1926), 266 : **28** (1926), 907; 測定された吸収係数から散乱による部分を引き去った値（第22節を見よ）．

ののみが光電効果をおこすから）外の殻を考えて計算を行わねばならない（小節3を見よ）.

3　相対論的な場合　他方，入射光子のエネルギーが mc^2 またはそれより大きくなると，ψ_K と ψ_p に相対論的な波動函数を使わねばならない．軽い元素に対してはよいと考えられるボルン近似を使った結果は*

$$\frac{\phi_K}{\phi_0}=\frac{3}{2}\frac{Z^5}{137^4}\left(\frac{\mu}{k}\right)^5(\gamma^2-1)^{3/2}\left[\frac{4}{3}+\frac{\gamma(\gamma-2)}{\gamma+1}\left(1-\frac{1}{2\gamma\sqrt{\gamma^2-1}}\log\frac{\gamma+\sqrt{\gamma^2-1}}{\gamma-\sqrt{\gamma^2-1}}\right)\right]; \tag{17}$$

$$\gamma=\frac{1}{\sqrt{1-v^2/c^2}}=\frac{k+\mu}{\mu},\quad k\gg I \tag{17'}$$

となる．γ は電子の全エネルギー（運動エネルギー$+mc^2$）と静止エネルギーの比である．$\gamma\to1$ に対して (17) は非相対論的な式 (14) になる．

極端にエネルギーが高い時 $k\gg\mu$ には，(17) は

$$\frac{\phi_K}{\phi_0}=\frac{3}{2}\frac{Z^5}{137^4}\frac{\mu}{k}\qquad \text{E. R.} \tag{18}$$

となり，ϕ_K は相対論的なエネルギーでは非相対論の時よりもゆっくりと減る．すなわち k/μ が大きい時には μ/k で減る．($k\ll\mu$ では $(\mu/k)^{7/2}$).

第9図の曲線は，この様に，$k\sim\mu$ で少し向きを上にかえはじめ，もっと k が大きくなると傾きが-1の直線になる．ϕ_K が相対論的なエネルギーになっても余り小さくならないために，$k\sim10mc^2$ においても重い元素の光電効果が全吸収（第36節を見よ）の相当部分を占める事になる．

最後に，少くとも軽い元素に対しては (15) の因子がきいてこないようなエネルギー領

表 II

ϕ_K137^4/ϕ_0Z^5（式 (17)）の理論値．（ボルン近似）

k/μ	0.1	0.25	0.5	1	2	3
$\frac{\phi_K 137^4}{\phi_0 Z^5}$	1.84×10^4	793	81	10.4	2.04	0.96

k/μ	5	10	20	50	100
$\frac{\phi_K 137^4}{\phi_0 Z^5}$	0.45	0.183	8.35×10^{-2}	3.13×10^{-2}	1.54×10^{-2}

* F. Sauter, *Annd. Phys.* **9** (1931), 217; ibid **11** (1931), 454

域で，$\phi_0 Z^5/137^4$ を単位とした ϕ_K の値を表IIにのせる．この単位だと ϕ_K は k/μ という比にのみ関係し，Z には無関係である．

重い元素に対してはSauterの式は使えなくなる．Hulme, Fowler, その他の人々が[*]，2，3の元素について相対論的な効果が重要になる様な高いエネルギー k の2つの値で ϕ_K の正確な数値計算を行った．その結果表IIの値の代わりに次の表IIIの様になった($k/\mu=1$, p.209
5の値は一部分補挿した値である)．

表 III

$\phi_K\, 137^4/\phi_0 Z^5$（式(17)）の正確な理論値（ボルン近似）

k/μ	0.69	1	2.2	5
Al	22.3	8.1	1.24	0.35
Fe	17.8	6.5	1.05	0.30
Sn	12.3	4.5	0.79	0.24
Pb	7.9	3.2	0.60	0.19

最後に，Hall[†]が $k \gg \mu$ のときすべての Z に対してよい近似で成り立つ式を導いた．

$$\frac{\phi_K}{\phi_0}=\frac{3}{2}\,\frac{Z^5}{137^4}\,\frac{\mu}{k}\,e^{-\pi\alpha+2\alpha^2(1-\log\alpha)}\left(\alpha=\frac{Z}{137}\right).\quad \text{E. R.} \qquad (19)$$

非常に高エネルギーで（19）はボルン近似の式（18）とは Pb に対して 2.2，Cu に対して1.5という因子だけ異なる．

第9図の実線は表IIIの値と（16），（19）式から補挿して得た曲線である．ϕ_K は Pb に対しては Gray[††] によって実測され，その結果は理論の曲線と非常によく一致する．

1cm あたりの吸収係数を得るには表II，IIIの値を $N\phi_0 Z^5/137^4$ 倍すればよい．このかける因子値は数種の元素に対して補遺8にあたえてある．

以上でK-殻のみによる吸収係数の計算は大体終りである．更に外の殻の寄与がどれ位 p.210
かを知るために，高エネルギー（$\sim mc^2$）の全光電効果の約80％はK-殻の光電効果で説明がつくという実験の結果を使う．これは，少くとも近以的には，L-殻の光電効果の計

* H. R. Hulme, J. Mc Dougall, R. A. Buckingham, and R. H. Fowler, *Proc. Roy. Soc.* **149** (1935), 131.

† H. Hall, *Rev. Mod. Phys.* 8 (1936), 358. $k\to\infty$ においても（19）は正しい式ではないが，その差は Pb で4％である．$k \gg I$ での近似式は（17）に（19）の指数函数の部分をかけて得られる．

†† L. H. Gray. *Proc. Camb. Phil. Soc.* **27** (1931), 103.

算によっても示される事である.* だから，第VII章では，原子の全光電吸収としてこの節で得た（K-殻のみの）答を 5/4 倍した理論値を使うことにする.

22. 自由電子による散乱

1　コムプトンの式　自由電子による光の散乱は，γ- 線の吸収，宇宙線その他に関係したすべての現象に対して基本的な重要さをもっているから，この節でくわしく調べる事にする.

ここで論じる過程は次の様なものである：入射光子 $\mathbf{k}_0$ が，はじめ静止している電子に衝突する.

$$\mathbf{p}_0=0,\quad E_0=\mu\quad (\mu=mc^2). \tag{1}$$

一般の $\mathbf{p}_0\neq 0$ の場合は，(1)の場合からローレンツ変換によって得られる．終状態では光は散乱され，$\mathbf{k}_0$ の代わりに光子 $\mathbf{k}$ が存在する．第14.3節によれば光と自由電子の相互作用では運動量は保存するから，終状態では電子は運動量 $\mathbf{p}$(エネルギー E)をもっている.

$$\mathbf{p}=\mathbf{k}_0-\mathbf{k}. \tag{2}$$

エネルギーの保存から

$$E+k=k_0+\mu. \tag{3}$$

（2）と（3）により，散乱光子の振動数は入射光子のと同じではあり得ない．運動量とエネルギーの間の相対論的な関係，$p^2=E^2-\mu^2$，を使い，また $\mathbf{k}_0$ と $\mathbf{k}$ の間の角を θ とすると，（2）と（3）から

$$k=\frac{k_0\mu}{\mu+k_0(1-\cos\theta)}, \tag{4}$$

となり，これは散乱された光の振動数のずれに対するよく知られた式である．これから，$k_0\ll\mu$ の非相対論的な場合には散乱された光と入射光の振動数は同じであるが，相対論的な場合には振動数のずれは散乱角 θ が大きい程大きくなる事がわかる．更に極端に高エネルギーの場合で k_0 が電子の静止エネルギーにくらべて大きい（$k_0\mu\gg\mu$）ときには，次の様に２つの θ の範囲で著しく異なってくる．非常に小さい角では k はやはり k_0 にほぼひとしい. p.211

* 理論のくわしい事柄と実験との比較は Hall, loc. cit, 及び *Phys.Rev.* 84 (1951), 167 に要約してあるからこれにゆずる.

$$k \sim k_0;\quad k_0(1-\cos\theta) \ll \mu \quad \text{の場合,} \qquad \text{E.R.} \qquad (5)$$

大きい角，すなわち $(1-\cos\theta)k_0 \gg \mu$ に対しては

$$k_0 = \frac{\mu}{1-\cos\theta} \qquad \text{E.R.} \qquad (6)$$

となる．この大きい角の場合には散乱された光子のエネルギーは，入射振動数がいくら高くても，μ 位となる．すなわち波長は

$$\lambda = \frac{\hbar c}{k} \sim \frac{\hbar}{mc} \equiv \lambda_0 \qquad (7)$$

位であり，λ_0 は普遍的なコンプトン波長と呼ばれる．k が μ よりずっと大きいような(5)の θ の範囲は λ 射光の k_0 が大きくなると小さくなる．

2　中間状態と転移確立　　始状態 O ($\mathbf{k}_0$, $\mathbf{p}_0=0$) から終状態 $F(\mathbf{k}, \mathbf{p})$ の転移の確率を計算するためには，この過程は始及び終状態から光子の数が1つ異なる中間状態を経てのみ起る事に注意せねばならない．これらの中間状態においても（エネルギーは保存しないが）運動量は保存するから，次の2つの中間状態のみが可能になる．

Ⅰ．最初に $\mathbf{k}_0$ が吸収される．従ってこの中間状態には光子は存在しない．電子は運動量

$$\mathbf{p}' = \mathbf{k}_0 \qquad (8\text{a})$$

をもつ．終状態へ転移する時に $\mathbf{k}$ が放出される．

Ⅱ．光子 $\mathbf{k}$ が先に放出される．この中間状態では $\mathbf{k}_0$ と $\mathbf{k}$ の2つの光子が存在する．そして電子は運動量

$$\mathbf{p}'' = -\mathbf{k} \qquad (8\text{b})$$

をもつ．終状態へ転移する時に $\mathbf{k}_0$ が吸収される．

ある運動量 $\mathbf{p}$ をもって動いている1個の電子は，スピンの2つの向きとエネルギーの正，負（第11節）

$$E = \pm\sqrt{p^2+\mu^2} \qquad (9)$$

の何れをとってもよいから，4つの状態がある．これら4つの状態はすべて中間状態として考えに入れねばならない．(8a)と(8b)では電子の運動量のみが決まるから，中間状態Ⅰ，Ⅱはそれぞれ4つの状態がある事になる．他方，始，終状態では電子は勿論正エネルギー状態である．さしあたっては始，終状態の電子のスピンはきまっているとする．p.212

転移の確率を決定する複合マトリックス要素は

$$K_{FO} = \sum\left(\frac{H_{F\mathrm{I}}H_{\mathrm{I}O}}{E_O-E_{\mathrm{I}}} + \frac{H_{F\mathrm{II}}H_{\mathrm{II}O}}{E_O-E_{\mathrm{II}}}\right) \qquad (10)$$

である．$\sum$ は4つの中間状態，すなわちスピンの向きとエネルギーの正負についての和である．E_O, E_{I},…は始状態，中間状態の全エネルギーをあらわす．(10) の分母のエネルギー差は，(2)，(3)，(8)，(9) によって

$$\left.\begin{aligned} E_O-E_{\mathrm{I}}&=\mu+k_0-E' \\ E_O-E_{\mathrm{II}}&=\mu+k_0-(E''+k_0+k)=\mu-E''-k \end{aligned}\right\} \quad (11)$$

である．ここで E', E'' は中間状態 I，II における電子のエネルギーである．

$$E'=\pm\sqrt{p'^2+\mu^2},\quad E''=\pm\sqrt{p''^2+\mu^2}.$$

運動量 $\mathbf{p}_0$, $\mathbf{p}$, $\mathbf{p}'$, $\mathbf{p}''$ をもった電子の Dirac 振幅を u_0, u, u', u'' とし，マトリックス（ベクトル）$\boldsymbol{\alpha}$ の2つの光子 $\mathbf{k}_0,\mathbf{k}$ の偏りの方向の成分をそれぞれ α_0, αとすると，$O\to$ I 等の転移のマトリックス要素は第14節の式 (27) によってあたえられる．

$$\left.\begin{aligned} H_{F\mathrm{I}}&=-e\sqrt{\frac{2\pi\hbar^2c^2}{k}}(u^*\alpha u'),\quad H_{\mathrm{I}0}=-e\sqrt{\frac{2\pi\hbar^2c^2}{k_0}}(u'^*\alpha_0 u_0), \\ H_{F\mathrm{II}}&=-e\sqrt{\frac{2\pi\hbar^2c^2}{k_0}}(u^*\alpha_0 u''),\quad H_{\mathrm{II}0}=-e\sqrt{\frac{2\pi\hbar^2c^2}{k}}(u''^*\alpha u_0). \end{aligned}\right\} \quad (12)$$

実際には第11節の空孔理論によって負エネルギー状態への転移は禁止されている．そして，負エネルギーの中間状態の代わりに，陽電子の存在する中間状態があらわれる．

I．運動量 $\mathbf{p}'$ の負エネルギー状態の電子から光子（終状態にある）$\mathbf{k}$ がまず放出され，電子は正エネルギー状態 $\mathbf{p}$ にゆく．換言すれば，$\mathbf{k}$ は運動量 $\mathbf{p}^+=-\mathbf{p}'$, $\mathbf{p}^-=\mathbf{p}$ の電子対といっしょに放出される．終状態へ転移する時に，はじめからあった電子 $\mathbf{p}_0$ が空孔 ($\mathbf{p}'$) へ移る（または $\mathbf{p}^+$ と消滅する）と同時に $\mathbf{k}_0$ を吸収する．この2つの段階のマトリックス要素は式 (12) の $H_{F\mathrm{I}}$（第一段），$H_{\mathrm{I}O}$（終状態への転移）と同じで，順序が逆になるだけである．u' は（最初に消える負エネルギー電子 $\mathbf{p}'$）負エネルギー状態である．中間状態のエネルギーは $E_{\mathrm{I}}=\mu+k_0+k+|E'|+E$, であってエネルギー保存より $E_O-E_{\mathrm{I}}=-\mu-k_0+E'$ ($E'=-|E'|$) である．これは (11) の E_O-E_{I} の符号を負にしたものであるが，この符号の逆になっている事は，負エネルギー状態の電子が終状態の電子となるために始状態の電子と入れかわることによって丁度打ち消される．2つの電子の波動函数は反対称であるから，その交換はマトリックス要素に負号をつける事になるためである．p.213従ってこの中間状態によるKへの寄与は，丁度 (10) の最初の項の負エネルギーによる部分となっている ((11)，(12) もそのまま)．

Ⅰ. $\mathbf{k}_0$ が運動量 $\mathbf{p}''$ の負エネルギーの電子に吸収されて，電子は正エネルギーの $\mathbf{p}$ にゆく，すなわち，$\mathbf{p}^+=-\mathbf{p}''$，$\mathbf{p}^-=\mathbf{p}$ の電子対がつくられる．終状態への転移で，はじめにあった電子は空孔におちこみ，光子 $\mathbf{k}$ を放出する．この場合もマトリックス要素，エネルギー分母共にエネルギー $E''<0$ とした中間状態Ⅱに対する式 (11)，(12) と一致する．

この様に中間状態としては空孔理論を使っても，また負エネルギー状態を許しても同じ結果を得る*から，負エネルギー状態を許した計算をしてもよい．

単位時間あたりの転移の確率は，第14節の式 (14) より

$$w=\frac{2\pi}{\hbar}|K_{FO}|^2\rho_F \tag{13}$$

であり，ρ_F はエネルギー範囲 dE_F の中にある終状態の数である．ρ_F の計算には少し注意しなければならない．運動量が保存するので，終状態は散乱された光 ($\mathbf{k}$) の振動数と散乱角によって完全に決まるので，

$$\rho_F dE_F=\rho_k dk \tag{14}$$

となる．ρ_k はエネルギー範囲 dk の中にある散乱光子の状態の数である．この式で dE_F と dk を等しくおくわけにはいけない．というのは終状態のエネルギーは，k と θ の函数として

$$E_F=k+\sqrt{p^2+\mu^2}=k+(k_0{}^2+k^2-2k_0k\cos\theta+\mu^2)^{\frac{1}{2}} \tag{15}$$

であるから，

$$\left(\frac{\partial k}{\partial E_F}\right)_\theta=\frac{Ek}{\mu k_0} \tag{16}$$

となり，$\left(\left(1=\left(\frac{\partial k}{\partial E_F}\right)_\theta\left(1+\frac{k-k_0\cos\theta}{E}\right),\ E+k=k_0+\mu\right.\right.$，(4) を使う$\left.\right)\left.\right)$.

$$\rho_F=\rho_k\left(\frac{\partial k}{\partial E_F}\right)_\theta=\frac{d\Omega k^2}{(2\pi\hbar c)^3}\frac{Ek}{\mu k_0} \tag{17}$$

となるからである．$d\Omega$ は散乱光子についての立体角（要素）である．(10)，(11)，(12)，(13)，(17) を集め，光速で割ると ($L^3=1$ の規格)，散乱過程の微分断面積は p.214

$$d\phi=e^4\frac{Ek^2}{\mu k_0{}^2}d\Omega\left[\sum\left(\frac{(u^*\alpha u')(u'^*\alpha_0u_0)}{\mu+k_0-E'}+\frac{(u^*\alpha_0u'')(u''^*\alpha u_0)}{\mu-k-E''}\right)\right]^2. \tag{18}$$

(18) は始，終状態の光の偏り及び電子のスピンの向きを一定とした式である．和 $\sum$ は中

---

* これは第一近似の輻射過程では多くの場合に成り立つが，各々の場合で成り立つかどうか確かめないと確定的な事はいえない．これが成り立たない例は，例えば，電子の自己エネルギーで，これでは全然異なった結果になる(第29節)．勿論，空孔理論の方が正しい理論である（陽電子論第12節）．

間状態の電子のスピンの向き，及びエネルギーの正，負に対して行う.

3 クライン—仁科の式の導出 次には，(18) にでてくるマトリックス要素を計算せねばならない．和$\sum$は第11節の (14 a) の一般式を使うと容易に行う事ができる．しかし，この式は，(18) の分母が E' というエネルギーの符号により変わるから，直接 (18) に適用する事はできない．そこで (18) の第1項の分母，分子に $\mu+k_0+E'$ をかけて，分母は E'^2 があらわれて u' の正，負エネルギーで変わらない様にし，分子では波動方程式を使って E' をHであらわすことにする.

$$E'u'=[(\boldsymbol{\alpha}\mathbf{p}')+\beta\mu]u'\equiv H'u'. \tag{19}$$

$\mathbf{p}'$ は勿論（きまった量で）$\sum$の和には無関係である．《又，分母も$\sum$の和には無関係になるから》この様にして[†]

$$\sum(\mu+k_0+E')(u^*\alpha u')(u'^*\alpha_0 u_0)=(\mu+k_0)\sum(u^*\alpha u')(u'^*\alpha_0 u_0)$$
$$+\sum(u^*\alpha H'u')(u'^*\alpha_0 u_0). \tag{20}$$

こうしておいて，第11節の (14 a) の一般式

$$\sum^{p'}(u_0{}^*Q_1u')(u'^*Q_2u)=(u_0{}^*Q_1Q_2u)$$

を適用するが，その時 $E'^2=p'^2+\mu^2=k_0{}^2+\mu^2$ を使うと，(18) の1項目は

$$\sum^{p'}\frac{(u^*\alpha u)(u'^*\alpha_0 u_0)}{\mu+k_0-E'}=\frac{(\mu+k_0)(u^*\alpha\alpha_0u_0)+(u^*\alpha H'\alpha_0 u_0)}{2\mu k_0}. \tag{21}$$

(18) の第2項も同様にして計算できる．そして，次の様に簡単な書き方をすると，

$$K'=\mu+k_0+H'=\mu(1+\beta)+k_0+(\boldsymbol{\alpha}\mathbf{k}_0), \tag{22 a}$$

$$K''=\mu-k+H''=\mu(1+\beta)-k-(\boldsymbol{\alpha}\mathbf{k}). \tag{22 b}$$

但し，$\mathbf{p}'$，$\mathbf{p}''$ には (8 a)，(8 b) を使って書きかえた．(18) の和$\sum$は

$$\sum=\frac{1}{2\mu}\left[\frac{(u^*\alpha K'\alpha_0u_0)}{k_0}-\frac{(u^*\alpha_0K''\alpha u_0)}{k}\right] \tag{23}$$

p.215

となる．これは更に u_0 の波動方程式すなわち $[(\boldsymbol{\alpha}\mathbf{p}_0)+\beta\mu]\,u_0=E_0\,u_0$ を使うと簡単になる．$\mathbf{p}_0=0$，$E_0=\mu$ であるから，

$$(1-\beta)u_0=0$$

である．勿論この式はβが直接 u_0 に作用する時にのみ成り立つ．βは α，α_0 と反可換ゆえ (22) の $(1+\beta)$ の項は0となり，

---

† この方法については H. Casimir, *Helv.Phys. Acta* **6** (1933), 287 と比較せよ.

$$\sum=\frac{1}{2\mu}\left(u^*\left[2(\mathbf{e}_0\mathbf{e})+\frac{1}{k_0}\alpha(\alpha\mathbf{k}_0)\alpha_0+\frac{1}{k}\alpha_0(\boldsymbol{\alpha}\mathbf{k})\alpha\right]u_0\right) \tag{24}$$

となる．ここで，次の式を使って第1項をだした．

$$\alpha\alpha_0+\alpha_0\alpha\equiv(\boldsymbol{\alpha}\mathbf{e})(\boldsymbol{\alpha}\mathbf{e}_0)+(\boldsymbol{\alpha}\mathbf{e}_0)(\boldsymbol{\alpha}\mathbf{e})=2(\mathbf{e}_0\mathbf{e}). \tag{25}$$

微分断面積 (18) は (24) の自乗に比例する．(24) は始，終状態の電子のスピンの向きによって値が変わる．しかし，散乱前後の電子のスピンがどちらかきまつた方向をむいている時の確率を知る必要がないとすると，$d\phi$ を散乱後の電子のスピンについて和をとり，始状態の電子のスピンについて平均をとればよい．

スピンのみの和を $\mathbf{S}$ (始状態では $\mathbf{S}_0$) とかいて，スピン，エネルギーの正負両方の和の $\sum$ と区別する事にする (第11節参照)．従って，

$$\frac{1}{2}\mathbf{S}_0\mathbf{S}|\text{式}(24)|^2 \tag{26}$$

を計算しなければならない．和 $\mathbf{S}$ は第11節の式 (16)，(17) によって，同じ運動量 $\mathbf{p}$ をもった4つの (負エネルギー状態も含めた) 和に書き直せる．すなわち，

$$u=\frac{H+E}{2E}u,\quad u_0=\frac{H_0+E_0}{2E_0}u_0 \tag{27}$$

とおくと，和 $\mathbf{S}$, $\mathbf{S}_0$ は $\sum^p$, $\sum^{p_0}$ という4つの状態の和と等しく，

$$\begin{aligned}\frac{1}{2}\mathbf{S}_0\mathbf{S}|u^*Qu_0|^2&\equiv\frac{1}{2}\mathbf{S}_0\mathbf{S}\,(u_0{}^*Q^\dagger u)(u^*Qu_0)\\&=\frac{1}{8E_0E}\sum^p\sum^{p_0}(u_0{}^*Q^\dagger(H+E)u)(u^*Q(H_0+E_0)u_0)\\&=\frac{1}{8E_0E}\mathrm{Sp}\,Q^\dagger(H+E)Q(H_0+E_0).\end{aligned} \tag{28}$$

ただし，Qは (24) の演算子である．$Q^\dagger$は Qのエルミット共軛な演算子で，(α 等はすべてエルミットゆえ) Qの因子の順序を逆にしたものである．この様にして (p.216 $\mathbf{p}_0=0$, $E_0=\mu$, $\mathbf{p}=\mathbf{k}_0-\mathbf{k}$, $E=\mu+k_0-k$),

$$\begin{aligned}\frac{1}{2}\mathbf{S}_0\mathbf{S}|(24)|^2=&\frac{1}{8E\mu^2}\frac{1}{4}\mathrm{Sp}\left[2(\mathbf{e}_0\mathbf{e})+\frac{1}{k_0}\alpha_0(\boldsymbol{\alpha}\mathbf{k}_0)\alpha+\frac{1}{k}\alpha(\boldsymbol{\alpha}\mathbf{k})\alpha_0\right]\times\\&\times[k_0-k+\mu+\beta\mu+(\alpha\mathbf{k}_0)-(\boldsymbol{\alpha}\mathbf{k})]\\&\times\left[2(\mathbf{e}_0\mathbf{e})+\frac{1}{k_0}\alpha(\boldsymbol{\alpha}_0\mathbf{k})\alpha_0+\frac{1}{k}\alpha_0(\boldsymbol{\alpha}\mathbf{k})\alpha\right]\times[1+\beta].\end{aligned} \tag{29}$$

この Sp は第11節の方法により容易に計算できる．β, α を偶数個含むもののみが0にはな

らない．Sp（跡）をとる時には因子の順序を逆にならべてもよいし，また 123→312 …の様に，ぐるぐる廻はしてもかまはない．また，$\alpha^2=\alpha_0{}^2=1$，$(\boldsymbol{\alpha}_0\mathbf{k})^2=k^2$，であり $\mathbf{k}\perp\mathbf{e}$，$\mathbf{k}_0\perp\mathbf{e}_0$ であるから

$$\alpha_0(\boldsymbol{\alpha}\mathbf{k}_0)=-(\boldsymbol{\alpha}\mathbf{k}_0)\alpha_0 \qquad \text{等……}$$

が使えて，（29）は次の様になる．

$$\frac{1}{2}\mathbf{S}_0\,\mathbf{S}\,|(24)|^2=\frac{1}{4E\mu^2}\,\frac{1}{4}\mathrm{Sp}\Big\{2(\mathbf{e}_0\mathbf{e})^2(2\mu+k_0-k)+k_0-k-2(\mathbf{e}_0\mathbf{e})(k_0-k)\alpha_0\alpha+\frac{k_0-k}{k_0k}\Big[(\boldsymbol{\alpha}_0\mathbf{k})\alpha_0\,\alpha(\boldsymbol{\alpha}\mathbf{k})\alpha_0\,\alpha-2(\mathbf{e}_0\mathbf{e})(\boldsymbol{\alpha}\mathbf{k}_0)\alpha_0\,\alpha(\boldsymbol{\alpha}\mathbf{k})\Big]\Big\}. \tag{30}$$

この最後の２項（［ ］の中）は（25）によりいっしよにでき，

$$-\frac{1}{4}\mathrm{Sp}(\boldsymbol{\alpha}\mathbf{k}_0)\alpha_0\,\alpha(\boldsymbol{\alpha}\mathbf{k})\alpha\,\alpha_0=-\frac{1}{4}\mathrm{Sp}(\boldsymbol{\alpha}\mathbf{k}_0)(\boldsymbol{\alpha}\mathbf{k})=-(\mathbf{k}_0\mathbf{k}) \tag{31}$$

となり，また

$$\frac{1}{4}\mathrm{Sp}\alpha_0\,\alpha=(\mathbf{e}_0\mathbf{e}). \tag{32}$$

である．（30）は従って

$$\frac{1}{2}\mathbf{S}_0\mathbf{S}(24)|^2=\frac{1}{4E\mu^2}\Big[4\mu(\mathbf{e}_0\mathbf{e})^2+\frac{k_0-k}{k_0\,k}(k_0k-(\mathbf{k}_0\mathbf{k}))\Big] \tag{33}$$

となる．入射，散乱光子の偏りの間の角を Θ とする，$(\mathbf{e}\,\mathbf{e}_0)=\cos\Theta$．更に（２），（３）より

$$k_0k-(\mathbf{k}_0\mathbf{k})=\mu(k_0-k) \tag{34}$$

であるから，微分断面積は（18），（24），（33）より

$$d\phi=\frac{1}{4}r_0{}^2\,d\,\Omega\frac{k^2}{k_0{}^2}\Big[\frac{k_0}{k}+\frac{k}{k_0}-2+4\cos^2\Theta\Big] \tag{35}$$

となる．

（35）は有名な "Klein-Nishina（クライン・仁科）の式" である†．これは任意の振動数，偏りをもった光子が入射する時に，ある角 θ の方向に，一定の偏りをもって散乱された光の強さを与える．（４）により（35）は θ，Θ であらわす事もできる．

p.217

† O. Klein and Y. Nishina, *Zs. f. Phys.* **52** (1929), 853 ; Y. Nishina, ibid **52** (1929), 869. 同じ式が I. Tamm, ibid **62** (1930) 545 にも得られている．

この小節では，マトリックス要素の計算を詳わしくのべたが，それはこの方法が，多くの他の量子過程の同様な計算の模型となるからである．

4 偏りと角分布 まず，式 (35) で与えられる散乱された光の偏りと角分布について調べよう．

散乱光が 2 つの直線偏光⊥と∥の 2 つの合成であると考えるのが便利である．$\mathbf{k}_0$ と $\mathbf{k}$ の偏りの方向をそれぞれ $\mathbf{e}_0$，$\mathbf{e}$ とかくと，$\mathbf{e}$ として次の 2 つの方向をとってもよい．

(⊥) $\mathbf{e}$ は $\mathbf{e}_0$ に垂直，$\cos\Theta\equiv(\mathbf{e}_0\mathbf{e})=0$.

(∥) $\mathbf{e}$ と $\mathbf{e}_0$ は同一平面内にある．すなわち $(\mathbf{k},\mathbf{e}_0)$ 平面で

$$\cos^2\Theta=1-\sin^2\theta\cos^2\phi.$$

ここで ϕ は $(\mathbf{k}_0,\mathbf{k})$ - 平面と $(\mathbf{k}_0\mathbf{e}_0)$ 平面のなす角で，θ は散乱角 $\angle(\mathbf{k}_0,\mathbf{k})$ である．(35) によれば∥の散乱が⊥よりいつも大きい．

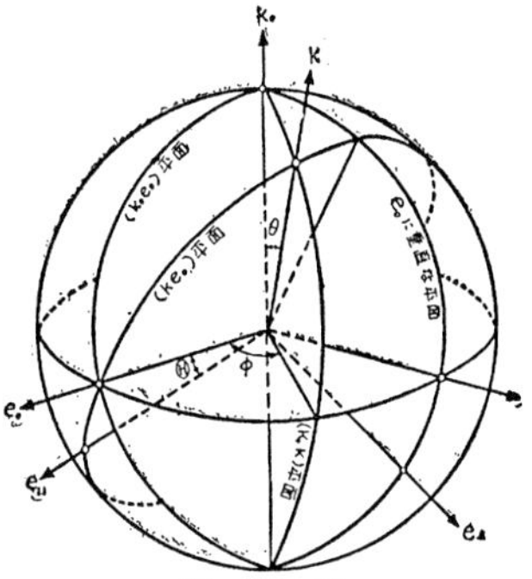

補 図 VIII

非相対的論的な場合には $k^0=k$ であり，

$$d\phi_\perp=0,\qquad d\phi_{\parallel}=r_0^2\,d\Omega(1-\sin^2\theta\cos^2\phi). \qquad \text{N.R.} \quad (36)$$

(36) は古典的な（トムソン）散乱第 5 節（4）で減衰常数を無視したものと同じである．$k_0=\hbar\nu^0\ll mc^2$ ということは $\hbar\to 0$ とも考えられ，古典の結果と一致する事は予想できるところである．この式から，一定の偏光の入射光では散乱光もやはり完全に偏光している事がわかる．もし入射光が偏光していないとすると，上式を ϕ で平均をとらねばならない．すると，散乱光の強さは

$$d\phi=\frac{1}{2}r_0^2\,d\Omega\,(1+\cos^2\theta) \qquad \text{N.R.} \quad (37)$$

となる．

反対の極端の場合，すなわち入射エネルギー k_0 が mc^2 にくらべて大きい時 ($k_0\gg\mu$, 極端に相対論的な場合) には，小節 1 でやったと同様に小さい角（5）と大きい角（6）の場合を別々に考えねばならない．これら 2 つの場合に（すなわち $k_0\sim k$，$k_0\gg k$)，微分断面積は

$$d\phi_\perp=0,\ d\phi_{||}\simeq r_0^2\,d\Omega(1-\sin^2\theta\cos^2\phi) \quad (\text{小さい散乱角}), \qquad \text{E.R.} \quad (38\,\text{a})$$

p.218

$$d\phi_\perp=d\phi_{||}=\frac{r_0^2\,d\Omega}{4}\,\frac{k}{k_0}=\frac{r_0^2\,d\Omega\,\mu}{4k_0(1-\cos\theta)} \quad (\text{大きい散乱角}), \qquad \text{E.R.} \quad (38\,\text{b})$$

となる．

(38) から，小さい散乱角では強度分布は古典の時と同じ（トムソン散乱）である．散乱角が大きいと，散乱された光は入射光が一定の偏りをもっていても一定の偏りはない．そして大体一定の強度分布をしている．しかし強さは入射光のエネルギーが大きくなる程小さくなる．

(38 b) から $k_0 \gg \mu$ では散乱の全確率は $\sim \mu/k_0$ で減少するだろうという事がわかる．というのは，(38 a) も (38 b) も全断面積には同じ程度きいてくる，すなわち (38 a) の正しい領域は $\theta_2 \sim \mu/k_0$ であり $d\Omega$ は $\theta\, d\theta$ であるから．

最後に，θ の方向に散乱される光の全強度を知るには $d\phi = d\phi_\perp + d\phi_{||}$ と和をとる．入射光が一定の偏りをもたない時は ϕ について平均して $\left(\cos^2\phi = \frac{1}{2}\right)$

$$d\phi = \frac{r_0{}^2\, d\Omega}{2} \frac{k^2}{k_0{}^2}\left(\frac{k_0}{k} + \frac{k}{k_0} - \sin^2\theta\right) \tag{39}$$

となる．この式で k は（4）できまる θ の函数であるから，（4）を (39) に入れると微分断面積は

$$d\phi = r_0{}^2\, d\Omega \frac{1+\cos^2\theta}{2} \frac{1}{[1+\gamma(1-\cos\theta)]^2}\left\{1 + \frac{\gamma^2(1-\cos\theta)^2}{(1+\cos^2\theta)[1+\gamma(1-\cos\theta)]}\right\}$$

$$\gamma = k_0/\mu \tag{40}$$

となる．この角分布は，$\gamma = k_0/\mu$ が変わった時に色々な θ の値に対して第10図にかいておいた．小さい散乱角ではほぼ古典の散乱強度と等しいけれども，大きい角では入射光の振動数が大きい程強さは弱くなる．k_0 が相対論的なエネルギーになればなる程前方の散乱がまさってくる．硬X-線 ($\gamma \sim 0.2$) においてさえも，散乱角が大きいとトムソン散乱からのずれは相当になる．

第10図にはFriedrcih と Goldhaber† の波長 0.14A すなわち $\gamma = 0.173$ のX線の炭素による散乱の角分布の測定結果を画いておいた．理論値との一致は（実験誤差の範囲内で）正確である．

微分断面積は θ の代わりに散乱された光子のエネルギー k であらわす事もできる．（4）を使って（ϕ についての積分をやった後で）

---

† W. Friedrich and G. Goldhaber. *Zs. f. Phys.* **44** (1927), 700；次の文献にもある．G. E. M. Jauncy and G. G. Harvey, *Phys. Rev.* **37** (1931), 698.

$$\phi_k\,dk=\pi r_0{}^2\frac{\mu\,dk}{k_0{}^2}\left[\frac{k_0}{k}+\frac{k}{k_0}+\left(\frac{\mu}{k}-\frac{\mu}{k_0}\right)^2-2\mu\left(\frac{1}{k}-\frac{1}{k_0}\right)\right] \tag{41}$$

p.219

となり，k は $k_0\mu/(\mu+2k_0)$から k_0 迄である．

5　反動をうけた電子 recoil electrons　散乱にははじめ静止していた電子が反動で動き出す現象が伴っている．この電子は運動エネルギー $E-\mu=k_0-k$ をもち，反跳の方向は入射光子の方向と角度 β をなしている（これはいづれも散乱角 θ の函数である）．

（2），（3）の保存則より

$$E-\mu=\frac{k_0{}^2(1-\cos\theta)}{\mu+k_0(1-\cos\theta)},\quad \cos\beta=(1+\gamma)\sqrt{\frac{1-\cos\theta}{2+\gamma(\gamma+2)(1-\cos\theta)}} \tag{42}$$

となる．

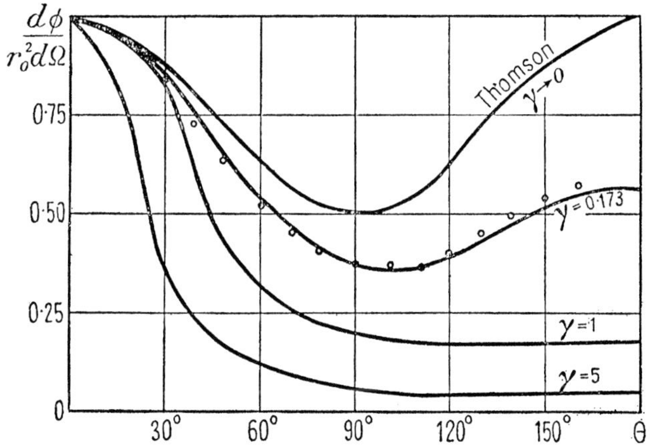

第10図　散乱角 θ の函数としての，色々な入射振動数 $k_0{}^2/\mu=\gamma$ に対するコンプトン散乱の角分布．○印は Friedrich と Goldhaber の $\gamma=0.173$ における測定．

θが 0 から π 迄かわると，$E-\mu$ は 0 から極大 $E_{\mathrm{nax}}-\mu=2k_0{}^2/(\mu+2k_0)$ 迄かわり，βは $\frac{1}{2}\pi$ から 0 迄かわる．反跳電子は後方には散乱されない．（42）を（40）に入れると反跳電子の角分布がわかる．

$$d\phi=4r_0{}^2\frac{(1+\gamma)^2\cos\beta\,d\Omega_\beta}{[1+2\gamma+\gamma^2\sin^2\beta]^2}\times\left\{1+\frac{2\gamma^2\cos^4\beta}{[1+2\gamma+\gamma^2\sin^2\beta][1+\gamma(\gamma+2)\sin^2\beta]}\right.$$
$$\left.-\frac{2(1+\gamma)^2\sin^2\beta\cos^2\beta}{[1+\gamma(\gamma+2)\sin^2\beta]^2}\right\}. \tag{43}$$

$d\Omega_\beta$ は反跳電子の立体角（要素）である．極端に相対論的な場合 $\gamma\gg1$ のときは，やはり β の小さい時と大きい時をはっきり分けられて，

$$d\phi=\frac{\gamma r_0^2 d\Omega_\beta}{\gamma^2\beta^2+1}\qquad(\gamma\beta^2\ll1),\qquad \text{E.R.}\qquad(44\,\text{a})$$

p.220

$$b\phi=\frac{4r_0^2}{\gamma^2}\,\frac{\cos\beta\, d\Omega\beta}{\sin^4\beta}\qquad(\gamma\sin^2\beta\gg1),\qquad \text{E.R.}\qquad(44\,\text{b})$$

となる．この場合も，いずれも全断面積には同じ位にきいてくる．小さい β の範囲では強さは $\beta\sim1/\gamma$ の範囲で急激に小さくなる．

6　全散乱 total scattering　散乱の全断面積を得るためには，すべての散乱角について積分しなければならないが初等的な積分で答が得られ，

$$\frac{\phi}{\phi_0}=\frac{3}{4}\left\{\frac{1+\gamma}{\gamma^3}\left[\frac{2\gamma(1+\gamma)}{1+2\gamma}-\log(1+2\gamma)\right]+\frac{1}{2\gamma}\log(1+2\gamma)-\frac{1+3\gamma}{(1+2\gamma)^2}\right\},\qquad(45)$$

$$\phi_0=8\pi r_0^2/3,\qquad \gamma=k_0/\mu$$

となる．ここで ϕ の単位とした ϕ_0 はトムソン散乱の断面積である（第５節（５））．

非相対論的な $\gamma\ll1$ の場合には，やはり $\phi=\phi_0$ となる．すなわち（45）の右辺を γ について展開したはじめの形は次の様になる．

$$\phi=\phi_0\left(1-2\gamma+\frac{26}{5}\gamma^2+\cdots\right).\qquad \text{N.R.}\qquad(46)$$

また極端に相対論的な場合には，（45）から

$$\phi=\phi_0\frac{3}{8}\frac{\mu}{k_0}\left(\log\frac{2k_0}{\mu}+\frac{1}{2}\right).\qquad \text{E.R.}\qquad(47)$$

（47）は（log の因子を除いて）小節４での（38）に基づいた予想と一致する．従って，非常に高エネルギーの散乱では入射光の振動数が大きくなる程散乱される光子の数は減少する事になる．γ－線の透過力がその振動数が大きくなるにつれて強くなるのはこのためである（他の吸収過程，例えば電子対の創生による γ－線の吸収の様なものが重要になる様なエネルギーでは再び透過力は落ちてくる）．

（45）の全断面積を，入射光のエネルギーの函数として広いエネルギー領域にわたって画くために対数目盛で，第11図に示した．ϕ/ϕ_0 の数値は次表Ⅳ の様になる．

理論と実験の比較は色々な物質によるX－線及び γ－線の全吸収係数を測定して行われる．この 1cm あたりの吸収係数 τ は（212頁の（14′）の τ の導き方参照）　p.221

$$\tau=\text{NZ}\,\phi\qquad(48)$$

表 IV

ϕ_0を単位としたコンプトン散乱の全断面積の色々な入射エネルギーに対する値

γ	0.05	0.1	0.2	0.33	0.5	1	2	3	
ϕ/ϕ_0	0.913	0.84	0.737	0.637	0.563	0.431	0.314	0.254	
γ	5	10	20	50	100	200	500	1000	
ϕ/ϕ_0	19.1	12.3	7.54	3.76	2.15	1.22	0.556	0.0304	$\times 10^{-2}$

であり，Nは$1\mathrm{cm}^3$中の原子の個数でZは原子1個あたりの電子の数である．これから，吸収係数は$1\mathrm{cm}^3$の中に含まれる電子の個数NZに比例する．勿論(48)では入射光子のエネルギーが十分高くて，すべての束縛されている電子は自由電子と考えられると仮定している．τは数値的には表IVまたは第11図の値を$NZ\phi_0$倍すればよく，このかける因子$NZ\phi_0$は色々の物質について補遺8に与えておいた．

しかしながら，理論を実験と較べるときには次の2つの点を心にとめておかねばならない．

(i) X-線に対しては，全吸収は散乱によるもののみではない．第21節で示したように，光電効果はエネルギーが大きくなると急速に減少しはするけれども，強い吸収の原因となる．光電吸収を散乱による吸収と比較するために第21節で計算したK殻による光電効果の断面積ϕ_Kを第11図に（216頁の理由で$\frac{5}{4}$倍して）同じϕ_0単位で点線を用いて画いておいた（ϕ_Kは原子全体に対するものであるから，$\phi_K/Z\phi_0$を画いてある）．たとえば炭素の場合についてみると，光電吸収の方が$\lambda>500$X.U. の光に対しては散乱より大きく，$\mu<300$X.U. の光に対しては散乱のみが吸収に寄与する事がわかる．

(ii) 他方，γ-線の領域では，第26節でわかるように吸収の大部分は電子対の創生による．電子対創生の断面積は入射エネルギーとともに増大し，またZとともに大きくなるが，炭素に対しては$k_0<10\mu$では電子対創生の確率は無視できる位小さい．理論と較べるために，光電効果及び電子対創生による吸収が散乱による吸収よりもずっと小さいと考えられる実験のみを採用した．第11図では，次の3つの範囲の波長の実験結果をのせてある．

(1) 100−300X.U. の波長のX-線（炭素による散乱†）．

† C. W. Hewlett, Phys. Rev. **17** (1921), 284; S. J. M. Allen, ibid. **27** (1926), 266, **28** (1926), 907.

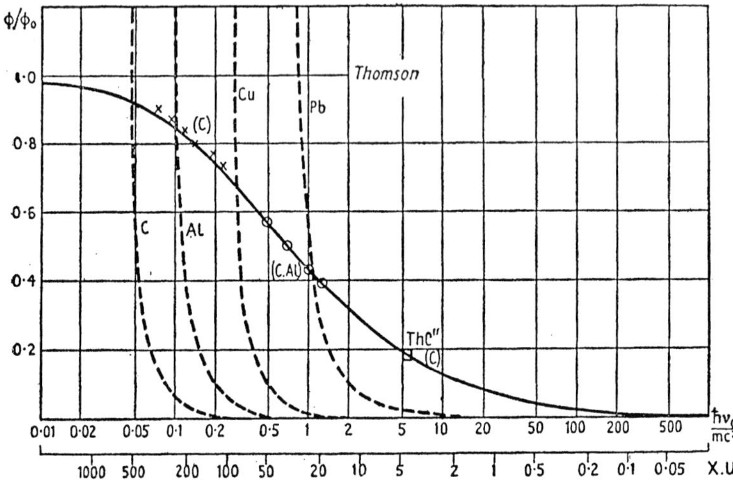

第11図．入射光の振動数（下のスケールは入射波長）の函数としてのコンプトン散乱（Klein・仁科の式）の全断面積．比較のために電子1個あたりの光電吸収の断面積を点線で示してある．($\phi_K/Z\phi_0$)．測定は×印：Hewlett, Allen（光電吸収の補正をしてある炭素）；○印：Read Lauritsen（炭素とアルミニウム）；□印：Meitner Hupfeld, Chao（炭素）である．

(2)　硬いX-線については $\lambda \simeq 20-50$X.U.（炭素とアルミニウム*）．

(3)　T_hC'' からの波長 $\lambda=4.7$X.U. のγ-線（炭素†）．　p.222

(1)の領域では全吸収の10%位の光電吸収があり，これは引き去っておいた．(2)，(3)の領域では補正は不必要である．

実験結果は理論の曲線に非常によく一致する．従って，klein-仁科の式は，少くともエネルギーが $10mc^2$ 迄はその正しさが証明されたと考えてよい．

第36節で再びγ-線の吸収の問題を扱うことにし，その時に更に高エネルギーの測定についてのべよう．

これら3つのエネルギーの領域において電子は実際上自由電子と考えてよく，coherent な散乱は全く無視できる程小さい．勿論，この事はもっと軟かい（波長の長い）光に対し

* J. Read and C. C. Lauritsen, ibid. **45** (1934), 433.

† L. Meitner and H.Hupfeld, *Zs. f. Phys.* **67** (1930), 147 ; C. Y. Chao, *Phys. Rev.* **36** (1930), 1519 ; *Proc. Nat. Ac.* **16** (1930), 431; G. T. B. Tarrant, *Proc. Roy. Soc.* **123** (1930), 345.

ては言えない事で，軟かいに対しては電子が束縛されている事を考えに入れねばならない*. 第19節でのべた様に，電子が束縛されていると散乱光の強さが変わり，coherent な散乱（振動数が入射光と同じ散乱光）がおこる．更に又，振動数のずれた(コンプトン)スペクト線は，散乱角を一定にしても，巾がひろがる(コンプトルが散乱)．ずれたスペクトル線の強大の位置も，コンプトンの式 (4) で与えられる値から少しずれる (Bloch を参照p.223).

この節に得た理論的な結果は摂動論の（0でない）第一近似を使って得たものである．高次の項及び減衰による補正は勿論存在し，これらについては第33節で考えるが，すべてのエネルギーについて小さい事がわかる．

23. 多 重 過 程

以上の節で1個の光子が放出・吸収される色々の過程について調べた．得られた結果はいつも古典理論の結果とよく似ていた．場の量子論ではこれらの過程が，光子1個を放出するのではなく，2個又はそれ以上の光子を放出しても起り，2個でる時は各々がエネルギーを分け合う．たとえば，エネルギー差 E_0 の原子の転移の時に，2個の光子 k_1, k_2 が $E_0=k_1+k_2$ を満たしながら放出され得る†．また，入射光子 $\mathbf{k}_0$ で起るコンプトン散乱の時に，(2次) 光子が1個でなく2個放出されるかも知れぬ．後者を "2重散乱" double scattering と呼び，多重過程の最も簡単な例として以下でとりあげることにする．

これら多重過程は次の様な色々な理由により興味あるものである．

(1) 古典理論で対応原理を使ったのでは，これらの過程の確率を不定性なく決定できない．すなわち，これらは典型的な量子効果である．現在の場の量子論を批判的に理解するためには，実験が理論の予想通りの結果になっているかどうか調べるのが重要である．さらにまた，2個の光子の中1個が非常にエネルギーが小さいと，所謂 "赤外の問題" infrared problem（小節3）という特殊な事情が起り，理論的に非常に重要である．

---

* コンプトン散乱に対する電子の束縛されている事の影響は，H. Casimir, *Helv. Phys. Acta* **6** (1933), 287; W. Franz, *Zs. f. Phys.* **90** (1934), 623; G. Wentzel, ibid. **43** (1927), 1, 779; F. Bloch, *Phys. Rev.* **46** (1934), 674; A. Sommerfeld. *Ann. Phys.* **29** (1937), 715; W. Fraz, ibid. 721. になされている．

† 光学領域のエネルギーで2個の光子を同時に放出する事は M. Mayer-Göppert, *Naturw.* **17** (1929), 932; *Ann. Phys.* **9** (1931), 273 で調べられた．転移の確率は非常に小さい．この節ではもっと高エネルギーでの放出を問題にする．

(2)　宇宙線の中の粒子の様に高エネルギーでは“シャワー”showers と呼ばれる特別な現象が起る．このシャワーの中には，物質を1個の速い粒子または光子が突き抜ける時に光子のほかに多数の電子対が観測される．これらシャワーの大部分は次から次へと順番に起った“カスケード”cascade 現象であって，“制動輻射”bremsstrahlung と電子対創生の理論で十分に説明できる（第33節）．しかし，実験だけからでは，ほんとうの多重過程《次から次へと起るのでなく，1つの量子過程としての》で電子対，光子が創られている可能性を除外するわけにはいけない．

1　2重コンプトン効果　　多重過程の簡単な典型的な例として2重コンプトン散乱を考えよう．† すなわち，入射光子 $\mathbf{k}_0$ がはじめ静止している自由電子によって‘散乱’されて，散乱された1個の光子 $\mathbf{k}$ のかわりに2個の光子 $\mathbf{k}_1$ と $\mathbf{k}_2$ が放出される場合である．この過程の転移確率は普通の散乱の場合第22節と同様にして計算できる． p.224

この場合，保存則は

$$\mathbf{k}_0=\mathbf{k}_1+\mathbf{k}_2+\mathbf{p}, \qquad (1\,\mathrm{a})$$

$$k_0+\mu=k_1+k_2+E \qquad (1\,\mathrm{b})$$

であり，より（1）$k_0<\mu$ なら k_1 と k_2 のエネルギーの和は k_0 位になる．

$$k_1+k_2\sim k_0+O\left(\frac{k_0^2}{\mu}\right). \qquad (2)$$

$O(x)$ は少くとも x 位の（次数の）項がある事を示す．一方，$k_0\gg\mu$ で，k_1, k_2 が大きい角で散乱される時には

$$k_1+k_2\sim\mu\ ;\quad p, E\sim k_0 \qquad (3)$$

となる．この節では k_1 と k_2 の2個の光子のエネルギーが大体同じ大きさ，または，$k_0\gg\mu$ ならば，少なくとも μ 位の大きさの場合を考えるが，この場合のみがほんとうの多重過程の中で興味あるものである．2個の光子のうち1個が非常に小さいエネルギーの場合（すなわち，この過程は実際上1個の光子が散乱されてでてくるのと同じに見える）は小節3で取扱う．

始状態 $O(\mathbf{k}_0, \mathbf{p}_0=0)$ から終状態 $F(\mathbf{k}_1, \mathbf{k}_2, \mathbf{p})$ への転移は，2つのつづいておこる中間状態を通ってのみ起る．たとえば

I．$\mathbf{k}_0$ が吸収されて，電子は運動量

---

† W. Heitler and L. Nordheim, *Physica* **1** (1934), 1059.

$$\mathbf{p}'=\mathbf{k}_0 \tag{4}$$

をもっている．

Ⅱ．$\mathbf{k}_1$ が放出される．電子は次の運動量になる．

$$\mathbf{p}''=\mathbf{k}_0-\mathbf{k}_1. \tag{5}$$

さらに終状態に移る時に $\mathbf{k}_2$ がでる．これ以外の中間状態の組は吸収，放出される順序を3つの光子について入れかえて得られる．全部で中間状態として6つの組ができる．

$O\to F$ の転移の確率を計算するのに必要な複合マトリックス要素は，第14節によって

$$K_{FO}=\sum\frac{H_{F\mathrm{II}}H_{\mathrm{II}\,\mathrm{I}}H_{\mathrm{I}O}}{(E_O-E_{\mathrm{I}})(E_O-E_{\mathrm{II}})}. \tag{6}$$

ここで，和$\sum$は6つの中間状態，スピンの方向，中間状態の電子のエネルギーの符号についてとる．(6) の分母のエネルギー差は，(4) と (5) により， p.225

$$E_O-E_{\mathrm{I}}=k_0+\mu-E'\,;\qquad E'^2=p'^2+\mu^2\,;$$
$$F_O-E_{\mathrm{II}}=k_0+\mu-k_1-E''\,;\quad E''^2=p''^2+\mu^2. \tag{7}$$

(6) 式の和$\sum$は第22節と同様にできる．転移の確率は $|K_{FO}|^2$ に比例する．終状態のスピンの方向の和をとり始状態については平均をとると（数係数はすべて省略して）

$$\frac{1}{2}\mathsf{SS}_0|K_{FO}|^2$$
$$=\frac{(e\hbar c)^6}{k_0k_1k_2}\,\frac{1}{E\mu^2}\left[\mathrm{S_p}\frac{\alpha_0K'\alpha_1K'\alpha_2(H+E)\alpha_2K''\alpha_1K'\alpha_0(1+\beta)}{k_0^2[\mu(k_0-k_1)-k_0k_1(1-\cos\theta_1)]^2}+\cdots\right]. \tag{8}$$

ただし θ_1 は $\mathbf{k}_0$ と $\mathbf{k}_1$ の間の角で，また

$$K'=\mu(1+\beta)+k_0+(\boldsymbol{\alpha}\mathbf{K}_0),$$
$$K''=\mu(1+\beta)+k_0-k_1+(\boldsymbol{\alpha},\mathbf{K}_0-\mathbf{K}_1) \tag{9}$$

である．

転移確率がどれ位かを知るためには，中間状態の1つから生じる (8) の最初の項を考えるだけで十分である．他の中間状態からくる項も同じ位の大きさである．†

従って，微分断面積は

---

† 違う中間状態からの寄与が干渉しない事が示せるから《$\frac{1}{2}\mathsf{SS}_0|K_{FO}^{(1)}+K_{FO}^{(2)}+\cdots|^2\Rightarrow\frac{1}{2}\mathsf{SS}_0|K_{FO}^{(1)}|^2+\frac{1}{2}\mathsf{SS}_0|K_{FO}^{(2)}|^2+\cdots$ となり $K_{FO}^{(1)}K_{FO}^{(2)\dagger}$ 等が現われない》，第1項だけで大体の大きさがわかる．干渉の項，$(K_{FO}^{(1)}K_{FO}^{(2)\dagger}$ の形のもの$)$があればこうはならない．

$$d\phi \sim \frac{1}{\hbar c}|K_{FO}|^2 \frac{k_1{}^2 k_2{}^2 dk_2}{(\hbar c)^6} = \frac{r_0{}^2}{137} \frac{k_1 k_2 dk_2}{k_0 E} [\mathrm{S_p}(8)]. \tag{10}$$

(10) では $\partial E_F/\partial k$ (第22節式 (16) をみよ) も省略してある．というのはこれはすべてのエネルギーについて1位の数であるからである．

(8) の跡を計算するために，2つの場合 $k_0 \ll \mu$ と $k_0 \gg \mu$ とを考えよう．

(i)　$k_0 \ll \mu$, k_1, $k_2 \sim k_0$．(1) により $H+E$ は

$$H+E \fallingdotseq E+\beta\mu+(\boldsymbol{\alpha}\mathbf{p}) = \mu(1+\beta)+(\boldsymbol{\alpha}\mathbf{p})+\frac{p^2}{2\mu}$$

$$=\mu(1+\beta)+(\boldsymbol{\alpha}\mathbf{p})+O\left(\frac{k_0{}^2}{\mu}\right). \tag{11}$$

跡 (8) に最も大きい寄与をするのは μ に比例する項であろう．しかし

$$(1+\beta)\alpha(1+\beta) = (1-\beta^2)\alpha = 0,$$
$$(1+\beta)\alpha(\boldsymbol{\alpha}\mathbf{p})\alpha(1+\beta) = 0 \tag{12}$$

p.226

となり，(9) と (11) により μ は $\mu(1+\beta)$ の形であらわれるから，$H+E$ や K' または K'' の何れかに $\mu(1+\beta)$ が一度だけ現われる項だけが跡に寄与する．ゆえに，跡の分子は $\mu k_0{}^4$ 位である．また，分母は $\mu^2 k_0{}^4$ 位ゆえ

$$\mathrm{S_p}(8) \sim 1/\mu. \tag{13}$$

これを (10) に代入すると

$$\phi \sim \frac{r_0{}^2}{137}\left(\frac{k_0}{\mu}\right)^2 \qquad (k_0 \ll \mu). \qquad \text{N.R.} \tag{14}$$

(ii)　$k_0 \gg \mu$．大きい角の散乱では k_1, $k_2 \sim \mu$ で，$H+E$, K', K'' は (1) によってすべて k_0 位の大きさである．従って Sp(8) の分子は $k_0{}^5$ 位で，分母は $\mu^2 k_0{}^4$ 位だから

$$\mathrm{Sp}(8) \sim k_0/\mu^2.$$

散乱角が大きい時には，(1) より $E \sim k_0$; $k_1, k_2 \sim \mu$ となる．ゆえに断面積は

$$\phi \sim \frac{r_0{}^2}{137} \frac{\mu}{k_0}. \qquad \text{E.R.} \tag{15}$$

さらに，1個の光子または両方共の光子が小さい角度で散乱され，従ってそれらのエネルギーが k_0 位である場合も考えねばならないが，1個の光子の散乱の時と同様に，小さい角の領域の断面積を大きい角の散乱の断面積に加えても全面積に対してせいぜい $\log k_0/\mu$ 位の因子がかかるだけで，ここの議論では $\log k_0/\mu$ は1位の量とみている (k_0 にくらべて) から，小さい角の散乱断面積が全断面積 (15) の大きさを変える事はない．

ここで得た結果（14）と（15）を第22節の（46）と（47）と較べると，断面積の大きさとして大体次の値をうる（r_0^2 単位）.

	$k_0 \ll \mu$	$k_0 \gg \mu$
1個の散乱	1	μ/k_0
2 重 散 乱	$k_0^2/137\mu^2$	$\mu/137k_0$

(15′)

$k_0 \ll \mu$ の小さい角の散乱では2重散乱は非常に小さい．すなわち光子1個の散乱とくらべて因子 $k_0^2/137\mu^2$ だけ異なり，古典論の極限をとると0になる，というのは $k_0^2/137 = e^2\nu_0^2\hbar/c$ でありℏに比例するからである.

$k_0 \gg \mu$ の高エネルギーでは2重散乱は比較的起りやすい．しかし，その確率は光子1個の確率と比べると1/137だけ小さい. p.227

以上の結果は容易に一般化できる．たとえば，原子の（クーロン）場の中を光子が通過する時に電子対を2対発生する確率は1対発生する確率にくらべて1/137だけ小さい（対創生は第26節で詳わしく取り扱う）．多重（量子）過程でn個の電子対の‘シャワー’を同時に発生する確率は（$k_0 \gg \mu$ のとき）

$$\phi_{\mathrm{pain}}^{(n)} \simeq \frac{Z^2 r_0^2}{137^n} \qquad \text{E.R.} \qquad (16)$$

位である†．この様に多重過程はほとんど起らない現象であって，宇宙線のシャワーはこれらにより生じたものではない（第38節を見よ）.

2 実験的証明 実験的に多重過程（1量子過程としての）が存在する事を確かめるのは容易ではない．それは，これらの過程が大変起り難いのみならず，たとえ起ったとしても，それが一度に多重過程により起ったものかまたは次々と順次に起ったのか確認する事は難かしいからである．しかしながら，証拠らしきものが宇宙線中に観測されている*．それは高エネルギーの γ-線を電子に敏感な写真乾板の乳剤の中を通す．乳剤中の原子の（クーロン）場を通過する時に，光子は普通狭い角度のひらきのフオーク形にみえる電子対を1個作る．この様なフオーク形の電子対が約 1400 得られたが，その中の2つの場合には，4つの電子の飛跡（2対の電子対）が（少くとも 10^{-4}cmの数倍 10^{-3}cm 以内の範

† くわしく（14—16）の分母の係数をみてみると137でなくπ137で結果はさらに小さくなる.

* J. E. Hooper and D. T. King, *Phil. Mag.* **41** (1950), 1194.

囲の）1点からでていた（この場合もフォークのひらき，2つのフォークの間の角も非常に小さい）．1400 のフォークの大部分は電子対である事が確認されたが，少数のものは電子と考えるにはエネルギーが大きすぎたけれども，電子でないとするはっきりした理由もない．そして，これらの2つのフォークを2つの電子対創生が続いて起ったと考える事はほとんど不可能である．というのは，1つの電子対がまず作られ，電子対の電子または陽電子が（硬い）短波長の光子を放出し，この光子がもう1つの電子対を作ったと考えると，第25，26節で知るように電子が短波長の光子を放出する迄にはしる平均の距離は1cm であり，また光子が電子対を作るまでにはしる平均距離も 1cm であるから，10^{-3}cm 以内で上の2つの事が続いておこる確率は非常に小さいからである．ゆえに，観測された2つのフォークはほんとうに1つの素過程により生じた2つの電子対であることの方がずっと確かである．2対の電子対をつくる確率と1対つくる確率の比は 1：700 であって（1400 中2つ）これは小節2で行った大体の大きさの推定とよく合致する（(16) でp.228233頁の脚注より分母に π があることを考えに入れると $1:137\times\pi$）．これ以外に，多重過程の例として陽電子の消滅に関係したものがある（第27節）．

これらの多重過程は量子電気力学の非常に有効なテストになる．すなわち，多重過程は量子論と相対論を結びつけた理論を電磁場に適用して得られるもので，しかも対応原理を適用できない様な範囲の問題である．こういうテストは量子電気力学がほんとうに満足な理論であるとはいえない現在では，この理論で予想される結果が事実と合致するかどうかははじめからは不明であるから，このいみで非常に価値あるものである（第VI章を見よ）．しかしながら，現在までには理論と実験の間にむじゅんは見られない．

3　赤外光子の放出　入射光子が1個はいってきて2個の光子が放出される際，その中の1個が波長が非常に長い（軟い）時には小節2で調べたのと様子は全然変わってくる．この光子のエネルギーを k_r としよう．$k_r \ll k_0$，従って $k_r \ll k$（放出されるもう1個の光子，これを“主要光子”main quantum と呼ぶ）の場合を考えよう．特に $k_r \to 0$ の場合を詳わしく調べる．理論的に言えば，この過程はやはり多重過程と呼ぶべきであるが，実際上は普通の散乱とはほとんど区別できない．というのは散乱された主光子 $\mathbf{k}$ は実際上は1個の光子が放出される場合と同じエネルギーと運動量をもっている．特に $k_r \to 0$ の時はコンプトン散乱と全然区別できないから，この場合の多重過程はコンプトン散乱の e^6 の補正になると考えられる．しかしながらこれはそう簡単ではない．この e^6 の補正の2重コンプトン散乱による部分は，dk_r/k_r の形で $k_r\to 0$ と共に無限大になることが以下でわかる．この様な（見かけ上の）困難は多くの輻射過程でおこる（第25節をみよ）一般的なものである．これは“赤外の問題”と呼ばれる．この困難は1個の光子のコンプトン散乱の e^6 の補正（マトリックス要素の高次のもの）からくる分もいっしょに考えに入れると除かれる．これは第33節で示す．コンプトン散乱の e^6 の補正の計算にいっしょにして使うために，2重散乱で非常に低い振動数（赤外）k_r の放出される場合を考える事にする．

2重散乱の断面積を k_r の非常に小さい場合について計算し，そのために $1/k_r$ の最高次の項だけを残すことにする．[†] 複合マトリックス要素は，やはり $\mathbf{k}_0$ が吸収され，$\mathbf{k}$ と $\mathbf{k}_r$ の放出される順序を入れ換えて得られる6つの組に対する6つの項から成っている．エネルギー分母，E_O-E_{I}，E_O-E_{II} は k_r が（(6)の3つの H の）まん中で放出されるか，両はしで放出されるかで k_r について大きさが違ってくる．k_r が最初に放出されて，p.229 電子が正エネルギーであると，エネルギー保存則より

$$E_O-E_{\mathrm{I}}=\mu-k_r-\sqrt{\mu^2+k_r^2}\sim -k_r \tag{17}$$

であり，E_O-E_{II} は1個の光子の散乱の時の分母とほとんど異ならず，k_0 または k 位である．同様に k_r が最後に放出されると，

$$\begin{gathered} E_O-E_{\mathrm{II}}=k_0+\mu-k-\sqrt{\mu^2+(\mathbf{k}_0-\mathbf{k})^2}\sim k_r-\frac{(\mathbf{p}\mathbf{k}_r)}{E} \\ (\mathbf{k}_0-\mathbf{k}=\mathbf{p}+\mathbf{k}_r,\ E=\sqrt{\mu^2+\mathbf{p}^2}=k_0+\mu-k-k_r) \end{gathered} \tag{18}$$

はやはり k_r 位であり，E_O-E_{I} は光子1個の散乱の時の分母と同じ（k_0 または k 位）である．k_r がまん中で放出されると分母は両方とも大きく k_0 または k 位である．従って，（$1/k_r$ の最高次のみをのこすとすると）中間状態としては，k_r が最初または最後に放出され電子のエネルギーは k_r 放出の前後で正エネルギーの場合のみを考えればよい．

k_r の放出のマトリックス要素は　k_r が最初に放出されると，$(u_0'^*(\boldsymbol{\alpha}\mathbf{e}_r)u_0)$ という因子を含んでいる．u_0' は k_r を放出したあとの電子の（デイラック振幅）波動函数である．k_r が非常に小さいと u' は実際上 u_0 とほとんど違わないから，（$1/k_r$ の最高次のみを残すという）今の近似では $(u_0^*(\boldsymbol{\alpha}\mathbf{e}_r)u_0)$ でよく，これは，電子が運動量 $\mathbf{p}_0$ をもち正エネルギー状態にある時の $(\boldsymbol{\alpha}\mathbf{e}_r)$ の期待値である．第11節によると $\mathbf{p}_0=0$ であるから，

† C. J. Eliezer, *Proc. Roy. Soc.* **187**(1946), 210 ; R. Jost *Phys. Rev.* **72**(1947), 815 を見よ．

$(\mathbf{p}_0\mathbf{e}_r)/E_0=0$ となる（電子は始状態で静止している）．同様に k_r が最後に放出される時は

$$(u^*(\alpha\mathbf{e}_r)u)=\frac{(\mathbf{p}\mathbf{e}_r)}{E} \tag{19}$$

である．従って，$1/k_r$ の最高次の項は k_r が最後に放出される項である．この項にかかる（$\mathbf{k}_0$ を吸収し $\mathbf{k}$ を放出する）因子は丁度普通のコンプトン効果の複合マトリックスであるから，ここに書く必要はないだろう．この複合マトリックスを K_C とすると，上に考えた２重コンプトン散乱のマトリックス要素は

$$K_{d.\,C.}=-e\sqrt{\frac{2\pi\hbar^2c^2}{k_r}}\frac{(\mathbf{p}\mathbf{e}_r)}{Ek_r-(\mathbf{p}\mathbf{k}_r)}K_C \tag{20}$$

である．断面積を作るには (20) を自乗して密度函数をかければよい．この密度函数は，普通のコンプトン散乱の密度函数（$\partial E_F/\partial k$ の因子も含めて）と赤外光子の $k_r^2\,dk_r/(2\pi\hbar c)^3\cdot d\Omega_{kr}$ の積である．$\mathbf{e}_r$ の２つの偏りで和をとり，k_r の方向について積分すると p.230

$$d\phi_{d.C.}=\frac{e^2}{\pi\hbar c}\left(\frac{E}{p}\log\frac{E+p}{E-p}-2\right)\frac{dk_r}{k_r}\cdot d\phi_C \tag{21}$$

となる．E, p は終状態の電子のエネルギー，運動量である．(21) は赤外光子をエネルギー dk_r の範囲で任意の方向に放出する過程を伴ったコンプトン散乱の微分断面積である．この式から $\phi_{d.C.}$ は Klein・仁科の断面積 $d\phi_C$ に比例する事がわかる．この式の最も特徴的な事は（i）$e^2/\hbar c$ の因子があるから２重コンプトン散乱は起りにくいが (ii) k_r について dk_r/k_r という関係の仕方をしている．これは $k_r\to0$ の極限で，または０から或る有限のエネルギーまで積分すると発散する．だから，$k_1\ll k_2$ では $\phi_{d.C.}$ は (15′) よりも大きくなる様に考えられるが，k_r が極端に小さい値までとらない限り，(21) を k_r について積分するとやはり (15′) と同じ位である．

$k_r\ll\mu$ の時 ($p\ll\mu$, $E\sim\mu$) には，(21) は $p^2\simeq2k_0^2(1-\cos\theta)$ を使うと，

$$d\phi_{d.C.}=\frac{4}{3\pi}\frac{e^2}{\hbar c}r_0^2\frac{k_0^2}{\mu^2}(1-\cos\theta)\frac{1+\cos^2\theta}{2}\frac{dk_r}{k_r}d\Omega. \tag{22}$$

θ は主要光子の散乱角である．

24．2個の電子の散乱

1　遅滞相互作用　クーロン相互作用をしている2個の荷電粒子の散乱は，これらの粒子の運動が非常にゆっくりで，それらの間の相互作用が各瞬間ごとに“静的”static な相互作用と考えられ，すべての作用の遅滞の効果が無視できるようなときには波動力学で正確に取り扱う事ができる．

作用の遅滞の効果が重要になってくると事情は異なってくる．この場合には，以下で述べる様に，量子電気学力の問題となり，現在までには相互作用常数すなわち $Z_1Z_2e^2$ の巾展開をして解が求められているにすぎない(Z_1e，Z_2e は考えている2つの粒子の荷電である)．こういう必要があることは次の様にしてわかるだろう．

第6節で数個の粒子間の相互作用および電磁場との相互作用は2つの部分に分けられる事を知った．すなわち，（i）静的な，遅滞のない，粒子間のクーロン相互作用と，（ii）クーロン・ゲージにおける横波の光と各粒子の相互作用である．2つの荷電粒子の散乱の間に，光は実際には放出されないとすると（放出されないというのは勿論或る近似においてであるが)，静的な相互作用の法則（クーロン）からの相互作用の遅滞の形であらわれるずれは，2個の荷電粒子の間でお互に光をやりとりする事により生じる筈である．p.2311個の荷電粒子からの光の放出でさえ e の展開の形でなければ取り扱うことができなかったから，遅滞相互作用をよりよい（近似的）方法で取り扱う事はとうてい望めない．そうすると，むじゅんを起さないためには，相互作用の静的な部分（クーロン）も e の展開，すなわちよく知られたボルン近似で取扱わねばならない．幸いにも遅滞の効果は荷電体の速度の大きい時にのみ重要になり，この時にはボルン近似を（クーロンに対して）使ってもよいから，定量的にいえばこの展開はよい方法になっている．

ディラック方程式であらわされる2個の荷電体を考え，それらの波動函数を ψ_1，ψ_2 としよう．静的な相互作用は $V=Z_1Z_2e^2/r_{12}$ である．ボルン近似で，V は2個の粒子が運動量 p_{01}，p_{02} をもっている始状態Oから運動量 p_1，p_2 の終状態の散乱のマトリックス要素をもっている．ψ としては平面波の解を使う．

$$\psi_{01}=u_{01}\exp i(\mathbf{p}_{01}\mathbf{r}_1)/\hbar c, \qquad \psi_1=u_1\exp i(\mathbf{p}_1\mathbf{r}_1)/\hbar c, \text{ 等.}$$

従って，Vのマトリックス要素は*

$$V_{FO}=Z_1Z_2e^2\int\frac{d\tau_1 d\tau_2}{|\mathbf{r}_1-\mathbf{r}_2|}e^{i(\mathbf{p}_{01}-\mathbf{p}_1,\mathbf{r}_1)/\hbar c}e^{i(\mathbf{p}_{02}-\mathbf{p}_2,\mathbf{r}_2)/\hbar c}(ui^*u_{01})(u_2^*u_{02})$$

$$=Z_1Z_2e^2\int\frac{d\tau_{12}d\tau_2}{|\mathbf{r}_1-\mathbf{r}_2|}e^{i(\mathbf{p}_{01}-\mathbf{p}_1,\mathbf{r}_1-\mathbf{r}_2)/\hbar c}e^{i(\mathbf{p}_{01}+\mathbf{p}_{02}-\mathbf{p}_1-\mathbf{p}_2,\mathbf{r}_2)/\hbar c}(u_1^*u_{01})(u_2^*u_{02})$$

$$=\frac{4\pi\hbar^2c^2Z_1Z_2e^2}{|\mathbf{p}_{01}-\mathbf{p}_1|^2}(u_1^*u_{01})(u_2^*u_{02}). \quad (1)$$

($d\tau_{12}$ は $\mathbf{r}_1-\mathbf{r}_2$ の体積要素) ただし，運動量が保存する時のみ

$$\mathbf{p}_{01}+\mathbf{p}_{02}=\mathbf{p}_1+\mathbf{p}_2$$

であって，運動量保存則を満たさない時は V_{FO} は0である．

そこで（1）を一般化して遅滞相互作用の場合も含まれる様にしてみよう．量子電気力学の方法を色々示し，またそれらと古典論との関係を明らかにするために，遅滞相互作用のマトリックス要素を色々な方法で計算してみるのがよい（i）まず Mφller† に従って，p.232半古典的な方法で転移 $\mathbf{p}_{01}$, $\mathbf{p}_{02}\to\mathbf{p}_1$, $\mathbf{p}_2$ の転移の際の遅滞相互作用のマトリックス要素を決定しよう．次に同じ結果がこの本でのべた量子電気力学の方法によっても得られる事を示す．この時には（ii）クーロン・ゲージを使ってもよく，従って（1）に光子をお互にやりとりする事からの項がつけ加わる．さらにまた，もっと簡単には（iii）ローレンツ・ゲージを使ってもよい．この時にはすべての粒子間の相互作用は，粒子の間での光子の交換により生ずる事になるが，光子としては縦波，スカラー波を含めて4種類がある事になる．

（i）粒子1，2はそれらの荷電と電流密度 $\rho(\mathbf{r}_1,t)$, $\rho(\mathbf{r}_2,t)$, $\mathbf{i}(\mathbf{r}_1,t)$, $\mathbf{i}(\mathbf{r}_2,t)$ であら

---

* この積分は普通には収斂しない（振動積分）．まず $\exp(-\alpha r_{12})$ ($r_{12}\equiv|\mathbf{r}_1-\mathbf{r}_2|$) という因子を入れて積分して後に $\alpha\to 0$ をする必要がある．さらに，((1)では波動函数は $L^3=1$ で規格してあるが）第14.3節の運動量の保存と波動函数の規格についてのべた事柄を参照せよ．

非相対論近似では，（1）から断面積をつくると ラザフォード Rutherfod の散乱公式になる．所がラザフォードの散乱公式は正確な（ボルン近似でない）取り扱いをして得られる式である．この様な第一ボルン近似からつくった断面積が正確な答と一致することはクーロンの力の法則の特殊性によるものであって，勿論クーロン以外の力では成り立たない．

† *C.* Mφller, *Ann. Phys.* **14** (1932), 531.

わされるとしよう．すると，粒子1によって $\mathbf{r}_2$ にできたきた遅滞ポテンシァルは，古典論では第1節の式(14)により，

$$\phi(\mathbf{r}_2,t)=\int\frac{1}{r_{12}}\rho_1(\mathbf{r}_1,t-r_{12}/c)d\tau_1,$$
$$\mathbf{A}(\mathbf{r}_2,t)=\frac{1}{c}\int\frac{1}{r_{12}}\mathbf{i}(\mathbf{r}_1,t-r_{12}/c)d\tau_1 \tag{2}$$

となり，粒子2とこの場との相互作用（エネルギー）は

$$-\frac{1}{c}\int i_\mu A_\mu d\tau=\int\rho(\mathbf{r}_2,t)\,\phi(\mathbf{r}_2,t)d\tau_2-\frac{1}{c}\int(\mathbf{i}(\mathbf{r}^2,t)\,\mathbf{A}(\mathbf{r}_2,t))\,d\tau_2$$

となる．2個の粒子の間の遅滞した相互作用（エネルギー）は

$$K_{\mathrm{ret'}}=\iint\frac{\rho(\mathbf{r}_1,t-r_{12}/c)\,\rho(\mathbf{r}_2,\mathbf{t})}{r_{12}}d\tau_1d\tau_2-\iint\frac{\mathbf{i}(\mathbf{r}_1,t-r_{12}/c)\,\mathbf{i}(\mathbf{r}_2t)}{c^2r_{12}}d\tau_1d\tau_2 \tag{3}$$

となり，ポテンシァルははっきりとした形で現われてこない．粒子を波動力学的に取り扱う事にすると，ρ, $\mathbf{i}$ としてDiracの理論のもの，すなわち $(\psi^*\psi)$ および $c(\psi^*\alpha\psi)$ を使えばよい．さらに，ψ を平面波 $u_{01}\,e^{i(\mathbf{p}_{01}\mathbf{r}_1)/\hbar c}e^{-iE_{01}t/\hbar}$ を使い，ψ^* としても平面波 $u_1{}^*e^{-i(\mathbf{p}_1\mathbf{r}_1)/\hbar c}e^{iE_1t/\hbar}$，等を代入して $\rho(\mathbf{r},t)$ の転移要素を定義できる．この様にして（1）で考えた転移にあたる $\rho(\mathbf{r}_1),\rho(\mathbf{r}_2),\mathbf{i}(\mathbf{r}_1),\mathbf{i}(\mathbf{r}_2)$ の転移のマトリックス要素を得る．この場合，勿論，時間を含ん†だ波動函数を使う事が本質的である（というのは時間のおくれを問題にしている）．p.233

$$\rho(\mathbf{r}_1,t-r_{12}/c)_{p1|p01}=Z_1e(u_1{}^*u_{01})e^{i(\mathbf{p}_{01}-\mathbf{p},\mathbf{r}_1)/\hbar c}e^{-(E_{01}-E_1)t/\hbar}$$
$$e^{i(E_{01}-E_1)r_{12}/\hbar c},$$
$$\mathbf{i}(\mathbf{r}_1,t-r_{12}/c)_{p1|p01}=Z_1ec(u_1{}^*\boldsymbol{\alpha}_1u_{01})e^{i(\mathbf{p}_{01}-\mathbf{p},\mathbf{r}_1)/\hbar c}e^{-i(E_{01}-E_1)t/\hbar}$$
$$e^{i(E_{01}-E_1)r_{12}/\hbar c},$$
$$\rho(r_2,t)_{p2|p02}=Z_2e(u_2{}^*u_{02})e^{i(\mathbf{p}_{02}-\mathbf{p}_2,\mathbf{r}_2)/\hbar c}e^{-i(E_{02}-E_2)t/\hbar},$$
$$\mathbf{i}(\mathbf{r}_2,t)_{p2|p02}=Z_2ec(u_2{}^*\boldsymbol{\alpha}_2u_{02})e^{i(\mathbf{p}_{02}-\mathbf{p}_2,\mathbf{r}_2)/\hbar c}e^{-i(E_{02}-E_2)t/\hbar}. \tag{4}$$

2個の粒子は配位空間で取り扱っているのであるから，α という演算子はその作用する相

---

† このやり方は，電子場に対する第2量子化を使うと厳密に証明できる．K_{ret} は量子論においても（3）であたえられるが，$\rho=\psi^*\psi$ 等は ψ の第2量子化によって演算子となる．従って K_{ret} は演算子である．そこで，量子化された電子場の状態函数 Ψ でのKマトリックス要素を作る．すなわち，$\mathbf{p}_0$, $\mathbf{p}_{02}$ という運動量の2個の電子が吸収され，$\mathbf{p}_1$, $\mathbf{p}_2$ が放出されるマトリックス要素である．こうすると（5）がでてくる．

手の粒子によって区別して α_1, α_2 とする．(3) に代入すると，遅滞した相互作用のマトリックス要素は

$$K_{FO}=Z_1Z_2e^2[(u_2{}^*u_{02})(u_1{}^*u_{01})-(u_2{}^*\boldsymbol{\alpha}_2u_{20})(u_1{}^*\boldsymbol{\alpha}_1u_{01})]e^{-i(E_{01}+E_{02}-E_1-E_2)t/\hbar}$$

$$\times\iint\frac{d\tau_1\,d\tau_2}{r_{12}}e^{i[(\mathbf{p}_{01}-\mathbf{p}_1,\mathbf{r})+(\mathbf{p}_{02}-\mathbf{p}_2,\mathbf{r}_2)]/\hbar c}e^{i(E_{01}-E_1)r_{12}/\hbar c}. \qquad (5)$$

[ ] の中の2項目は2つのマトリックス・ベクトル $\boldsymbol{\alpha}_1$ と $\boldsymbol{\alpha}_2$ のスカラー積である．(5) は (1) と次の2つの点で異なっている．すなわち，電流同士の相互作用には $\boldsymbol{\alpha}_1\cdot\boldsymbol{\alpha}_2$ の項があらわれている．第二に(1) にない因子 $\exp i(E_{01}-E_1)r_{12}/\hbar c$ に遅滞の効果が含まれている．これらの2つの違いは何れも相対論的な効果である．

積分 (5) は，(1) と同様に，運動量が保存しないと0になる．さらに，実際の散乱ではエネルギーが保存されるから

$$E_{01}-E_1=-E_{02}+E_2 \qquad (6)$$

を満たす転移のみを考えればよい．こうすると，(5) の積分は結局

$$K_{FO}=\frac{Z_1Z_2e^24\pi\hbar^2c^2}{k^2-\varepsilon^2}[(u_2{}^*u_{02})(u_1{}^*u_{01})-(u_2{}^*\boldsymbol{\alpha}_2u_{02})(u_1{}^*\boldsymbol{\alpha}_1u_{01})] \qquad (7)$$

となる．ここでは次の様においた．

$$\mathbf{p}_{01}-\mathbf{p}_1=\mathbf{k}, \qquad E_{01}-E_1=\varepsilon. \qquad (8)$$

(7) が相対論的に不変である事は明らかである．すなわち，$k^2-\varepsilon^2$ は4元ベクトル $p_{0\mu}-p_\mu$ の自乗であり，また u の積の部分も次の様にして相対論的にかける．粒子1の4元電流の転移 (マトリックス) 要素は ($u^\dagger=iu^*\gamma_4$, (第11節 (4))

$$i_\mu(1)_{p1|p01}\equiv ec(u_1{}^\dagger\gamma_x u_{01}),$$

又は　$i_{4p1|p01}=iec(u_1{}^*u_{01}), \quad i_{xp1|p01}\equiv ec(u_1{}^*\alpha_x u_{01})$

であるから，明らかに

$$(u_2{}^*u_{02})(u_1{}^*u_{01})-(u_2{}^*\boldsymbol{\alpha}_2u_{02})(u_1{}^*\boldsymbol{\alpha}_1u_{01})=-\frac{1}{e^2c^2}(i_\mu(1)i_\mu(2))_{p1p2|p01p02} \qquad (9)$$

である．

(7) を出すのに使った方法は，場の量子を使ってないといういみでは半古典的といえる．だから (7) は展開の第1近似～e^2 の項をすべてあらわしているかどうか明らかではない．次の小節で場の量子論からも同じ結果を得られる事を示す．p.234

2　量子化された場を使つての導き方　　(ii) クーロン・ゲージ．このゲージを使うと，横波の光子を粒子の間で交換する事による項を (1) に附け加えなければならない．

明らかに，$p_{01}, p_{02}\to p_1, p_2$ の転移は光子の交換によりおこり，また e の2次である．この転移には次の2つの中間状態がある．

Ⅰ．粒子1が光子 $\mathbf{k}=\mathbf{p}_{01}-\mathbf{p}_1$ を放出する．この光子は次に粒子2に吸収され，粒子2の運動量は $\mathbf{p}_{02}+\mathbf{k}=\mathbf{p}_2$ となる．

Ⅱ．粒子2が光子 $-\mathbf{k}$，を放出して $\mathbf{p}_{02}=-\mathbf{k}+\mathbf{p}_2$ となり，次にこの光子が粒子1に吸収される．

$$E_O=E_F=E_{01}+E_{02}=E_1+E_2$$

であるから，

$$E_{\mathrm{I}}=E_1+E_{02}+k,\quad E_{\mathrm{II}}=E_{01}+E_2+k$$

となる．第14節の式 (13) を使うと，2次の複合マトリックス要素は

$$K_{FO}{}^{\mathrm{tr}}=\frac{H_{F\mathrm{I}}H_{\mathrm{I}O}}{E_O-E_{\mathrm{I}}}+\frac{H_{F\mathrm{II}}H_{\mathrm{II}O}}{E_O-E_{\mathrm{II}}}$$

$$=e^2Z_1Z_2\frac{2\pi\hbar^2c^2}{k}\sum_e(u_2{}^*(\boldsymbol{\alpha}_2\mathbf{e})u_{02})(u_1{}^*(\boldsymbol{\alpha}_1\mathbf{e})u_{01})\left(\frac{1}{E_{01}-E_1-k}+\frac{1}{E_{02}-E_2-k}\right).\quad(10)$$

$\mathbf{e}$ は光子の偏りの方向であって，上の式では2つの中間状態で同じ方向としてある．$\sum_e$ は光子の偏りについての和で

$$\sum_e(\boldsymbol{\alpha}_1\mathbf{e})(\boldsymbol{\alpha}_2\mathbf{e})=(\boldsymbol{\alpha}_1\boldsymbol{\alpha}_2)-\frac{(\boldsymbol{\alpha}_1\mathbf{k})(\boldsymbol{\alpha}_2\mathbf{k})}{k^2}\quad(11)$$

であるが，この2項目は（u の）波動方程式により書き直せる．

$$\begin{aligned}&(u_1{}^*((\boldsymbol{\alpha}_1\mathbf{k})u_{01}=(u_1{}^*(\boldsymbol{\alpha}_1,\mathbf{p}_{01}-\mathbf{p}_1)u_{01})=(E_{01}-E_1)(u_1{}^*u_{01}),\\&(u_2{}^*(\boldsymbol{\alpha}_2\mathbf{k})u_{02})=-(E_{02}-E_2)(u_2{}^*u_{02}).\end{aligned}\quad(12)$$

すると，(6) と (8) により，

$$K^{\mathrm{tr}}{}_{FO}=e^2Z_1Z_2\frac{4\pi\hbar^2c^2}{k^2-\varepsilon^2}\left[\frac{\varepsilon^2}{k^2}u_2{}^*u_{02})(u_1{}^*u_{01})-(u_2{}^*\boldsymbol{\alpha}_2u_{02})(u_1{}^*\boldsymbol{\alpha}_1u_{01})\right]\quad(13)$$

となる．この $K^{\mathrm{tr}}{}_{FO}$ を V_{FO} と加えて，全体の相互作用は

$$K_{FO}=K^{\mathrm{tr}}{}_{FO}+V_{FO}.$$

p.235

(13) の ε^2/k^2 に比例する項は (1) と (7) の和より，直ちにでてくる．

(iii)　ローレンツ•ゲージ．最後に，縦およびスカラー場の量子力学的取り扱いの簡単な例として，この問題をローレンツ•ゲージで取り扱ってみる．この場合には，‘偏り’ 1…4 の4種の光子が存在する．これらの光子はすべて同じエネルギー k および運動量 $\mathbf{k}$ をもっている．そして，粒子間には（同時的な）静的相互作用は存在しない．粒子間の全相互作用は (10) の形の2次の複合マトリックスであたえられる．(ii) の場合と同様に2つの型

の中間状態があり，それらのエネルギー分母は同じである．第10節によると偏り $\alpha(=1,\cdots 4)$ の光の放出，吸収のマトリックス要素は形式的に横波光子の場合と同じであって，ただ偏りのベクトル $\mathbf{e}$ が時空の4つの方向のいずれかをむいた単位ベクトルになるだけの違いである，たとえば，（第14節の式（29））電子が $\mathbf{p}_0$ から $\mathbf{p}$ に変わる時は

$$H_{1\mu|0}=-eZ\sqrt{\frac{2\pi\hbar^2c^2}{k}}(u^{\dagger}\gamma_\mu u_0).$$

従って，複合マトリックス要素は（10）と全く同様に（2つのエネルギー分母をいっしょにして），

$$K_{FO}=-e^2Z_1Z_2\frac{4\pi\hbar^2c^2}{k^2-\varepsilon^2}\sum_{\mu=1}^{4}(u_1{}^{\dagger}\gamma_{\mu 1}u_{01})(u_2{}^{\dagger}\gamma_{\mu 2}u_{02}). \tag{14}$$

このゲージだと，相対論的不変性ははじめから保たれている．（14）が（7）と同じである事を見るには，$\sum_\mu$ を $u^{\dagger}=iu^*\beta$，$\gamma_4=\beta$，$\gamma_i=-i\beta\alpha_i$ を使って書き直せばよい．すなわち

$$\sum_\mu(u_1{}^{\dagger}\gamma_{\mu 1}u_{01})(u_2{}^{\dagger}\gamma_{\mu 2}u_{02})=-(u_1{}^*u_{01})(u_2{}^*u_{02})+(u_1{}^*\boldsymbol{\alpha}_1u_{01})(u_2{}^*\boldsymbol{\alpha}_2u_{02}) \tag{15}$$

であって，（14）は（7）と同じものである事がわかる．

以上では，ローレンツ・条件については全然注意を払わなかったが，自由粒子の間の衝突の問題では考える必要がない．というのは，第13.2節と補遺3で示した様に，粒子が無限にはなれている衝突の前と後では，すべての種類の光子の数が0である状態をとりうるからである．

この最後の導出の仕方（iii）は最もよくまとまっており，かつ相対論的な見方からも最も満足すべきものである事は明らかである．

3　交換効果 exchnge effect　　以上で $K_{F|O}$ を導く際には，2つの衝突する粒子が同種の粒子であると《そしてフェルミ統計に従う電子の様なものであると》，配位空間における波動函数が反対称でなければならないという事実を考慮しなかった．だから，実際（7）と（14）は2つの粒子が違う粒子の時にのみ正しい．p.236波動函数が反対称であるための変更は次にのべる様に容易に考えに入れる事ができる．

Dirac の振幅 u は離散的な変数 ρ に関係し，ρ は座標の役割をする．各々の粒子はその様な変数をもっている（以下数によってあらわす．第11節）．さらに，u は粒子の状態をあらわす添字をももっている．すなわち，運動量 $\mathbf{p}$，スピン及びエネルギーの符号をあらわす添字である．散乱後の粒子1の波動函数を u_1 とかいたが，全部をはっきりと書くと，

これは u_{p1}（1）と書くべきである．明らかな如く，終状態の波動函数は次の反対称化したものでおき換えねばならない．

$$\frac{1}{\sqrt{2}}\left\{u_{p1}(1)u_{p2}(2)e^{i[(\mathbf{p}_1\mathbf{r}_1)+(\mathbf{p}_2\mathbf{r}_2)]/\hbar c}-u_{p1}(2)u_{p2}(1)e^{i[(\mathbf{p}_1\mathbf{r}_2)+(\mathbf{p}_2\mathbf{r}_1)]/\hbar c}\right\}. \tag{16}$$

(16) の2項目は，1項目で $\mathbf{p}_1\rightleftarrows\mathbf{p}_2$ として生じたものとみてもよい．同じ事を始状態にも行わねばならない．すなわち，$\mathbf{p}_{01}\rightleftarrows\mathbf{p}_{02}$ として符号を逆にした項を加え《て$\frac{1}{\sqrt{2}}$をつけ》なければならない．この様に変更をした K_{FO} は (14) に $\mathbf{p}_1\rightleftarrows\mathbf{p}_2$ と $\mathbf{p}_{01}\rightleftarrows\mathbf{p}_{02}$ した項を加え，また $\mathbf{p}_1\rightleftarrows\mathbf{p}_2$ をした項及び $\mathbf{p}_{01}\rightleftarrows\mathbf{p}_{02}$ した項を引いて2でわらねばならない．両方の交換をした項は交換しない項と等しい．従って ($Z_1=Z_2=1$ とすると)

$$K^F{}_O=-e^2 4\pi\hbar^2 c^2\sum_\alpha\left[\frac{(u_{p1}{}^\dagger\gamma_\mu u_{p01})(u_{p2}{}^\dagger\gamma_\mu u_{p02})}{k^2-\varepsilon^2}-\frac{(u_{p1}{}^\dagger\gamma_\mu u_{p02})(u_{p2}{}^\dagger\gamma_\mu u_{p01})}{k'^2-\varepsilon'^2}\right].$$

$$(k'=\mathbf{p}_{01}-\mathbf{p}_2,\ \varepsilon'=E_{01}-E_2). \tag{17}$$

(17)の2項目は交換の効果である．厳密に言うと，各々の（　）はぜんぶ書くと ($u_{p1}{}^\dagger$(1) $\gamma_{\mu1}u_{p01}$(1)) 等となるが，これらは純粋の数であるから，粒子の変数をあらわす（1）とか $\gamma_{\mu1}$ の添字1とかには無関係である．

4　断面積　理論がローレンツ不変であり，断面積もローレンツ不変である事を利用して，特別の座標系で断面積を計算しよう．座標系としては，2個の粒子の質量の中心が静止している様に選ぶのが最も便利である．これは

$$\mathbf{p}_{02}=-\mathbf{p}_{01}=-\mathbf{p}_0,\ \mathbf{p}_2=-\mathbf{p}_1=-\mathbf{p},\ |\mathbf{p}_0|=|\mathbf{p}| \tag{18}$$

ととる事である．勿論 $E_{01}=E_{02}=E_1=E_2=E$ である．他の座標系，たとえば1個の粒子がはじめ静止している系での断面積は簡単にローンツ変換を行って得られる． p.237

単位時間あたりの転移の確率は，一般公式より(第14節) $\frac{2\pi}{\hbar}|K_{FO}|^2\rho_F$ で与えられる．ここで，$\rho_F dE_F$ は終状態のエネルギー dE_F の間にある状態の数である．(18) によると2個の電子は正確に反対の運動量をもっているので，$\rho_F dE_F$ は1個の電子がエネルギー $E\sim E+dE$ の間にある状態の数であり，

$$\rho_F dE_F=\rho_E dE.$$

E_F は終状態の全エネルギーであり，$E_F=2E$ であるから，

$$\rho_F=\frac{1}{2}\rho_E=\frac{1}{2}\frac{pEd\Omega}{(2\pi\hbar c)^3} \tag{19}$$

となる．微分断面積は，単位時間あたりの転移の確率を2個の粒子の相対速度，すなわ

ち $2v=2(pc/E)$ で割ればよく，

$$d\phi=\frac{\pi}{2\hbar c}\frac{E^2 d\Omega}{(2\pi\hbar c)^3}|K_{FO}|^2 \tag{20}$$

で与えられる．そこで (17) の〔 〕の自乗を計算すれば断面積はわかる事になる．これは，すでに第22節で応用した跡の方法で行う事にする．p_1, p_2 のスピンの向きは和をとり，p_{01}, p_{02} では平均をとる．第11節の式 (18) を使い，またすべての u は正エネルギー状態である事に注意すると，

$$\frac{1}{4}\mathbf{S}^{p1}\mathbf{S}^{p2}\mathbf{S}^{p01}\mathbf{S}^{p02}\left|\sum_\mu\left[\frac{(u_{p1}{}^\dagger\gamma_\mu u_{p01})(u_{p2}{}^\dagger\gamma_\mu u_{p02})}{k^2-\varepsilon^2}-\frac{(u_{p2}{}^\dagger\gamma_\mu u_{p01}((u_{p1}{}^\dagger\gamma_\mu u_{p02})}{k'^2-\varepsilon'^2}\right]\right|^2$$

$$=\frac{1}{64E^4(k^2-\varepsilon^2)^2}\mathrm{S_p}\gamma_\mu(\gamma\cdot p_{01}+i\mu)\gamma_\nu(\gamma\cdot p_1+i\mu)\times\mathrm{S_p}\gamma_\mu(\gamma\cdot p_{02}+i\mu)\gamma_\nu(\gamma\cdot p_2+i\mu)$$

$$-\frac{1}{64E^4(k^2-\varepsilon^2)(k'^2-\varepsilon'^2)}\mathrm{S_p}\gamma_\mu(\gamma\cdot p_{01}+i\mu)\gamma_\nu(\gamma\cdot p_2+i\mu)\gamma_\mu(\gamma\cdot p_{02}+i\mu)\gamma_\nu$$

$$(\gamma\cdot p_1+i\mu)+(p_1\rightleftarrows p_2, E_1\rightleftarrows E_2 \text{ の項}). \tag{21}$$

4元ベクトルの内積 $\gamma_\mu p_\mu$ を簡単に $\gamma\cdot p$ とした．相対論的添字が2度現われているものは和をとる．

跡の計算は，第22節の例と同様に，第11節の規則によりできる．さらに次の関係も使うと便利である． $\sum_\alpha\gamma_\alpha\gamma_\mu\gamma_\alpha=-2\gamma_\mu$.

また，質量の中心が静止している系で計算しているから，

$$p_{14}=p_{24}=p_{014}=p_{024}=iE$$

p.238

である．従って $\varepsilon=\varepsilon'=0$ であり，

$$\left.\begin{aligned}(p_1\cdot p_{01})&=(p_2\cdot p_{02})=(\mathbf{p}_0\mathbf{p})-E^2=p^2\cos^2\theta-E^2,\\(p_1\cdot p_{02})&=(p_2\cdot p_{01})=-p^2\cos^2\theta-E^2,\\(p_1\cdot p_2)&=(p_{01}\cdot p_{02})=-(p^2+E^2)=-(2E^2-\mu^2),\end{aligned}\right\} \tag{22}$$

$$k^2=2p^2(1-\cos\theta),\quad k'^2=2p^2(1+\cos\theta). \tag{23}$$

ここで θ はどちらか1個の粒子の散乱角である．跡 (21) を計算するのに (22) と (23) を使う．(17) を代入した断面積 (20) は，少し計算をすれば，

$$d\phi=\frac{1}{4}\frac{e^4 d\Omega}{p^4E^2\sin^4\theta}[4(E^2+p^2)^2-3(E^2+p^2)^2\sin^2\theta+p^4(\sin^4\theta+4\sin^2\theta)] \tag{24}$$

となる．(24) は，実際に散乱を観測するローレンツ系（の角，運動量，エネルギー）で書かれてないから，直接使えない．そこで，(24) を2つの入射電子のどちらか1方，た

とえば，運動量$\mathbf{p}_{02}$をもった方がはじめに静止している系に移そう．断面積はその様な変換を行っても不変である．ローレンツ変換をする時の速度は，$cp_{02}/E=-cp/E$ となる事は明らかである．従って，新らしいローレンツ系のすべての量に星印をつける事にすると，入射粒子《$\mathbf{p}_{01}$ と前の系でかいたもの》のエネルギー，運動量は，新らしい系では《第2節 (31) で $\gamma=\dfrac{\mu}{E}$となる》

$$\mathbf{p}_{01}^*\equiv p_0^*=\frac{2pE}{\mu},\ E_0^*=\frac{E^2+p^2}{\mu},\ p^2=\frac{1}{2}\mu(E_0^*-\mu) \tag{25}$$

となる．θ は p_{01} と $\mathbf{p}_1$ の間の角であったが，散乱された粒子は変換後は $\mathbf{p}_1^*$, $\mathbf{p}_2^*$の運動量と E_1^*, E_2^* のエネルギーをもっているから，$\mathbf{p}_1^*$ と $\mathbf{p}_0^*(\equiv p_{01}^*)$ の間の角を θ^* とすると，

$$p_1^*\sin\theta^*=p\sin\theta,\ p_1^*\cos\theta^*=\frac{E}{\mu}p(1+\cos\theta),\ E_1^*=\frac{1}{\mu}(E^2+p^2\cos\theta) \tag{26}$$

となる．《変換する速度の方向を x とすると，第2節 (31) が使え，$\beta=-\dfrac{p}{E}$ であるから $p_1^*\sin\theta^*=p_{1y}^*=p_{1y}=p\sin\theta,\ p_1^*\cos\theta^*=p_{1x}^*=\dfrac{E}{\mu}(p_{1x}+\dfrac{p}{E}\cdot E)=\dfrac{E}{\mu}p(1+\cos\theta),\ E_1^*=\dfrac{E}{\mu}(E_1+\dfrac{p}{E}\cdot p_{1x})=\dfrac{1}{\mu}(E^2+p^2\cos\theta)\,(E_1=E).$》

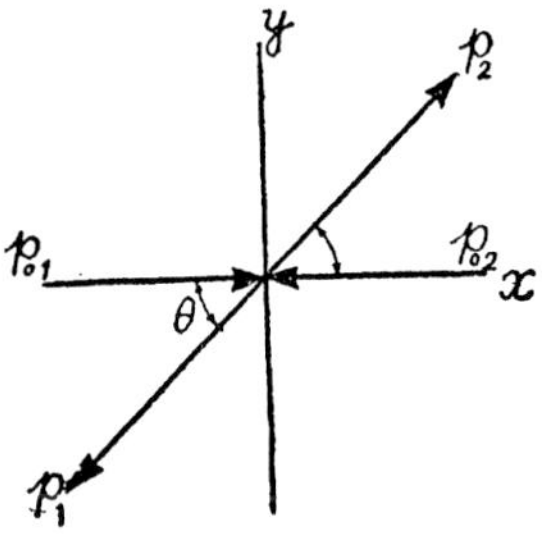

補 図 Ⅷ

散乱の断面積は，はじめに静止していた電子に移ったエネルギー，すなわち $E_2^*=E_0^*+\mu-E_1^*$ であらわした方がよい．θは (25)，(26) を通じて E_2^* に直接関係している．

$$\cos\theta=\frac{E_0^*+\mu-2E_2^*}{E_0^*-\mu}. \tag{27}$$

《(25) と (26) の最後の式と $E_2^*=E_0^*+\mu-E_1^*$ を使う》はじめに静止していた電子に移ったエネルギー（入射粒子の失ったエネルギー）を $\mu(=mc^2)$ を単位に測ったものを q とすると，(24) より断面積は（Mϕller の前に引いた文献参照）

p.239

$$d\phi=2\pi r_0^2\frac{\gamma^2}{\gamma^2-1}\ \frac{dq}{q^2(\gamma-1-q)^2}\times$$
$$\times\left\{(\gamma-1)^2-\frac{q(\gamma-1-q)}{\gamma^2}[2\gamma^2+2\gamma-1-q(\gamma-1-q)]\right\}$$
$$(q=E_2^*/\mu-1,\ \gamma=E_0^*/\mu). \tag{28}$$

(25) と (26) より q は θ^* と次の関係にある．

$$q=\frac{E_2^*}{\mu}-1=\frac{(\gamma^2-1)\sin^2\theta^*}{2+(\gamma-1)\sin^2\theta^*}. \tag{29}$$

《$q=\frac{E_0^*-E_1^*}{\mu}=\frac{p^2}{\mu}(1-\cos\theta)$．(26) の最後と最初の項から，$\sqrt{\frac{(E^2+p^2\cos\theta)^2}{\mu^2}-\mu^2}$ $\cdot\sin^2\theta^*=p\sin\theta$．自乗すると，$2\left(1+\frac{p^2}{\mu^2}\right)\sin^2\theta^*=(1-\cos\theta)\left(1+\frac{p^2}{\mu^2}\sin^2\theta^*\right)$ となり，$p^2/\mu^2=\frac{1}{2\mu}(E_0^*-\mu)=\frac{1}{2}(\gamma-1)$ を使って，(29) がでる》．

$\gamma-1-q$ は入射した電子の散乱後にもつエネルギー（運動）である．衝突した粒子と，反動で飛ばされた粒子との区別は（同じ電子だから）ない筈であるが，実際 (28) は q と $\gamma-1-q$ を入れかえても不変になっている．しかし，衝突後の2つの粒子のうちエネルギーの小さい方の粒子を反跳粒子と呼ぼう．すると q（反跳粒子のエネルギー）は0から $(\gamma-1)/2$ まで変わる《$q,\gamma-1-q$ の中の小さい方の最大値》．θ^* は衝突する方の粒子の散乱角であるから，速い方の粒子の散乱角となり，これは $\theta^*=0$ から $q=\frac{\gamma-1}{2}$ にあたる θ_m^* まで変わる．θ_m^* は (29) より

$$\cos 2\theta^*_m=\frac{\gamma-1}{\gamma+3}$$

である．反跳電子は入射電子と角 θ' を成し，それはいつも θ_m^* より大きい．というのは，衝突後の2個の粒子については全く対称であるから，q と θ' の間の関係は，(29) で q を $\gamma-1-q$ とおき θ^* を θ' をおけば得られ，

$$q=\frac{2(\gamma-1)\cos^2\theta'}{2+(\gamma-1)\sin^2\theta'} \qquad (29')$$

となるから，反跳粒子のでてくる最大の角度は (29′) で $q'=0$，すなわち $\theta'=\frac{1}{2}\pi$ であたえられる．ゆえに，$\theta_m^*\leqq\theta'\leqq\frac{1}{2}\pi$，$0\leqq\theta^*\leqq\theta_m^*$ となるからである．

非相対論近似 $(\gamma\to1)$ では，$d\phi$ は簡単な形になる．まず (26) から $\theta=2\theta^*$ となる．《(26) のはじめの2つより，$\left(\frac{E}{\mu}\right)=1=1/\gamma$，$\tan\theta^*=\frac{\sin\theta}{1+\cos\theta}$．半角公式より $\theta^*=\frac{\theta}{2}$．》すると，$\theta^*$ は0から $\frac{1}{2}\pi$ まで変わる事になる．$d\phi$ は直接 (24) より

$$d\phi=2\pi r_0^2\left(\frac{c}{v_0}\right)^4 d\cos 2\theta^*\left[\frac{1}{\sin^4\theta^*}+\frac{1}{\cos^4\theta^*}-\frac{1}{\sin^2\theta^*\cos^2\theta^*}\right], \qquad \text{N.R.} \qquad (30)$$

《(24) より $d\phi=\frac{1}{4}\frac{e^4 d\Omega m^2c^4}{p^4\sin^4\theta}[4-3\sin^2\theta]$．$p=\frac{p_0}{2}$，$\sin\theta=2\sin\theta^*\cos\theta^*$ を用いて $d\phi=\frac{1}{4}\frac{e^4d(\cos2\theta^*)d\varphi^*}{\left(\frac{p_0}{2}\right)^4\cdot16\sin^4\theta^*\cos^4\theta^*}\cdot m^2c^4[4(\cos^2\theta^*+\sin^2\theta^*)^2-12\sin^2\theta^*\cos^2\theta^*]$，$d\varphi^*$ の積分をすると (30) になる．$v_0=\frac{p_0}{mc^2}\cdot c$（$p_0$ はエネルギー単位．)》

v_0は入射する電子の速度である．この式の終りの２項は電子の交換によるものであって，Mott によりはじめて得られた粒子が異なっていれば[*]最初の項のみになり，Rutherford のよく知られた散乱公式をあらわしており，ここで論ずるまでもない．

p.240

エネルギー損失（q）が小さい時には，(28) は

$$d\phi = 2\pi r_0{}^2 \frac{\gamma^2}{\gamma^2-1} \frac{dq}{q^2}, \qquad (q \ll \gamma-1) \tag{31}$$

となり，$d\phi$ はエネルギー損失が大きくなると急激に減少し，エネルギー損失の小さい散乱が最もよく起る事になる．(31) はよく知られた Bohr の式で，相対論的にも正確である．qが極大$\frac{1}{2}(\gamma-1)$ の近くになっても，(31) と正しい式 (28) と，の差は大きくはない．(28) と (31) は高速電子に対する物質の“阻止能” stopping power の計算に使われる（第37節を見よ)．

散乱式 (24) 又は (28) は実験的に数 mc^2 のエネルギーの散乱で確かめられ，実験とよく一致する事が示された[†]．

衝突の問題を完結するために，固定した中心のクーロン場で電子を散乱する場合，すなわち粒子の１個が無限に重いと考えられる時の散乱の断面積を与えておこう．遅滞の効果は全然なく，マトリックス要素は

$$V_{FO} = \frac{4\pi\hbar^2 c^2 e^2 Z}{|\mathbf{p}-\mathbf{p}_0|^2}(u^* u_0), \qquad |\mathbf{p}_0| = |\mathbf{p}| = p \tag{32}$$

である．勿論原子核に関係した $(u_2{}^* u_{02})$ は省略した．相対論的に正確な断面積は（ボルン近似[**]で)

$$d\phi = \frac{\pi r_0{}^2 Z^2}{(1-\cos\theta)^2} \frac{\mu^2}{p^2}\left(1+\cos\theta+\frac{2\mu^2}{p^2}\right) d\cos\theta \tag{33}$$

である．このよく知られた答については何も述べる必要はないだろう．‘逆のローレンツ系’，すなわち電子がはじめ止っている系に変換すると，早く走っている重い原子核と静止している電子の衝突の断面積を得る．(28) と同様に，これを電子に移ったエネルギー $q=(E/\mu)-1$ であらわすと，

$$d\phi = \frac{\pi r_0{}^2 Z^2 c^2 dq}{q^2 v^2}[2-q(1-v^2/c^2)] \tag{34}$$

---

* N. F. Mott, *Proc. Roy. Soc.* **126** (1930), 259.

† 詳しくは N. F. Mott and H. S. S. W. Massey, *Theory of Atomic Collisions*, 2nd ed., Oxford 1949, 369 頁参照.

** N. F. Mott, *Proc. Poy.* A. **135** (1932), 429.

となる（vは重い粒子の速度）．(28)と(34)の差は，スピン及び交換の効果，及び(34)では重い粒子の運動量の変化は無視できる事よりきている．《変換の速度は $v=\frac{pc}{E}$ であるから，$E^*=\frac{E}{\mu}(E-\frac{p}{E}p\cos\theta)$ $(\gamma=\sqrt{1-\beta^2}=\frac{\mu}{E})$．従って $1-\cos\theta=\frac{\mu^2}{p^2}q$．これを(33)に代入する》．p.241

25. 制　動　輻　射

はじめのエネルギー E_0（運動量 $\mathbf{p}_0$）の電子が，原子核（又は原子）の《クーロン》場の中を通過する時には一般に向きを変えられる．向きが変わるのは，加速度が生ずる事をいみするから，電子は輻射を放出しなければならない．従って，電子が光子 $\mathbf{k}$ を放出して，他のエネルギーE，運動量 $\mathbf{p}$ で

$$E+k=E_0 \tag{1}$$

を満たす状態に移る．確率がある筈である．

原子核は電子よりずっと重いので，電子と光子の運動量の和は一般に保存しない．これは原子核は任意の大きさの運動量をうばってもよいからである．従って，（自由電子の転移と違って）(1)を満たす終状態E，$\mathbf{p}$ への有限の転移の確率を得る．

1　微分断面積†　始状態 $O(\mathbf{p}_0)$ から終状態 $F(\mathbf{p},\mathbf{k})$ へ転移を起す相互作用は，次の2つから成っている．(i) 電子と輻射場の相互作用 $H_{\rm int}$，これは光子 $\mathbf{k}$ を放出する．(ii) 電子と原子（核）の《クーロン》場との相互作用V．ゆえに全相互作用（ハミルトニアン）は

$$H=H_{\rm int}+V \tag{2}$$

となる．

相互作用Vも輻射場と相互作用 $H_{\rm int}$ と同様に摂動と見做して取り扱う．これは転移の確率を e^2（又は Ze^2）での展開の形で求める事をいみする．この展開の第一近似（ボルン近似）が良い結果を与えるためには

$$2\pi\xi_0\equiv2\pi\frac{Ze^2}{\hbar v_0}\ll1 \quad 及び \quad 2\pi\xi\equiv2\pi\frac{Ze^2}{\hbar v}\ll1 \tag{3}$$

でなければならない．v_0, v は夫々衝突前後の電子の速度である．《これは電子の波動函数が平面波でよい事の条件》．軽い元素に対しては，電子が相対論的なエネルギーで入射する場合には，電子がその運動エネルギー $(E_0-\mu)$ のほとんどを光子にあたえ終状態で小

† H. Bethe and W. Heitler, *Proc. Roy. Soc.* A **146** (1934), 83.

さい速度 v になってしまう様な狭い範囲をのぞけば，(3) はいつも成り立つている．入射エネルギーの小さい場合については，Sommerfeld が正確な理論で計算しており†，その結果を小節2で引用する．また，高エネルギーで電子が入射する場合 $v\sim c$ でも，元素が重い時にはある補正を行わねばならない（鉛に対して $Ze^2/\hbar c=0.6$ である）．この補正は小節5で考える．

まず，純粋のクーロン場 $V=Ze^2/r$ の時を考えよう．電子と輻射場の相互作用 $H_{\rm int}$ は運動量が保存する様な転移に対してのみマトリックス要素をもっている．他方，クーロン相互作用 V は，輻射場の状態は不変であるが電子の運動量は任意に変わる様な転移に対してマトリックス要素をもっている．転移 $O\to F$ は1つの中間状態を経ておこるが，明らかに次の2種の中間状態が考えられる．

p.242

I．先に $\mathbf{k}$ が放出される．電子は運動量 $\mathbf{p}'$ をもつ．

$$\mathbf{p}'=\mathbf{p}_0-\mathbf{k}. \tag{4}$$

転移 $O\to\mathrm{I}$ は $H_{\rm int}$ で起る．そして終状態 F へ V で転移する時に電子の運動量は $\mathbf{p}'$ から $\mathbf{p}$ に変わる．

II．電子が，$\mathrm{II}\to F$ の転移で光 $\mathbf{k}$ をだして運動量 $\mathbf{p}$ におさまる様に(運動量保存)，先ず

$$\mathbf{p}''=\mathbf{p}+\mathbf{k} \tag{5}$$

という運動量になる．この $O\to\mathrm{II}$ の転移は V でおこる．

問題になる $H_{\rm int}$ と V の転移マトリックス要素は，第14節の (27)，第24節の (32) より直ちに，

$$\left.\begin{aligned}H_{\mathrm{I}O}&=-e\sqrt{\frac{2\pi\hbar^2c^2}{k}}(u'^*\alpha u_0),\quad V_{F\mathrm{I}}=\frac{Ze^2 4\pi\hbar^2c^2}{|\mathbf{p}'-\mathbf{p}|^2}(u^*u'),\\ V_{\mathrm{II}O}&=\frac{Ze^2 4\pi\hbar^2c^2}{|\mathbf{p}_0-\mathbf{p}''|^2}(u''^*u_0),\quad H_{F\mathrm{II}}=-e\sqrt{\frac{2\pi^2\hbar^2c^2}{k}}(u^*\alpha u'')\end{aligned}\right\} \tag{6}$$

となる．α は $\boldsymbol{\alpha}$ の光子 $\mathbf{k}$ の偏りの方向の成分である．

V のマトリックス要素の分母は（4）と（5）により等しい．これを q^2 とかくと，

$$\mathbf{q}=\mathbf{p}_0-\mathbf{p}''=\mathbf{p}'-\mathbf{p}=\mathbf{p}_0-\mathbf{p}-\mathbf{k}. \tag{7}$$

$\mathbf{q}$ は原子核に移った運動量である．

$\sum$ で中間状態のスピンの方向およびエネルギーの正負の和をとる事を示すと*，$O\to F$ へ

* この場合も，中間状態で陽電子の代わり負エネルギー状態をとってもよい(219頁参照)．

† A. Sommerfeld, *Atombau und Spektrallinien II*, Braunschweig 1939.

の転移のマトリックス要素は次の様になる.

$$K_{FO}=\sum\left(\frac{V_{F\,\mathrm{I}}\,H_{\mathrm{I}\,O}}{E_O-E_{\mathrm{I}}}+\frac{H_{F\,\mathrm{II}}\,V_{\mathrm{II}\,O}}{E_O-E_{\mathrm{II}}}\right). \tag{8}$$

ここで，エネルギー差 E_O-E_{I}，E_O-E_{II} は（4）と（5）により，

$$\begin{aligned}&E_O-E_{\mathrm{I}}=E_0-k-E',\quad E'^2=p'^2+\mu^2,\\&E_O-E_{\mathrm{II}}=E_0-E'',\qquad E''^2=p''^2+\mu^2\end{aligned} \tag{9}$$

である.

単位時間あたりの転移確率は

p.243

$$w=\frac{2\pi}{\hbar}|K_{FO}|^2\rho_F \tag{10}$$

で与えられ，ρ_F はエネルギー $E_F\sim dE_F$ の間にある終状態の数である．終状態には運動量 **p**（エネルギーE）の電子と光子**k**がある．すなわち $E_F=E+k$ である．**k**と**p**はお互に独立であるから，終状態の数 ρ_F は電子および光子に対する密度函数 ρ_F と ρ_k の積であって，ある k に対して《k を固定すると，マトリックス要素の E は $E=E_0-k$ となる》$dE_F=dE$ とおける．従って

$$\rho_F=\rho_E\rho_k\,dk=\frac{pEd\,\Omega k^2d\,\Omega_k}{(2\pi\hbar c)^6}dk. \tag{11}$$

入射する電子の速度 cp_0/E_0 で割ると，《$L^3=1$ の規格を使っているから．第14節(16)》，（6），（8），（9），(10)，(11) より問題にしてる過程の微分断面積は

$$d\phi=\frac{Z^2e^4}{137\pi^2}\frac{pEE_0}{p_0q^4}d\Omega d\,\Omega_k\,k\,dk\left|\sum\left(\frac{(u^*u')(u'^*\alpha u_0)}{E-E'}+\frac{(u^*\alpha u'')(u''^*u_0)}{E_0-E''}\right)\right|^2 \tag{12}$$

となる.

(12) は衝突の前後の電子のスピンの方向はきめた転移の断面積である．スピンの方向を指定した散乱には興味がないから，終状態のスピンについて和**s**をとり，始状態のスピンについて平均 $\left(\frac{1}{2}\mathbf{s}\right)$ をとり，どちらを向いていてもよい時の断面積を求める.

また，放出される輻射の偏りも問題にしない（以下を見よ）とすると，(12) をやはり**k**の偏りについても和をする．これらの和はすべて第22節でコンプトン効果の時に行ったのと同じ方法で行う事ができる．その結果微分断面積《電子のスピンの向き任意，光の偏り任意》は

$$d\phi=\frac{Z^2e^4}{2\pi 137}\frac{dk}{k}\frac{p}{p_0}\frac{\sin\theta\,d\theta\sin\theta_0\,d\theta_0\,d\phi}{q^4}\times$$

$$\times\left\{\frac{p^2\sin^2\theta}{(E-p\cos\theta)^2}(4E_0^2-q^2)+\frac{p_0^2\sin^2\theta_0}{(E_0-p_0\cos\theta_0)^2}(4E^2-q^2)-\right.$$
$$\left.-2\frac{pp_0\sin\theta\sin\theta_0\cos\phi}{(E-p_0\cos\theta)(E_0-p_0\cos\theta_0)}(4E_0E-q^2+2k^2)+2k^2\frac{p^2\sin^2\theta+p_0^2\sin^2\theta_0}{(E-p\cos\theta)(E_0-p_0\cos\theta_0)}\right\} \tag{13}$$

となる．ここで，θ, θ_0 は夫々 $\mathbf{k}$ と $\mathbf{p}, \mathbf{p}_0$ との間の角で，ϕ は $(\mathbf{pk})$ と $(\mathbf{p}_0\mathbf{k})$ の間の角である．q は角度の函数で，(7) により

$$q^2=p_0^2+p^2+k^2-2\,\mathbf{p}_0k\cos\theta_0+2pk\cos\theta-2p_0p(\cos\theta\cos\theta_0+\sin\theta\sin\theta_0\cos\phi) \tag{14}$$

である．《$\mathbf{p}_0$ は $(\sin\theta_0, \cos\theta_0)$ で，$\mathbf{p}$ は $(\sin\theta\cos\phi, \sin\theta\phi, \cos\theta)$》．(13) は光子 $\mathbf{k}$ が入射電子の方向と角 θ_0 を成して放出され，電子は $\mathbf{k}$ に対して角 θ, ϕ の方向に散乱される確率である．(13) で角分布の議論をする前に，p.244 この微分断面積をすべての角度で積分して光子が $k\sim k+dk$ の間のエネルギーで放出される全断面積を求めよう．断面積をあらわすのに，k と入射する電子の運動エネルギー $E_0-\mu$ の比（すなわち $k/(E_0-\mu)$，これは 0 から 1 まで変わる）を用いた方が便利であるから，光子 k を $dk/(E_0-\mu)$ の範囲に放出する断面積 ϕ_k を

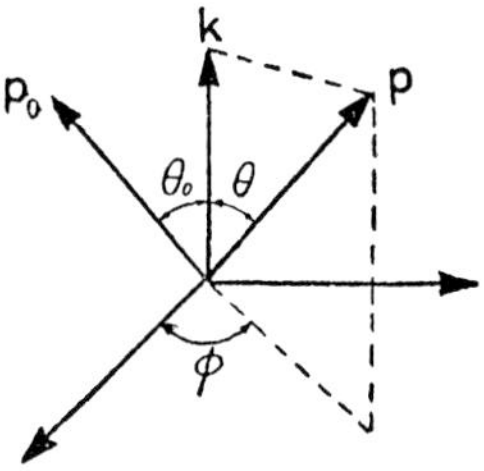

補 図 IX

$$\phi_k d\frac{k}{E_0-\mu}=\int d\phi\, d\Omega\, d\Omega_k. \tag{15}$$

$(d\Omega=\sin\theta\, d\theta$等$)$ で定義しよう．すると (15) を角度について，やゝ簡単であるが長々とした積分の結果

$$\phi_k\, d\frac{k}{E_0-\mu}=\bar{\phi}\frac{dk}{k}\frac{p}{p_0}\left\{\frac{4}{3}-2E_0E\frac{p^2+p_0^2}{p^2p_0^2}+\mu^2\left(\frac{\varepsilon_0E}{p_0^3}+\frac{\varepsilon E_0}{p^3}-\frac{\varepsilon\varepsilon_0}{p_0p}\right)+\right.$$
$$\left.+L\left[\frac{8}{3}\frac{E_0E}{p_0p}+\frac{k^2}{p_0^3p^3}(E_0^2E^2+p_0^2p^2)+\frac{\mu^2k}{2p_0p}\left(\frac{E_0E+p^2}{p_0^3}\varepsilon_0-\frac{E_0E+p^2}{p^3}\varepsilon+\frac{2kE_0E}{p^2p_0^2}\right)\right]\right\} \tag{16}$$

となる．ここで

$$\left.\begin{aligned}&L=\log\frac{p_0^2+p_0p-E_0k}{p_0^2-p_0p-E_0k}=2\log\frac{E_0E+p_0p-\mu^2}{\mu k},\\&\varepsilon_0=\log\frac{E_0+p_0}{E_0-p_0}=2\log\frac{E_0+p_0}{\mu},\quad \varepsilon=2\log\frac{E+p}{\mu},\quad \bar{\phi}=\frac{Z^2\gamma_0^2}{137}\end{aligned}\right\} \tag{16'}$$

という簡略を行った．

$\bar{\phi}$ は制動輻射及びそれと同じ様な過程をあらわすのに適当な単位であって，核の電荷の自乗に比例する．

2　連続X-線スペクトル　　第一に，連続X-線のスペクトルに応用しよう．この場合には，入射電子の（運動）エネルギーは電子の静止エネルギーμにくらべて小さく（電子について），非相対論的な問題となる．

E_0 とEを μ とおき，すべてのp及びkをμにくらべて小さいとして省略すると，(13)の微分断面積は，簡単に

$$d\phi=\frac{2Z^2e^4}{\pi\,137}\frac{dk}{k}\frac{p}{p_0}\frac{\sin\theta\,d\theta\sin\theta_0\,d\theta_0\,d\phi}{q^4}\times$$

p.245

$$\times\{p^2\sin^2\theta+p_0^2\sin^2\theta_0-2pp_0\sin\theta\sin\theta_0\cos\phi\}\qquad \text{N. R.}\qquad (17)$$

となる．$k=(p_0^2-p^2)/2\mu$ は p_0 にくらべて小さいから，q^2 としては (14) により

$$q^2=p^2+p_0^2-2pp_0(\cos\theta\cos\theta_0+\sin\theta\sin\theta_0\cos\phi)=(\mathbf{p}_0-\mathbf{p})^2,\qquad \text{N. R.}\qquad (17')$$

としてよいから，$\mathbf{q}$ は$\mathbf{k}$の方向には無関係となる．

電子の方向を与えると曲げられる（角$\mathbf{p}_0\mathbf{p}$が与えられると),には光子は電子の運動する平面（($\mathbf{p}_0\mathbf{p}$)-平面）に直角の方向に最も強く放出される．《(17) の分子｛　｝の中は，(17′)を使って，$q^2-(p\cos\theta-p_0\cos\theta_0)^2$ となる．これと $\sin,\sin\theta_0$ の積の極大は（θ と θ_0 の間に関係はないから勝手に動かしてみると）$\theta=\theta_0=\dfrac{\pi}{2}$ である》．これは，古典論で加速度に直角に放出される輻射が最も強い事に対応している．ある方向 θ_0 に放出される光の強さは$\mathbf{p}$のすべての方向 (θ,ϕ) について積分して得られる．

k を放出する全断面積は (15) であたえられる．非相対論近似では

$$\phi_k d\left(\frac{k}{T_0}\right)=\bar{\phi}\frac{16}{3}\frac{dk}{k}\frac{\mu^2}{p_0^2}\log\frac{p_0+p}{p_0-p}=\bar{\phi}\frac{8}{3}d\left(\frac{k}{T_0}\right)\frac{\mu}{k}\log\frac{\{\sqrt{T_0}+\sqrt{T_0-k}\}^2}{k}$$

$$\text{N. R.}\qquad (18)$$

で，$T_0=E_0-\mu=\dfrac{p_0^2}{2\mu}$ は入射電子の運動エネルギーである．(18) より，光子kを放出する確率は大体 $1/k$ で減少する事がわかる．（エネルギー保存から測られる範囲の）短波長の極限 $k=p_0^2/2\mu$ では ϕ_k は0となるが，非常に長い波長では強度 $k\phi_k$ は対数的に発散する．しかし，この発散は，クーロン場でボルン近似をとった時にのみおこるものであって，小節3で調べる様に遮蔽された（裾をひかない）場を使うと，$k\phi_k$ は $k\to0$ で有限になる．他方，式 (19) でわかる事であるが，正確な理論では $k=p_0^2/2\mu$ の短波長の極限でも ϕ_k は有限になり，0にならない．

式 (17), (18) はボルン近似の適用可能条件 (3) の満足される場合にのみ正しいと考えられる. 電子のエネルギーが非常に小さい時には, V のマトリックス要素を平面波の波動函数を使って作るのは適当ではない. だから, 正しい連続スペクトルの波動函数を使わねばならない. これはSommerfeldにより行われた(前出の文献参照). この結果から, 次の様な近似的な公式を導く事ができる.[†]

角分布は同じになる. 全強度は (17), (18) に次の因子をかけて得られる.

p.246

$$f(\xi,\xi_0)=\frac{\xi}{\xi_0}\frac{1-e^{-2\pi\xi_0}}{1-e^{-2\pi\xi}},\quad \xi=\frac{Ze^2}{\hbar v},\quad \xi_0=\frac{Ze^2}{\hbar v_0}. \tag{19}$$

v_0 が c に近い (すなわち ξ_0 が小さい) と (19) の因子は主に k の波長の短い所 (ξ の大きい所) で1からずれる. $p\to 0$ (k は短波長の極限) では (19) は無限大になるが, そこでは(18)が0であったから, f をかけた正しい断面積 ϕ_k は有限になる. $\xi>\xi_0$ であり, $(v<v_0)$, また $x/\{1-\exp(-x)\}$ は単調な函数ゆえ (19) の f はいつも1より大きい.

第12図に, 放出される光の強さ $k\phi_k$ を, $E_0\bar{\phi}$ (非相対論的な場合には $\mu\bar{\phi}$) を単位にして, 比 $k/(E_0-\mu)$ の函数として画いてある. 非相対論的な場合(式(18), 曲線の点線の部分)は入射エネルギー T_0 に関係しない強度分布が得られる. 放出される光子のエネルギーがだんだん大きくなると, Sommerfeldの因子 (19) によって, 入射電子のエネルギーおよび(図の単位にとった $\bar{\phi}$ に含まれる Z^2 は別として)原子核の電荷 Z に関係して, ボルン近似で計算した (18) からはずれてくる. この図で, 黒線はアルミニウム($Z=13$)の場合で, $T_0/\mu=0.125$ すなわち $2\pi\xi_0=1.2$ の場合である. 重い元素では, (19) によるずれは相当大きい. この場合強度は点線でかいたのよりも($k/T_0\sim 1$ をのぞいて)ずっと小さくなる.

放出される光の波長が長いところでは, '正しい' 式 ((19)をかけた) の曲線もやはり点線で画いた. というのはこの領域ではクーロン場の遮蔽の効果を考えに入れねばならないからである. 連続X-線についてのさらに詳わしい議論, 特にX-線の偏りと角分布及び実験との比較については, Sommerfeldの本を見られたい.

3 高エネルギーの場合, 遮蔽の効果 エネルギーが高くなると, 角分布の極大は前

---

† G. Elwert, *Ann. Phys.* **34** (1939), 178. これに対する批判とその後の仕事については P, Kirkpatrick and L. Wiedemann, *Phy. Rev.* **67** (1945), 321. ξ に関係している (19) 式の因子は, 終状態における正確な電子の波動函数の自乗の原子核の位置における値である. $|\psi|^2$.

方にずれてくる．これは，極端に相対論的な場合，$E.E_0 \gg \mu$ の場合を考えると明瞭である．この場合は，p_0 は E_0 とほとんど等しいから，分母 $E_0 - p_0\cos\theta_0$ 等は θ_0 が小さいと非常に小さくなるし，また，q も θ_0, θ が小さい所に極小値をもっている．従って，電子も光子も平均角 $\theta \sim \mu/E_0$ の範囲内で前方へ放出される（これは (13) をよく調べると判明する．[†] θ は **kp** の角）．

大体の所で，高エネルギーでの角分布は次の形になる．

$$\phi(\theta_0)d\theta_0 = A\frac{\theta_0 d\theta_0}{[\theta_0^2+(\mu/E_0)^2]^2}\left[\log\left(1+\frac{\theta_0^2\mu^2}{E_0^2}\right)+B\right]. \qquad \text{E.R.} \quad \overset{\text{p.247}}{(20)}$$

角 μ/E_0 においては，放出される光子はある程度一定の偏りをもっている[*]．最も確率の大きいのは ($\mathbf{p}_0\mathbf{k}$)-平面に直角の偏りをもつ時で，この平面に直角と平行の偏りをもつ光の強度の比は

$$\frac{d\phi_\perp}{d\phi_\parallel} = \frac{E_0^2+E^2}{k^2}\left(\theta_0 \sim \frac{\mu}{E_0}\right) \qquad \text{E.R.} \quad (20')$$

となる．これ以外の角度（$\mathbf{p}_0\mathbf{k}$ の角 θ_0）の散乱では，この比は1に近い．この偏りの効果は $k \ll E_0$（で $k \gg \mu$，この小節は相対論的エネルギー）の時に著るしい．

放出される光の振動数分布は (16) で与えられる．$E_0, E \gg \mu$ の極端な相対論的場合には，

$$\phi_k d\left(\frac{k}{E_0}\right) = 2\bar{\phi}\frac{dk}{k}\frac{E}{E_0}\left[\frac{E_0^2+E^2}{E_0E}-\frac{2}{3}\right]\left[2\log\frac{2E_0E}{\mu k}-1\right] \qquad \text{E.R.} \quad (21)$$

となる．k/E_0 という比を一定にすると，放出の確率は大体 E_0/μ の対数に比例して増加する．波長の長い光 $k \sim 0$ の時には，強さ $k\phi_k$ は対数的に発散する．

以上の断面積の式は原子核の場は純粋のクーロン場であると仮定して導き出した．そこで，原子核の外側をまわっている電子の電荷分布に依ってクーロン場が遮蔽される効果が，上に得た結果に重要な変更をもたらすかどうかが問題となる．古典的な取り扱いでこの問題に答えるためには，制動輻射に主な寄与をする "衝突径数" impact parameter r

† P. V. C. Hough, *Phys. Rev.* **74** (1948), 80 ; M. Stearns, ibid. **76** (1949), 第36節をみよ．コンプトン散乱では平均角は $\theta \sim (\mu/E_0)^{\frac{1}{2}}$（散乱光子 k が k_0 位のエネルギーの時）である．この様に桁がちがう（$\mu/E_0 \ll 1$ で）原因は，コンプトン散乱では反跳電子がエネルギーをとり，制動輻射では反跳核子は（無限に重いとしたから）エネルギーを奪わないからである．

* M. May and G. C. Wick, *Phys. Rev.* **81** (1951), 628.

の所での場が相当遮蔽されるかどうかを調べればよい．しかし，量子論では，電子は平面波であらわされるから，衝突径数という概念は正確な意味をもっていない．実際，量子論ではマトリックス要素Vをあらわす積分の中にすべての衝突径数についての平均があらわれている．

$$V_{F\mathrm{I}}\simeq\int\frac{e^{i(\mathbf{p}'-\mathbf{p},\mathbf{r})/\hbar c}}{r}d\tau=\int\frac{e^{i(\mathbf{q}\mathbf{r})\hbar c}}{r}d\tau.$$

この場合，この積分に主に寄与するのはどれ位の距離rの場かを調べて，量子論でも衝突径数の概念に大体の意味を与える事ができる．積分に最もよく寄与するのは

$$r\sim\hbar c/q \tag{22}$$

であることがわかる．

(22) よりも大きい距離では，rはほとんど変わらないで指数函数が早く振動するから，積分への寄与は小さい．また，(22) より小さい距離の所では $d\tau\sim r^2dr$ が小さい．p.248
ゆえに (22) の長さを最も重要な衝突径数と考えてよいだろう．

さて，微分断面積 (13) はqが非常に小さいと極めて大きくなる事を知った．入射電子のエネルギーが大きい時，$E_0\gg\mu$ ではqの極小値は

$$q_{\min}=p_0-p-k\sim\frac{\mu^2k}{2E_0E} \tag{23}$$

である《$p_0=\sqrt{E_{02}-\mu^2}\approx E_0-\frac{\mu^2}{2E_0}$，$p=E-\frac{\mu^2}{2E}$ となるから，$p_0-p-k=-\frac{\mu^2}{2E_0}+\frac{\mu^2}{2E}=\mu^2/2EE_0(E_0-E)$．$E+k=E_0$ を使う》．

したがって，(22) により，断面積に大きい寄与を与えるのは次の様な大きい距離の所からになる ($\lambda_0=3.862\times10^{-11}$cm)．

$$r_{\max}=\hbar c/q_{\min}=\frac{\hbar}{mc}\frac{2E_0E}{\mu k}\sim\lambda_0\frac{E_0E}{\mu k}. \tag{24}$$

k/E を一定にしておくと，$r_{\max}$ は入射エネルギーが大きくなる程大きくなる．もしkがE位の大きさであると，$E_0\sim137\mu/Z$ 程度では $r_{\max}$ はK-殻の大きさ位になる《K-殻の大きさ$\sim\frac{1}{Z}a_0=\frac{\hbar^2}{Zme^2}\sim\frac{1}{Z}\times0.529\times10^{-8}$cm》．従って(外殻電子による遮蔽の効果がきくから)，高エネルギーでは外殻電子による原子核のクーロン場の遮蔽によって断面積が小さくなると考えられる．軟かい (波長が長い) 光子kでは，(24) により，もっと低いエネルギーにおいても遮蔽の効果が効くことになる．

$r_{\max}$ が原子半径より大きい場合を考えると，遮蔽の効果の大体の概念をつかむ事がで

きる．この場合（r_{max} が原子半径より大きい時）を，遮蔽は“完全”complete であるという．原子半径としては Thomas-Fermi の模型による

$$a \sim a_0 Z^{-\frac{1}{3}} \sim 137\,\lambda_0 Z^{-\frac{1}{3}} \tag{25}$$

を使う事にする（a_0 は水素原子のボーアの半径）．さて，r_{max} が a にくらべて大きい時には，最大の衝突径数 r_{max} を（25）で与えられる原子半径 a でおきかえると断面積として大体正しい値を得ると考えられる（a より外では原子核のクーロン場は遮蔽により 0）．振動数分布の式（21）の中には r_{max} が対数の形ではいっている．従って，この対数を $\log\,(137Z^{-\frac{1}{3}})$ でおきかえるべきである．k/E_0 を与えると，ϕ_k は $E_0/\mu\to\infty$ で有限になる．また，光子のエネルギーが小さい時（$k\sim 0$）にも，$k\phi_k$ は対数的に発散しないで有限の値になる．

原子に Thomas-Fermi の模型を使って，完全な遮蔽の場合に正確な計算をすると[†]，次の振動数分布が得られる．

$$\phi_k d\left(\frac{k}{E_0}\right)=2\bar{\phi}\frac{dk}{k}\frac{E}{E_0}\left[\left(\frac{E_0^2+E^2}{E_0E}-\frac{2}{3}\right)2\log(183Z^{-\frac{1}{3}})+\frac{2}{9}\right] \quad \text{E. R.} \tag{26}$$

$$\left(\frac{E_0E}{\mu k}\gg a/\lambda_0=137^{-\frac{1}{3}}\ \text{に対する式}\right).$$

p.249

遮蔽が完全でない場合には，その度合によって序々に（21）式から（26）式とうつって行く．

ϕ_k は大体 E_0/k に比例するから，第12図には強度 $k\phi_k$ を，いろいろな入射電子の運動エネルギー $E_0-\mu$ について，$E_0\bar{\phi}$ を単位としてあらわした．遮蔽を無視した点線の曲線はすべての元素に対して使える．すなわち Z は $\bar{\phi}$ にのみ含まれてくる．実線は，アルミニウムに対する非相対論的な入射エネルギーの曲線を除けば，遮蔽を考えに入れて鉛（$Z=82$）に対して計算したものである．これらの実線は，光子のエネルギーの低い方（図の左）では $E_0\sim\infty$ の完全遮蔽の式（26）に近づく．このエネルギーの低い場合には，非相対論の曲線も，遮蔽を考えに入れると，有限の値に近づく．光子のエネルーの高い所では，遮蔽の影響は小さい．一方，高エネルギー光子の極限（$k=E_0-\mu$）でも，非相対論的エネルギーの場合に Sommerfeld の正しい式を使うと有限の値になった様に，連続スペクトルの正しい波動函数を使うと有限の値になるであろう．

---

† H. Bethe, *Proc. Camb. Phil. Soc.* **30** (1934), 524 ; H. Bethe and W. Heitler, 前出

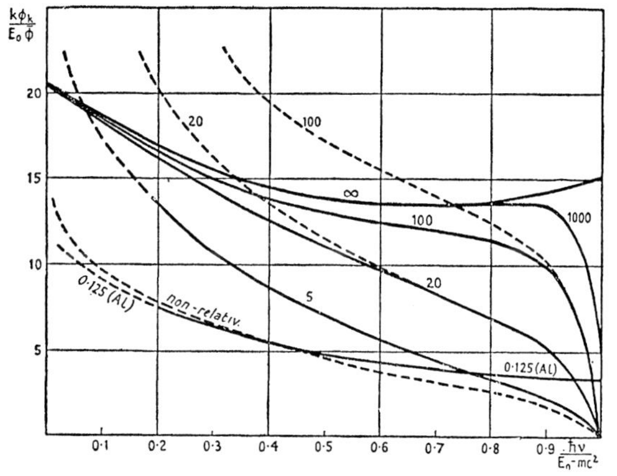

第12図．$\hbar\nu/(E_0-mc^2)$ の函数としての制動輻射の強度分布．曲線につけた数字は，$\mu(=mc^2)$ 単位でかいた入射電子の運動エネルギー $E_0-\mu$ である．点線の部分はボルン近似で遮蔽を考えに入れないで計算したもの（(16)式）で，すべての元素について同じ曲線となる．点線からはずれている実線は，鉛に対して（遮蔽も入れて）計算したものである．(非相対論的な場合は，アルミニウムについて計算したものである)．点線からのずれは，（i）高エネルギー入射電子の場合，および放出される光の波長の長い時は，遮蔽の効果により，（ii）小さいエネルギーの時は，(非相対論的な場合の曲線) Sommerfeld の因子 (19) による．単位は $\bar{\phi}=Z^2r_0^2/137$ である．

p.250
軽い元素では遮蔽は余り効かない．重い元素の場合には，中間位または長い波長の光に対してでも，ボルン近似は多少悪い点もある（小節5を見よ）．

図を見てわかる様に，強度分布は全振動数にわたって大体一様である．

エネルギー分布 ($k\phi_k$) でなくて，断面積そのものを考えると，特別な困難があらわれる．断面積は k が小さい時 dk/k の形になる．k について積分をすると，それは，クーロン場における電子の散乱（第24節）に対する，非常に波長の長い光の放出を伴う事による補正となる．この補正は対数的に発散する．同様な困難は2重コンプトン散乱の時にもあらわれた（第23節）が，今の場合の解決法もその時のと同じである．すなわち，輻射場を伴わないで散乱する場合に対して，（輻射の）理論の高次近似よりくる別の補正があって，これらが上にのべた対数的発散を正確に打ち消してくれる．この赤外の問題はコンプトン散乱と関係させて第33節に詳しく述べよう．

4　エネルギー損失　電子が物質中を通り抜ける時に失うエネルギーの相当の部分

は，電子のはじめの運動エネルギー $E_0-\mu$ 程度の光子 k を放出する制動輻射によって費させる．1度の衝突で失われるエネルギーの平均値は，光の強さ ϕ_k を0から $E_0-\mu$ までのすべての可能な振動数にわたって積分すれば得られる．1cm 進む時に失われるエネルギーの平均値は《207頁（14）の τ の導き方参照》，

$$-\frac{dE_0}{dx}=N\int_0^1 k\,\phi_k\,d\left(\frac{k}{E_0-\mu}\right) \tag{27}$$

となる．ここで N は単位体積あたりの原子の数である．第12図より，曲線の下の面積はすべての入射エネルギーについて同じ位である事がわかる．第12図では断面積を E_0 で割ったものを画いてあるから，1cm 毎の失われるエネルギーは $E_0\gg\mu$ ならば大体 E_0 に比例し，$E_0-\mu\ll\mu$ の入射運動エネルギーの小さい時には大体一定である事がわかる．従って，輻射としてエネルギーが失われる断面積 ϕ_{rad} を次の様に定義して，考えると便利である．

$$-\frac{dE_0}{dx}=NE_0\phi_{\mathrm{rad}},\quad \phi_{\mathrm{rad}}=\frac{1}{E_0}\int_0^1 k\,\phi_k\,d\left(\frac{k}{E_0-\mu}\right). \tag{28}$$

簡単ではあるが長々とした計算の結果，（16）より†

$$\phi_{\mathrm{rad}}=\bar{\phi}\left\{\frac{12E_0{}^2+4\mu^2}{3E_0p_0}\log\frac{E_0+p_0}{\mu}-\frac{(8E_0+6p_0)\mu^2}{3E_0p_0{}^2}\left(\log\frac{E_0+p_0}{\mu}\right)^2-\frac{4}{3}\right.$$
$$\left.+\frac{2\mu^2}{E_0p^0}F\left(\frac{2p_0(E_0+p_0)}{\mu^2}\right)\right\}. \tag{29}$$

p.251

函数 F は次の積分で定義される*.

$$F(x)=\int_0^x\frac{\log(1+y)}{y}\,dy. \tag{29'}$$

x の小さい値に対しては，F は級数に展開できる．

$$F(x)=x-\frac{x^2}{4}+\frac{x^3}{9}+\frac{x^4}{16}+\cdots. \tag{30}$$

x の大きい時には正確な式

$$F(x)=\frac{1}{6}\pi^2+\frac{1}{2}(\log x)^2-F(1/x) \tag{31}$$

を使うとよい．

---

† G. Racah, *Nuovo Cimento*, **11** (1934), N. 7.

* この函数は表になっている．E. O. Powell, *Phil. Mag.* **34** (1943), 600 ; K. Mitchell, ibid. **40** (1949), 351.

(29), (30), (31) より 2 つの極端な場合について

$$\phi_{\text{rad}}=\frac{16}{3}\bar{\phi}, \qquad \text{N. R.} \qquad (32)$$

$$\phi_{\text{rad}}=4\left(\log\frac{2E_0}{\mu}-\frac{1}{3}\right)\bar{\phi} \qquad \text{E. R.} \qquad (33)$$

p.252

を得る．

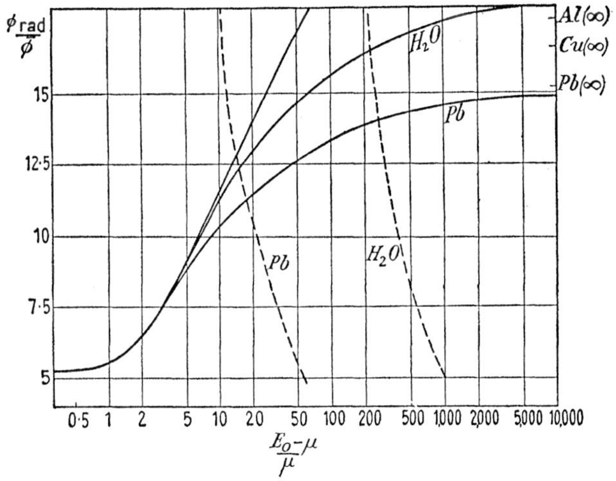

第13図．電子の輻射によるエネルギー損失の断面積 ϕ_{rad} (1cm 当り) (ϕ_{rad} は (28) 式で定義されている)．ボルン近似．単位は $\bar{\phi}=r_0{}^2Z^2/137$ 入射エネルギーの高い (図の右) 方の直線は遮蔽の効果を無視して計算したもので，すべての元素について共通．点線は，種々の物質に対する非弾性散乱によるエネルギー損失を同じ単位で書いたもの．一番右には (遮蔽も入れた) アルミニウム，銅，鉛の高入射エネルギーの漸近点がかいてある．

入射電子のエネルギーの小さい時には，輻射される平均エネルギー((28) の右辺) は入射エネルギーに無関係である．エネルギーが高いと，輻射されるエネルギーと入射エネルギーの比は，E_0 が増すと対数的に大きくなる．しかし，この増大は遮蔽の効果を無視する時にのみあらわれる．遮蔽が完全であると，式 (26) より積分によって ($E=E_0-k$)

$$\phi_{\text{rad}}=\bar{\phi}\left\{4\log(183Z^{-\frac{1}{3}})+\frac{2}{9}\right\}(E_0\gg 137\mu Z^{-\frac{1}{3}}\text{に対して}) \ \text{E. R.} \qquad (34)$$

が得られるから，ϕ_{rad} は一定である．

輻射の放出によるエネルギー損失に対する断面積 ϕ_{rad} は，対数目盛で第13図に画いて

ある．遮蔽の効果を無視した高エネルギーの式（33）は直線になる．遮蔽を考えにいれた曲線は，第12図から数値積分で得られたもので，（入射）高エネルギーでは（34）で与えられる値に近づく．

軽い元素の場合には，曲線は定量的にも正しい．重い元素の場合には，ボルン近似を使うと数値的に誤った答になる事を考えなければならないが，その誤りは鉛に対しても余り大きくない（小節5を見よ）．

$\phi_{rad}/\bar{\phi}$ の値は次の表の様になる．

表　V

輻射の放出によるエネルギー損失の断面積

（ボルン近似）

$\frac{E_0-mc^2}{mc^2}$	0	1	2	5	10	20	50	100	200	1000	∞
$\frac{\phi_{rad}}{\bar{\phi}}$ H_2O	5.33	5.5	6.5	9.1	11.2	12.9	14.6	15.6	16.4	17.5	18.3
Pb				8.75	10.3	11.4	12.6	13.3	13.8	14.5	15.2

上に得た結果が実際にはどの様な意味をもっているかを示すために，第13図には比較のために非弾性衝突（原子のイオン化）による電子のエネルギー損失を同じ単位で示しておいた．物質を通過する際の粒子のエネルギー損失の一般的な問題については，本文の第37節で述べる．ここでは，非断性衝突によるエネルギー損失はZに比例し（制動輻射による部分は Z^2 に比例する），また，エネルギーに大体無関係に一定であることをふれるにとどめる．エネルギー損失と入射エネルギーの比（第13図の点線）は$1/E_0$で減少するが，制動輻射によるエネルギー損失と入射エネルギーの比は対数的に増加する．従って，次の様に注目すべき結果が得られる．すなわち，ある値よりも（入射電子の）エネルギーが大きくなると，エネルギー損失はほとんど（制動）輻射によるもののみとなり，イオン化によるエネルギー損失よりもずっと大きい値になる．鉛に対してこの境界は約$20mc^2$で，水では約$250mc^2$の（入射）エネルギーである（第13図）．p.253

5　補正と実験との比較　以上に得たすべての結果は，次の意味でみな近似的なものである．（i）ボルン近似を使った事．（ii）実際は原子核は無限に重くはないからある程度エネルギーをもち去る事と（iii）原子核は点電荷ではなく有限の拡りをもっている事からくる小さな補正がある．また，（iv）すべての輻射理論の高次近似（減衰の効果も含めて）の補正を無視している事も考えておかねばならぬ．しかし，これは非常に小さくて，

1％の数分の1である事が第Ⅵ章でわかる．主な補正は（i）よりくる．反動のエネルギーの効果が非常に小さい事も以下でわかる．また，原子核の電荷が有限のひろがりをもっている事は，q（式（22）参照）が大きい時，すなわち θ，θ_0 の大きい時にのみ影響する．この場合には影響は大きいけれども，角度について積分して断面積にすると，原子核の電荷の有限の拡りも非常に小さい差しか生じない．

小節2によると，ボルン近似からのずれは，重い元素の場合と入射エネルギーの低い場合には大きい．式（19）から考えると，Zが大きいと高エネルギーにおいてもずれが大きいだろうと思われるが，正しく取り扱ってみると，ずれが大きいのは放出される光の角度が大きい時のみで，（エネルギーの大きい時の主に放出される角度）μ/E_0 の範囲の角度では余りきかない．（253頁参照）．極端に相対論的な場合（E.R.）には，結果は次の様になる[†]．補正は，遮蔽の影響は無視できる様な小さい衝突径数（大きいq）の所でのみに有効となる．従って，遮蔽の効果とボルン近似からのずれは相加的である．（21）または（26）には，補正によって次の項が加わる．

$$\phi'_k d\left(\frac{k}{E_0}\right) = -2\bar{\phi}\frac{dk}{k}\frac{E}{E_0}\left(\frac{E_0^2+E^2}{E_0E} - \frac{2}{3}\right)Q(Z), \qquad (35)$$

$$Q = 2.414(Z/137)^2 \ (Z/137 \ll 1)\ ;\ Q = 0.67\ (\text{鉛}).$$

この補正は $\sim Z^4$（$\bar{\phi}\sim Z^2$）であって，（19）が1よりも大きくなるN.R.領域での ϕ_k とは符号が逆である．（33）または（34）の ϕ_{rad} に対する補正は $\phi'_{\mathrm{rad}} = -2\bar{\phi}Q(Z)$ で，鉛では約9％である．

原子の中を電子が通りぬける時には，電子は原子の核外電子と衝突して制動輻射を放出する事をさらに考えに入れねばならない．電子と電子の衝突による制動輻射の放出は補遺6に簡単化された方法で考える事にする．p.254 理論的に重要な点は，反動をうけた電子がエネルギー・運動量をもつことができる事である（この事が正確な計算をとても面倒にする）．しかしながら，電子と電子の衝突の時でも，$k \gg \mu$ の時には，最後の結果は小節1－4で導いたのとくらべて，その断面積はおそらく少し小さいだろうけれど，ほとんど異ならない事が示される（勿論 Z^2 の因子はこの場合にはない）．これは，はじめ静止している電子に大きい運動量を与える事は理論的に可能であるが，その確率が小さくて滅多にお

† L. C. Maximon and H. A. Bethe ; H. Davies and H. A. Bethe, *Phys. Rev.* 87, (1952), 156.

こらず，全断面積にほとんど影響しないためだと考えられる．また，今迄の取扱いで原子核の反動を無視したが，これでほとんど誤りないという事を示している．この様に電子・電子による制動輻射の様子が大体わかると，原子の電子による制動輻射は十分よい近似で考えに入れる事ができる．すなわち，以上の式で Z^2 を $Z(Z+A)$ と変えればよく，A は1にほとんど近い数である（おそらく1より少し小さい，第26.2節をみよ）．従って，単位にとった $\bar{\varphi}$ が単に変わるだけである．

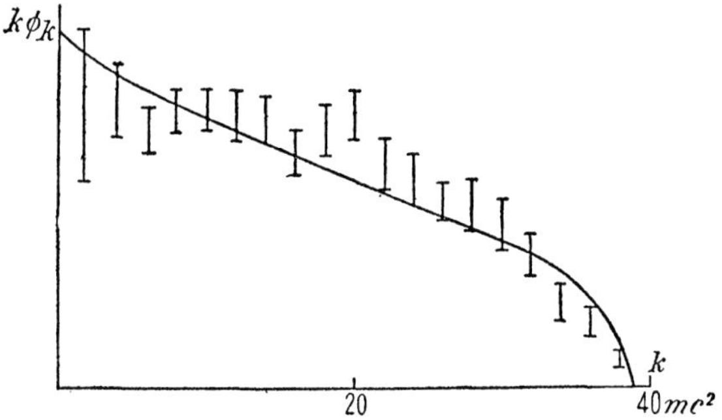

第14図．19.5MeV の電子を白金のターゲット（的）に衝突させた時の制動輻射の相対的エネルギー分布．測定値と理論値．

高エネルギーにおける制動輻射の測定はあまり行われていない．我々が上に得た結果を確かめてくれるのは，主に物質中を高速電子の通過するときに続いて生ずる“カスケード・シャワー” cascade shower の現象で，これは第VII章で論じる．現在までに行われた実験は定性的には理論からの予想とよく一致するが，まだ余り正確ではない．理論を定量的に確かめる試みとして，19.3MeV=39μ のエネルギーの電子を白金に衝突させて生じる γ 線のエネルギー・スペクトルを決定する実験についてふれておこう†．γ-線は（小さい立方角内の）前方で観測された．この様な一方向でのみ測定を，全部の角度について積分した第12図とは直接くらべる事はできない．実験の行われた条件と同じ条件で強度分布を計算したものが第14図である．この図は第12図とよく似ている．第14図には実測値をその“統計的標準誤差” statistical standard error といっしょにして画いてある．この図 p.255

† H. W. Koch and R. E. Carter, *Phys. Rev.* **77**(1950), 165. 330MeV でも，理論は少くとも大体は実験と一致する．W. Blocker, R. W. Kenney, and W. K. H. Panofsky, ibid. **79** (1950), 419.

から，一致は全体としてよく，理論，実測値は比較的大きい誤差内で一致する事がわかる．

ほとんど同じエネルギー(34μ)で，Zにどう関係するかも測定され†，核外電子が制動輻射に寄与する分を $A=0.75$ とすると，理論と非常によく一致する事が示された．

26. 陽電子の創生

第11節によれば，陽電子，陰電子の電子対の発生は，普通の電子が負エネルギー状態から正エネルギー状態へ転移する事によると解釈しなければならない．自由電子対を創るに要するエネルギーは $2mc^2$ 以上でなければらない．このエネルギは γ-線の吸収によっても得られるし，$2mc^2$ 以上の運動エネルギーの粒子の衝突によっても得られる．しかし，他の粒子（たとえば，原子核）の存在してはじめてエネルギーと運動量は同時に保存できる．従って，電子対は物質を通過する γ-線または高速粒子によって創られる．まず最も重要な場合を考えよう．すなわち；

1　電荷Zの原子核の存在する時のγ-線による電子対創生　2個の電子のエネルギーと運動量を E_+, $\mathbf{p}_+$, E_-, $\mathbf{p}_-$ とすると，問題になる過程は次の様になる．原子核のクーロン場を通るγ-線が負エネルギー状態 $E=-E_+$, $\mathbf{p}=-\mathbf{p}_+$ の電子に吸収され，その電子が正エネルギー状態 E_-, $\mathbf{p}_-$ に移る．

この過程は第25節の制動輻射に密接に関連している．電子対創生の逆過程は，普通の電子が，原子核の存在する所で，エネルギー $E_0=E_-$ の状態から $E=-E_+$ の状態に移って，

$$k=E_0-E=E_++E_- \tag{1}$$

の光子が放出されるものである．従って，この過程と制動輻射との差はただ終状態のエネルギーが負となる点だけである．さて，逆過程のマトリックス要素は普通の過程の複素共軛であるから，電子対創生の断面積は第25節の計算より直接得られる．しかし，p.256 この際には，終状態の密度 ρ_F としては別のものを入れなければならない．電子対創生の場合には，終状態には電子と光子の代わりに正，負荷電の電子が存在するから，密度函数は

$$\rho_F=\rho_{E+}\rho_{E-}dE_+ \tag{2}$$

となり，これを第25節の $\rho_E\rho_k\,dk$ の代わりに使わねばならない．さらに，入射電子の速

† L. H. Lanzl and A. O. Hanson, *Phys. Rev.* **83** (1951), 959.

度 v_0 の代わり，入射光子の速度 c で割らねばならない．従って第25節の式（13）の微分断面積には

$$\frac{\rho_{E+}\,\rho_{E-}\,dE_+}{\rho_E\,\rho_k\,dk}\frac{p_0}{E_0}=\frac{p_-^2dE_+}{k^2dk}\quad\left(\left(v_0=\frac{p_0c}{E_0}\right)\right)\tag{3}$$

をかけねばならない．

$\mathbf{p}_0=\mathbf{p}_-$，$\mathbf{p}=-\mathbf{p}_+$ であるから，角 θ,θ_0,ϕ（始，終状態の電子の方向を示す）は陽，陰電子の方向を示す θ_+，θ_-，ϕ_+ と次の関係にある．

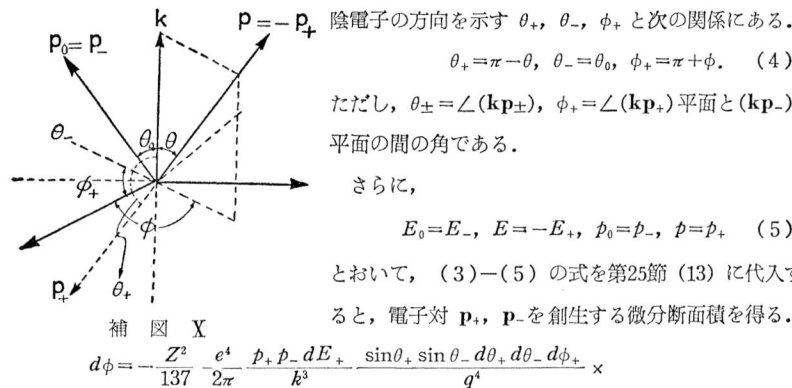

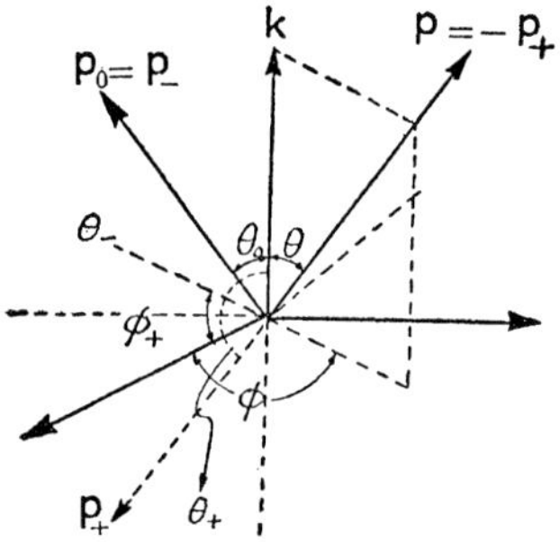

補　図　X

$$\theta_+=\pi-\theta,\ \ \theta_-=\theta_0,\ \ \phi_+=\pi+\phi.\tag{4}$$

ただし，$\theta_\pm=\angle(\mathbf{kp}_\pm)$，$\phi_+=\angle(\mathbf{kp}_+)$ 平面と $(\mathbf{kp}_-)$ 平面の間の角である．

さらに，

$$E_0=E_-,\ E=-E_+,\ p_0=p_-,\ p=p_+\tag{5}$$

とおいて，（3）−（5）の式を第25節（13）に代入すると，電子対 $\mathbf{p}_+$，$\mathbf{p}_-$ を創生する微分断面積を得る．

$$d\phi=\frac{Z^2}{137}\frac{e^4}{2\pi}\frac{p_+p_-dE_+}{k^3}\frac{\sin\theta_+\sin\theta_-d\theta_+d\theta_-d\phi_+}{q^4}\times$$
$$\times\left\{\frac{p_+^2\sin^2\theta_+}{(E_+-p_+\cos\theta_+)^2}(4E_-^2-q^2)+\frac{p_-^2\sin^2\theta_-}{(E_--p_-\cos\theta_-)^2}(4E_+^2-q^2)+\right.$$
$$+\frac{2p_+p_-\sin\theta_+\sin\theta_-\cos\phi_+}{(E_--p_-\cos\theta_-)(E_+-p_+\cos\theta_+)}(4E_+E_-+q^2-2k^2)-2k^2$$
$$\left.\frac{p_+^2\sin^2\theta_++p_-^2\sin^2\theta_-}{(E_--p_-\cos\theta_-)(E_+-p_+\cos\theta_+)}\right\},\tag{6}$$

p.257

$$q^2=(\mathbf{K}-\mathbf{p}_+-\mathbf{p}_-)^2.\tag{7}$$

角度についての積分も制動輻射の場合と同じである．正電子をエネルギー E_+，負電子をエネルギー E_- で創生する断面積は，†

$$\phi_{E+}dE_+=\bar{\phi}\frac{p_+p_-}{k^3}dE_+\left\{-\frac{4}{3}-2E_+E_-\frac{p_+^2+p_-^2}{p_+^2p_-^2}+\mu^2\left(\frac{E_+\varepsilon_-}{p_-^8}+\frac{E_-\varepsilon_+}{p_+^3}-\frac{\varepsilon_+\varepsilon_-}{p_+p_-}\right)\right.$$
$$+L\left[\frac{k^2}{p_+^3p_-^8}(E_+^2E_-^2+p_+^2p_-^2)-\frac{8}{3}\frac{E_+E_-}{p_+p_-}-\frac{\mu^2k}{2p_+p_-}\right.$$
$$\left.\left.\times\left(\frac{E_+E_--p_-^2}{p_-^3}\varepsilon_-+\frac{E_+E_--p_+^2}{p_+^3}\varepsilon_++\frac{2kE+E_-}{p_+^2p_-^2}\right)\right]\right\},\tag{8}$$

† H. Bethe and W. Heitler, *Proc. Roy. Soc.* A. 146 (1934), 83 ; G. Racah, *Nuov. Cim.* **11** (1934), No. 7 ; **13** (1930), 69

$$\varepsilon_+=2\log\frac{E_++p_+}{\mu},\ \boldsymbol{L}=2\log\frac{E_+E_-+p_+p_-+\mu^2}{\mu k}, \tag{8'}$$

$$\bar{\phi}=Z^2r_0{}^2/137$$

となる．極端に相対論的な場合には（すべてのエネルギーが電子の静止エネルギーに比べて大きい時)，(8）は次の様になる．

$$\phi_{E+}dE_+=4\bar{\phi}\,dE_+\frac{E_+{}^2+E_-{}^2+\frac{2}{3}E_+E_-}{k^3}\left(\log\frac{2E_+E_-}{k\mu}-\frac{1}{2}\right).\quad \text{E.R.} \tag{9}$$

式（8)，(9）は正，負荷電の電子について対称である．これは第25節で使ったボルン近似によって生じた結果である．すなわち，この近似ではVは自乗の形になり，荷電の正負は現われてこない．

(8)，(9）式の成り立つ領域も，第25節の式 (16)，(21) の場合と同じで，

(1）正，負の電子の速度u_+，v_-と，原子核の荷電Zは次の関係になければならない．

$$2\pi\frac{Ze^2}{\hbar v_+},\quad 2\pi\frac{Ze^2}{\hbar v_-}\quad \ll 1. \tag{10}$$

(ボルン近似の適用可能条件)．

(2）他方，両電子のエネルギーは，核外電子によるクーロン場の遮蔽の効果が効く程大きくてはいけない．

$$\frac{2E_+E_-}{k\mu}\ll 137Z^{-\frac{1}{3}}. \tag{11}$$

(10) が満たされていない場合には，連続スペクトルの正しい波動函数を使って計算しなければならない．非相対論近似（すなわち，v_+，$v_-\ll c$ の時）には，正確な式は† (8) に大体次の因子をかけたものである．

† p.258

$$f(\xi_+,\xi_-)=\frac{2\pi\xi_+2\pi\xi_-}{(e^{2\pi\xi_+}-1)\,(1-^{-2\pi\xi_-})},\qquad \text{N.R.} \tag{12}$$

$$\xi_+=\frac{Ze^2}{\hbar v_+}=\frac{Z\mu}{137\,p_+}.$$

因子 (12) をかけると，E_+とE_-に関する対称性は失われるが，それは，陽電子は原子核に反撥されるが，陰電子は吸引されるからである．この因子によって，対創生の確率は，p_+が小さい（ξ_+が大きい）と小さくなり，p_-が小さい（ξ_-が大きい）と大きくな

† Y. Nishina, S. Tomonaga, S. Sakata, *Scient. Pap. Inst. Phys. and Chem. Research, Japan.* **24** (1934), No. 17.

る．重い元素に対しては，相対論的エネルギーの場合にも同様な補正を行わねばならない．この補正は制動輻射の場合（第25.5節）と同じ型で，また，同じ位の大きさである．k が数 mc^2 の辺では補正は大きくなるが，さらにエネルギーが増していくと，(%において) 減少し出し，補正の符号が変わってしまう．E.R. の領域では，（9）または（13）に対する補正は[†]

$$\phi'_{E_+}dE_+=-2\bar{\phi}\,dE_+\frac{E_+^{\,2}+E_-^{\,2}+\frac{2}{3}E_+E_-}{k^3}Q(Z).\qquad \text{E.R.}\qquad (12')$$

但し $Q(Z)$ は第25節の式（35）で与えられる．

遮蔽の効果は両電子のエネルギーが mc^2 にくらべて大きい時にのみよく効き，完全な遮蔽，すなわち $2E_+E_-/k\mu\gg137Z^{-\frac{1}{3}}$ では第25節の（26）に対応した式を得る[*]．

$$\phi_{E_+}dE_+=4_+\bar{\phi}dE_+\left\{\frac{E_+^{\,2}+E_-^{\,2}+\frac{2}{3}E_+E_-}{k^3}\log(183Z^{-\frac{1}{3}})-\frac{1}{9}\frac{E_+E_-}{k^3}\right\}.\quad \text{E.R.}\quad (13)$$

2．議論，電子対の総数　両電子の角度分布は，$E_+, E_-\gg mc^2$ ならば，やはり第15節の（20）の形の式で与えられる．電子対の放出される平均角度は $\theta\sim mc^2/k$ であるが，エネルギーが小さい時には前方にばかりは密集しない．

興味のある点は原子核に移った反動である．以上の計算では反動で核に吸収されるエネルギーは無視したけれども，反動の運動量，すなわち（7）式の $\mathbf{q}$ は小さいという必要はない．断面積は，q と $\mathbf{q}$，$\mathbf{k}$ の間の角 θ_q を使って書くこともできる．(θ_+, θ_- の代わり

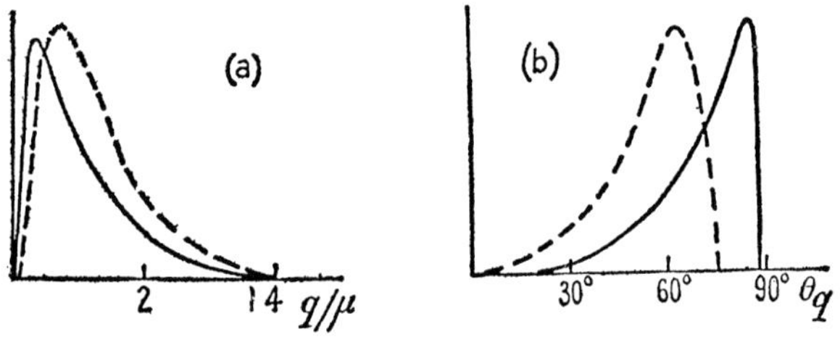

第15図　電子対創生．（a）核の反動運動量 q の分布．（b）入射光子 $\mathbf{k}$ の方向から測った $\mathbf{q}$ の方向分布．実線は $k=33\mu$ で，点線は $k=8.2\mu$ である．

---

† L. C. Maximon and H. A. Bethe ; H. Davies H. A. Bethe, *Phys. Rev.* **87** (1952), 156.

* H. Bethe. *Proc. Camb. Phil. Soc.* **30** (1934), 524.

p.259

に）こうすると，反動の運動量の大きさと方向の分布を得る[†]．その結果は第15図の様になる．反動運動量は一般にはμよりも小さく，また$\mathbf{q}$の方向は（入射方向に対して）横向きである．制動輻射の場合も結果は同様であると考えられる．反動が小さい事は補遺6の考察の予想とよく一致している．

（8），（9），(13) であたえられるエネルギー分布は第16図に示してある．便宜上，断面積を，$\bar{\phi}=Z^2r_0^2/137$ 単位で，正電子の運動エネルギーを全運動エネルギー $k-2mc^2$ で割った量の函数としてあらわした．

入射光子のエネルギーが小さいと，エネルギー分布は両電子が同じエネルギーをもつ所に極大のある広い山になる．エネルギーが少し上ると，山は平になり，入射光子のエネル

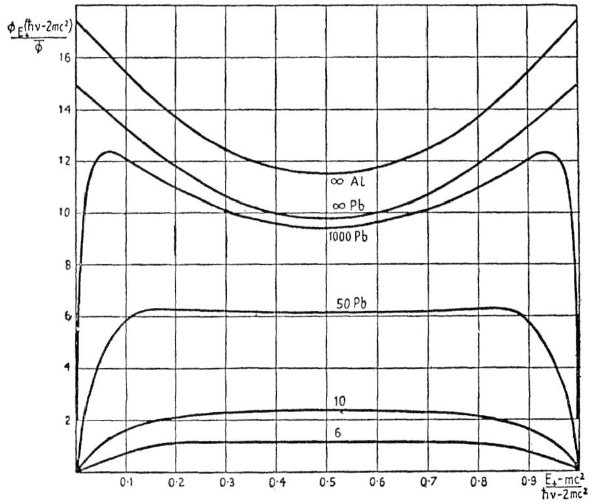

第16図．電子対（正，負電子）のエネルギー分布．$\phi_{E+}dE_+$ は，陽電子のエネルギー E_+ から E_++dE_+ の間のものを創る断面積である．曲線に附けた数字は，入射光子のエネルギー k を mc^2 単位ではかったものである．$k=6mc^2$ と $k=10mc^2$ の曲線は遮蔽を無視したもので，すべての元素について同じである．他の曲線は鉛に対する（遮蔽を考えに入れた）もので，$k=\infty$ の時はアルミニウムについても計算してある．単位は $\bar{\phi}=Z^2r_0^2/137$ でボルン近似である．

---

†† R. Jost, J. M. Luttinger, and M. Slotnick, *Phys. Rev.* **80** (1950), 189. 反動運動量がどの様に分布しているかを測定する試みが，G. E. Modesitt and H. W. Koch. ibid **77** (1950), 175 でなされている．

ギーが非常にあがると，分布は，1方の電子が小さいエネルギーをもち，他方が大きいエネルギーをもつ様な2箇所で極大になる．もっとエネルギーが大きくなると，(13) 式をあらわす曲線 (∞) に近づく．

この曲線が E_+ と E_- について対称であるのはボルン近似を使った結果であって，正確な計算をすれば極大は右にずれる(因子 (12) 参照)．このずれ方は，Zの大きい時および k の小さい時に最も大きい．

(8)—(13) 式を陽電子のとりうるすべてのエルギーについて積分すると，創られる電子対の総数がわかる．極端に相対論的な場合に，遮蔽が無視できる場合及び完全である場合について夫々断面積

$$\phi_{\rm pain}=\bar{\phi}\left(\frac{28}{9}\log\frac{2k}{\mu}-\frac{218}{27}\right);\qquad \text{E.R.}\qquad (14)$$

p.260

$$\phi_{\rm pair}=\bar{\phi}\left(\frac{28}{9}\log\left(183Z^{-\frac{1}{3}}\right)-\frac{2}{27}\right);\qquad \text{E.R.}\qquad (15)$$

を得る．

エネルギーの小さい場合，および高エネルギーで不完全遮蔽の場合については数値積分を行った．

これらの結果は第17図に示した．全断面積 $\phi_{\rm pair}$ を，$\bar{\phi}$ 単位で，$\hbar\nu$ の函数として対数目盛で画いてある．電子対創生の確率は $\hbar\nu$ と共に急激に増大し，非常に高エネルギーになると一定値に達することが第17図からでわかる．その値は大体 Z^2 に比例する（というのは $\bar{\phi}$は Z^2 を含んでいるから)．$\phi_{\rm pair}/\bar{\phi}$ の数値は第VI表にあたえておいた．これらは何れもボルン近似を使って導いた結果である．

表　VI

γ-線による電子対創生の全断面積（ボルン近似）

$\hbar\nu/mc^2$		3	4	5	6	10	20	50
$\phi_{\rm pair}/\bar{\phi}$	Al	0.085	0.32	0.61	0.89	1.94	3.75	6.2
	Pb						3.60	6.0

$\hbar\nu/mc^2$		100	200	500	1000	∞
$\phi_{\rm pair}/\bar{\phi}$	Al	8.2	10.0	11.8	12.6	13.4
	Pb	7.7	9.0	10.3	10.7	11.5

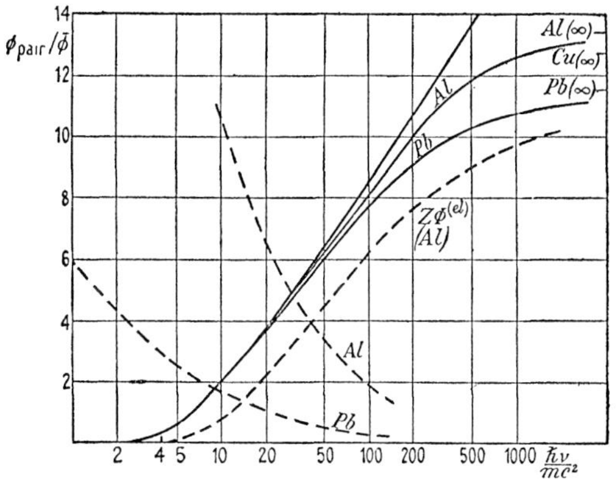

第17図．入射光子のエネルギーの函数としての電子対創生の断面積（単位$\bar{\phi}=Z^2r_0^2/137$ ボルン近似)．高エネルギーまで続いている直線は遮蔽を無視したものである．右上にアルミニウム，銅，鉛に対する漸近点がかいてある．点線は原子のコンプトン散乱を同じ単位でかいたものである．$Z\phi^{(el)}$とかいてあるのは，アルミニウムの場合の核外電子の存在による対創生の大雑把な推定値である（1個の電子のもののZ倍)．

荷電Zの原子核の（クーロン）場の中で，γ-線kによって電子対の作られる確率を，同じ光子の核外電子によるコンプトン散乱の確率とくらべる事ができる．コンプトン散乱は，第22節 (45) の Klein・仁科の式に電子の数Zをかけると得られる．そして，第17図に，同じ単位$\bar{\phi}$でこのコンプトン散乱の断面積を画いておいた．この単位では，コンプトン散乱の曲線は，勿論元素ごとに異なってくる．図からわかる様に，対創生の断面積はコンプトン散乱の断面積とは全然異なった様子を示している．入射光子のエネルギーが小さいと，電子対創生の確率はコンプトン散乱よりも一般にずっと小さいけれども，高エネルギーになると電子対創生の方がコンプトン散乱よりずっと多くなる．この両方の過程が同程度に起るエネルギーは，Zにより異なり，鉛では$10mc^2$，アルミニウムで$30mc^2$である．

p.261
p.262

ボルン近似でなくて正確な波動函数を使う場合に，どの程度の差がでるかは表VIIで知る事ができよう．この表には，相当低い入射エネルギーに対する2つの数値計算の結果を（鉛について）のせておいた†．表から，エネルギーが大きくなると補正は急激に小さくなる事

† H. R. Hulme and J. C. Jaeger, *Proc. Roy. Soc.* **153** (1936), 443.

表 VII

電子対創生の正確な断面積と分布のずれ（鉛）(単位$\bar{\phi}$).

k/mc^2	正確なもの	ボルン近似	$(\overline{E}_+-\mu)/(\overline{E}_--\mu)$
3	0.17	0.085	2.0
5.2	0.73	0.64	1.4

がわかる．また，エネルギーが低いと，エネルギー分布の山の極大が陽電子のエネルギーの大きい方にずれる事を示すために，正，負電子の平均運動エネルギーの比をいっしよにのせてある．この比はボルン近似では1であって，k が増大すると正確な値も1に近づく事がわかる．

非常に高エネルギーの時には，電子対の総数について，(14)，(15) の比較的小さい補正が (12′) から生じる．

$$\phi'_{\text{pair}}=-\frac{14}{9}\bar{\phi}Q(Z). \qquad \text{E.R.} \qquad (15')$$

これは，鉛の場合で約10%の減少をもたらす．

制動輻射の場合と同じ様に，原子の核外電子も対創生に寄与をする．自由電子との衝突によって電子対を創る光子の“臨界エネルギー” threshold energy は，2μ ではなくて 4μ となることが保存則からわかる．衝突後には1個の正電子と2個の負電子が存在する事になる．この断面積は直接の方法によっても計算されているが，† 補遺6に示した方法によっても導く事ができる．電子1個あたりの断面積は

$$\phi_{\text{pair}}^{(\text{el})}=\frac{r_0^2}{137}\left[\frac{28}{9}\log\frac{2k}{\mu}-11.3\right]. \qquad (16)$$

この式の附加常数 (−11.3) は大分不正確である．(16) は，(14) で $Z=1$ としたものに似ている．違いは，負号のついた常数が(14)では (−8.1) のものが(−11.3) と大きくなっている所である．従って，電子1個あたりの対創生の確率は，原子核の確率を Z^2 で割ったものよりもやゝ小さい事になる．
p.263

原子核のクーロン場が遮蔽される距離位の所では，核外電子のクーロン場もやはり遮蔽されてしまうから，$\log(2k/\mu)$ を (15) の Z を含んだlogでおきかえて，完全に遮蔽され

† V. Votruba, *Bvll. int. Acad. tschèque des sciences,* **49** (1948), No. 4 ; *Phys. Rev.* **73** (1948), 1468. また J. A. Wheeler and W. E. Lamb, ibid **55** (1939), 858 も見よ．

ている式を使ってもそう間違いではない．従って，$\phi_{\text{pair}}{}^{(\text{el})}$ は (15) （を Z^2 で割ったもの）とくらべて附加常数約（-3）位小さい事になる．この様にすると，完全遮蔽の場合には，核外電子による対創生の確率は

$$Z\phi^{(\text{el})}/\phi_{\text{nucleus}} \sim A/Z, \quad A \sim 0.7-0.8 \tag{17}$$

となり，制動輻射の場合と同様に，核外電子の分を含めた確率は，単位$\bar{\phi}$で Z^2を $Z(Z+A)$ とすればよいが，Aの値はそう信用できるものではない．エネルギーが小さくなるとAは小さくなり，$k=4\mu$ では 0 になる筈であるから，高エネルギーの所から大ざっぱに延長して，$\phi_{\text{pair}}{}^{(\text{el})}$ のエネルギーによる変化を書く事はできる．それは第17図で示してあるが，この曲線は定量的というより定性的ものと考えるべきである．

3　電荷を帯びた粒子による電子対創生　電子対は，荷電をもった2個の粒子が十分高いエネルギーで衝突しても出来る．この小節では，興味ある色々の場合について，理論的な結果だけを引用する．ただ（a）の場合のみは，補遺6の方法，またはそれと同様の方法で結果を導く事ができる．

（a）　質量 $M_0(\gg\mu)$，荷電 Z_0 の重い粒子が，やはり重い粒子 (M, Z) 又は原子と衝突する場合．運動エネルギー T_0 は静止質量にくらべて小さいとする($T_0 \ll M_0c^2$)．任意のエネルギーの電子対を創生する全断面積は，大体†

$$\phi \sim \left(\frac{ZZ_0 r_0}{137}\right)^2 \frac{\mu^2}{M_0c^2T_0} \left(\frac{ZM_0 - Z_0M}{M}\right)^2 \quad (T_0 \ll M_0c^2) \tag{18}$$

である．これは入射運動エネルギー T_0 が増大すると小さくなるが，数値的にも非常に小なものである．しかし，E_0 が M_0c^2 を越すと事情は変わってきて，断面積は再び増大する．そして $E_0 \gg Mc^2$ では相当大きい値になる．

（b）　$M_0(\gg\mu)$ の重い粒子が，もう一つの静止している重粒子に衝突して，

$$E_0 \gg M_0c^2$$

の場合．全断面積は*次の様になる．

---

† W. Heitler and L. Nordheim, *J.* d. *Phys.* **5** (1934), 449 ; E. Lifshitz *Phys. Zs. Sov. Un.* **7** (1935), 385.

* H, J. Bhabha, *Proc. Roy, Soc. A.* **152** (1935), 559 ; *Proc. Camb, Phil.* **31** (1935), 394 : L. Landau and E. Lifshitz, *Phys. Zs. Sov. Un.* **6** (1934), 244 ; Y. Nishina, S. Tomonaga and. M. Kobayasi, *Sci Pap. Inst. Phys. Chem. Research, Japan,* **27** (1935), 137 ; E. J. Williams, *Kgl. Dansk. Vid. Selsk.* **13** (1935), No. 4.

$$\phi=\frac{28}{27\pi}\left(\frac{ZZ_0r_0}{137}\right)^2\log^3\frac{\beta E_0}{M_0c^2}. \tag{19}$$

p.264

β は1程度の数で，$C\log\beta' E_0/M_0c^2$ の形の項は省略した．静止している粒子が遮蔽されたクーロン場をもつ原子の場合には，この式は余りエネルギーの大きくない，すなわち

$$E_0/M_0c^2<137Z^{-\frac{1}{3}}$$

の時にのみ正しい．完全に遮蔽されている時には，近似的に次の様になる．

$$\phi=\frac{28}{27\pi}\left(\frac{ZZ_0r_0}{137}\right)^2\log\frac{137}{Z^{\frac{1}{3}}}\cdot\left[3\log\frac{\beta E_0}{M_0c^2}\log\frac{\beta E_0Z^{\frac{1}{3}}}{M_0c^2\cdot137}+\log^2\frac{137}{Z^{\frac{1}{3}}}\right],$$

$$(E_0/M_0c^2>137Z^{-\frac{1}{3}}). \tag{20}$$

エネルギーが大きくなると，ϕ は $\log^3E_0$ でだんだん大きくなり，遮蔽が効き出すと，$\log^2E_0$ の形で増える様になる．β は，式を出すのに使った方法では決められないけれども，仁科その他の人々によるもっと精わしい計算より，$\beta\sim\frac{1}{4}$ だろうと考えられる．β を $\frac{1}{4}$ として，ϕ を E_0/M_0c^2 の函数として第18図（275頁）に画いてある．図より遮蔽の効果は余りない事がわかる．

（c）1個の粒子が電子の場合．高速電子，$E_0\gg\mu$，が原子（の原子核，すなわち陽子）と衝突する場合と，“高速陽子” proton，$E_0\gg M_0c^2$，が静止している原子の核外電子と衝突する場合の2つが考えられる．この2つの場合は，E_0/M_0c^2 の比が同じなら（$E_0/M_0c^2=1/\sqrt{1-\beta^2}$ だから速度は同じ)，お互にローレンツ変換で移り得るから，（Zの因子が異なるのみで）全断面積は同じ筈である．しかしながら，創られた電子対のエネルギーは両方の場合で全く異なると考えられる．補遺6より，高速粒子の方が重いと，作られた電子対は反跳をうけた電子も含めてほとんどが小さいエネルギー，すなわち $\mu E_0/M_0c^2\ll E_0$ をもつことがわかる．入射粒子が電子の時は，重い方の粒子が静止している系にローレンツ変換をする．すると，創られた電子対は高速になり，電子対のエネルギーは入射電子のエネルギー E_0 位まで広がる．

この何れの場合にも，β の数値は多少異なるだろうけれど，全断面積は，やはり大体(19)になる．第18図の曲線は，高速電子が原子の場で電子対を作る場合にも大体適用できる．同じ事が電子と電子の衝突の時にもいえるが，この場合は臨界エネルギー（対創生の）は 7μ でる．高エネルギーの時には，やはりβの値を変えて，(19)が成り立つ．

（d）電子対は，2個の光子，$k_1+k_2>2\mu$，の衝突によっても創られるが，ほとんど理

論的な興味しかない．適当な温度の黒体輻射の場合に存在する輻射場の（エネルギー）密度位では，この確率は極端に小さい．

以上で，高速荷電体による電子対創生の断面積は，少くとも（遮蔽された場の時でも）$\log^2 E_0$ の形で増大する事を知ったが，$E_0 \to \infty$ とすると，理論的には無限に大きくなる．こういう事は，明らかに出来ない．断面積が原子の大きさよりも大きい事は尤もらしくないし，また断面積すなわち確率が無限に大きくなる事は，すべての確率は1に規格化され p.265 ているから，終状態に存在する確率が無限に増大する事はありえないという初等的な事柄にむじゆんする．この様なむじゆんの生じた原因は摂動論の中にあると考えねばならない．特に減衰の効果を考えに入れると，断面積は結局有限におさえられる筈である．しかしながら，もともとの式が対数的にしか増大しないのであるから，減衰の効果が有効になるエネルギーは非常に高い所になるので，この問題はアカデミックなものとなり，この様な（減衰）補正を考えに入れなくても実際上は差支えない（第33.5節を参照）．

4　実験　理論が正しいかどうか試す最も重要な実験は，γ－線の物質による吸収である．電子対創生による単位距離あたりの吸収係数は《212頁（14′）の吸収係数の導き方参照》

$$\tau_{\mathrm{pair}} = N\phi_{\mathrm{pair}}. \tag{21}$$

Nは単位体積あたりの原子の数である．あらゆる原因に依って生じる吸収係数については，第36節でそれに関係した実験と一しょに詳わしく述べる．ここでは，電子対創生に特有の理論的性質が試せる実験を考えよう．

全断面積 ϕ_{pair} の絶対的測定は少ししか行われていない．初期に行われた実験の1つでは，ThC'' のγ－線（$k=5.2\mu$）を使って $\phi_{\mathrm{pair}}/\phi_{\mathrm{compton}}$ の比が測られた[†]．測定で得られた陽電子の数は電子対の数に等しい．負電子の数は，コンプトン散乱の反跳電子が混ざるから，陽電子の数よりも多い．コンプトン散乱はKlein・仁科の式で正しく与えられると仮定すると，鉛に対して $\phi_{\mathrm{pair}} = 2.8\times10^{-24}\mathrm{cm}^2 = 0.73\bar{\phi}$ が得られる．これは表Ⅶにあげた計算値と完全に一致する．

同じγ－線（5.2μ）に対して，陽電子のエネルギー分布及び角分布も測定された[*]．計算

---

† J. Chadwick, T. M. S. Blackett, and G. P. S. Occhialini, *Proc. Roy. Soc.* A **144** (1934), 235.

* L. Simons and K. Zuber, ibid. A **159** (1937), 383 ; K. Zuber. *Helv. Phys. Acta* **11** (1938), 207.

でクーロン場の中における正確な波動函数を使ってあらわれる，表VIIにある様な，陽電子の平均エネルギーの方が負電子のよりも大きいという事実も，この実験でたしかめられた．また，陽電子及び陰電子の角分布が近似的に第25節の式（20）を満たす事も示された．

決定的な点はZに関係する様子である．理論的には，Z^2の法則（たとえば（14））は次の様な原因で多少変わる．すなわち，(i) 核外電子が電子対創生に寄与するために，$Z(Z+A)$の法則に変わる．(ii) $k>50\mu$ 位では遮蔽の効果が効きだす．また，(iii) ボルン近似が悪いことがある．これによる変更は，$k\sim30\mu$ で約10％位になるが，低いエネルギーではもっと大きい．p.266 Zに関係する様子は$\hbar\nu=3mc^2$ 及び $5mc^2$ を使って測定された．F_e(鉄)までの元素ではボルン近似で大体よく，Zが大きくなると ϕ_{pair} は鉛に対して表VIIの値まで大きくなる事がわかった†．色々なZに対する ϕ_{pair} の相対的測定は，$k=34.4\mu$ に対してもなされている*．これらは表VIIIに示してある．第17図によれば，このエネルギーでは遮蔽の効果は非常に少ない．従って$\phi_{obs}/Z(Z+A)$ は（ボルン近似が正しいとすれば）Zに関しては常数となり，Aは1より少し小さい値になる筈である．表VIIIでは，軽い元素に対して比 $\phi_{obs}/Z(Z+A)$ が一定になる様にAをとってある．するとAは0.8となる．これは第17図の $\phi^{(el)}$ の曲線から予想されるものより幾分大きいが，そもそもこの曲線が極めて不正確で定性的な予測が出来かねるものである．$Z<20$ に対しは $\phi_{obs}/Z(Z+A)$ は一定であるが，Zが20より大きくなると少し小さくなる．$Z(Z+A)$ の法則は実験的に験証され，Zが大きくなると小さくなるのはボルン近似からのずれによると思われる．ボルン近似に対する補正（15′）は符号も大きさの程度も合っている．しかし，（15′）はE. R. の場合について計算されたもので ($k=34.4\mu$)，本当に定量的な比較は今の場合にはできないし，実験の方も十分正確ではない．高エネルギーにおけるもっと正確な比較については第36節を見られたい．

表 VIII

電子対創生のZに関係する様子（測定，$k=34.4\mu$）

Z	3	13	29	50	82
ϕ_{obs}	34	530	2400	6,800	16,600
$\phi_{obs}/Z(Z+0.8)$	3.0	3.0	2.8	2.7	2.5

原子核のクーロン場での高速電子による電子対創生の確証は，宇宙線で見出された．こ

† B. Hahn, E. Baldinger, and P. Huber, ibid. 25 (1952), 505.

* R. L. Walker, *Phys. Rev.* **76** (1949), 1440.

れらの対発生は写真乾板中にみることができる．それは，３本の線（電子対＋散乱された入射電子）ともう１本の入射電子の飛跡より成っている．散乱断面積のエネルギーによる変化をこれで大体測定できる[†]．その結果は第18図に示してある．正確度は余り高くないが，低い所で $\log^3 E_0$，高いエネルギーで $\log^2 E_0$ の法則が成り立つ事が明らかにわかる．

同じ実験で“２重の電子対”double pairs がみつけられた．それは入射粒子の飛跡のない《光子が入射した》４本の線からなり，多重（量子）過程の稀な例の１つである（第23節を見よ）．p.267

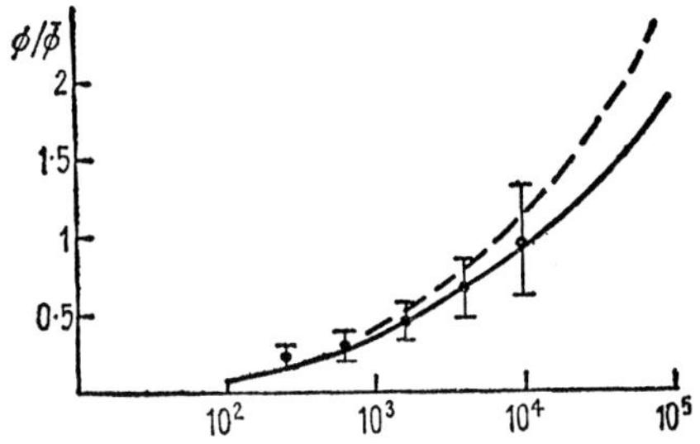

第18図．$E_0(\gg M_0 c^2)$ のエネルギーの荷電粒子による原子核の（クーロン）場の中での電子対創生の断面積．実線：遮蔽された（クーロン）場によるもの；点線：遮蔽されてないもの．測定は宇宙線中の電子によるもの．

27．陽電子の消滅

電子対創生の逆過程は，陽，陰電子の“消滅”annihilation である．空孔理論によれば，この現象は普通の電子の正エネルギー状態から負エネルギー状態への転移であると解釈される．この場合，解放されるエネルギー（$\gg 2mc^2$）は，たとえば，光の形で放出される．

この過程の最も重要なものは自由陽電子が自由陰電子と衝突して消滅する場合である．保存則により，これは少なくとも２個の光子の放出される場合にのみ可能である．

1　2光子消滅　自由陽電子と自由陰電子が衝突して消滅する確率を求めるには両電子の質量の中心が静止しているローレンツ系で先ず計算するのが便利である．すると，両電子は同じ大いさの逆向きの運動量をもっている．

$$\mathbf{p}_+ = -\mathbf{p}_- . \qquad (1)$$

---

† J. E. Hooper, D. T. King, and A. H. Morrish, *Phil. Mag.* **42** (1951), 304

他のすべての場合は，この場合からローレンツ変換によって得られる．この座標系では，普通の電子の，運動量 $\mathbf{p}_0=\mathbf{p}_-$，でエネルギー $E_0=E_-$ の状態から，運動量 $\mathbf{p}=-\mathbf{p}_+=\mathbf{p}_0$，でエネルギー $E=-E_+=-E_-$ の負エネルギー状態への転移を考えねばならない．保存則により，放出される２個の光子は，共に一方の電子と同じエネルギーをもち，互に逆向きに出る事になる．

$$\mathbf{k}_1=-\mathbf{k}_2,\quad k_1=k_2=E_0. \qquad (2)$$

p.268

転移確率の計算は，コンプトン効果（第22節）の計算とほとんど同じで，同様に行う事ができる．断面積を得るためには，（保存則により）$\mathbf{k}_2$ の方向は $\mathbf{k}_1$ と逆向ゆえ，$\mathbf{k}_1$ の方向のみによって終状態が決定される事に注目する．終状態のエネルギーは $E_F=2k_1$ であるから，密度函数は $d\Omega k_1^2/2(2\pi\hbar c)^3$ であり，さらに，２個の電子の相対速度 $2p_0c/E_0$ で割らねばならない．この様にして微分断面積は

$$d\phi=\frac{2\pi}{\hbar c}\frac{E_0}{2p_0}|K|^2\frac{d\Omega E_0^2}{2(2\pi\hbar c)^3} \qquad (3)$$

となる．K はこの過程の複合マトリックス要素である．衝突する陽・陰電子のスピンの向きについて平均すると，微分断面積として

$$d\phi=\frac{e^4\,d\Omega}{8p_0E_0}\left[\frac{E_0^2-(E_0^2-p_0^2\cos^2\theta)(\mathbf{e}_1\mathbf{e}_2)^2+4(\mathbf{p}_0\mathbf{e}_1)(\mathbf{p}_0\mathbf{e}_2)(\mathbf{e}_1\mathbf{e}_2)}{E_0^2-p_0^2\cos^2\theta}-\frac{4(\mathbf{p}_0\mathbf{e}_1)^2(\mathbf{p}_0\mathbf{e}_2)^2}{(E_0^2-p_0^2\cos^2\theta)^2}\right] \qquad (4)$$

なる．$\mathbf{e}_1$，$\mathbf{e}_2$ は夫々２個の光子 $\mathbf{k}_1$，$\mathbf{k}_2$ の偏りの方向の単位ベクトル，θ は陽電子の方向と一方の光子，たとえば $\mathbf{k}_1$ の間の角である．

放出される光の偏りを調べるには，$\mathbf{e}_1$ と $\mathbf{e}_2$ を $(\mathbf{p}_+\mathbf{k}_1)$- 平面にあるものとそれに垂直のものに選ぶと便利である．それに従って断面積は，両光子共偏りが $(\mathbf{p}_+\mathbf{k}_1)$ 平面にある $d\phi_{\parallel\parallel}$ と，一方がこの平面に垂直な $d\phi_{\perp\parallel}$ 等に分けられる．最も興味あるのは，$p_+\equiv p_0$ が０に近い場合である．この場合には，（４）は

$$d\phi_{\parallel\parallel}=d\phi_{\perp\parallel}=0,\qquad d\phi_{\perp\parallel}=\frac{e^4d\Omega}{8p_0\mu}\qquad \text{N.R.} \qquad (5)$$

となり，２個の光子はお互に直角に偏光している事になる．この結果については以下でさらに論じる．$E_0\gg\mu$ の高エネルギーではこの様に目立った偏りはなくなる．

光の偏りについて和をとると，断面積は

$$d\phi=\frac{e^4 d\Omega}{4p_0E_0}\left[\frac{E_0{}^2+p_0{}^2+p_0{}^2\sin^2\theta}{E_0{}^2-p_0{}^2\cos^2\theta}-\frac{2p_0{}^4\sin^4\theta}{(E_0{}^2-p_0{}^2\cos^2\theta)^2}\right]. \tag{6}$$

消滅の全確率を得る為に，$\theta(0\sim\pi)$ 及び ϕ について積分する．ϕ の積分も $0\sim\pi$ にわたる．というのは，2個の光子を入れ換えても新らしい状態にはならないからである．積分により，

$$\phi=\frac{\pi e^4}{4p_0E_0}\left[2(\beta^2-2)+\frac{3-\beta^4}{\beta}\log\frac{1+\beta}{1-\beta}\right],\quad \beta=\frac{v_0}{c}=\frac{p_0}{E_0} \tag{7}$$

p.269

となる．

（7）は同じ大きさで逆向の運動量 $\mathbf{p}_0$ の陽，陰電子の消滅の確率であるが，実際に応用する場合には，負電子は実質上静止している．この場合は，（7）にローレンツ変換をして確率が求められる．断面積は運動の方向に直角であるから，それ自身はローレンツ変換に対して不変である．従って，ただ（7）の E_0，p_0 を負電子の静止している系の陽電子のエネルギー E_+' と速度 v_+' であらわせばよい事になる．この2つのローレンツ系の相対速度は $\beta=v_0/c=p_0/E_0$ であるから，

$$E_+'=\frac{E_0+\beta p_0}{\sqrt{1-\beta^2}}=\frac{E_0{}^2+p_0{}^2}{\sqrt{E_0{}^2-p_0{}^2}}=\frac{2E_0{}^2-\mu^2}{\mu},$$

または

$$E_0{}^2=\frac{1}{2}\mu(E_+'+\mu) \tag{8}$$

となり，β もエネルギー E_+' であらわす事ができる．

$$\beta=\frac{p_0}{E_0}=\frac{\sqrt{E_0{}^2-\mu^2}}{E_0}=\sqrt{\frac{E_+'-\mu}{E_+'+\mu}}. \tag{9}$$

（8）と（9）を（7）に代入すると，エネルギー E_+' の陽電子が静止している負電子と消滅する断面積を得る．

$$\phi=\pi r_0{}^2\frac{1}{\gamma+1}\left[\frac{\gamma^4+4\gamma+1}{\gamma^2-1}\log\{\gamma+\sqrt{\gamma^2-1}\}-\frac{\gamma+3}{\sqrt{\gamma^2-1}}\right],\quad \left(\gamma=\frac{E'_+}{\mu}\right). \tag{10}$$

この式は Dirac[†] により始めて導き出された．

(10) はエネルギーの小さい所に $\gamma\sim1$ 極大をもっていて，$E'_+\to\mu$ では消滅の断面積は無限大になる．しかし，これは消滅の確率が無限大になる事ではない．単位体積あたり N 個の原子を含む物質中での毎秒の消滅の割合は

---

† P. A. M. Dirac, *Proc. Camb. Phil. Soc.* **26** (1930), 361.

$$R=NZ\phi v_+=NZ\pi r_0^2c(\mathrm{sec}^{-1})\qquad \text{N.R.}\qquad (11)$$

となる.

たとえば，鉛に対して，$R=2\times10^{10}\,\mathrm{sec}^{-1}$ を得る．従って，非常に遅い陽電子の鉛の中における寿命は 10^{-10} 秒位である.

陽電子のエネルギーが大きくなると断面積は減少する．非常に高エネルギーでは，断面積は次の様になる.

$$\phi=\pi r_0^2\frac{\mu}{E_+}\left(\log\frac{2E_+}{\mu}-1\right).\qquad \text{E.R.}\qquad (12)$$

負電子の静止しているローレンツ系では，消滅によって生じる2個の光子は一般に同じ振動数ではない．陽電子のエネルギーが高い時には，角分布の式（6）より，最初のp.270ローレンツ系では2個の光子は主に前方および後方に放出される事がわかる．ローレンツ変換を行った後では，前方に出る光子は陽電子のエネルギーをほとんど全部受けつぎ，後方へでる光はせいぜい mc^2 位のエネルギーしかもたない事になる《全く前後方に光のでる時には，$k'=\frac{1}{\sqrt{1-\beta^2}}(k\pm\beta k)=\frac{E_+'+\mu\pm p_+'}{2}\approx p'_+,\ \mu/2$》．しかし，陽電子の運動エネルギーが mc^2 にくらべて小さい時には，2個の光子は，各々 mc^2 位のエネルギーをもち互に直角に偏光して，反対方向に放出される.

物質中を通る高速陽電子の消滅の確率を（10）から導く事ができる．これは第37節で行うが，この確率は非常に小さく，ほとんどすべての場合，高速陽電子は，まず運動のエネルギーをすべて失って，後に（11）であたえられる割合で消滅する.†

2　実験的験証　以上述べた理論は色々の方法でためす事ができる．“同期的方法” coincidence method を使って，物質中でとまった陽電子から反対方向に2個の光子の放出されているのを示す多くの実験が行われている．電子対消滅に伴う光子の波長の精密な測定は Dumond その他により行われた.* $k=\mu$（静止してから消滅）であるから，波長は

† もっと正確にいうと，(11) の寿命よりも短い時間に一種の熱平衡が成立する．そして陽電子はエネルギーが小さくなり，また，原子中の電子もその速度は小さいから，2光子消滅により放出される光は，μ より少し大きいエネルギーをもち，ほとんど反対方向（π と少しずれた角度）にでる．S. de Benedetti, W. R. Konneker, and H. Primakoff, *Phys. Rev.* **77** (1950), 205 をみよ．さらにまた，陽電子は負電子と一しょになって，束縛状態の“水素原子”を形成し，これは“ポジトロニウム” positronium と呼ばれる(以下を見よ).

* J. W. M. Dumond, D. A. Lind, and B. B. Watson, ibid. **75** (1949), 1226.

コンプトン波長 $2\pi\lambda_0=0.024265\mathrm{\mathring{A}}$ でなければならない．測定された対消滅に伴う光子の波長は $0.02427\pm0.00001\mathrm{\mathring{A}}$ であって，これは確かに陽電子が静止してから消滅した事を示している．この X－線のスペクトル線は少し巾をもっているが，これは実験に使った金属（銅）（その中で陽電子がとまる）の中の電子の速度が分布している事による．この巾はエネルギーにして16 e.V.位で，金属中の“伝導電子” conduction electron の平均エネルギーとよく一致している．

非常に興味あるのは，理論的には2個の光子はお互に直角に偏光している事である．これは，光子の自由電子による散乱がその偏光により異なる事を利用すれば調べられる．放出された2個の光子 $\mathbf{k}_1$, $\mathbf{k}_2=-\mathbf{k}_1$ を，電子で同じ散乱角 θ で散乱させ，散乱光 $\mathbf{k}_1'$, $\mathbf{k}_2'$ を同時に観測する．($\angle\mathbf{k}_1'\mathbf{k}_1=\theta=\angle\mathbf{k}_2'\mathbf{k}_2$)．そのとき（i）$\mathbf{k}_2'$ が ($\mathbf{k}_1$-$\mathbf{k}_1'$) 平面内にある場合と（ii）$\mathbf{k}_2'$ が ($\mathbf{k}_1$-$\mathbf{k}_1'$)- 平面に垂直の場合とがある．さて，（5）によれば，p.271対消滅により生ずる光子の偏りは，(α) $\mathbf{e}_1$ が ($\mathbf{k}_1\,\mathbf{k}_1'$)-平面内にあり $\mathbf{e}_2$ がこの平面に垂直か，または (β) $\mathbf{e}_1$ が垂直で $\mathbf{e}_2$ が平面内にあるか，のいずれかである．そこで，第22節 (35)（偏りを考えに入れた散乱の式）を使ってこの (α), (β) について和をとり，さらに（観測されない）散乱された光の偏りについて和をとると，少し式を変形すれば，（i）（ii）の2つの実験で二つの光子を同時に見出す確率の比は

$$\frac{\phi(\mathrm{ii})}{\phi(\mathrm{i})}=\frac{b^2+(b-2\sin^2\theta)^2}{2b(b-2\sin^2\theta)},\quad b=\frac{1+(2-\cos\theta)^2}{2-\cos\theta}\tag{13}$$

（ここで $k_1=k_2=\mu$ を使った）となる．《第22節の (35) で，$\mathbf{k}_1$ が入射し $\mathbf{k}_1'$ が放出されるとして，$\mathbf{k}_1'$ の偏りで和をとる．$k_1=\mu$, 従って $k_1'=\dfrac{\mu}{2-\cos\theta}$. これと $\sum_{\mathbf{e}'}(\mathbf{e}_1\mathbf{e}_1')^2=(\mathbf{e}_1\,\mathbf{e}_1)-\dfrac{(\mathbf{e}_1\mathbf{k}_1')^2}{k_1'^2}$ を使うと，

$\mathbf{e}_1$ に対して，

$$d\phi=\frac{r_0^2}{2}d\Omega(2-\cos\theta)^2.\left[\frac{1}{2-\cos\theta}+2\cos\theta-\frac{(\mathbf{e}_1\mathbf{k}_1')^2}{k_1'^2}\right]$$

$$=\frac{r_0^2}{2}d\Omega\,(2-\cos\theta)^2.\left[\frac{1}{2-\cos\theta}+2-\cos\theta-2\sin^2\theta\right].\quad(\mathbf{e}_1)$$

$\bar{\mathbf{e}}_1$ に対して，

$$d\phi=\frac{r_0^2}{2}d\Omega(2-\cos\theta)^2\left[\frac{1}{2-\cos\theta}+2-\cos\theta\right].\quad(\bar{\mathbf{e}}_1)$$

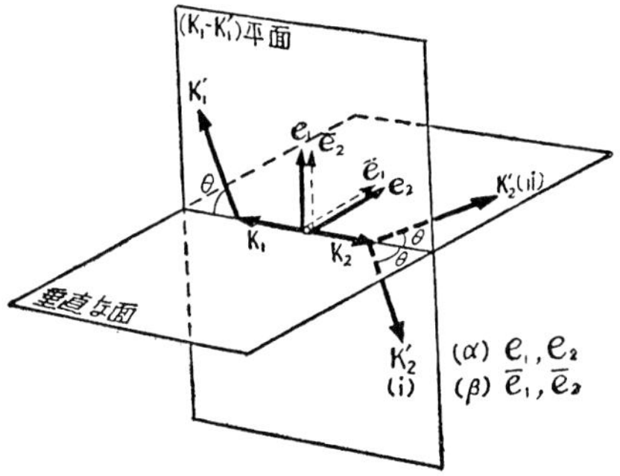

補 図 XI

$\mathbf{e}_2$について考えると，$\mathbf{e}_2$ の時（$\mathbf{e}_1$）$\mathbf{k}_2'$が（i）ならば

$$d\phi=\frac{r_0^2}{2}d\Omega(2-\cos\theta)^2\left[\frac{1}{2-\cos\theta}+2-\cos\theta\right], \qquad (\mathbf{e}_1\ (\mathrm{i}))$$

$\mathbf{k}_2'$が（ii）ならば

$$d\phi=\frac{r_0^2}{2}d\Omega(2-\cos\theta)^2\left[\frac{1}{2-\cos\theta}+2-\cos\theta-2\sin^2\theta\right]. \qquad (\mathbf{e}_1\ (\mathrm{ii}))$$

$\bar{\mathbf{e}}_2$ の時（$\bar{\mathbf{e}}_1$,）$\mathbf{k}_2'$が（i）ならば

$$d\phi=\frac{r_0^2}{2}d\Omega(2-\cos\theta)^2\left[\frac{1}{2-\cos\theta}+2-\cos\theta-2\sin\theta\right], \qquad (\bar{\mathbf{e}}_1\ (\mathrm{i}))$$

$\mathbf{k}_2'$が（ii）ならば

$$d\phi=\frac{r_0^2}{2}d\Omega(2-\cos\theta)^2\left[\frac{1}{2-\cos\theta}+2-\cos\theta\right]. \qquad (\bar{\mathbf{e}}_1\ (\mathrm{ii}))$$

ゆえに，$\dfrac{(\mathrm{ii})\text{ の確率}}{(\mathrm{i})\text{ の確率}}=\dfrac{(\mathbf{e}_1)\cdot(\mathbf{e}_1(\mathrm{ii}))+(\bar{\mathbf{e}}_1)\cdot(\bar{\mathbf{e}}_1(\mathrm{ii}))}{(\mathbf{e}_1)\cdot(\mathbf{e}_1(\mathrm{i}))+(\bar{\mathbf{e}}_1)\cdot(\bar{\mathbf{e}}_1(\mathrm{i}))}=\dfrac{b^2+(b-2\sin^2\theta)^2}{2b(b-2\sin^2\theta)}$ Q.E.D. 》

$\theta=\frac{\pi}{2}$ ではこの比は2.6である．(13) が極大になる角度は 90° より少し小さく，その時の値は2.85である．

この実験は行われた*．実験は (13) に最も都合のよい角度ではなされなかったが，その時の角度では理論は2.00となる筈であるが，実験は (2.04±0.08) となった．

上に議論した消滅過程のほかに，3個（或はそれ以上）の光子が（2個の代わりに）放出される多重過程も起り得ると考えられる．第23節によれば，この過程の起る割合は2光子消滅にくらべて $1/137\pi$ ほど小さい筈である．確かに，実質上静止している自由陽電子の場合，理論的な比は1/370となる（小節4をも見よ）．3個の光子の同時的観測によって大体この事は確かめられた†．この実験は，多重過程の興味ある例の1つに数えられる．

3　1光子消滅　負電子が原子核に束縛されている時には，陽電子は光子1個を放出して消滅する事もできる．この1光子消滅の確率は，2光子消滅のそれより1般にはずっと小さく，（確率の最も大きい重い）元素の時ですら2光子消滅の20%以下である．

---

* C. S. Wu and I. Shaknov, *Phys. Rev.* **77** (1950), 136. この実験は J.A.Wheeler, *Ann. N.Y. Ac. Sc.* 48 (1946), 219. により示唆された. M. H. L. Pryce and J. C. Ward, *Nature* **160** (1947), 435; H. S. Snyder, S. Pasternack, and J. Hornbostel, *Phys. Rev.* **73** (1948), 440 をもみよ.

† J. A. Rich, *Phy. Rev.* **81** (1951), 140.

ここでは，その最も簡単な場合として，負電子は原子の K-殻に束縛されていて，陽電子の運動エネルギーは K-殻のイオン化エネルギーに比べて大きい時の過程を考えよう．p.272この後の仮定によりボルン近似が使える．計算は，K-電子による光電吸収と非常によく似た事になる(第21.1節をみよ，そこでも上と同じ仮定を行った)．

問題にしている過程では，電子が K-殻から負エネルギーの運動量 $\mathbf{p}=-\mathbf{p}_+$ の状態へ転移して，光子，

$$k=\sqrt{\mu^2+p_+{}^2}+\mu-\frac{\alpha^2}{2\mu} \tag{14}$$

を放出する．ここで $\alpha^2/2\mu$ はK-電子の結合エネルギーである．

光電効果の逆過程との違いは，電子が負エネルギー状態 $E=-E_+$ に転移する点である．密度函数は，$d\Omega pE/(2\pi\hbar c)^3$ の代りに，$d\Omega k^2/(2\pi\hbar c)^3$ となり，さらに，光速 c で割る代りに入射陽電子の速度 v_0 で割らねばならない．これらの事から因子 $-k^2/p_+{}^2$ が生じる．エネルギー・バランスは，仮定よりK-電子の束縛エネルギーは無視してよく，$k=E_++\mu$ でよい．すると（両方共K-殻電子を考えているのであるから）K-殻による断面積として，第21節の式 (17)《k のエネルギー μ ゆえ E.R. の式を使う》で$\gamma\to-E_+/\mu$，$k\to E_++\mu$ とおきかえ，上の因子 $(-k^2p^2{}_+)$ をかけて，

$$\phi_K=4\pi r_0{}^2\frac{Z^5}{137^4}\frac{\mu^3}{p_+(E_++\mu)^2}\left[\frac{E_+{}^2}{\mu^2}+\frac{2}{3}\frac{E_+}{\mu}+\frac{4}{3}-\frac{E_++2\mu}{p_+}\log\frac{E_++p_+}{\mu}\right].$$

$$\left(\phi_0=\frac{8\pi}{3}r_0{}^2\right) \tag{15}$$

陽電子の運動エネルギーがμに比べて小さい時および大きい時には，(15) は夫々次の様になる．

$$\phi_K=\frac{4\pi}{3}r_0{}^2\frac{Z^5}{137^4}\frac{p_+}{\mu}, \qquad \text{N.R.} \tag{16}$$

$$\phi_K=4\pi r_0{}^2\frac{Z^5}{137^4}\frac{\mu}{E_+}. \qquad \text{E.R.} \tag{17}$$

1光子及び2光子消滅の断面積を第19図に画いた．同じ陽電子のエネルギーに対しては，1光子消滅は2光子消滅に比べていつも相当小さい(1原子あたり)．また2光子消滅の場合と異なって，1光子消滅の ϕ_K は陽電子のエネルギーが小さくなると減少する．

1光子消滅と2光子消滅の比は $E_+\sim10\mu$ で最も大きく，鉛の場合に約20%となる．これらの値はボルン近似を使って得られたものである．1光子消滅の，ボルン近似でない，

正確な値は，光電効果の時と同様もっと小さくなるだろう(215頁の表II，III参照)．特 p.273
に (16) 式の因子 p_+/μ は陽電子のエネルギーが小さい時に，

$$\frac{2\pi Z}{137}/(e^{2\pi\xi}-1), \quad \xi=\frac{Z}{137}\frac{\mu}{p_+},$$

でおきかえねばならない†.

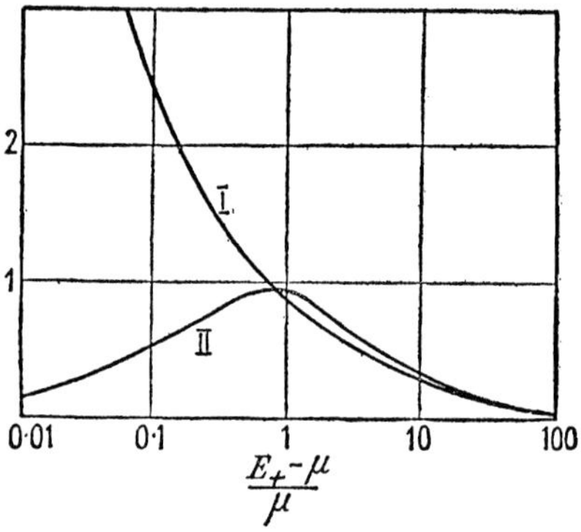

第19図．陽電子のエネルギーの函数としての消滅の断面積（負電子が静止している時）．
I．2光子消滅・単位は $Z\pi r_0^2$/原子，II．1光子消滅・単位は $\pi r_0^2 Z^5/137^4$．

4　ポジトロニウム　　陽電子と陰電子は，水素原子と同じ様な束縛状態を作る事ができる．第一近似では，準位のエネルギーと波動函数はボーア半径を $a=2a_0$ と変えた水素原子のと同じである（reduced mass（重心分離した相対運動のシュレディンガー方程式にあらわれる質量）が $\frac{m}{2}$ であるから，$a=\frac{\hbar^2}{\frac{m}{2}e^2}=2a_0$)）．しかし微細構造はスピンおよび交換の効果により全く異なってくる．その準位構造は面白い問題であるが，ここで議論する事はできない*．基底状態は ${}^1S$- 状態で，陽電子と陰電子のスピンはお互に逆向

† 1光子消滅のもっと詳わしい議論については，E. Fermi and G. E. Uhlenbeck, *Phys. Rev.* **44** (1933), 510 ; H. R. Hulme and H. J. Bhabha, *Proc. Roy. Soc.* **146** (1934), 723 ; Y. Nishina, S. Tomonaga, and H. Tamaki, *Sc. Pap. Inst. Phys. Chem. Research, Tokio,* **24** (1934), No. 18 ; H. Bethe, *Proc. Roy. Soc.* A, **150** (1935), 12 ; J.C. Jaeger and H.R. Hulme, *Proc. Camb. Phil. Soc.* **32** (1936), 158.

* J. Pirenne, *Arch. d. Sc. Phys. et Nat.* **28** (1946), 233 **29** (1947), 121, 207 ; V. B. Berestetzky and L. D. Landau, *J. Exp. Theor. Phys. U. S. S R.* **19** (1949), 673, 1130.

であって，これが 8.5×10^{-4}e.V の励起エネルギー（^1S よりこれだけ高い）の ^3S 状態といっしょに微細構造を成していることを述べるにとどめる．この両状態の波動函数は，実際的には水素の基底状態と同じである．

勿論，このポジトロニウム原子は不安定であって，それ自身で消滅してしまう．その寿命は次の様にして計算できる．原子の速度は小さいから，(11)を消滅の割合として使って p.274 よい．その式の電子の密度 ZN は陽電子の位置の負電子の密度

$$|\psi(r=0)|^2=\frac{1}{\pi a^3}=\frac{1}{8\pi a_0{}^3} \tag{18}$$

でおきかえねばならない．$\psi(r)$ は水素原子の波動函数である．しかし，さらに考えねばならない点がある．(11) は2個の電子の4つのスピンの方向すべてについての平均であるが，角運動量の保存から，^1S 状態のみが逆方向の運動量をもった2光子に消滅できる（逆方向の運動量は角運動量0をいみする）．^3S-状態は少くとも3光子になって消滅するから，(11) には寄与しない．従って ^1S-状態の消滅の割合は (11) の4倍となる．ゆえに，(11) と (18) より，

$$R(^1S)=\frac{r_0{}^2c}{2a_0{}^3}=\frac{1}{2\cdot137^4}\frac{c}{a_0}=8.10^9\text{sec}^{-1} \tag{19a}$$

3個の光子に消滅する理論的な割合は (11) より 1/370 小さい事*がわかったから

$$R(^3S)=\frac{1}{3}\frac{R(^1S)}{370}=7.10^6\text{sec}^{-1} \tag{19b}$$

勿論因子⅓は ^3S 状態に3つのスピン状態のある事による((11) はスピンの和)．

ポジトロニウムの実験的証明は Deutsh により成された．†

* A. Ore and J. L. Powell, *Phys. Rev.* **75** (1949), 1696; E. M. Lifshitz, *Dokl. Ak. Nauk U. S. S. R.* **60** (1948), 211; D. Ivanenko and A. Sokolov, ibid. **61** (1948), 51,

† M. Deutsch, *Phys. Rev.* **82** (1951), 866 及びその後の論文.

Heitler. W : The Quantum Theory of Radiation I.

1958年1月20日　第1刷発行
1965年6月15日　第4刷発行

訳　者　　　　　　　　　　　　　さわ　だ　かつ　ろう
　　　　　　　　　　　　　　　　沢　田　克　郎

発　行　京都市左京区田中門前町　株式会社　吉　岡　書　店
　　　　　　　　　　　　　　　　　　　　　吉　岡　清

印　刷　　　　　　　　　　　　　内外印刷株式会社

発　売　東京都中央区日本橋　　　丸　善　株　式　会　社

大日本製本紙工

輻射の量子論（上）［POD版］

2000年8月1日　発行

著　者　ハイトラー

発行者　吉岡　誠

発　行　株式会社　吉岡書店
〒606-8225
京都市左京区田中門前町87
TEL 075-781-4747　FAX 075-701-9075

印刷・製本　ココデ印刷株式会社
〒173-0001
東京都板橋区本町34-5

ISBN978-4-8427-0282-7 C3342　Printed in Japan